高等职业教育“十二五”规划教材
全国高等职业教育制造类专业系列规划教材

机电设备维修技术

李志江　主编

滕　跃　陈　琛　李志忠　副主编

仇文宁　毕可顺　主审

科学出版社

北　京

内 容 简 介

本书介绍了常用机电设备的维修知识和技能。其主要内容有机电设备维修的基础知识、常用低压电器的维修、CA6140车床的维修、X62铣床的维修、M1432A型外圆磨床的维修、数控机床的维修和桥式起重机的维修等实用技术。

本书按照项目化教学进行编写，理论与实践相互衔接和渗透，精选案例，简明扼要，图文并茂，在通俗易懂的基础上，又有一定的理论深度。

本书可作为高职高专、技师学院或中等职业学校及技工学校的机械制造及自动化、机电设备维修、机电技术应用、机电一体化等机械类或机电类专业教材，也可作为成人教育和职业培训的教材，并可供从事机电设备维修的工程技术人员和工人学习参考。

图书在版编目(CIP)数据

机电设备维修技术/李志江主编. —北京：科学出版社，2012

（高等职业教育“十二五”规划教材·全国高等职业教育制造类专业系列规划教材）

ISBN 978-7-03-034900-2

Ⅰ. ①机… Ⅱ. ①李… Ⅲ. ①机电设备-维修-高等职业教育-教材 Ⅳ. ①TM07

中国版本图书馆CIP数据核字（2012）第131241号

责任编辑：艾冬冬 张振华/责任校对：耿 耘

责任印制：吕春岷/封面设计：耕者设计工作室

科学出版社出版

北京东黄城根北街16号

邮政编码：100717

http://www.sciencep.com

铭浩彩色印装有限公司印刷

科学出版社发行 各地新华书店经销

*

2012年9月第 一 版 开本：787×1092 1/16

2021年1月第六次印刷 印张：25 3/4

字数：550 000

定价：48.00 元

（如有印装质量问题，我社负责调换 <铭浩>）

销售部电话 010-62136230 编辑部电话 010-62135120-2005（VT03）

前　言

随着生产力与科学技术的不断进步，机电技术的发展日新月异，机电设备更是得到了突飞猛进的发展。现代机电设备在传统的机械加电气的基础上，又融合了液压气动技术、电子技术、计算机技术、信息技术等，目前正朝着全数控化的方向迈进，相信未来的机电设备将更加自动化、智能化、人性化。但无论多么先进的机电设备，均是在传统机电设备的基础上发展起来，只有掌握了普通机电设备的维修基础知识和基本操作技能，才能学习更加先进的设备维修技术。正是基于这种理念，本书结合编者自己多年的实践经验，从最传统的普通机床维修开始，遵循循序渐进原则，介绍了常用机电设备的维修知识和技能。其主要内容有机电设备维修的基础知识、常用低压电器的维修、CA6140 车床的维修、X62 铣床的维修、M1432A 型外圆磨床的维修、数控机床的维修和桥式起重机的维修等实用技术。

本书按照项目教学法进行编写，每个项目下面有若干个任务。每个项目相互独立，便于教师教，易于学生学，教师或学生可根据自己的实际情况有选择地进行使用。每个任务前面有任务目标、工作情境、知识目标、能力目标，每个任务中包含相关知识、任务实施、巩固训练、任务评价，还有知识拓展、任务小结和复习与思考。每个项目后面有供阅读的课外知识，书后附录提供了方便读者查阅的资料。

本书由江苏省徐州技师学院李志江任主编，滕跃、陈琛、李志忠任副主编，滕跃参加了项目 2 的编写，陈琛、李志忠参加了项目 4 的编写，蒋军参加了项目 6 的编写，其他各项目由李志江编写。全书由徐州技师学院仇文宁教授和徐州工程机械科技股份有限公司毕可顺工程师审稿。本书在编写过程中得到了江苏省徐州技师学院各级领导和各部门的大力支持，在此一并表示感谢。另外，本书在编写过程中，参考了大量教材和参考资料，在此对各位作者表示感谢。

由于时间仓促，加之编者水平有限，书中难免存在不妥之处，敬请各位专家和广大读者批评指正。

目　　录

项目 1

机电设备维修的基础知识

机电设备在现代工农业生产、国防科技、交通运输、航空航天等领域越来越显示出其巨大的作用，随着生产力水平的不断提高，机电设备对人类的贡献会更加明显。但机电设备在使用过程中，经常会由于维护保养不到位、操作不当或使用年限过长、零部件老化等原因，造成设备停机，甚至造成大的事故，影响生命财产安全。因此，掌握设备故障规律，延长设备使用寿命，及时发现设备问题并排除问题，防止发生安全事故，恢复设备原有的技术指标，是机电设备维修人员需要学习和研究的问题。

本项目主要介绍机电设备维修的基础知识，主要包括设备维修前的准备工作，设备零件的失效、修复与更换，设备零件的拆卸与清洗以及在机电设备维修中常用的量具、量仪和仪表的认识。

任务1.1 机电设备维修概述

工作任务

根据本校设备实际情况，编制一小型设备维修方案，并能够完成此设备维修前的技术和物质准备。

工作场景

一体化教室，多媒体教学设备，常用设备维修技术手册，企业设备维修技术资料；机修厂维修车间、资料室等。

知识目标

1. 掌握设备维修的工作过程。
2. 理解大修、中修、小修、项修、二级保养的含义。
3. 了解机电设备维修的类别。

能力目标

1. 能做好机电设备维修前的技术和物质准备工作。
2. 会编制小型设备的维修方案。

相关知识

1.1.1 设备维修的类别

机电设备在使用过程中，经常会由于零件磨损、腐蚀或操作人员维护不及时、操作不当等原因造成工作性能、精度或效率降低，影响正常的生产。为保证设备正常运行和安全生产，必须对其及时维修。

设备维修通常分为计划内维修和计划外维修两大类，按维修内容、技术要求和工作量大小，可分为大修、中修、小修、项修、二级保养和定期精度调整等。

1. 计划内维修

(1) 大修

设备大修是工作量最大、维修时间较长的一种修理。大修时，需将设备全部或大部分解体，修复基准件，更换或修复全部不合格的机械零件、电器元件；维修、调整电气系统；修复设备的附件以及翻新外观；整机装配和调试，达到全面消除大修前存在的缺陷，恢复设备原有的精度、性能和效率。通常，在大修时还可以适当对一些陈旧设备和专用设备进行适当技术改造，以消除设计上的缺陷或满足某些工艺的需要。

对设备大修总的技术要求是：全面清除维修前存在的缺陷，大修后应达到设备出厂或维修技术文件所规定的性能和精度标准。

(2) 中修

中修是将设备局部解体、修复或更换磨损件，调整零部件间不协调的环节，校正基准，以恢复并达到规定的精度和工艺要求。

(3) 小修

小修是指工作量最小的局部维修。小修是在设备现场进行的，小修的主要内容是更换和修复部分磨损的零件，调整设备的局部机构，从而使设备满足生产工艺要求。

(4) 项修

项修是根据设备的结构特点和实际技术状态，对设备状态达不到生产工艺要求的某些项目或部件，按实际需要进行的针对性维修。

注 意

项修时，一般要进行部分解体、检查，修复或更换失效的零件，必要时对基准件进行局部刮研，使设备达到应有的精度和性能。

(5) 二级保养

二级保养是以机修工人为主，操作工人为辅，对设备解体后进行检查和维修，修复或更换严重磨损的零件，恢复部件精度和达到工艺要求的维修。

(6) 定期精度调整

定期精度调整是指对精、大、稀设备的几何精度进行有计划的定期检查并调整，使其达到或接近规定的精度标准，保证其精度稳定以满足生产工艺要求。

2. 计划外维修

(1) 事故维修

事故维修是指因设备发生事故而进行的临时性维修。

(2) 故障维修

故障维修是指因设备发生突发性故障而进行的临时性维修。

1.1.2 设备维修的过程

设备维修的工作过程一般包括：解体前整机检查、拆卸部件、部件检查、必要的部件分解、零件清洗及检查、部件修理装配、总装配、空运转试验、负荷试验、几何精度检验、工作精度检验、竣工验收等。

提 示

在实际工作中应按大修计划进行并同时做好作业调度、作业质量控制以及竣工验收等主要管理工作。

1. 维修前的准备工作

为了使维修工作顺利进行，维修人员应对设备技术状态进行调查、了解和检测；熟悉设备使用说明书、历次维修记录和有关技术资料、维修检验标准等；确定设备维修工艺方案；准备工具、检测器具和工作场地等；确定维修后的精度检验项目和试验要求等。

2. 施工

维修工作开始，首先应采用适当的方法对设备进行解体，按照与装配相反的顺序和方向，即“先上后下，先外后内”的方法，正确地解除零件和部件在设备中相互间的约束和固定，把它们有次序地、完好地分解出来并进行妥善放置，做好标记。防止零件和部件的拉伤、损坏、变形和丢失等。

对已经拆卸的零部件要及时清洗，对其尺寸和形位进行认真检验，然后按照维修的类别、维修工艺进行修复和更换。对修前的调查和预检进行核实，以保证修复和更换的正确性。

零部件修复后即可进行装配，装配时应选择合适的装配基准面，确定误差补偿环节的形式和补偿方法，确保各零部件之间的装配精度。

设备大修的技术和工作量，在大修前难以预测得十分准确。因此，在施工时，应从实际出发，及时采取相应措施来弥补大修前预测的不足，并保证维修工期按计划完成。

3. 修后验收

经过维修的设备，都必须按有关规定进行精度检验和试验，如几何精度检验、空运转试验、负荷试验和工作精度检验等，全面检查所修设备的质量、精度和工作性能的恢复情况。

提　示

设备维修后，应记录对原技术资料的修改情况和维修中的经验教训，做好维修后工作小结，与原始资料一起归档，以备下次维修时参考。

设备大修的工作过程一般为：解体前的检查→拆卸部件→部件解体检查→部件维修装配→总装配→静态检查→空运转试验→负荷试验→精度检验。

任务实施

1.1.3 设备维修方案的确定

设备的维修不但要达到预定的技术要求，而且要力求提高经济效益。因此，在维修前应切实掌握设备的技术状况，制定经济合理、切实可行的维修方案，充分做好技术和生产准备工作。在施工中要积极采用新技术、新材料和新工艺，保证维修质量，缩短维修时间，降低维修成本。

在详细了解设备维修前技术状况、存在的主要缺陷和产品工艺对设备的技术要求后，分析确定维修方案，其主要内容如下：

1）按产品工艺要求，确定设备的出厂精度标准能否满足生产需要。如果个别主要精度项目标准不能满足生产需要，能否采取工艺措施提高精度，哪些精度项目可以免检。

2）对多发性重复故障部位，分析改进设计的必要性与可能性。

3）对关键零部件，如精密主轴部件、精密丝杠副、分度蜗杆副的修理，维修人员的技

术水平能否胜任。

4）对基础件，如床身、立柱和横梁等的维修，采用磨削、精刨或精铣工艺，在本单位或本地区实现的可能性和经济性。

5）为了缩短维修时间，哪些部件采用新部件比修复原有零部件更经济。

6）如果本单位承修，哪些维修作业需委托外单位协作，与外单位联系并达成初步协议。

1.1.4 设备维修前的准备

设备大修前的准备工作包括修前技术准备和修前物质准备，其完善程度、准确性和及时性会直接影响到大修作业计划、维修质量、效率和经济效益。

1. 设备维修前的技术准备

设备维修的技术准备包括维修的预检和预检的准备、维修图纸资料的准备、各种维修工艺的制定及维修工具的制造和供应。各单位的设备维修组织和管理分工可能有所不同，但设备大修前的技术准备工作内容及程序大致相同，如图 1.1 所示。

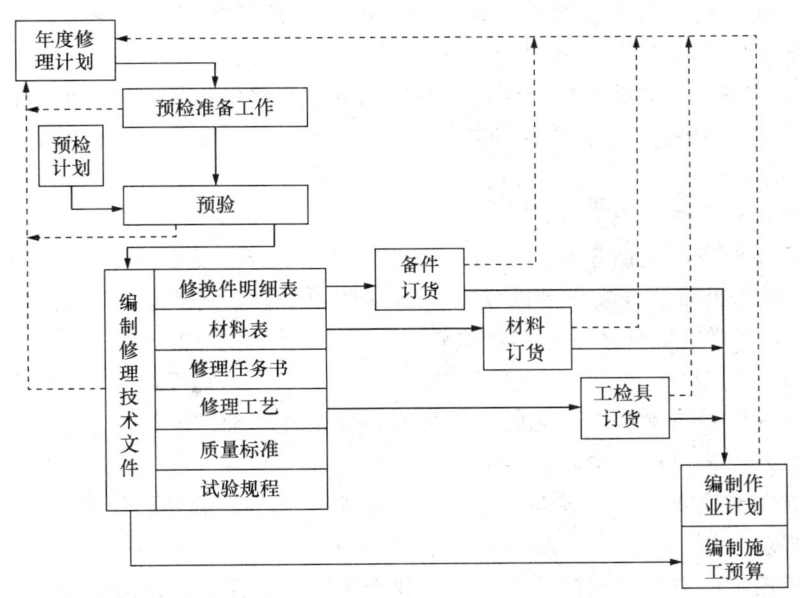

图 1.1　设备大修准备工作及程序

（1）预检

预检就是在设备维修前安排的停机检查。预检既可验证事先预测的机床劣化部件和程度，又可发现事先未预测到的问题，从而结合已经掌握的设备技术状态劣化规律，作为制订维修方案的依据。

1）预检前的准备工作。

① 阅读设备使用说明书，熟悉设备的结构、性能和精度要求。

② 查阅设备档案。了解设备安装验收或上次大修验收记录和出厂检验记录；每次维修的内容，修复或更换的零件；历次设备事故报告；近期检查记录；设备运行中的状态监测

记录等。

③ 查阅设备图册，为校对、测绘修复件或更换件做好图样准备。

④ 向设备操作人员和维修人员了解设备的技术状态；设备的精度是否满足产品的工艺要求，性能是否下降；气动、液压系统及润滑系统是否正常和有无泄漏；附件是否齐全；安全防护装置是否灵敏可靠；设备运行中易发生故障的部件及原因；设备当前存在的主要缺陷；需要修复或改进的具体意见等。

将上述各项调查准备的结果进行整理、归纳，制订初步的预检计划。

2）预检的内容。

① 按出厂精度标准对设备逐项进行检查，记录实测值。

② 检查设备外观。有无掉漆，标示标牌是否齐全清晰，操纵手柄是否损坏等。

③ 检查设备导轨。若有磨损，测出磨损量，检查导轨副可调整镶条的调整余量，以便确定大修时是否需要更换。

④ 检查机床外露的主要零件，如丝杠、光杠等的磨损情况，测出磨损量。

⑤ 检查机床运行状态。各种运动是否达到规定速度，尤其高速时运动是否平稳、有无振动和噪声。低速时有无爬行，运动时各操纵系统是否灵敏和可靠。

⑥ 检查气动、液压系统及润滑系统。系统的压力是否达到规定压力，压力波动情况，有无泄漏。若有泄漏，查明泄漏部件和原因。

⑦ 检查电气系统。除常规检查外，注意用先进的元器件代替原有的元器件。

⑧ 检查安全防护装置。包括各种指示仪表、安全连锁装置、限位装置等是否灵敏可靠，各防护罩有无损坏。

⑨ 检查附件有无磨损、失效。

⑩ 部分解体检查，根据零件磨损情况来确定零件是否需要更换或修复。原则上尽量不拆卸零件，尽可能用简易方法或借助仪器判断零件的磨损，对难以判断的零件磨损程度和必须测绘、校对图样的零件才进行拆卸检查。

3）预检达到的要求。

① 全面掌握设备技术状态劣化的具体情况，并做好记录。

② 明确产品工艺对设备精度、性能的要求。

③ 确定需要更换或修复的零件，尤其是保证大型复杂铸锻件、焊接件、关键件和外购件的更换或修复。

④ 测绘或核对的更换件或修复件的图样要准确可靠，保证制造或修配的顺利进行。

4）预检的步骤。

做好预检前的各项准备工作，按预检内容进行。在预检过程中，对发现的故障隐患必须及时加以排除，恢复设备的工作性能。预检结束要提交预检结果，在预检结果中应尽量定量地反映检查出的问题，以便为维修人员作出相对准确的参考。

（2）编制大修技术文件

通过预检和分析确定维修方案后，必须准备好大修用的技术文件和图样。设备大修技术文件和图样包括：维修技术任务书，修换件明细及图样，材料明细表，维修工艺，专用工、检、研具明细表及图样，维修质量标准等。

注 意

技术文件是编制维修作业计划，指导维修作业以及检查和验收维修质量的依据。

1）编制维修技术任务书。维修技术任务书由维修主要负责人编制，经主管人员审查，最后由设备管理部门负责人批准。设备维修技术任务书的内容包括以下几个方面：

① 设备修前技术状况。包括说明设备维修前工作精度下降情况，设备的主要输出参数的下降情况，主要零部件的磨损和损坏情况，液压系统、润滑系统的缺损情况，电气系统的主要缺陷情况，安全防护装置的缺损情况等。

② 主要维修内容。包括说明设备要全部解体，清洗和检查零件的磨损和损坏情况，确定需要更换和修复的零件，简要说明基础件、关键件的维修方法，说明必须仔细检查和调整的机构，结合维修需要进行改善修理的部位和内容。

③ 维修质量要求。对装配质量、外观质量、空运转试车、负荷试车、几何精度和工作精度检验进行逐项说明并按相关技术标准检查验收。

2）编制修换件明细表。修换件明细表是设备大修前准备配件的依据，应当力求准确。

3）编制材料明细表。材料明细表是设备大修准备材料的依据。设备大修材料可分为主材和辅材两类。主材是指直接用于设备维修的材料，如电气材料、润滑油脂等。辅材是指制造更换件所用的材料、大修时用的辅助材料，不列入材料明细表，如清洗剂、擦拭材料等。

4）编制维修工艺规程。设备维修工艺规程应具体规定设备的维修程序、零部件的维修方法、总装配与试车的方法及技术要求等，以保证大修质量。它是设备大修时必须认真遵守和执行的指导性技术文件。

提 示

编制设备大修工艺时，应根据设备维修前的实际状况、单位的维修技术装备和维修技术水平，做到技术上可行，经济上合理，切合生产实际要求。

设备维修工艺规程通常包括以下几个方面：

① 整机和部件的拆卸程序、方法以及拆卸过程应检测的数据和注意事项。

② 主要零部件的检查、维修和装配工艺，以及应达到的技术条件。

③ 关键部件的调整工艺以及应达到的精度要求、技术要求以及检查方法。

④ 总装配的程序和装配工艺，应达到的精度要求、技术要求以及检查方法。

⑤ 总装配后试车程序、规范及应达到的技术条件。

⑥ 在拆卸、装配、检查测量及修配过程中需用的通用或专用的工、研、检具和量仪。

⑦ 维修作业中的安全技术措施等。

5）大修质量标准。设备大修后的精度、性能标准应能满足产品质量、加工工艺要求，并要有足够的精度储备。大修质量标准主要包括几下几个方面：

① 设备的工作精度标准。

② 设备的几何精度标准。

③ 空运转试验的程序、方法，检验的内容和应达到的技术要求。

④ 负荷试验的程序、方法，检验的内容和应达到的技术要求。

⑤ 外观质量标准。

在设备维修验收时，可参照国家和有关部委等制定的一些设备大修通用技术条件，如有特殊要求，应按其维修工艺、图样或有关技术文件的规定执行。如果没有相关规定和标准，大修时应按照设备出厂技术标准进行检验。

2. 设备维修前的物质准备

设备维修前的物质准备是一项非常重要的工作，是保证维修工作顺利进行的重要环节和物质基础。实际工作中经常由于配件供应不上而影响维修工作的正常进行，延长维修时间，耽误企业生产，使企业受到损失。因此，必须加强设备维修前的物质准备工作。

提　示

维修技术人员在编制好修换明细表和材料明细表后，应及时将明细表交给供应材料的相关部门或人员。同样，维修工艺编制完毕，也应及时把专用工、检具送到有关部门进行鉴定，以按时提取使用。

巩固训练

1.1.5 设备维修方案的熟悉与制定

1）到机修厂参观，跟工人师傅请教，学习普通设备维修方案的制定。

2）到设备资料室查阅设备维修方案的相关资料，认真学习，学生间相互讨论。

3）教师可针对某一小型设备或设备的某一部件，引导学生分组讨论，练习制定维修方案；主要侧重于设备维修前技术资料和物质的准备以及装配的顺序。

任务评价

任务评分表见表1.1。

表1.1　机电设备维修评分表

序号	项目	配分	考核标准	得分
1	相关工艺知识	50	1）熟悉设备维修的类别，掌握其含义，1次回答不正确扣5分； 2）能够正确回答设备维修的过程，1次回答不正确扣5分	
2	设备维修方案	50	能够制定小型设备或部件的简单维修方案，每缺1项扣10分	

知识拓展：设备维修内容

1. 设备大修内容

1）对设备的全部或大部分解体检查，并做好记录。

2）全部拆卸设备的各部件，对所有零件进行清洗并做出技术鉴定。

3）编制大修技术文件，并作好修理前各方面的准备。

4）更换或修复失效的全部零部件。

5）刮研或磨削全部导轨面。

6）修理电气系统。

7）配齐安全防护装置和必要的附件。

8）整机装配，并调试达到大修质量技术要求。

9）翻新外观（重新喷漆、电镀等）。

10）整机验收，按设备出厂标准进行检验。

2. 设备项修内容

1）全面进行精度检查，确定需要拆卸分解、修理或更换的零部件。

2）修理基准件，刮研或磨削需要修理的导轨面。

3）对需要修理的零部件进行清洗、修复或更换。

4）清洗、疏通各润滑部位，换油，更换油毡油线。

5）修理漏油部件。

6）喷漆或补漆。

7）按部颁修理精度、出厂精度或项修技术任务规定的精度检验标准，对修完的设备进行全部检查。但对项修时难以恢复的个别精度项目可适当放宽。

任务小结

本任务介绍了机电设备维修的类别、维修的工作过程、维修方案的确定、设备维修前的技术和物质准备等。通过本任务的学习，要掌握小型设备维修方案的制定方法，能够在设备维修前对各种技术资料整理齐全，并要求维修人员全面了解，以便保证维修工作的顺利进行。

复习与思考

1. 机电设备按维修内容和技术要求可划分为哪几类？
2. 对设备大修总的技术要求是什么？
3. 设备维修的工作过程包括哪些内容？
4. 设备大修的工作过程包括哪些内容？
5. 设备大修、中修与小修有什么不同？
6. 在什么情况下对设备进行项修？

任务1.2 机电设备零件的失效、修复与更换

工作任务

C616车床导轨面产生划伤和研伤、CK6150车床导轨多处被切屑划伤，需要修复。

工作场景

一体化教室，多媒体教学设备，常用设备维修技术手册；机电设备维修实训室，C616车床床身，CK6150车床床身，导轨修复用各种工具、量具及各种原材料等。

知识目标

1. 了解机电设备零件失效的类型。
2. 掌握零件磨损的一般规律。
3. 掌握减少零件变形和蚀损的措施。
4. 熟悉零件修复与更换的标准和原则。

能力目标

1. 能用常见的几种修复方法对机械零件进行修复。
2. 会用钎焊法和电刷镀法对机床导轨进行修复。

相关知识

1.2.1 机电设备零件的失效

机电设备上的零件不能完成规定功能或不能可靠和安全地继续使用称为失效。机电设备类型很多，其运行状况和环境差异很大，零件的失效形式也很多，发生的原因各不相同，一般按失效件外部形态特征可分为磨损、变形、断裂、蚀损等四种类型。在这四种类型中，最主要的失效形式是磨损失效，最危险的失效形式是断裂失效。

1. 零件的磨损

机电设备工作过程中，相对运动零件的表面上发生尺寸、形状和表面质量变化的现象称为磨损。经观察和实验发现，凡有相对运动、相互摩擦的零件都有不同程度的磨损。磨损的速度不仅直接影响机床的使用寿命，而且还造成能耗的大幅增加。据统计，磨损造成的能源损失占全世界能耗的三分之一左右，大约有80%的损坏零件是由于磨损造成的。因此，研究磨损具有重大的经济意义。

(1) 磨损的一般规律

在不同条件下工作的机械零件，磨损发生的原因及形式各不相同，但磨损量随时间的延长而变化的规律则极为相似。机械零件的磨损一般分为三个阶段，如图1.2所示。

1) 磨合磨损阶段。由于新加工零件表面比较粗糙，因此零件磨损十分迅速；随着时间的延长，表面粗糙度下降，实际接触面积增大，磨损速度逐渐下降，当达到图1.2所示的

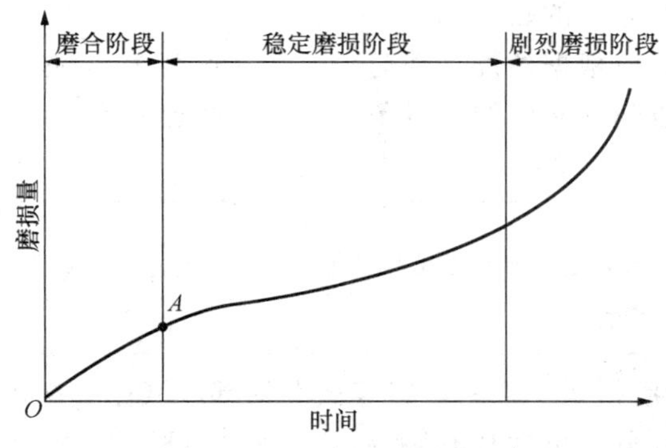

图 1.2　磨损特性曲线

A 点时，正常磨损条件已经形成。经过这一阶段后，零件的磨损速度逐渐过渡到稳定状态。选择合适的磨合载荷、相对运动速度、润滑条件等参数是尽快达到正常磨损的关键因素，应以最小的磨损量完成磨合。磨合阶段结束后，应清除摩擦副中的磨屑，更换润滑油，才能进入满负荷正常使用阶段。

2）稳定磨损阶段。摩擦表面的磨损量随着工作时间的延长而稳定、缓慢增长，属于自然磨损。在磨损量达到极限值以前的一段时间是零件的耐磨寿命。它与摩擦表面工作条件、维护保养质量等有很大关系。维护保养好，磨损寿命就长，就可以提高设备的可靠性与有效利用率。

3）剧烈磨损阶段。由于摩擦条件发生较大变化，如温度升高、冲击载荷增大、润滑状态恶化、磨损速度急剧增加等，最后导致零件失效，设备不能继续使用。这一阶段应采取修复、更换等措施，防止设备故障的发生。

（2）磨损的分类

根据磨损形式的不同，机电设备零件的磨损可分为磨料磨损、黏着磨损、疲劳磨损、腐蚀磨损和微动磨损。

1）磨料磨损。磨料磨损又称为磨粒磨损，它是由于摩擦副的接触表面之间存在着硬质颗粒，或者当摩擦副材料一方比另一方的硬度大得多时，所产生的一种类似金属切削过程的磨损现象。磨料磨损的显著特点是磨损表面具有与相对运动方向平行的细小沟槽；螺旋状、环状或弯曲状细小切屑及部分粉末。

注　意

在各类磨损中，磨料磨损占50%左右，是危害性很严重的一种磨损，通常采取减少磨料进入和增强零件的耐磨性等措施来减轻磨料磨损。

2）黏着磨损。构成摩擦副的两个摩擦表面，在相对运动时接触表面的材料从一个表面转移到另一个表面所引超的磨损称为黏着磨损。根据零件摩擦副表面破坏程度不同，黏着磨损可分为轻微磨损、涂抹、擦伤、撕脱以及咬死等五类。

由于黏着作用，摩擦副在重载条件下工作时，因润滑不良、相对运动速度高、摩擦等原因产生的热量来不及散发，摩擦副表面产生极高的温度，材料表面强度降低，使承受高压的表面凸起部分相互粘黏，在相对运动中被撕裂下来，使材料从强度低的表面上转移到材料高的表面上，造成摩擦副的破坏。

为了减少黏着磨损，应根据条件（载荷、温度、速度等），选用适当的润滑剂，或在润滑剂中加入添加剂等，以建立必要的润滑条件，减少摩擦和磨损。

提　示

由于材料成分和金相组织相近的两种金属材料之间也容易发生黏着磨损，所以应当选用不同材料成分和晶体结构的材料制造摩擦副。

3）疲劳磨损。疲劳磨损是摩擦副材料表面上局部区域循环接触应力作用下产生疲劳裂纹，由于裂纹不断扩展并分离出微片和颗粒的一种磨损形式。根据摩擦副之间的接触和相对运动方式不同，疲劳磨损可分为滚动接触疲劳磨损和滑动接触疲劳磨损两种形式。

减少或消除疲劳磨损的对策就是控制影响裂纹产生和扩展的因素。首先是材质，钢中非金属夹杂物的存在易引起应力集中，这些夹杂物的边缘最易形成裂纹，从而降低材料的接触疲劳寿命。材料的组织状态、内部缺陷等对磨损有重要的影响。其次是表面粗糙度，实践证明，适当降低表面粗糙度是提高抗疲劳磨损能力的有效途径。此外，表面应力状态、配合精度的高低、润滑油的性质等都对疲劳磨损的速度产生影响。

注　意

表面应力过大、配合间隙过小或过大、润滑油在使用中产生的腐蚀性物质等都会加剧疲劳磨损。

4）腐蚀磨损。在摩擦过程中，金属与周围介质发生化学反应或电化学反应，引起金属表面的腐蚀物剥落，这种现象称为腐蚀磨损。它是在腐蚀现象与机械磨损、黏着磨损、磨料磨损等相接合时才能形成的一种机械化学磨损。腐蚀磨损是一种极为复杂的磨损过程，经常发生在高温或潮湿的环境中，更容易发生在有酸、碱、盐等特殊介质的条件下。根据腐蚀介质的不同类型和特性，通常将腐蚀磨损分为氧化磨损和特殊介质磨损两类。

5）微动磨损。两个固定接触表面由于受到小振幅振动而产生的磨损称为微动磨损。微动磨损主要发生在相对静止的零件结合表面上，如键连接表面、过盈或过渡配合表面等。微动磨损的主要危害是使配合精度下降，过盈配合部件紧度下降甚至松动，连接件松动或分离，严重时引起事故。

注　意

微动磨损还易引起应力集中，导致连接件疲劳断裂。

由于微动磨损集中在局部范围内，同时两摩擦表面永远不脱离接触，磨损产物不易往外排除，磨屑在摩擦面起到磨料的作用，又因摩擦表面之间的压力使表面凸起部分黏着，黏着处被外界小振幅引起的摆动所剪切，剪切处表面又被氧化，所以微动磨损兼有黏着磨损和氧化磨损的作用。

提　示

减少或消除微动磨损的对策应从材质、载荷、振幅和温度等几个方面进行考虑。

2. 零件的变形

机械零件在外力作用下，产生形状或尺寸变化的现象称为变形。过量的变形是机械失效的重要类型，也是判断断裂的明显征兆。当机械零件的变形量超过允许极限时，将丧失工作能力，严重的还会造成事故。

(1) 金属零件的变形类型

金属零件受力所产生的变形分为弹性变形和塑性变形两类。在弹性变形阶段，应变和应力之间呈线性关系，应力消失后变形完全消除，恢复原状。在塑性变形阶段，应变与应力之间呈非线性关系，应力消失后变形不能完全消除，总有一部分变形被保留下来，此时，材料的组织和性能都会发生相应变化。

在金属零件使用过程中，若产生超过设计允许的弹性变形即超量弹性变形时，则会影响零件的正常工作。如传动轴工作时，超量弹性变形会引起轴上啮合部位恶化，影响齿轮和支承它的滚动轴承的寿命。因此，设备在运行中，必须防止超量弹性变形的产生。

提　示

塑性变形更易使金属零件的尺寸和外形发生变化，严重的会直接引起零件报废，甚至还会造成严重的事故。

(2) 减少机械零件变形的措施

变形是不可避免的，因此，应从引起机械零件变形的各种因素出发，尽量减少零件的变形。

1) 从设计方面考虑。设计时不仅要考虑零件的强度，还要考虑零件的刚度、制造、装配、使用、拆卸和维修等多方面的问题。首先要正确选用材料，注意工艺性能。如铸造时的流动性、收缩性；锻造时的可锻性、冷镦性；焊接时的冷裂和热裂的倾向性；机加工的可切削性；热处理的淬透性等。其次要合理布置零部件，选择适当的结构尺寸，改善零件的受力状况。如尽量把尖角改为圆角或倒角；把盲孔改为通孔等。再次，在设计时要尽量应用新技术、新工艺和新材料，减少制造时的内应力和变形。

2) 从加工方面考虑。首先，在零件加工前要对毛坯材料进行去除应力处理，如对金属材料进行时效处理或退火处理等。其次，在制定机械零件加工工艺规程时，要在工序、工步的安排以及工艺装备和操作上采取减少变形的措施。再次，机械零件在加工和修理过程中要减少基准的转换，尽量保留工艺基准，以便修理时使用，这样可以减少修理加工中因基准不统一而造成的误差。

3) 从修理方面考虑。为了尽量减少零件在维修中产生的应力变形，在设备大修时除了检查配合面的磨损情况，还应对相互位置精度进行检查和修复。

4) 从使用方面考虑。加强设备管理，严格执行安全操作规程，加强设备的检查和维护保养，避免设备超负荷工作。

3. 零件的断裂

机械零件发生局部或整体裂开的现象称为断裂。随着机械设备向着大功率、高转速方向发展，断裂已成为机械零件失效的主要形式之一。虽然断裂与磨损、变形相比失效的几率很小，但由于零件的断裂会造成严重的事故，所以必须对断裂失效高度重视。

(1) 断裂的分类

机械零件的断裂一般可分为韧性断裂、脆性断裂和疲劳断裂等。

1) 韧性断裂。韧性断裂是零件在断裂之前有明显的塑性变形并伴有颈缩现象的断裂。实际应力超过了材料的屈服强度是引起金属韧性断裂的实质。

2) 脆性断裂。脆性断裂是没有明显的塑性变形、发展速度极快的一种断裂形式。由于脆性断裂时没有明显的预兆，事故的发生具有突然性，因此是一种非常危险的断裂破坏形式。

3) 疲劳断裂。疲劳断裂是金属零件经过一定次数的循环载荷或交变应力作用后引起的断裂现象。在机械零件的断裂失效中，疲劳断裂占80%～90%。

(2) 减少断裂失效的措施

1) 设计方面。零件结构设计时，应尽量减少应力集中，根据环境介质、温度、负载性质合理选择材料。

2) 工艺方面。在对金属材料进行热处理时，可根据不同的材料选择不同的工艺方法进行。

3) 安装使用方面。正确安装，防止产生附加应力与振动；正确使用，保护设备的运行环境，防止腐蚀介质的侵蚀和周围温度的变化过大。

4. 零件的蚀损

零件的蚀损就是腐蚀损伤，是指金属材料与周围介质产生化学或电化学反应造成表面材料损耗、表面质量破坏、内部晶体结构损伤，最终导致零件失效的现象。

(1) 蚀损的类型

按金属与介质作用机理划分，机械零件的蚀损可分为化学腐蚀和电化学腐蚀两类。

1) 化学腐蚀。化学腐蚀是指单纯由化学作用引起的腐蚀。在这一腐蚀过程中不产生电流，介质是非导电的。

2) 电化学腐蚀。电化学腐蚀是金属与电解质物质接触时产生的腐蚀，大多数金属腐蚀都属于电化学腐蚀。

(2) 减少零件蚀损的措施

1) 正确选材。根据环境介质和使用条件，选择合适的耐腐蚀材料，如含有铬、铝、硅等元素的合金钢；在条件许可的情况下最好选用尼龙、塑料、陶瓷等非金属材料。

2) 合理设计。设计零件结构时应尽量使整个部位的所有条件均匀一致，做到结构合理，外形简化，表面粗糙度合适。

3) 覆盖保护层。在金属表面上覆盖保护层，可把金属与介质隔开，以防止腐蚀。

4) 电化学保护。对被保护的机械零件接通直流电流进行极化，以消除电位差，使之达到某一电位时，被保护金属的腐蚀可以很小，甚至呈无腐蚀状态。

5) 添加缓蚀剂。在腐蚀性介质中加入少量缓蚀剂，可减轻腐蚀。按化学性质的不同，缓蚀剂有无机缓蚀剂和有机缓蚀剂两类。无机类如硝酸钠、硫酸钠等，在金属表面形成保护，使金属与介质隔开。无机类如动物胶、生物碱等，能吸附在金属表面上，使金属溶解并抑制还原反应，减轻金属腐蚀。

1.2.2 机电设备零件的修复与更换

1. 零件修复与更换的标准

在机电设备维修中，机械零件是否进行更换，主要取决于零件的磨损程度以及对设备精度的影响。

(1) 对零件强度的影响

零件磨损后，强度下降，如果继续使用就可能引起事故，此时必须加以修复或更换。

(2) 对磨损状况的影响

零件磨损后若继续使用，将引起磨损加剧，还有可能出现发热、卡死、折断等事故，所以必须进行修复或更换。

(3) 对设备精度的影响

当零件磨损后会直接影响到设备的精度，致使设备不能满足工艺要求，此时零件必须进行修复或更换。

(4) 对设备功能的影响

当零件磨损后，设备的某些功能就不能正常完成，如离合器磨损后不能传递预定的动力，凸轮机构不能保证预定的运动规律等，此时必须进行修复或更换。

(5) 对生产率的影响

零件磨损后致使机床的生产率下降，使机床不能满负荷工作，所以必须进行修复或更换。

2. 零件修复或更换的原则

机械零件磨损后，在不降低设备精度的前提下，应尽量修复而不进行更换。以节约材料，降低成本。对失效零件是修复还是更换，应当全面考虑，综合分析。一般可根据以下原则确定。

(1) 经济性

决定零件是修复还是更换，必须考虑维修的经济性，修复零件应在保证维修质量的前提下，尽量降低成本。

(2) 可靠性

当修复后的零件至少能维护到下次维修时，可采用修复。否则，应采用更换。

(3) 安全性

当修复后的零件能恢复到原来的强度和刚度时，可采用修复。否则，应采用更换。

(4) 准确性

当修复后的零件能恢复到原来的技术指标时，可采用修复。否则，应采用更换。

(5) 时间性

当修复零件的周期较长，而生产任务又较紧时，为了不耽误生产可优先采用更换。否则，可采用修复。

任务实施

1.2.3 常用零件的修复方法

当设备上的零件失效无法正常工作时，最简单的方法就是更换新的零件，但由于更换新件浪费材料，资金消耗较大，而且有时零件也不一定合适。这种情况下，最合理的方法是将失效的零件尽量进行修复。下面介绍几种常用的零件修复方法。

1. 电镀修复法

电镀修复法是用电化学方法在镀件表面上沉积所需形态的金属覆盖层，从而修复零件的尺寸或改善零件表面性能的方法。目前常用的电镀方法有镀铬、低温镀铁和电刷镀等，其中电刷镀技术在设备维修中得到了广泛应用。

电刷镀又称金属涂镀，是一种在工件的某些表面上应用电化学原理快速沉积金属离子的修复工艺。电刷镀技术是电镀技术的新发展，它的显著特点是设备轻便、工艺灵活、沉积速度快、镀层种类多、镀层结合强度高、适应范围广、对环境污染小、省水省电等，是机械零件修复和强化的有力手段，尤其适用于大型机械零件的不解体现场维修。

（1）电刷镀技术的基本原理

电刷镀技术的基本原理如图1.3所示，电刷镀技术采用专用的直流电源设备，电源正极接镀笔，作为电刷镀时的阳极，电源的负极接工件，作为电刷镀时的阴极。镀笔通常采用高纯细石墨块作阳极材料，石墨块外面包裹上棉花和耐磨的涤棉套。电刷镀时使蘸满镀液的镀笔以一定的相对运动速度在工件表面上移动，并保持适当的压力。在镀笔与工件接触的部位，镀液中的金属离子在电场力的作用下扩散到工件表面，在工件表面金属离子得电子被还原，这些金属原子在工件表面沉积结晶，形成镀层。随着电刷镀时间的增长，镀层逐渐增厚。

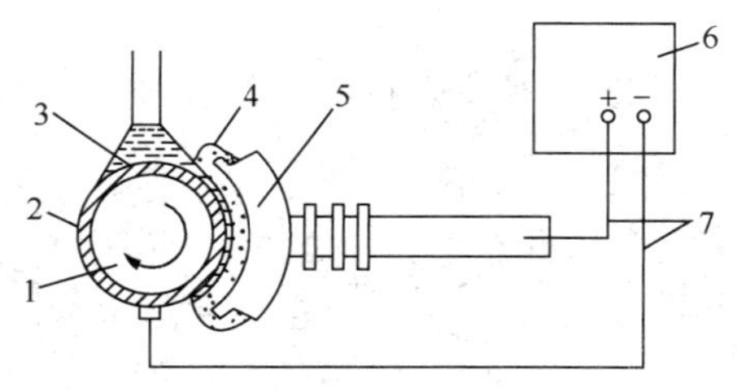

图1.3 电刷镀原理示意图

1—工件；2—刷镀层；3—刷镀液；4—阳极包套；5—刷镀笔；6—电源；7—导线

（2）电刷镀工艺

电刷镀技术的整个工艺过程包括镀前表面预加工、脱脂除锈、电净处理、活化处理、镀底层、镀工作层和镀后防锈处理等。

1）表面预加工。去除表面上的毛刺、疲劳层、修整平面、圆柱面、圆锥面达到精度要求，表面粗糙度值 $R_a<2.5\mu m$。对深的划伤和腐蚀斑要用锉刀、油石等修磨，直至露出基体金属。

2）清洗、脱脂、防锈。锈蚀严重的可用喷砂、砂布打磨，油污用汽油、丙酮或水基清洗剂清洗。

3）电净处理。大多数金属都需要用电净液对工件表面进行电净处理，以进一步除去微观上的油污。被镀表面的相邻部位也要认真清洗。对有色金属和易氢脆的超高强度钢电净处理时工件接正极，使表面阳极溶解，其他钢铁等材料工件接阴极，电净处理时阴极上产生氢气泡使表面的油污去除脱落。

4）活化处理。活化处理用来除去工作表面的氧化膜、钝化膜或析出的碳元素微粒黑膜。

5）镀底层。为了提高工作镀层与基体金属的结合强度，工件表面经仔细电净处理、活化处理后，需先用特殊镍、碱铜或低氢脆性镉镀液预镀一层底层，厚度为 0.01～0.02mm。其中特殊镍作底层，适用于不锈钢，铬、镍材料和高熔点金属；碱铜作底层，适用于难镀的金属，如铝、锌或铸铁等；低氢脆性镉作底层，适用于对氢特别敏感的超高强度钢，在经过阳极电净及活化处理后用低氢脆性镉镀液作底层，既可提高镀层与基体的结合强度，又可避免渗氢变脆的危险。

6）镀尺寸镀层和工作镀层。由于单一金属的镀层随厚度的增加内应力也增大，结晶变粗，强度降低，过厚时将引起裂纹或自然脱落。一般单一镀层不能超过 0.03～0.05mm 的安全厚度，快速镍和高速铜不能超过 0.03～0.05mm 的安全厚度。如果被镀工件的磨损量较大，则需先电刷“尺寸镀层”来增加尺寸，甚至用不同镀层交替迭加，最后才镀一层满足工件表面要求的工作镀层。

7）镀后清洗。用自来水彻底清洗冲刷已镀表面和邻近部位，用压缩空气吹干，并涂上防锈油或防锈液。

2. 喷涂修复法

喷涂修复法是将非自熔金属、合金或尼龙塑料的丝或粉末等喷涂材料，利用氧-乙炔火焰或电弧熔化并吹成雾状喷射到零件磨损的部位，使之沉积零件表面成为涂层的一种方法。金属或非金属涂层中有许多微孔，可以储存润滑油，因而提高了修复表面的耐磨性。该方法多用于轴与轴颈的修复，也可用来修复机床导轨和青铜轴承等。

喷涂的方法很多，常用的有热喷涂、电弧喷涂、氧-乙炔火焰喷涂、等离子喷涂、激光涂覆等。其中电弧喷涂技术由于其设备、材料的发展与更新，越来越成为目前最受欢迎的喷涂技术之一。

（1）电弧喷涂的原理

电弧喷涂是以电弧为热源，将金属丝熔化并用气流雾化，使熔融粒子高速喷到工件表面形成涂层的一种工艺，如图 1.4 所示。喷涂时，两根丝状金属喷涂材料用送丝装置通过送丝轮均匀、连续地分别送进电弧喷涂枪中的导电嘴内，导电嘴分别接电源的正、负极，并保证两根丝之间在未接触之前的可靠绝缘。当两金属丝材端部由于送进而互相接触时，在端部之间短路并产生电弧，使丝材端部瞬间熔化，压缩空气把熔融金属雾化成微熔滴，以很高的速度喷射到工件表面，形成电弧喷涂层。

（2）电弧喷涂工艺

1）表面预处理。表面预处理包括表面脱脂与表面粗化，将喷涂部位及周围表面的油清洗干净，然后再用机械方法进行修整。

2）电弧喷涂金属涂层。一般情况下，对于轴颈而言，表面喷涂金属涂层要达到 6～7mm。

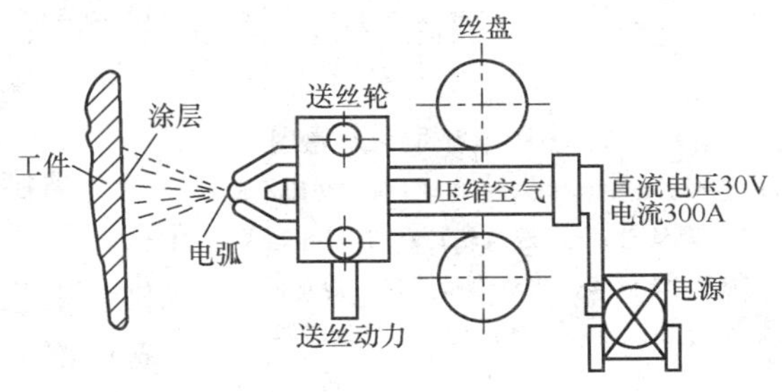

图 1.4　电弧喷涂原理示意图

3）喷涂层的机械加工。对轴类零件，一般先用车刀精车，留下0.3～0.5mm的磨削余量进行磨削加工。

4）喷涂质量检验。喷涂表面涂层应致密，无气孔、无砂眼、无起皮，表面粗糙度$R_a<0.8\mu m$。

3. 焊接修复法

通过加热或加压或者两者并用，加入或不加填充材料，使焊接材料连接在一起用于修复失效零件的方法叫焊接修复法。焊接修复的方法很多，零件断裂或局部磨损后，使用较多的焊接修复法有焊条电弧焊修复法、振动电堆焊修复法和钎焊修复法等。

（1）焊条电弧焊修复法

焊条电弧焊修复法是用手工操纵焊条，利用焊条与焊件间产生的电弧热将金属加热并熔化而实现修复的方法。此种方法常用于修复碳素钢、低合金钢和铸铁制成的零件。焊接电弧焊设备简单、操作方便，但其焊接修复的质量直接受操作人员自身水平和熟练程度的影响。所以整体质量较难控制。

（2）振动电堆焊修复法

振动电堆焊修复法就是在零件磨损表面加焊耐磨涂层的一种方法。其特点是熔深小，堆焊层薄而均匀，耐磨性较好，工件受热少，变形小，生产率高，成本低。

振动电弧堆焊的基本原理如图1.5所示，焊丝以一定频率和振幅振动而产生电脉冲的自动堆焊。图中焊嘴受交流电磁铁和调节弹簧的作用，产生频率为100Hz的振动。为了防止焊丝和焊嘴熔化黏结或在焊嘴上结渣，需向焊嘴供给少量冷却液。焊丝可以在较低的电压下以较小的熔滴稳定、均匀地沉积到工件表面，得到良好的焊层。

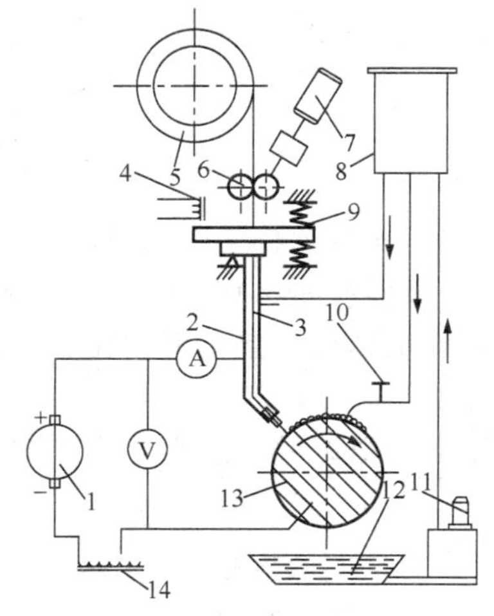

图1.5　振动电弧堆焊示意图

1—电源；2—焊嘴；3—焊丝；4—交流电磁铁；5—焊丝盘；6—送丝轮；7—送丝电动机；8—水箱；9—调节弹簧；10—冷却液供给开关；11—水泵；12—冷却滚沉淀箱；13—工件；14—电感线圈

（3）钎焊修复法

钎焊修复法就是用熔点低于零件材料的填充金属将零件连接或填充缺陷的方法。钎焊需要的温度低，焊接后零件变形小，但其工艺比较复杂、不易掌握，且连接强度低。

钎焊修复的工艺过程为：用汽油粗洗待焊表面；用刮刀去除拉伤沟槽内氧化物，使其露出金属光泽；用脱脂棉蘸丙酮清洗表面至干净；在待焊表面涂上焊剂，用电烙铁将焊条熔化在沟槽内保持一段时间，使熔化的合金液体较好地填充到沟槽内；钎焊后，应用刮刀刮平焊补处。

4. 黏接修复法

黏接修复法是用黏接剂对零件磨损或缺陷部位进行修补，对零件的断裂处进行黏接修复的方法。黏接修复工艺简单、操作方便、连接可靠，在各种机械设备的修复中具有较好的效果。

注 意

黏接修复法的最大缺点是强度较低和耐热性较差，如果这个缺点能够克服，它将给机器制造和设备修复带来革命性的变化。

(1) 黏接修复的分类

黏接修复分为无机黏接和有机黏接两类。

1) 无机黏接。无机黏接使用的是无机黏接剂，它由磷酸溶液和氧化物组成，工业上大都采用磷酸和氧化铜。在黏接剂中加入还原铁粉、硬性合金粉和碳化硼等，可分别增加黏接剂的导电性、强度和硬度等。无机黏接剂具有强度低、脆性大、适应范围小等缺点，适应套接，不适于平面对接和搭接。

2) 有机黏接。常用的有机黏接实际上就是环氧树脂黏接。环氧树脂黏接由黏接剂、固化剂、增塑剂、增韧剂、填充剂、促进剂、防老化剂等成分组成。其中黏接剂、固化剂、增塑剂和填充剂是必需成分，其余部分是根据需要适量加入。

(2) 黏接修复工艺

1) 黏接剂和黏接接头。根据工件材料、受力情况和使用环境选用合适的黏接剂和设计合理的黏接接头。

2) 表面处理。表面清洗可先用干布、棉纱等除尘、除去厚油脂，再以丙酮、汽油等有机溶剂擦拭。用锉削、打磨、粗车、喷砂等方法除锈及氧化层，并可粗化表面。金属件的表面粗糙度值 R_a 为 12.5μm 为宜。经机械处理后，再将表面清洗干净，干燥后待用。

3) 配胶。成品胶使用时应摇匀或搅匀；自配制胶时要注意配比，并要搅拌均匀，避免混入空气，以防胶层内出现气泡。

4) 涂胶。应根据黏接剂的不同形态，选用不同的涂布方法。涂胶时应注意保证胶层无气泡、均匀而不缺胶。涂胶量和涂胶次数因胶的种类不同而异，胶层厚度宜薄。对于大多数黏接剂，胶层厚度控制在 0.05～0.2mm 为宜。

5) 晾置。含有溶剂的黏接剂，涂胶后应晾置一定时间，以使胶层中的溶剂充分挥发，否则固化后胶层内产生气泡，降低胶结强度。晾置时间的长短、温度的高低都因胶而异，按规定掌握。

6) 固化。晾置好的两个被黏接件可进行合拢、装配和加热、加压固化。除常温固化胶外，其他胶几乎均需加热固化。

7) 质量检验。黏接件的质量检验有破坏性检验和无损检验两种。破坏性检验是测定黏接件的破坏强度。在实际生产中常用无损检验，一般通过观察外观和敲击听声音的方法进行检验，其准确性在很大程度上取决于检验人员经验。

8) 黏接后的加工。有的黏接件黏接后还要通过机械加工或钳加工达到加工技术要求。加工前应进行必要的倒角、打磨，加工时应控制切削力和切削温度。

5. 机械加工修复法

1) 改变尺寸修复法。对相配合的零件，因磨损而产生的尺寸误差和形位误差，可通过对其主要零件进行切削加工，以恢复其形位精度和表面粗糙度，并按零件的新尺寸与其配合的零件相配合，这种修理方法称为改变尺寸修复法。

2）镶嵌修复法。在结构允许的条件下，修复磨损的两个配合件，通过增加一个零件来补偿因修复而减少的部分，这种修复方法称为镶嵌修复法。

3）局部修复法。当零件只是某一部位发生严重磨损或损坏而其他部位仍可继续使用时，可将磨损或损坏的部位切除，制造出新件后，用压配、键连接、铆接、焊接或黏接等方法加以组合固定，这种方法称为局部修复法。如对于模数较大，转速不高，当有一个或几个齿发生断裂时，可以用镶齿的办法进行修复。

6. 矫正修复法

矫正修复法主要针对轴类零件的矫直和对板类零件的矫平。

巩固训练

1.2.4　失效零件维修方案制定

1）分析机电设备零件磨损的类别、失效的原因，并作书面记录。

2）分组讨论制定某一零件修理方案，各组说明并展示自己的方案，论证其可行性。

1.2.5　机床导轨面修复

1. C616车床导轨面产生划伤和研伤

采用锡铋合金钎焊修复。

根据C616车床导轨面产生划伤和研伤的具体情况，经分析讨论，决定采用钎焊法进行修复。

（1）钎料、焊剂配制（成分为质量分数）

把55%的锡、45%的铋按配比分别称后一起放入铁制容器内加热至239～320℃，完全熔融后迅速注入三角槽内，冷凝后便成为锡铋合金焊条。

把氯化锌12%、氯化亚铁21%、蒸馏水67%放入玻璃瓶内，用玻璃棒搅拌至完全溶解后即可使用。

（2）焊前准备

1）将待焊处用煤油初步清洗并用细砂布打光。

2）将划伤或研伤处用三角锉或刮刀加工出金属光泽，并用钢丝刷清除表面上的石墨粉，再用丙酮擦洗到保持原色为止。

3）用脱脂棉蘸1号铜镀液（75%硫酸铜、25%蒸馏水）反复涂擦需镀铜部位。接着用同样方法涂擦2号铜镀液（成分为质量分数：浓盐酸30%、锌4%、硫酸铜或氧化铜4%、蒸馏水62%）作为过渡层，若镀层脱落应重镀。

4）镀铜液自然晾干后，用钢丝刷除去防范层上异物，若镀层脱落应重镀。

5）将导轨施焊部位加热到34～42℃，避免火焰直接触及镀层，以防烧毁或氧化。

6）用锡铋合金焊条不断触及已加热到340～350℃的热烙铁，焊条熔化即停止加热。烙铁蘸上焊剂，同时在工件的镀铜层和焊条上用干净毛刷涂上焊剂。

（3）施焊操作

1）用热烙铁切下少量焊条涂于施焊部位，趁焊料熔化迅速在镀层上往复移动涂擦。

2）钎焊时，若因毛细管现象和气体不易排出而出现焊缝不平时，应在烙铁焊完后，用氧-乙炔还原火焰重新把已焊上去的焊料熔化和整平。

3）待焊料凝固后，用刮刀铲平，若有气孔、未焊透、未焊牢等缺陷，应补焊。

4）清理钎焊导轨面，并在焊缝上涂覆一层全损耗系统用油防腐蚀。

2. CK6150 车床导轨多处被切屑划伤

出现长 300mm 以上、宽近 2mm、深 0.5mm 左右的沟槽，拟用电刷镀技术进行修复。

（1）整形

用刮刀、锉刀、油石等工具把伤痕扩大整形，使划痕侧面底部露出金属本体，保证和镀笔、镀液充分接触。

（2）涂保护漆

对镀液能流淌到的不需电刷镀的其他表面，需涂上绝缘清漆，以防产生不必要的电化学反应。

（3）脱脂

对待镀表面及相邻部位，用丙酮或汽油清洗脱脂。

（4）待镀表面两侧保护

用涤纶透明绝缘胶纸贴在划伤沟痕两侧。

（5）待镀表面净化和活化处理

电净工件接负极，电压 12V 约 30s；活化时用 2 号活化液，工件接正极，电压 12V，时间要短；清水冲洗后表面呈黑灰色；再用 3 号活化液活化，炭黑即除去，露出表面银灰色，清水冲洗后立即起镀。

（6）镀底层

用非酸性的快速镍镀底层，电压 10V，清水冲洗，检查底层与铸铁基体的结合情况及是否已将要镀的部位全部覆盖。

（7）镀高速碱铜作尺寸层

电压为 8V，沟痕较浅的可一次镀成，较深的则需用砂纸或细油石打磨掉高出的镀层，再经电净、清水冲洗，再继续镀碱铜，这样反复多次。

（8）修平

当沟痕镀满后，用油石等机械方法修平。如有必要，可再镀上 2～5μm 的快速镍层。

任务评价

任务评分表见表 1.2。

表 1.2　机床导轨面修复评分表

序号	项目	配分	考核标准	得分
1	钎料、焊剂配制	20	一项不符合要求扣 10 分	

续表

序号	项目	配分	考核标准	得分
2	维修前的准备	20	1）材料缺少一项扣5分； 2）工具缺少一项扣5分	
3	维修过程	30	1）先后顺序正确，否则，一项错误扣10分； 2）操作动作规范，否则，每次扣5分； 3）维修工序缺一项扣15分	
4	质量检验	30	1）表面平整，粗糙度合适，否则，每处扣10分； 2）表面美观，无明显接痕，否则，每处扣10分	

知识拓展：齿轮轮齿失效形式简介

齿轮在传动过程中，发生拆断、齿面损坏等现象，从而失去正常的工作能力，这种现象称为齿轮轮齿的失效。

（1）齿面点蚀

轮齿在传递动力时，由于接触面积很小，所以产生很大的接触应力。传动过程中，齿面间接触应力从零增加到最大值，又由最大值降到零，当接触应力的循环次数超过某一限度时，工作齿面便产生微小的疲劳裂纹。如果裂缝内渗入了润滑油，在另一轮齿的挤压下，封闭在裂纹内的油压会急剧升高，加速裂纹的扩展，最终导致表面层上小块金属的剥落，形成小坑，如图1.6所示，这种现象称为疲劳点蚀。实践表明，点蚀多发生在靠近节线的齿根表面处，如图1.7所示。

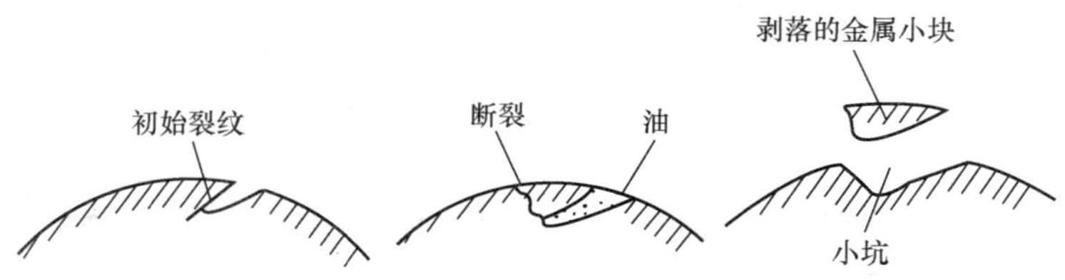

图1.6 润滑油对点蚀的影响

点蚀使轮齿表面损坏，造成传动不平稳和产生噪声，轮齿啮合情况会逐渐恶化而报废。

齿面抗点蚀的能力主要与齿面硬度有关，提高齿面硬度、减小齿面的表面粗糙度值和增大润滑油的黏度有利于防止点蚀。

（2）齿面磨损

齿轮在传动过程中，轮齿不仅受到载荷的作用，而且接触的两齿面间有相对滑动，使齿面发生磨损，如图1.8所示。齿面磨损的速度符合预定的设计期限，为正常磨损。正常磨损并不影响轮齿的正常工作。但齿面磨损严重时，渐开线齿廓被损坏，使齿侧间隙增大而引起传动不平稳，产生冲击和噪声，甚至会因齿厚过度磨薄发生轮齿折断。

为减小齿面磨损，应尽可能采用润滑条件良好的闭式传动，同时，提高齿面硬度，减小轮齿表面粗糙度值。

（3）齿面胶合

在重载传动中，齿轮副两齿轮工作齿面发生金属表面直接接触而形成“焊接”的现象，

称为齿面胶合，如图 1.9 所示。

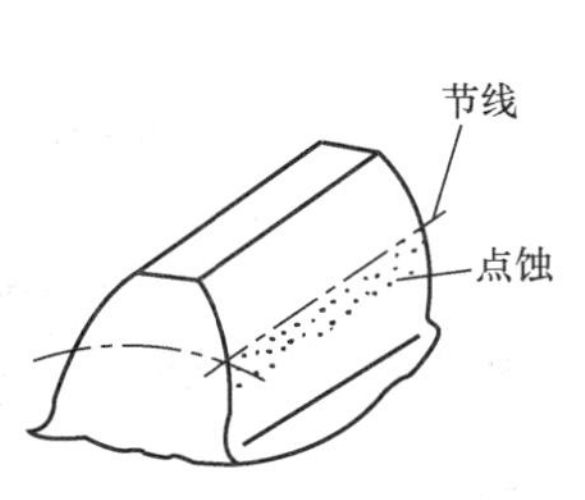

图 1.7　轮齿的点蚀

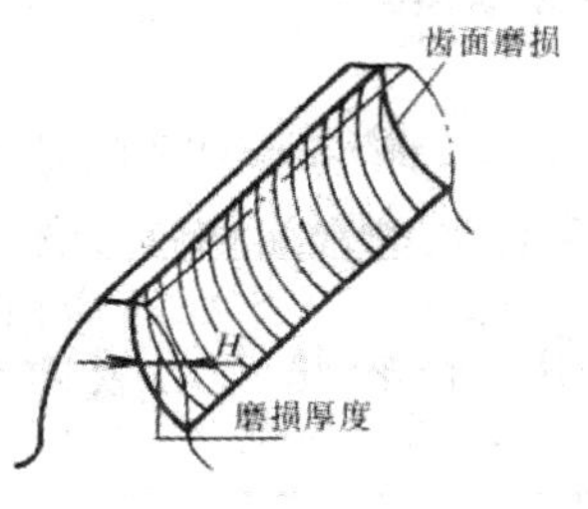

图 1.8　齿面磨损

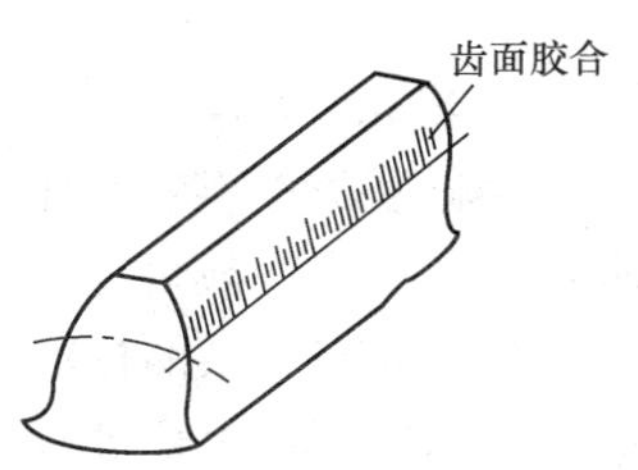

图 1.9　齿面胶合

产生齿面胶合的原因主要有：齿面发生胶合现象后，将严重损坏而失效。为防止产生齿面胶合，对于低速传动，可采用黏度大的润滑油；对于高速传动，则可采用硫化润滑油，使其较牢固地吸附在齿面上而不易被挤掉。提高齿面的硬度和减小轮齿表面粗糙度，以及两齿轮选择不同材料等措施均可减少胶合的发生。

（4）轮齿折断

传递载荷时，轮齿从啮合开始到啮合结束，随着啮合点位置的变化，齿根处的应力从零增至某一最大值，然后又逐渐减小到零，轮齿在交变载荷的不断作用下，在轮齿根部的应力集中处便会产生疲劳裂纹，如图 1.10 所示。随着重复次数的增加，裂纹逐渐扩展，直至轮齿折断，这种折断称为疲劳折断。

此外，用脆性较大的材料制成的齿轮，由于材料在受到适时过载或过大的冲击载荷时，常会引起轮齿突然折断，这种折断称为过载折断。

轮齿折断常常是突然折断的，不仅使机器不能正常工作，甚至会造成重大事故，因此应引起特别注意。

（5）齿面塑性变形

若齿轮材质较软，轮齿表面硬度不高，当工作在低速重载和频繁启动情况下，在较大的载荷和摩擦力的作用下，可能使齿面表层金属沿相对滑动方向发生局部的塑性流动，出现齿面塑性变形，如图 1.11 所示。塑性变形严重时，在齿顶边缘处会出现飞边。

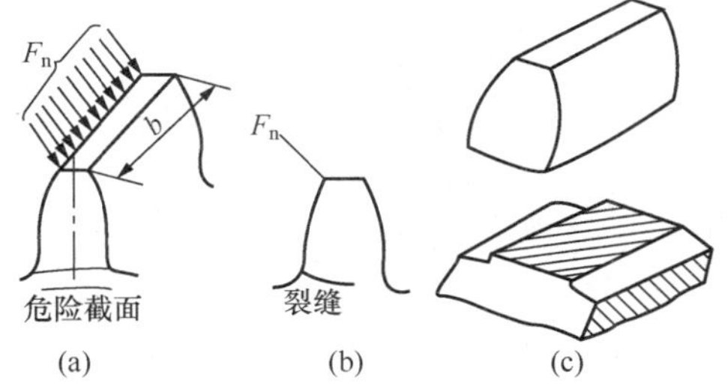

图 1.10　轮齿的折断

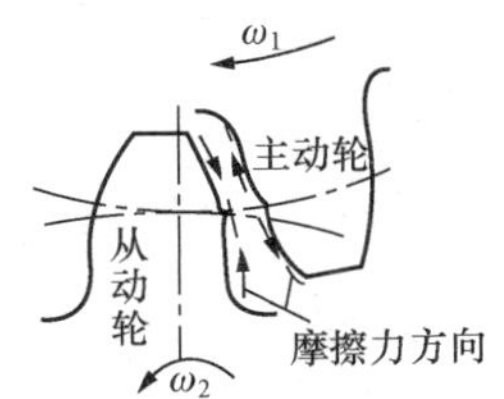

图 1.11　轮齿的塑性变形

齿面的塑性变形破坏了齿廓的形状，导致齿轮失效。提高齿面硬度和采用黏度较高的润滑油，有利于防止或减轻齿面的塑性变形。

任务小结

本任务重点介绍了零件磨损、变形、断裂、蚀损四种类型的失效，减少零件失效的措施，零件修复与更换的标准、原则以及几种常用修复零件的方法。通过本任务的学习，要掌握零件磨损的一般规律，以便于更好地延长零件的使用寿命，减少零件的变形和蚀损。熟悉零件修复与更换的标准和原则，掌握常用的零件修复方法，以利于对零件及时更换和修复，最大限度地保证设备正常运转。

复习与思考

1. 按失效零件外部形态特征划分，失效可分为哪几种类型？最主要的失效形式是哪一种？最危险的失效形式是哪一种？

2. 机械零件的磨损分为几个阶段？

3. 什么叫磨料磨损？它有什么特点？

4. 影响疲劳磨损的因素有哪些？

5. 减少机械零件变形的措施有哪些？

6. 减少机械零件断裂失效的措施有哪些？

7. 零件修复与更换的标准、原则各是什么？

8. 简述电刷镀的工艺。

9. 简述黏接修复的工艺

10. 简述振动电堆焊修复法的工作原理。

任务 1.3　机电设备零件的拆卸与清洗

工作任务

对 4135 型柴油机部分部件进行拆卸和清洗。

工作场景

一体化教室，多媒体教学设备，常用设备维修技术手册；机电设备维修实训室，4135 型柴油机，机电设备维修常用工具、量具，机修用工作台，平台、清洗剂、油盆、毛巾、毛刷等。

知识目标

1. 了解机电设备零件拆卸前的各项准备工作。
2. 了解机电设备零件清洗前的各项准备工作。
3. 熟悉零件拆卸与清洗的原则及注意事项。
4. 掌握零件拆卸与清洗的方法。

能力目标

1. 能做好柴油机拆卸和清洗前的各项准备工作。
2. 会对柴油机部件进行正确拆卸和清洗，并做到安全文明操作。

相关知识

1.3.1 机电设备零件的拆卸

拆卸是维修工作的一项重要内容。当零件或部件损坏而导致设备不能正常工作时，首先要进行拆卸，然后才能确定维修方法。

1. 拆卸前的准备

1）认真研究设备或部件的装配图，掌握各零件之间的相互装配关系、结构特点等，以便正确进行拆卸。

2）了解被拆卸零件间的配合性质和装配间隙或过盈量，测量出它与有关部件的相对位置，并做好标记和记录。

3）研究正确的拆卸方法。

4）准备必要的工卡量夹具。

2. 拆卸的原则及注意事项

在拆卸设备时，应按照与装配相反的顺序进行，一般是从外向内，从上向下，先拆成部件或组件，再拆成零件的顺序进行。

1）对不易拆卸或拆卸后会降低连接质量和损坏连接件的，应尽量不拆卸，如密封连接、过盈连接、铆接及焊接等。

2）拆卸时用力要适当，特别是对主要部件的拆卸，不能使其发生任何损坏。

注 意

对于彼此互相配合的连接件，在必须损坏一个的情况下，应保留价值较高、制造较困难或质量较好的零件。

3）用锤击法冲击零件时，必须垫上较软的衬垫，或用木锤等软手锤进行冲击，以防损坏零件的表面。

4）对于长径比较大的的零件，如较精密的细长轴、丝杠等零件，拆下后应竖直悬挂。对于重型零件需用多个支撑点支撑后卧放，以防变形。

5）拆卸下的零件应尽快清洗和检查。对于不需更换的零件要涂上防锈油；对于一些精密的零件，最好用油纸包好，以防生锈；对于零部件较多的设备，最好以部件为单位放置，并做好标记。

6）对于拆卸下较小的零件或容易丢失的零件，如紧定螺钉、螺母、垫圈、销子等，清洗后要尽量装上，以防丢失。轴上零件拆卸后，应按原来的次序临时装到轴上，或用铁丝穿到一起，以利于以后的装配。

7）拆卸下来的导管、油杯等油、水、气的通路及各种液压元件，在清洗后均需将进出口进行密封，以免灰尘、杂质等进入。

8）在拆卸旋转部件时，应注意尽量不破坏原来的平衡状态。

9）对于容易产生位移而又无定位装置或有方向性的连接件，在拆卸后应做好标记，以便装配时容易辨认。

1.3.2 机电设备零件的清洗

设备维修中的清洗是在机床拆卸后及装配前对零件表面的油污、锈蚀等脏物进行清洗、整理和用清洗剂洗涤的过程。

设备拆卸后，由于零件表面油污、锈垢等脏物的存在，看不清零件表面磨损的痕迹和其他缺陷，无法对零件的各部分尺寸精度、形位精度作出正确判断，无法制定正确的设备维修方案。设备装配时，若清洗和清理工作做得不好，会使轴承发热并很快失去精度；也会因为污物和毛刺划伤配合表面，使相对滑动的工作面出现研伤，甚至发生咬合等严重事故；由于油路堵塞，相互运动的零件之间得不到良好润滑，使零件磨损加快。因此，必须在设备拆卸后及装配前对零件进行清理和洗涤。

1. 清洗前的准备

1）熟悉设备图样和说明书，了解设备的性能和所需润滑油的种类、数量及加油位置。
2）设备清洗的场地必须清洁。
3）准备好所需的清洗液及辅助用具。
4）准备好防火用具，注意安全。

2. 清洗液及辅助用具

（1）清洗液
清洗液分为有机溶液和化学清洗液两类。

1）有机溶液。常用的有机溶液包括煤油、柴油、工业汽油、酒精、乙醚、丙酮等。其中汽油、酒精、乙醚去污、脱脂能力很强，清洗质量好，挥发快，适用于清洗较精密的零件。煤油、柴油与汽油相比，清洗能力不及汽油，干燥也慢，但比汽油使用安全。

2）化学清洗液。化学清洗液包括合成清洗剂和碱性溶液。

合成清洗剂具有对油脂、水溶性污垢有良好的清洗能力，且无毒、无公害、不燃烧、不爆炸、无腐蚀、成本低、以水代油、节约能源，正在被广泛地利用。

碱性溶液是氯化钠、磷酸钠、碳酸钠及硅酸钠按不同的含量加水配制的溶液。用碱性溶液清洗时应注意：当污垢过厚时，应先将其擦除；工件清洗后应用水冲洗或漂洗干净，并及时使之干燥，以防残液损伤零件表面。

注　意

材料性质不同的工件不宜放在一起清洗。

（2）清洗用具

常用的清洗用具有油枪、油壶、油筒、油盘、毛刷、刮具、铜棒、软金属锤、皮老虎、防尘罩、防尘垫、空气压缩机压缩空气喷头和清洗喷头等。此外还有擦洗用的棉纱、毛巾、砂布等。

3. 零件清洗的注意事项

1）对于橡胶制品，如密封圈等零件，严禁用汽油清洗，以防发涨变形，而应使用酒精或清洗剂进行清洗。

2）清洗零件时，可根据不同精度的零件，选用棉纱或泡沫塑料擦拭。

注　意

滚动轴承不能使用棉纱清洗，防止棉纱头进入轴承内，影响轴承装配质量。

3）清洗后的零件，应等零件上油滴干后，再进行装配，以防污油影响装配质量。同时清洗后的零件不应放置过长时间，防止脏物和灰尘弄脏零件。

4）零件的清洗工作，可分一次清洗和二次清洗。在一次清洗后，应检验配合表面有无碰损和划伤，齿轮的齿部和棱角有无毛刺，螺纹有无损坏。经检查修整后的零件，再进行二次清洗。

任务实施

1.3.3 常用的拆卸方法

维修人员应根据零件、部件结构特点的不同，采用合理的拆卸方法。常用的拆卸方法有：击卸法、拉拔法、顶压法、温差法和破坏法等。

1. 击卸法

击卸法是拆卸工作中最常用的方法，是用手锤或其他重物的冲击能量，把零件拆卸下来的一种方法。

（1）用手锤击卸

用手锤敲击拆卸时应注意的事项：

1）要根据拆卸件尺寸及重量、配合牢固程度，选用适当的手锤，用力也要适当。

2）必须对受击部件采取保护措施，不要用锤直接敲击零件。一般使用铜棒、胶木棒、木板等保护受击的轴端、套端和轮辐。拆卸精密重要的零、部件时，还必须制作专用工具加以保护。如图 1.12（a）为保护主轴的垫铁，图（b）为保护轴端中心孔的垫铁，图（c）为保护主轴端螺纹的垫套，图（d）为保护轴套的垫套。

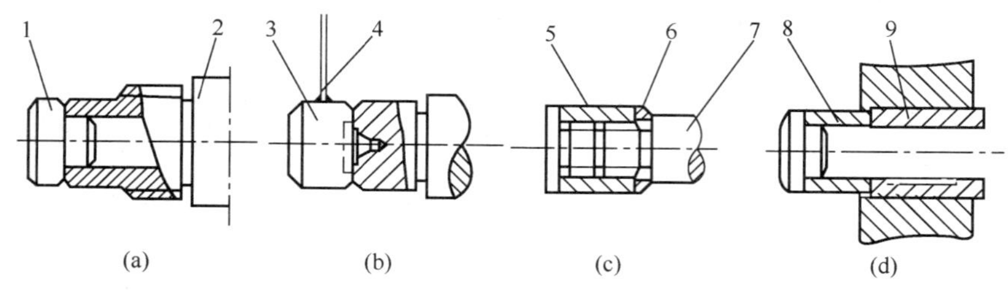

图 1.12　击卸时的保护

1、3—垫铁；2—主轴；4—铁条；5—螺母；6、8—垫套；7—轴；9—轴套

3）应选择合适的锤击点，以防止零件变形或破坏。对于带有轮幅的带轮、齿轮等，应锤击轮与轴配合处的端面，锤击点要均匀分布，不要锤击外缘或轮幅。

4）对严重锈蚀而难于拆卸的连接件，不要强行锤击，应加煤油浸润锈蚀部位。当略有松动时，再进行击卸。

（2）利用零件自重冲击拆卸

图 1.13 所示为利用自重冲击拆卸锤头。锤杆与锤头是由锤杆锥体胀开弹性套产生过盈连接的，为了保护锥体和便于拆卸，在锥孔中衬有紫铜片。拆卸前，先将锤头抵铁拆去，用两端平整、直径小于锥孔小端 5mm 左右的铜棒作冲铁，置于抵铁上，并使冲铁对准孔中心。在下抵铁上垫好木板，然后开动汽锤下击，即可将锤头拆下。

（3）用其他重物冲击拆卸

如图 1.14 所示为利用吊棒冲击拆卸锻锤中的楔条。一般是在圆钢近两端处焊上两个吊环，系上吊绳悬挂起来，将楔条小端倒角，以防止冲击出毛刺而影响装配，然后用吊棒冲击楔条小端，即可将楔条拆下。在拆卸大、中型轴类零件时，也可以采取这种方法。

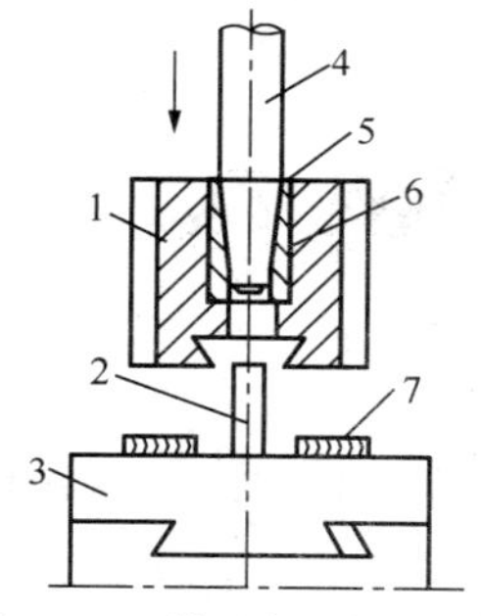

图 1.13　利用自重拆卸锤头

1—锤头；2—冲铁；3—下抵铁；4—锤杆；5—紫铜片；6—弹性套；7—木板

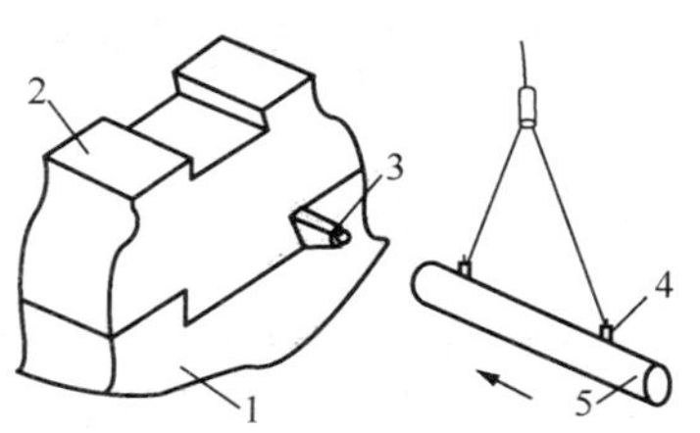

图 1.14　用吊棒冲击拆卸

1—锤墩；2—中节；3—楔条；4—吊环；5—圆钢

2. 拉拔法

拉拔法是采用静力或较小的冲击力进行拆卸的方法。这种方法不容易损坏零件，适于拆卸精度较高的零件。

(1) 锥销的拉拔

图 1.15 所示为用拔销器拉出配合较紧、尺寸较大的锥销。图 1.15 (a) 为大端带有内螺纹锥销的拉拔；图 1.15 (b) 为带螺尾锥销的拉拔。

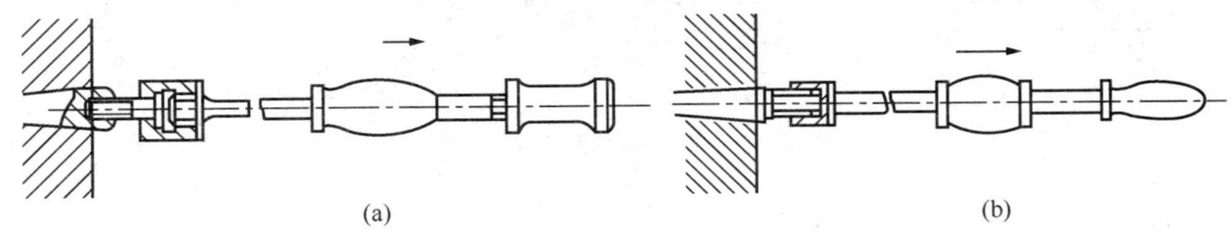

图 1.15　锥销的拉拔

(2) 轴端零件的拆卸

位于轴端的带轮、链轮、齿轮和滚动轴承等零件的拆卸，可用各种螺旋拉拔器拉出。图 1.16 (a) 为用拉拔器拉出滚动轴承；图 1.16 (b) 为用拉拔器拉卸滚动轴承外圈。图 1.16 (c)、(d)为用拉拔器拉卸皮带轮和齿轮、滚动轴承。

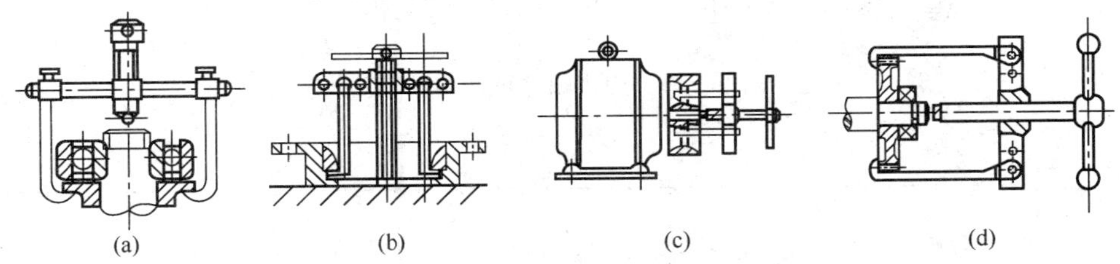

图 1.16　轴端零件的拉卸

(3) 轴套的拉卸

由于轴套一般是用硬度较低的铜、铸铁或其他轴承合金制成，如果拆卸不当，则很容易变形或划坏轴套的配合表面。因此，不必拆卸的尽可能不拆卸，只作清洗和修整即可。对于精度较高，又必须拆卸的轴套，可用专用拉具拆卸。图 1.17 所示为两种拉卸轴套的方法。图 1.17 (a) 所示为用长度稍大于轴套内径的矩形板拉出；图 1.17 (b) 所示为用带有四块可伸缩滑动爪的专用拉具拉出。

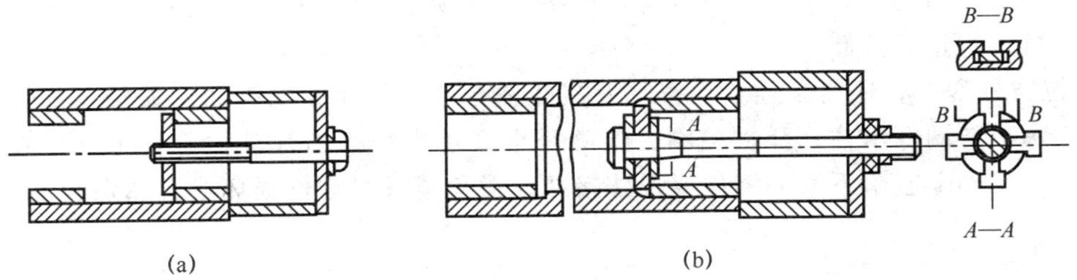

图 1.17　轴套的拉卸

(4) 钩头键的拉卸

图 1.18 所示为两种拉卸钩头键的方法。这两种拉具结构简单，使用方便，又不会损坏钩头键和其他零件。

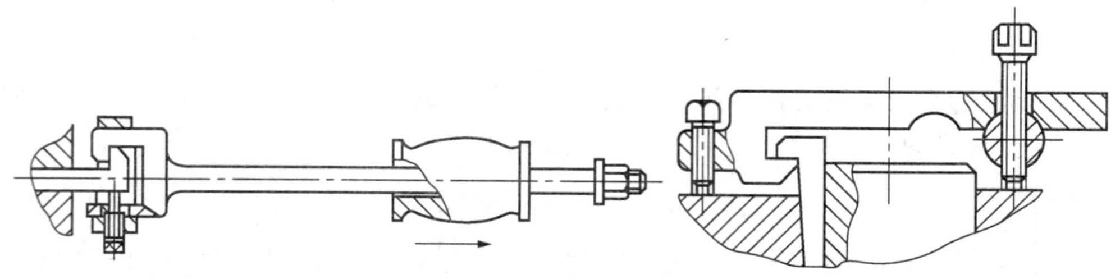

图 1.18 钩头键的两种拉卸方法

(5) 轴的拉卸

对于端面有工艺螺孔、直径较小的传动轴，可用拔销器拉卸，如图 1.19 所示。

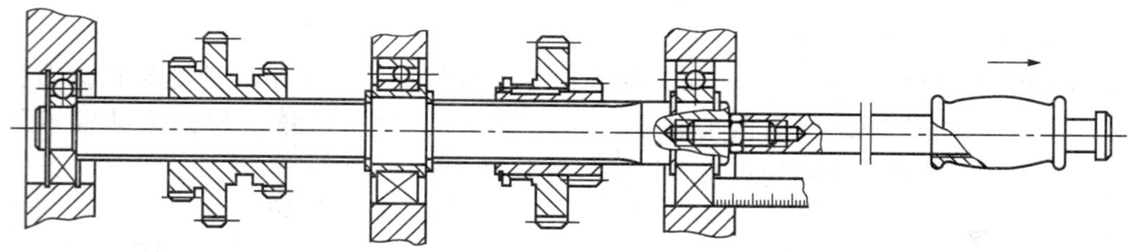

图 1.19 用拔销器拉卸传动轴

提 示

拉拔时应注意将螺纹拧紧，避免拉拔时因拔销器螺栓松脱而损坏端螺孔。

对于金属切削机床的主轴，为了防止在拉拔拆卸时损坏主轴端部的配合表面和精密螺纹等，要制作与主轴端部相配的专用拉拔工具进行拆卸。

拆卸时的注意事项：

① 拆卸前，应熟悉拆卸部位的装配图和有关技术资料，了解拆卸部位的结构和零件之间的配合情况；应仔细检查轴和轴上的定位件、紧固件等是否已经完全拆除，如弹性挡圈、紧定螺钉等。

② 根据装配图确定轴的正确拆出方向。拆卸时，应先进行试拔，可以通过声音、拉拔用力情况与轴是否移动来（可用钢尺测量，如图 1.19 所示）判断拉出方向是否正确。待确定无误后，再进行正式拉卸。

③ 在拉拔过程中，还要以经常检查轴上零件是否被卡住而影响拆卸。如轴上的键容易被齿轮、轴承、垫圈等卡住；弹性挡圈、垫圈等也会落入轴槽内被其他零件卡住；在拉卸轴的过程中，从轴上脱落下来的零件要设法接住，避免落下时零件损坏或砸坏别的零件。

注 意

卸出方向一般是轴的小端、箱体孔的大端、花键轴的不通端。

3. 顶压法

顶压法是一种静力拆卸的方法，一般适用于形状简单的静止配合件。顶压法常用螺旋压力机、C形夹头和齿条压力机等工具和设备进行拆卸。图 1.20 所示，用螺钉顶压法拆卸键的方法就是属于顶压法。

4. 温差法

温差法拆卸是用加热包容件，或者冷却被包容件的方法拆卸。用于配合过盈量较大或无法用击卸法和顶压法拆卸的连接件。如用加热法拆卸滚动轴承时，可用拉卸器钩住轴承内圈，放入加热到 100℃左右的油液中，使内圈受热膨胀后，很快用拉卸器拉出轴承。也可以用干冰冷却滚动轴承外圈，同时用拉卸器拉出轴承外圈。

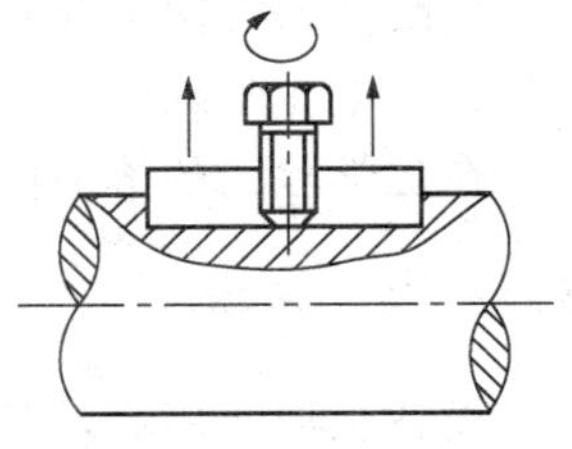
图 1.20 用顶压法拆卸键

5. 破坏法

当必须拆卸焊接、铆接、大过盈连接等固定连接件，或发生事故而使花键轴扭曲变形、轴与轴套咬死及严重锈蚀而无法拆卸的连接件时，应采取破坏法拆卸，但要尽量保证主要零件或未损坏件完好。破坏法拆卸一般采用车、锯、錾、钻、气割等方法进行，将次要零件或已损坏的零件拆卸下来。

1.3.4 常用的清洗方法

对零件进行清洗，主要是清除零件上的污垢，包括脱脂、除锈、除垢和去除涂装层等。在单件或小批生产时，零件可在清洗槽内用手工清洗；在成批或大量生产中，常用清洗机清洗。

零件清洗的原则是：先清洗精密零件，再清洗一般零件；先清洗较小零件，再清洗较大零件。

1. 脱脂

(1) 有机溶剂脱脂

清洗零件常采用煤油、汽油、柴油等有机溶剂。使用有机溶剂可以溶解各种油、脂，既不损坏零件，又没有特殊要求，也不需要特殊设备，清洗成本低，操作简易。对有特殊要求的贵重仪表、光学零件还可以用酒精、丙酮、苯等其他有机溶剂清洗。

(2) 合成清洗剂脱脂

用合成洗涤剂代替传统的洗涤剂，通过浸洗或喷洗对零件进行脱脂，也可采用超声波清洗。

(3) 碱溶液脱脂

在单一碱溶液中加入乳化剂后，对零件进行浸洗或喷洗。由于碱对于金属有腐蚀作用，较活泼的有色金属不易用强碱清洗。清洗后的零件要用热水冲洗干净、凉干，避免残留碱溶液腐蚀零件。

2. 除锈

(1) 机械除锈法

用钢丝刷、刮刀、砂布等工具或用喷砂、电动砂轮等对零件表面的锈蚀进行去除。

(2) 化学除锈法

用酸洗的方法去除零件表面的碱性氧化物锈斑。

(3) 电化学除锈

在化学除锈的溶液内通以电流，可加快除锈速度，减少基体金属腐蚀及酸消耗量。

3. 清除污垢

设备长期使用后，基础件内积存的切屑、磨屑、润滑油污、冷却水污等也必须进行清理和除垢。清除时，不应乱扔乱倒。

4. 清除旧涂装层

1) 粗加工面的旧涂装层可用铲刮的方法来清除。

2) 精加工表面的旧涂装层可采用棉布沾汽油或香蕉水用力摩擦来清除。

3) 高低不平的加工面上的旧涂装层（如齿轮加工表面），可采用钢丝刷清除。

巩固训练

1.3.5 内燃机部件的拆卸

内燃机外形如图1.21所示。内燃机部件在拆卸前应做好以下工作：

① 放出机内水套中的冷却水，拆下冷却系统各部件，如水泵、进出水管、节温器等；

② 放出油壳内的机油，关闭油箱油管，拆下油管接头，拆下润滑系各部件，如机油粗滤器、机油细滤器、油标尺、通气管、机油冷却器等；

③ 拆下燃油供给泵各部件，如空气滤清器、输油泵、喷油泵、调速器、输油管等；

④ 拆下发动机电器系统各部件，如发电机、启动电动机、仪表盘以及有关的连接导线等。

1. 内燃机气缸盖的拆卸（图1.21）

1) 拆下进气管歧管和排气歧管。

2) 拆下气缸盖罩。

3) 拆下托架安装螺栓，将摇臂与摇臂轴在安装状态下一同取下。

4) 拆下气缸盖，根据缸盖螺栓的拧紧力矩大小，按先四周后中间的顺序，把每个螺栓分几次逐渐松开，即可将气缸盖和气缸垫取出。

提　示

在拆气缸盖螺栓时，不允许把一个螺栓一下松开，避免气缸受力不均匀变形；拆下的气缸盖和气缸垫必须正确摆放，避免产生变形。

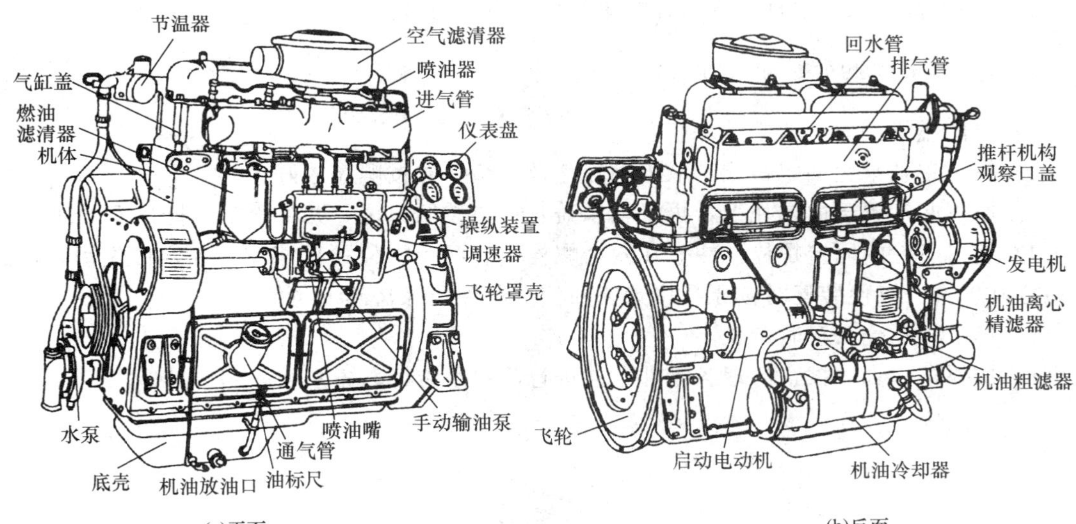

(a)正面　　(b)反面

图 1.21　内燃机外形

5）清理、清洗所有拆下零件，按要求放置，以备装配。

2. 活塞连杆机构的拆卸（图 1.22）

1）将内燃机放在台架上，将其侧置，使挺杆室一侧向上。

2）拆下油底壳及衬垫、机油集滤器、油管、机油泵等。

3）拆下活塞连杆组。使要拆卸的活塞连杆组的活塞处于下止点，并检查活塞顶和连杆大端有无记号。如无记号，应按次序在活塞顶、连杆大端用字头冲出标记。

4）翻转内燃机支架，使内燃机缸体下平面垂直于水平方向。

5）拆下连杆螺母，取下连杆端盖、衬套和连杆衬套，并按顺序放好。

6）用手将连杆向上推，使连杆与连杆颈分离，用木柄或铜棒推出活塞连杆组，取出各件按原样装回。

7）用活塞环装卸钳依次将气环、油环从活塞上拆下。

8）用卡簧钳将活塞销拆下，用冲头将活塞销冲出并按次序放好。

9）将活塞彻底分离开来。

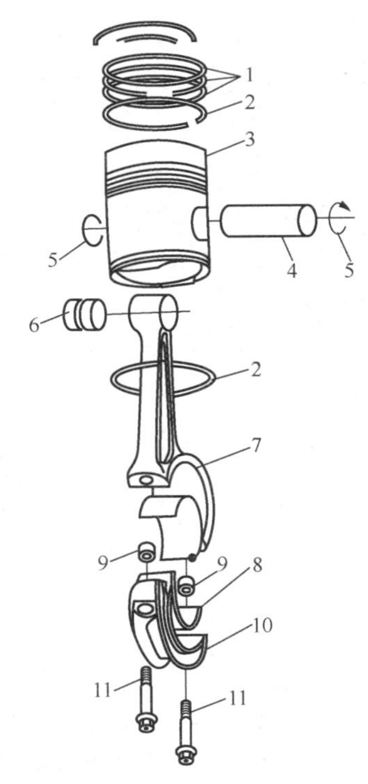

图 1.22　活塞连杆机构

1—气环；2—油环；3—活塞；4—活塞销；5—锁簧；6—连杆衬套；7—连杆杆身；8—轴瓦；9—定位套筒；10—连杆盖；11—连杆螺栓；

10）各零件擦拭、清理干净，并简单组装，以备总装配用。

3. 曲轴飞轮机构的拆卸（图1.23）

1）将内燃机倒置，使主轴承朝上。

2）拆下主轴承盖固定螺栓，取下轴承盖及衬垫，并按顺序放好。

3）取下曲轴置于曲轴托上，再将轴承盖及衬垫装回原位，并将固定螺栓拧紧少许。

4）旋出飞轮的固定螺栓。注意在六个螺栓中有两个螺栓颈部滚花，起定位作用，拆卸时注意其位置，以便装配时按原孔位置装回。从曲轴凸缘盘卸下飞轮。

5）拆下飞轮壳及正时齿轮。

6）按要求认真擦拭、清理各零件，并进行简单组装，以备总装配用。

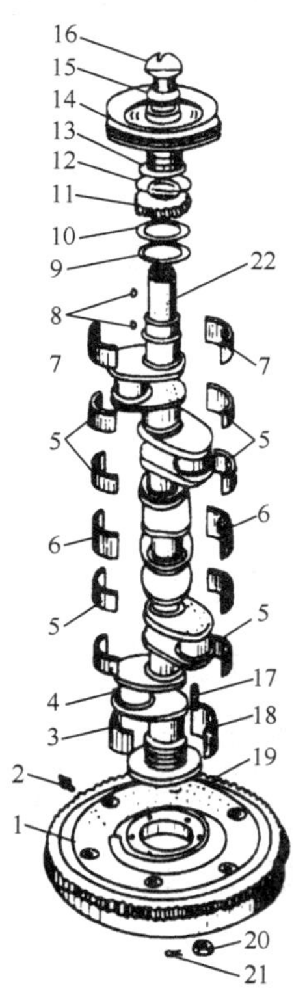

图1.23　曲轴飞轮机构

1—飞轮；2—油杯；3、5、6、7、18—主轴承；4—连杆轴颈；8—半圆键；
9—后止推垫圈；10—前止推垫圈；11—正时齿轮；12—挡油圈；13—曲轴油封；
14—皮带盘；15—启动爪锁紧垫圈；16—启动爪；17—曲轴螺钉；
19—飞轮齿圈；20—螺母；21—开口销；22—曲轴

任务评价

任务评分表见表1.3。

表 1.3 柴油机拆卸与清洗评分表

序号	项目	配分	考核标准	得分
1	工具使用	20	工具使用正确，一项不合格扣 5 分	
2	拆卸方法	40	拆卸顺序及方法正确，一项不合格扣 10 分	
3	清洗方法	40	清洗方法正确，一项不合格扣 10 分	
4	安全文明操作		违反安全操作规程，酌情扣分	

知识拓展：超声波清洗机简介

超声波清洗是利用超声波在液体中的空化作用、加速度作用及直进流作用对液体和污物直接、间接的作用，使污物层被分散、乳化、剥离而达到清洗目的。目前所用的超声波清洗机中，空化作用和直进流作用应用最多。

1. 空化作用

空化作用就是超声波以每秒两万次以上的压缩力和减压力交互性的高频变换方式向液体进行透射。在减压力作用时，液体中产生真空核群泡的现象，在压缩力作用时，真空核群泡受压力压碎时产生强大的冲击力，由此剥离被清洗物表面的污垢，从而达到精密洗净目的。

在超声波清洗过程中，肉眼能看见的泡并不是真空核群泡，而是空气气泡，它对空化作用产生抑制作用降低清洗效率。只有液体中的空气气泡被完全脱走，空化作用的真空核群泡才能达到最佳效果。

2. 直进流作用

超声波在液体中沿声的传播方向产生流动的现象称为直进流。声波强度在 $0.5W/cm^2$ 时，肉眼能看到直进流垂直于振动面产生流动，流速约为 10cm/s。通过此直进流使被清洗物表面的微油污垢被搅拌，污垢表面的清洗液也产生对流，溶解污物的溶解液与新液混合，使溶解速度加快，对污物的搬运起着很大的作用。

3. 加速度

液体粒子推动产生加速度。对于频率较高的超声波清洗机，空化作用就很不显著了，这时的清洗主要靠液体粒子超声作用下的加速度撞击粒子对污物进行超精密清洗。

任务小结

本任务重点介绍了机电设备零件拆卸与清洗的相关知识。通过本任务的学习，要了解机电设备零件拆卸与清洗前的各项准备工作；熟悉零件拆卸与清洗的原则及注意事项；懂得各种拆卸方法的适用范围；能够对柴油机等设备进行正确拆卸与清洗，为机电设备的维修创造条件。

复习与思考

1. 零件拆卸与清洗前各要做哪些准备工作?
2. 机电设备拆卸的原则是什么?
3. 机电设备装配时，若清洗、清理工作做得不好，会出现哪些后果?
4. 有机溶液和化学清洗液各有什么特点？适用于什么场合?
5. 零件清洗时要注意哪些问题?
6. 用手锤敲击拆卸时应注意什么问题?
7. 拆卸轴类零件时应注意什么问题?
8. 零件清洗的原则是什么?
9. 简述常用清洗零件的方法。

任务 1.4　机电设备维修中常用量具、量仪和仪表的认识

工作任务

分别用框式水平仪和光学平直仪测量导轨直线度。

工作场景

一体化教室，多媒体教学设备；机电设备维修实训室，机床导轨，机电设备维修常用量具、量仪和仪表，机修用工作台等。

知识目标

1. 了解机电设备维修中常用量具、量仪和仪表的种类。
2. 熟悉机电设备维修中常用量具、量仪和仪表的结构、原理。
3. 掌握机电设备维修中常用量具、量仪和仪表的使用方法和维护保养措施。

能力目标

1. 能正确使用框式水平仪测量导轨在铅垂平面内的直线度。
2. 会用光学平直仪测量导轨直线度误差。

相关知识

机电设备在维修过程中，需要根据实际情况配置相应的量具、量仪和仪表等，以便对设备进行检验、调试和维修。

1.4.1 常用量具

1. 平尺

平尺主要作为测量基准，用来检验工件的直线度和平面度误差，也可作为机床导轨刮研的基准，有时还可以用来检验机床零部件间的相互位置精度。

平尺一般分为三种，即具有单一面的桥形平尺、具有两个平行面的平行平尺和具有角度的角形平尺，如图 1.24 所示。

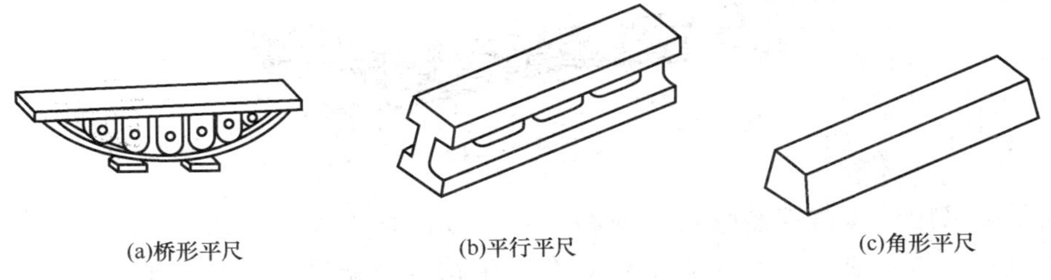

图 1.24　平尺的种类

平尺的精度分为 0 级、1 级、2 级和 3 级四个等级，0 级精度最高，3 级精度最低。在普通机床几何精度检验中，一般推荐使用 1 级精度或高于 1 级精度等级的平行平尺。

注 意

平尺用灰口铸铁铸成，并经过时效处理以消除内应力。工作面刮削至每25mm×25mm内有25点（1级平尺）或25mm×25mm内有20点（2级平尺）。

（1）桥形平尺

桥形平尺是刮研和测量机床导轨直线度的基准工具，只有一个工作面，即上平面。用优质铸铁经稳定性处理和去磁后制成，刚性好，但使用时受温度变化的影响较大。用其工作面和机床导轨对研显点，达到相应级别要求的显点数时，表明导轨达到了相应精度等级。

提 示

平行平尺使用时最佳支承点在距两端$2L/9$处，当不在最佳支承点使用时，应考虑其自然挠度对测量精度的影响。

（2）平行平尺

平行平尺的两个工作面都经过精刮且相互平行，常与垫铁配合使用来检验导轨间的平行度，平板的平面度、直线度等。因为平行平尺受温度变化的影响较小，使用轻便，所以应用比桥形平尺广泛。

（3）角形平尺

角形平尺可用来检验工件的两个加工面的角度组合平面，如燕尾导轨的直线度、平面度和与其他表面的相互位置精度，其结构形式、尺寸大小视被测导轨而定。

2. 平板

平板可作为检验工件时的基准平面、划线时的基准平面和平面刮研时的研具，其结构如图1.25所示。平板的精度可分为000级、00级、0级、1级、2级和3级等6个等级。一般情况下，机床几何精度检验用00级和0级，划线用2级和3级，其余精度等级的用作检验平板。

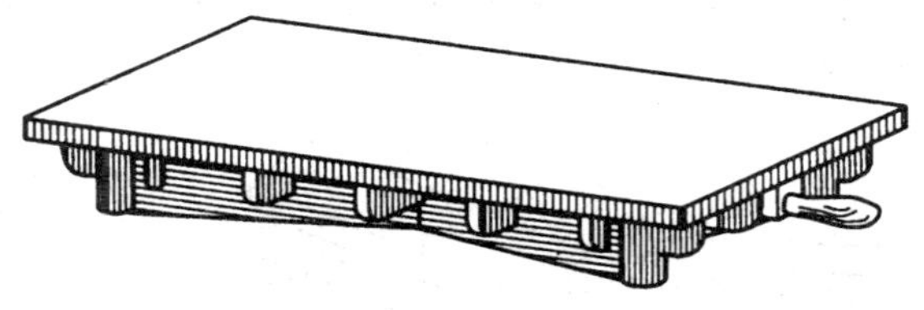

图1.25 平板

铸铁平板采用优质铸铁经时效处理和去磁并按严格的技术要求制成。岩石平板可采用大理石或花岗岩制成。由于岩石平板具有不生锈、易于维护、不变形、不起毛刺等优点，目前被广泛应用，但其缺点是受温度的影响较大，不能用涂色法检验工件，且不易维修。

3. 方尺和直角尺

方尺和直角尺是用来检查机床部件之间垂直度的工具，常用的有方尺、平角尺、宽底座角尺，一般采用合金工具钢或碳素工具钢经淬火和稳定性处理制成，如图 1.26 所示。

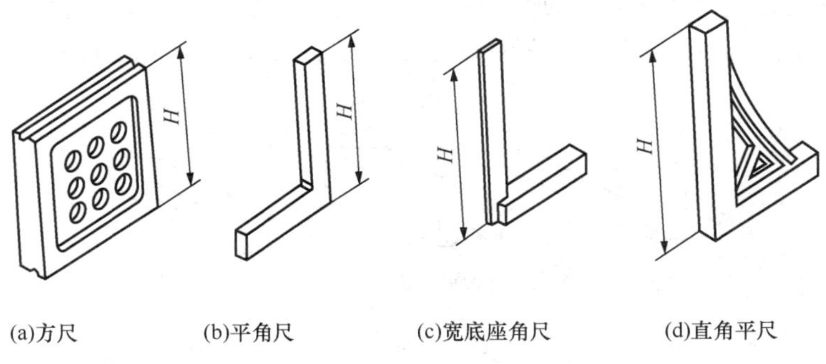

图 1.26　方尺和直角尺

直角尺除用于检验机床零部件之间的垂直度误差外，还可用来划线；测量长度一般不超超过 500mm。角尺的精度分为 00 级、0 级、1 级和 2 级四个等级。在机床精度检验中，当垂直度公差在每米 0.03～0.05mm 时，推荐使用 00 级和 0 级精度等级；当高于上述要求时，应考虑角尺本身的误差对测量结果的影响，或选用其他的测量方法。

4. 检验棒

检验棒主要用来检查机床主轴及套筒类零部件的径向跳动、轴向窜动、同轴度、平行度等，是机床维修工作中常用的工具之一。

检验棒一般用工具钢经热处理及精密加工而成，有锥柄检验棒和圆柱检验棒两种。机床主轴孔都是按标准锥度制造的。莫氏锥度多用于中小型机床，其锥度大端直径从 0～6 号逐渐增大。铣床主轴锥孔常用 7∶24 锥度，锥度大端直径从 1～4 号逐渐增大。而重型机床则用 1∶20 公制锥度，常用有 80、100、110 三种（80 指锥柄大端直径为 80mm）。检验棒的锥柄必须与机床主轴锥孔配合紧密，接触良好。为便于拆装及保管，可在棒的尾端做拆卸螺纹及吊挂孔。用完要清洗、涂油，以防生锈，并吊挂保存。

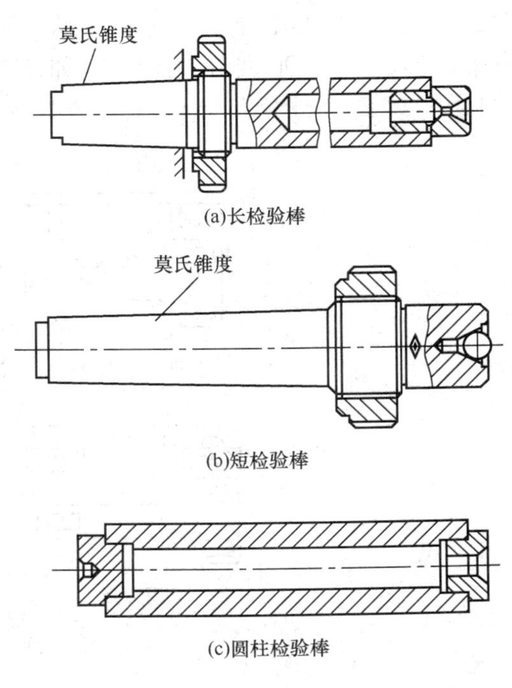

图 1.27　检验棒

按被测量主轴结构及测量项目不同，检验棒可做成不同的结构形式，如图 1.27 所示。长检验棒主要用于检验径向跳动、平行度、同轴度等；短检验棒主要用于检验轴向窜动；圆柱检验棒主要用于检验机床主轴和尾座中心线连线对机床导轨的平行度及床身导轨在水平面内的直线度。

5. 垫铁

垫铁是一种测量导轨精度的通用工具，主要用作水平仪及百分表架等测量工具的基座。垫铁的平面及角度都应精加工或刮研，使其与导轨接触良好。垫铁的材料多为铸铁，根据导轨的形状不同做成多种形状，长度一般有200mm、250mm和500mm几种，如图1.28所示。

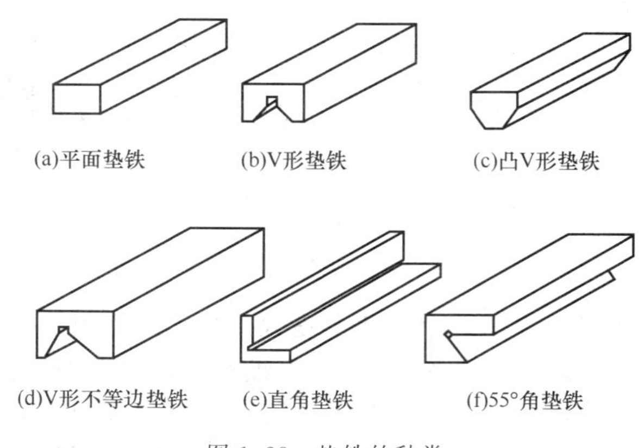

图1.28 垫铁的种类

6. 检验桥板

检验桥板是检验导轨面间相互位置精度的一种工具，一般与水平仪、光学平直仪等配合使用，按机床导轨的不同形状，可做成不同的结构形式，主要有V-平面形、山-平面形、V-V形、山-山形等，如图1.29所示。为适应多种机床导轨组合的测量，也可做成可更换桥板与导轨接触部分及跨度可调整的可调式检验桥板，如图1.30所示。

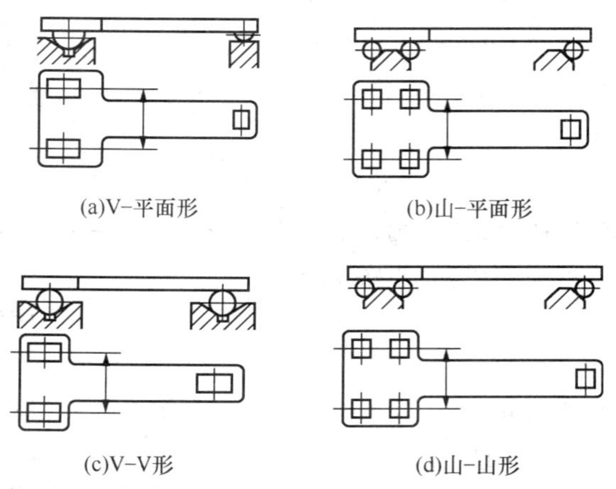

图1.29 专用检验桥板

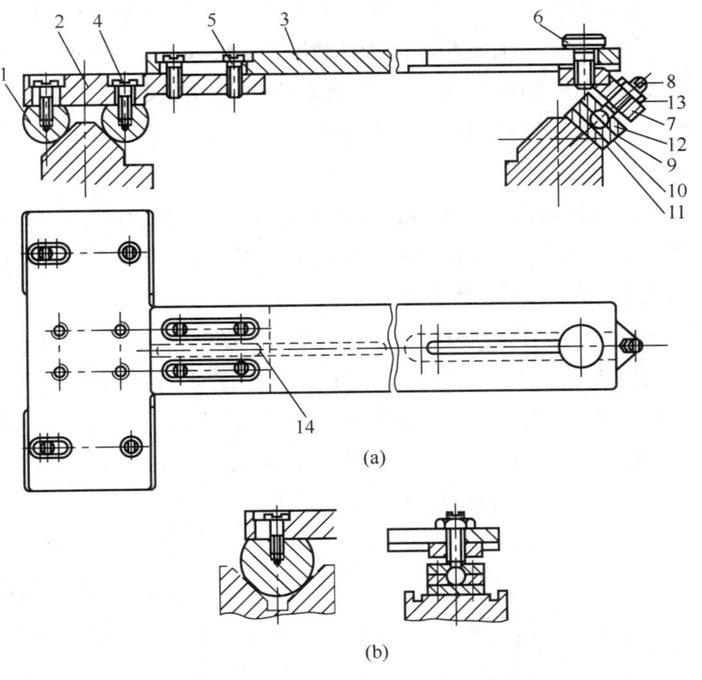

图 1.30 可调式检验桥板

1—圆柱；2—丁字板；3—桥板；4、5—圆柱头螺钉；6—滚花螺钉；7—支承板；8—调整螺钉；9—盖板；10—垫板；11—接触板；12—沉头螺钉；13—螺母；14—平键

提 示

检验桥板的材料一般采用铸铁，经时效处理精制而成，圆柱的材料采用 45 钢，经调质处理。

1.4.2 常用量仪

1. 水平仪

水平仪是机床修理中常用的精密量仪，主要用于测量导轨在铅垂平面内的直线度、工作台面的平面度及零件间的垂直度和平行度等，有条形水平仪、框式水平仪和合象水平仪等，如图 1.31 所示。

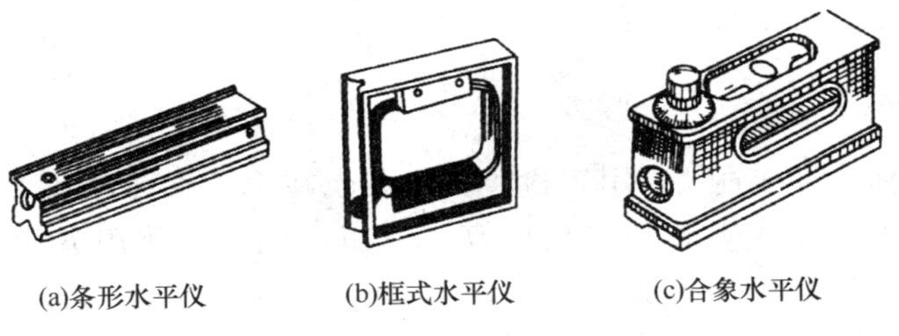

图 1.31 水平仪的种类

条形水平仪主要用来检验平面对水平位置的偏差，使用方便，但因受测量范围的限制，不如框式水平仪使用广泛。框式水平仪主要用来检验导轨在垂直平面内的直线度、工作台面的平面度、零部件间的垂直度和平行度等；合象水平仪是用来检验水平位置或垂直位置微小角度偏差的角度量仪，它是一种高精度的测角仪器，一般分度值为2″（0.01/1000mm）。

（1）水平仪的读数原理

水平仪是一种以重力方向为基准的精密测角仪器，其主要组成部分是水准管。水准管内是一个密闭的玻璃管，内装酒精或乙醚，并留有一定的空气以形成气泡，当水平仪倾斜时，气泡永远保持在最上方，即液面保持水平。

检查机床精度的水平仪分度值一般为4″，这相当于在1m长度上对边高0.02mm，此时在水准管的刻线上气泡移动一格，如图1.32所示，因而4″水平仪又称为0.02mm/1000mm或0.02mm/m水平仪。因为将水平仪读数换算为一定长度的高度差时较为方便，如图中气泡偏移3格，分度值为4″，所以两个表面之间夹角为12″，而在400mm长度上的高度差为

$$\Delta = 0.02/1000 \times 400 \times 3 = 0.024\text{mm}$$

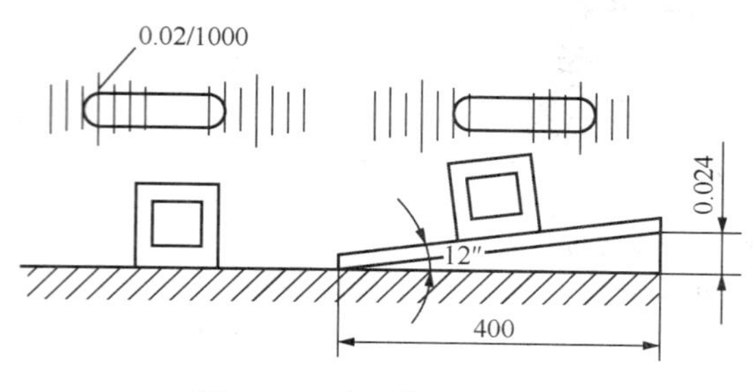

图1.32　水平仪读数换算

（2）水平仪的读数方法

1）绝对读数法。气泡在中间位置时，读作“0”，偏离起始端读数为“+”，偏向起始端读数为“−”，或用箭头表示气泡的偏移方向。

2）相对读数法。水平仪在起始端测量位置的读数总是读作“0”，不管气泡是否在中间位置。然后依次移动水平仪垫铁，记下每次相对于零位的气泡移动方向和格数，其正负值读数法也是偏离起始端读数为“+”，偏向起始端读数为“−”，或用箭头表示气泡的偏移方向。

两种读数方法在实践中都采用，但在机床的精度检验中通常采用相对读数法。另外，为避免环境温度的影响，一般也可采用平均值读数法，即从气泡两端边缘分别读数，然后取其平均值，这样读数精度高。

提　示

当安装水平较差时，用相对读数法，可避免因安装水平的误差使误差曲线偏离自然水平线太多而无法作图；当安装水平已初步调平的导轨，采用绝对读数法，可为进一步调整导轨的安装水平作出直观的直线度误差曲线图。

2. 光学平直仪

光学平直仪又称为自准直仪，用来检验机床导轨在垂直平面内和水平面内的直线度误差以及检验平板的平面度误差，具有精度高、应用范围广、使用方便、受温度影响小等优点。

光学平直仪由仪器主体和反射镜两部分组成，如图1.33所示。主体由平行光管和读数望远镜组成，反射镜安装在桥板上。

图1.34（a）所示为光学平直仪的光学系统。光线由灯泡1发出，经绿色滤光片2照亮

指示分划板 3 上的十字目标物像。该亮十字目标物像经立方棱镜 4、反射镜 5、物镜 6 后形成十字平行光射出，照射在平面反光镜 12 上，然后经平面反射镜 12 反射。反射回的亮十字物像再经物镜 6、反射镜 5、立方棱镜 4 原路返回并向上聚焦在固定分划板 7 上成像。固定分划板 7 上有粗读刻度标尺，并刻有 5、10、15 等读数。若导轨平直，反射镜面与平行光垂直，反射回去的十字物像在固定分划板中间，并与可动分划板黑长刻线重合，如图 1.34（b）。

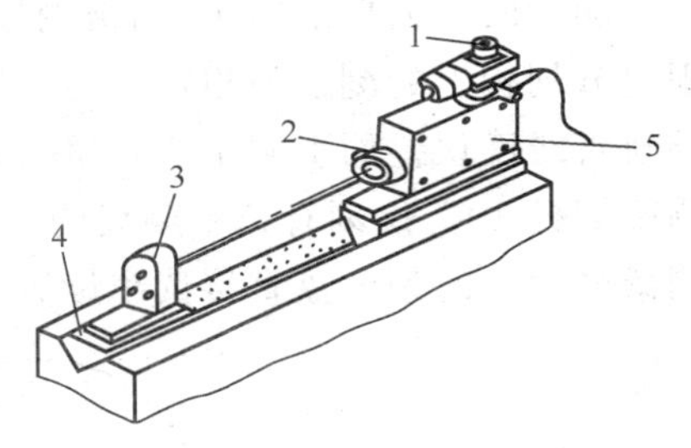

图 1.33　用光学平直仪检查导轨直线度

1—目镜；2—望远镜；3—反光镜；4—桥板；5—主体

上述重合原理即所谓自准直原理，如图 1.35（a）

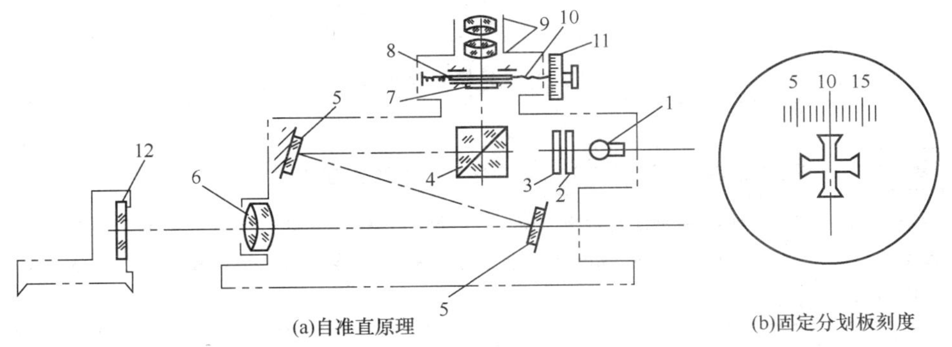

图 1.34　光学平直仪光学系统

1—光源；2—绿色滤光片；3—十字指示分划板；4—立方棱镜；5—反射镜；6—物镜；7—固定分划板；8—可动分划板；9—目镜；10—测微螺杆；11—测微鼓轮；12—平面反射镜

所示。位于物镜焦点上的物体 C 发出的光线经物镜变成一束平行光线，其中一条没发生折射的光线称为主光轴。光线前进中若遇到一块与主光轴垂直的反射镜，则按原路反射回来，重新进入物镜，光线仍聚焦在焦平面上，且 C' 实像与目标重合。

当平面反射镜与主光轴不垂直，偏转 α 角度时［图 1.35（b）］，光线按反射定律反射回来，反射光线与入射光线的夹角为 2α，经物镜后聚于焦平面上的 C'' 点，与 C 点的距离为 l。即

$$l = 2\alpha f\tan 2\alpha$$

式中　f——物镜焦距，mm；

α——平面反射镜对垂直位置偏转角度。

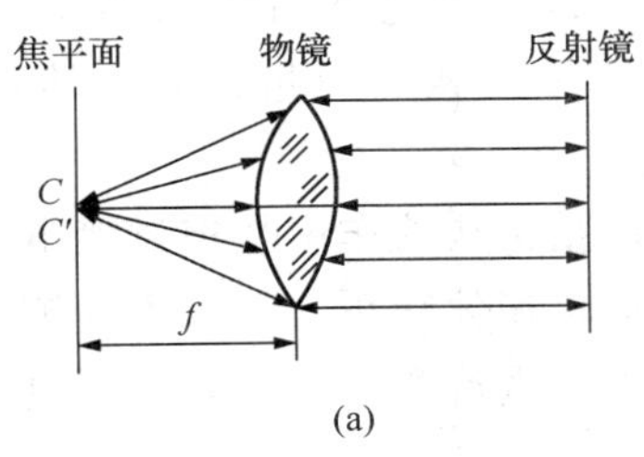

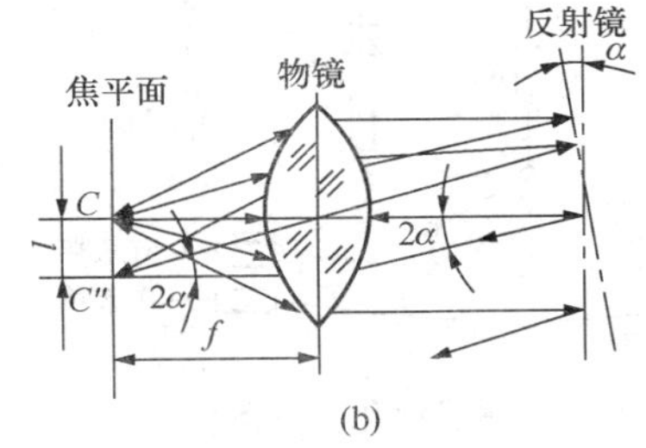

图 1.35　自准直原理

测量时平面反射镜 12 因被测导轨直线度误差而偏转，偏转量可由亮十字目标物镜相对固定分划板上的刻度值粗略读得。图 1.36（a）所示为测量时作为起始测量位置的视场，因导轨直线度误差而引起十字物镜偏移如图 1.36（b）所示。此时，转动测微鼓轮 11 并通过测微螺杆 10，使刻有长单刻线的可动分划板 8 移动，使长单刻线对准亮十字中间，即可由测微鼓轮上的刻度盘直接读出读数。

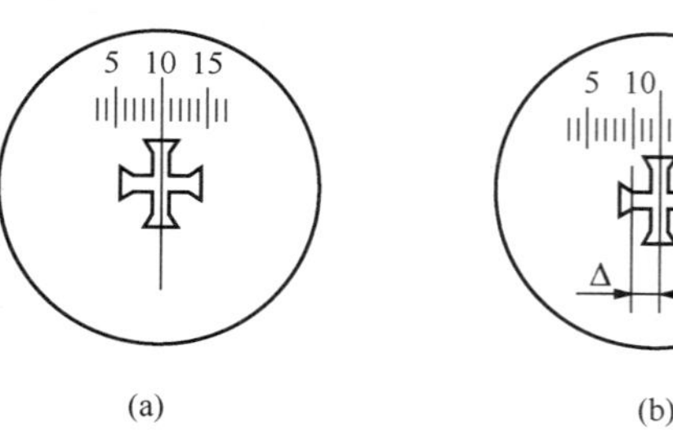

图 1.36　目镜观察视场

注　意

测微鼓轮的刻度有两种：一种以角度秒表示，一圈有 60 格，一格示值为 1″；另一种是以弧度值表示，一圈有 100 格，一格示值为 0.005mm/m，相当于鼓轮转一格，反光镜桥板在 1000mm 长度上，高差为 0.005mm。

1.4.3 常用仪表

1. 万用表

万用表是一种多用途的电工仪表，一般可以测量交直流电压、电流，还可以测量电阻，有些万用表可以对电容、功率、晶体管共射极直流放大系数和电子元件进行检测，故称为万用表。万用表具有量程多、用途广、使用简单、携带方便等优点，是线路和电器设备检测、调试工作中不可少的电工测量仪表。

万用表的种类和型号很多，性能也各有不同，可以归纳为两大类；磁电式和数字式。本任务以磁电式万用表为例介绍万用表的使用方法。

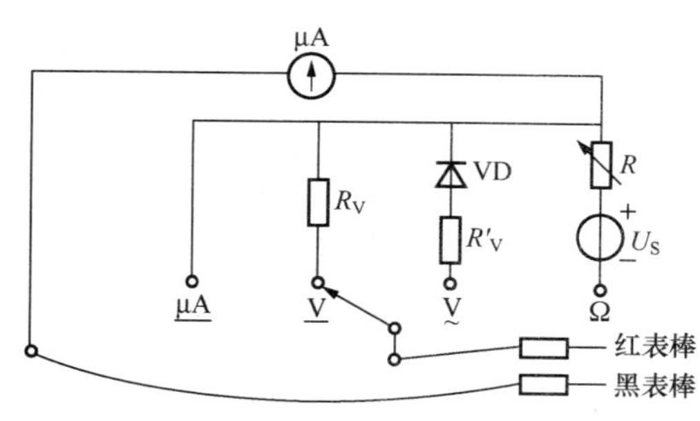

图 1.37　万用表简化原理图

（1）磁电式万用表

磁电式万用表一般由电式表头配上晶体二极管、分流器、倍压器、干电池、转换开关等组成。其简化电路如图 1.37 所示。万用表主要由测量机构、测量线路、转换开关三部分组成。

测量机构的作用是把过渡电量转换为仪表指针的机械偏转角，万用表的测量机构通常采用磁电系直流微安表，其满偏电流为几微安到几百微安。

提 示

满偏电流越小的测量机构灵敏度越高，万用表的灵敏度一般用电压表灵敏度来表示。

测量线路的作用是把各种不同的被测电量（如电流、电压、电阻等）转换为磁电系测量机构所能接受的微小直流电流（即过渡电量）。

转换开关的作用是把测量线路转换为所需要的测量种类和量程。万用表的转换开关一般采用多层多刀多掷开关。如图 1.38 所示为 MF-47 型万用表面板图。

万用表的基本工作原理主要是建立在欧姆定律和电阻串并联规律的基础之上。电压灵敏度是万用表的主要参数之一。对一只万表来说，当它拨到电压挡时，电压量程越高，电压挡内阻越大。但是，各量程内阻与相应电压量程的比值却是一个常数，该常数就是电压灵敏度，单位是“Ω/V”。

图 1.38 MF-47 型万用表面板

（2）万用表使用时的注意事项

1）测量前应首先进行机械调零，然后调整万用表转换开关的位置和量程，最后检查表笔所插位置是否正确。

2）测量电阻前要先进行欧姆调零。将两表笔短接，观察指针是否指在零位。如果指针没有指在欧姆零位，可以调整欧姆调整器，直至指针指在零位。

3）使用中如果反复调整欧姆调整器，指针仍然没有指在欧姆零位，就应该检查表内电池的电压是否低于 1.2V。

4）严禁在被测电阻带电的情况下用万用表的欧姆挡测量电阻。

5）用万用表测量电阻时，所选择的倍率挡应使指针处于表盘的中间段。

6）万用表使用结束后，应将转换开关调至高电压挡或空挡，以免下次使用不慎而损坏电表。

2. 兆欧表

兆欧表又称为摇表，是一种测量高电阻的仪表。经常用它测量电气设备的绝缘电阻，其表盘刻度以兆欧（MΩ）为单位。在电气安装、维修和试验中应用十分广泛。兆欧表与其他仪表不同的地方是带有高压电源，这对测量高压电气设备的绝缘电阻是十分必要的。因为在低压下测量出来的绝缘电阻值并不能反映在高压条件下真正的绝缘电阻值。

（1）兆欧表的工作原理

兆欧表的结构主要由两部分组成：一是比率型磁电系测量机构；二是一台手摇直流发电机。磁电式兆欧表的外形和内部原理电路图如图 1.39 所示。被测绝缘电阻接在“线”和“地”两个端子上。电流回路由发电机“+”极经被测电阻 R_j，限流电阻 R_C，流回发电机“－”端，流过的电流为 I_1。可见，当发电机端电压 U 不变时，I_1 与 R_j 成反比，其产生一转力矩 M_1。电压回路由发电机“+”端经限流电阻 R_u，流回发电机“－”端，其流过电流为 I_2。可见，当发电机的端电压 U 不变时，I_2 与 R_j 无关，其产生一反作用力矩 M_2。当 $M_1=M_2$ 时，指针处于平衡位置，从而指示被测电阻 R_j 的值。

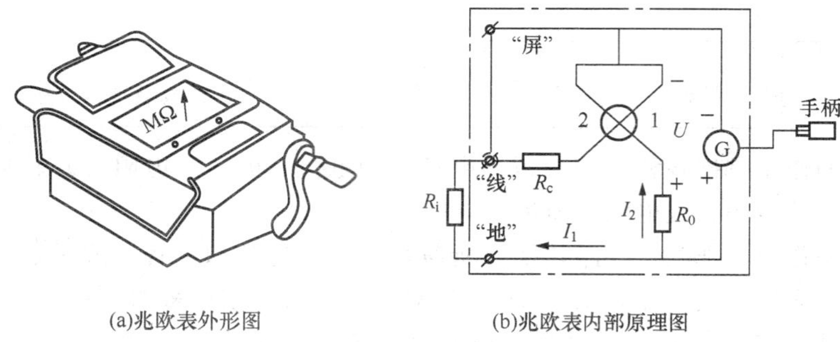

图 1.39　兆欧表外形与内部原理图

(2) 兆欧表使用时的注意事项

1) 测量绝缘电阻必须在被测设备和线路停电的状态下进行。对含有大电容的设备，测量前应先进行放电，测量后也应及时放电，放电时间不得小于 2min，以保证人身安全。

2) 兆欧表与被测设备间的连接导线不能用双股绝缘线或绞线，应用单股线分开单独连接，以避免线间电阻引起设备误差。

3) 摇动手柄时，应由慢渐快至额定转速 120r/min。在此过程中，若发现指针指零，说明被测绝缘物发生短路事故，应立即停止摇动手柄，避免表内线圈因发热而损坏。

4) 测量具有大电容设备的绝缘电阻，读数后不能立即停止摇动兆欧表，以防止已充电的设备放电而损坏兆欧表。应在读数后一边降低手柄转速，一边拆去接地线。在兆欧表停止转动和被测物充分放电之前，不能用手触及被测设备的导电部分。

5) 测量设备的绝缘电阻时，应记下测量时的温度、湿度、被测设备的状况等，以便于分析测量结果。

任务实施

1.4.4 用水平仪测量导轨铅垂平面内直线度的方法

1) 用一定长度的垫铁安放水平仪，不能直接将水平仪置于被测表面上。

2) 将水平仪置于导轨中间，调平导轨。

3) 将导轨分段，其长度与垫铁长度相适应，依次首尾相接逐段测量导轨，取得各段高度差读数，可根据气泡移动方向来评定导轨倾斜方向，如假定气泡移动方向与水平仪移动方向一致时为“+”，反之为“−”。

4) 把各段测量读数逐段累积，画出导轨直线度曲线图。作图时，导轨的长度为横坐标，水平仪读数为纵坐标。根据水平仪读数依次画出各折线段，每一段的起点与前一段的终点重合。

5) 用两端点连线法或最小区域法确定最大误差格数及误差曲线形状。

6) 按误差格数换算。公式为

$$\Delta = nil$$

式中：Δ——导轨直线度误差数值，mm；

n——曲线图中最大误差格数；

i——水平仪的读数精度；

l——每段测量长度，mm。

1.4.5 用光学平直仪测量导轨直线度误差的方法

检查方法如图 1.33 所示，先将光学平直仪的主体和反光镜分别置于被测导轨两端，借助桥板移动反光镜，使其接近主体。左右摆动反光镜，同时观察目镜，直至反射回来的亮十字像位于视场，否则应重新调整，调整好后主体不再移动。开始检查时，将反光镜桥板置于起始测量位置，转动测微鼓轮使可动分划板上的黑长单线在亮十字像中间［图 1.36 (a)］，记下刻度值，然后按反光镜桥板支承点距离逐段、首尾相连地进行测量。记下每次测量的刻度值，用作图法或计算法求出导轨直线度误差。

1.4.6 用万用表测量电流、电压和电阻的方法

1. 调零

为减小测量误差，在使用万用表之前应先进行机械调零。

2. 接线

万用表板上的插孔和接线柱都有极性标记，使用时将红表笔插入“＋”极性孔，黑表笔插入“－”极性孔。

注　意

在用万用表测量晶体管时，应牢记万用表的红表笔与内部电池的负极相接、黑表笔与内部电池的正极相接。

3. 选择测量挡位

测量挡位包括测量对象和量程。测量电压或电流时，应将转换开关放在相应的电压挡或电流挡位。

提　示

如无法估计被测电流或电压的数值范围，应先将转换开关转至对应的最大量程，然后根据指针的偏转程度逐步减小至合适的量程。

4. 测量

（1）测量直流电流

1）将开关量程放置在直流挡，根据被测电流选择合适的量程，测量时，将被测表笔串联于被测电路中，电流流入端与线表笔相接，流出端与黑表笔相接。

2）若电源内阻和负载电阻都很小，则尽量选择较大的电流量程。

注 意

不能带电变换挡位和量程。注意正、负极性不得接反，以免指针反转。

(2) 测量直流电压

1) 测量直流电压时，一定要注意极性，红表笔放置在高电位，黑表笔放置在低电位。

2) 测量时，表笔接触测量部位要准确，接触良好，不要碰触其他电路，否则将影响测量结果，甚至损坏万用表及测量电路。

3) 在测量相对于某一参考点的电位时，可将表笔一端固定在参考点进行单手操作。测量高内阻电源电压时，应尽量选择较高的电压量程，以减少表头内阻对量程结果的影响。测量带感抗电路的电压时，必须在切断电源前脱开万用表。

4) 测量较高电压时，需将红表笔插入2500V孔内。

(3) 测量电阻

将转换开关拨向测量电阻的位置上，右手握持两表笔，左手拿住电阻中间处，将表笔跨接在电阻器的两引线上进行测量。在测量电路中的某一电阻时，应将电路中的电源除去，不许在带电线路上测量电阻，否则不但测量无效，还会损坏表头。如果被测电阻在电路中有并联支路，则应将测电阻的一端与电路分开后再测量。

注 意

在测量大于10kΩ的高电阻时，应注意不要用手同时接触两表棒的导电部分，以免形成人体的并联电路。

1.4.7 兆欧表的选择与使用

1. 兆欧表的选用

选择兆欧表的原则，一是其额定电压一定要与被测电气设备或线路的工作电压相适应，二是兆欧表的测量范围也应与被绝缘电阻的范围相符合，以免引起大的读数误差。

2. 兆欧表的接线

兆欧表有三个接线端钮，分别标有L（线路）、E（接地）和G（屏蔽），使用时应按测量对象的不同来选用。当测量电力设备对地的绝缘电阻时，应将L接到被测设备上，E可靠接地即可。其接线如图1.40所示。

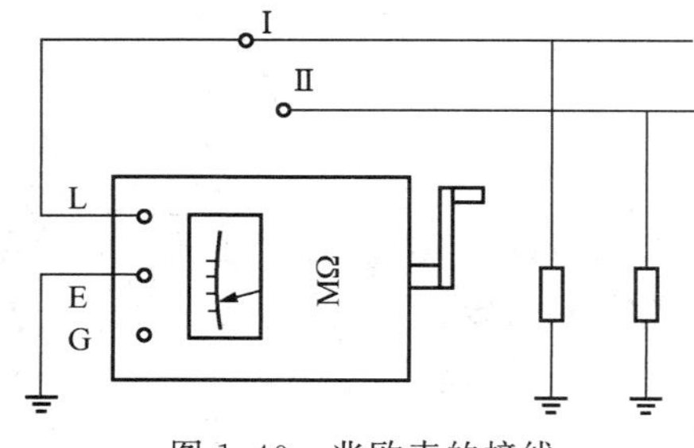

图1.40 兆欧表的接线

3. 兆欧表使用前的检查

使用兆欧表前要先检查其是否完好。检查步骤是：在兆欧表未接通被测电阻之前，摇动手柄使发电机达到120r/min的额定转速，观察指针是否指在标度尺的“∞”位置。再将端钮L和E短接，缓慢摇动手柄，观察指针是否指在标度尺“0”位置。如

果指针不能指在相应的位置，表明兆欧表有故障，必须维修后才能使用。

4. 测量绝缘电阻（以三相异步电动机为例）

（1）测量各相绕组对地的绝缘电阻

将兆欧表的 E 端接电动机的外壳，L 端接在电动机 U 相绕组接线端。摇动手柄应由慢渐快增加到 120r/min，手摇发电机时要保持匀速，若发现指针指零，应立即停止摇动手柄。

> **注　意**
>
> 读数应在匀速摇动手柄 1min 后进行。

应注意，测量电动机 V 相绕组对地的绝缘电阻：将兆欧表的 L 端改接在 V 相绕组接线端，摇动手柄 1min 以后读取读数。用相同的方法测量电动机 W 相绕组对地的绝缘电阻。

（2）测量电动机绕组相与相之间的绝缘电阻

将兆欧表的 L 端分别接在每两相绕组接线端，摇动手柄 1min 以后读取读数。

（3）记录测量结果

将各测量结果记录，根据测量结果，若电动机各相绕组对地的绝缘电阻和各相绕组之间的绝缘电阻均大于 500MΩ，则说明该电动机的绝缘电阻符合技术要求。

巩固训练

1.4.8 用框式水平仪测量导轨铅垂平面内直线度

长为 1600mm 的导轨，用精度为 0.02/1000 的框式水平仪测量导轨在铅垂平面内直线度误差。水平仪垫铁长度为 200mm，分 8 段测量。用绝对读数法，每段读数依次为：+1、+1、+2、0、−1、−1、0、−0.5，如图 1.41 所示。

按一定比例，画出导轨直线度曲线，如图 1.42 所示。

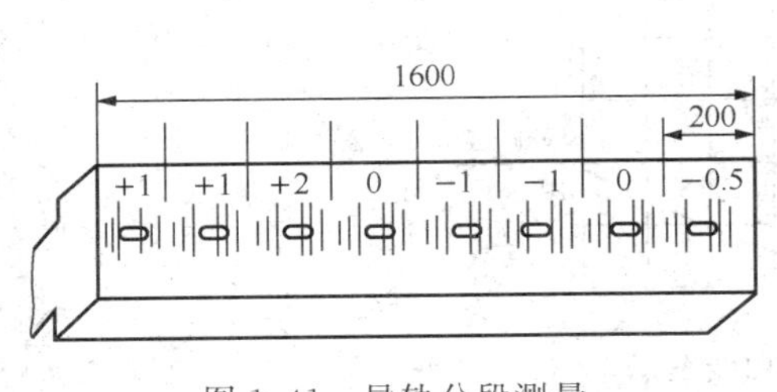

图 1.41　导轨分段测量

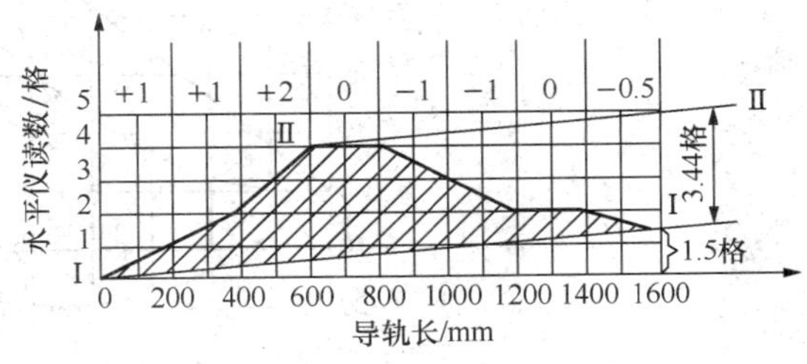

图 1.42　导轨直线度误差曲线图

用两端点连线法：若导轨直线度误差曲线呈单凸（或单凹）时，做首尾两端点连线Ⅰ−Ⅰ，过曲线最高点（或最低点），作Ⅱ−Ⅱ直线与Ⅰ−Ⅰ平行。两包容线间最大纵坐标值即为最大误差值。在图 1.42 中，最大误差在导轨长为 600mm 处。曲线右端点坐标值为 1.5 格，按相似三角形解法，导轨 600mm 处最大误差值为 4−0.56=3.44 格。

最小区域法：在直线度误差曲线有凸有凹时采用，如图 1.43 所示。过曲线上两个最低

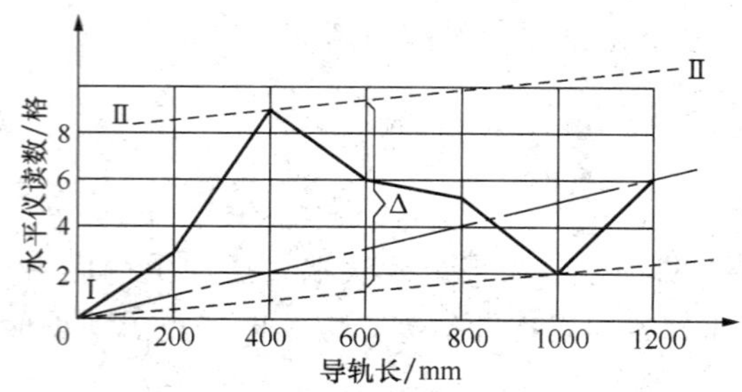

图 1.43　最小区域法确定导轨曲线误差

点（或两个最高点），作一条包容线Ⅰ－Ⅰ；过曲线上的最高点（最低点）作平行于Ⅰ－Ⅰ线的另一条包容线Ⅱ－Ⅱ，将曲线全部包容在两平行线之间，两条平行线之间沿纵轴方向的最大坐标值即为最大误差。

根据图形及计算可得出导轨的直线度误差为：

$\Delta=nil=3.44\times0.02/10004\times200=0.014\text{mm}$

1.4.9 用光学平直仪测量导轨直线度误差

测量长度2000mm的导轨，用分度值为0.005mm/m的光学平直仪和长为200mm桥板进行测量。测量时测微鼓轮上读数（格）依次为：28、31、31、34、36、39、39、39、41、42。

1. 直接作图法

为便于作图，降低起始点的高度，可令第一数值为0，其他原始读数分别减去28得：0、3、3、6、8、11、11、11、13、14。因桥板长为200mm，故每格示值为0.001mm，换算成实际数值为：0、0.003、0.003、0.006、0.008、0.011、0.011、0.011、0.013、0.014。取实际值为纵坐标，导轨长度为横坐标，误差逐段叠加，作出误差曲线图（如图1.44中Ⅰ曲线）。用两点连线法或最小区域法可求得导轨全长内的直线度误差为：Δ＝0.02，并呈中凹。

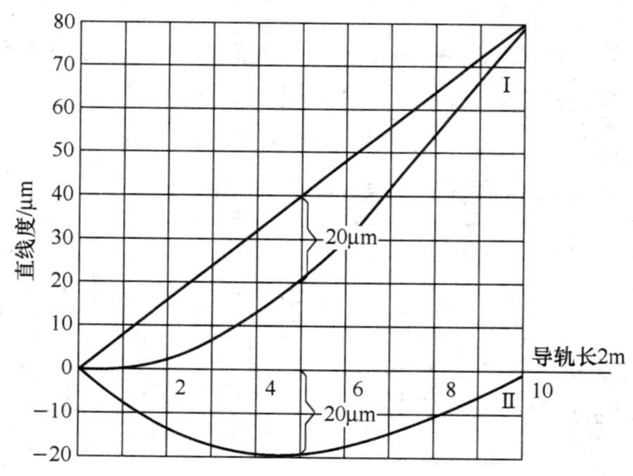

图 1.44　导轨误差曲线图

2. 计算法

在生产现场采用作图法不方便时，可用计算法直接算出直线度误差值，其计算步骤如下：

1）简化各原始读数。

2）求各简化数的平均值。

3）将各简化数分别减去平均值。

4）各数值逐项累积。

5）求出最大与最小值的代数差，再乘以光学平直仪的分度值和桥板长度，即可求出直线度误差。

上述各值及计算过程见表 1.4。

表 1.4　床身导轨直线度计算表

原始读数	28	31	31	34	36	39	39	39	41	42
简化读数	0	3	3	6	8	11	11	11	13	14
平均值	(0+3+3+6+8+11+11+11+13+14）/10=8									
减平均值	−8	−5	−5	−2	0	3	3	3	5	6
逐项累积	−8	−13	−18	−20	−20	−17	−14	−11	−6	0
$\Delta=[0-(-20)]\times 0.005/1000\times 200=0.02$mm										

3. 计算作图法

直接用表 1.4 逐项累积值作图 1.44 的曲线Ⅱ，直接在纵坐标上取点，不要叠加，首尾连线与横坐标平行或垂直，误差曲线更加直观，在纵坐标上的差值就是其直线度误差，从图上可知 $\Delta=0.02$。

任务评价

任务评分表见表 1.5。

表 1.5　常用量具、量仪测量评分表

序号	项目	配分	考核标准	得分
1	测量准备	20	1）测量量具、量仪选择不当，扣 20 分； 2）测量挡位选择不当，每次扣 5 分	
2	测量过程	40	1）测量过程中，操作步骤每错 1 处扣 10 分； 2）测量数据每错 1 处，扣 5 分	
3	计算过程	20	1）计算过程不完整，扣 5 分； 2）计算过程正确，结果不正确，扣 5 分； 3）过程与结果均不正确，扣 20 分	
4	维护保养	20	1）对量具、量仪维护保养不符合要求，扣 10 分； 2）维护保养完毕不按要求放回盒内，扣 10 分	
5	安全文明操作		违反安全文明操作规程酌情扣 5～40 分	
6	定额时间 120min		每超时 5min 扣 5 分；超 20min 不得分	

知识拓展：电子水平仪和直流单臂电桥

1. 电子水平仪

电子水平仪是一种测量灵敏度和精度更高的微小倾角测量仪器，如图 1.45 所示为电子水平仪的外形图，它主要由指示器、传感器、控制开关和调零旋钮等组成。

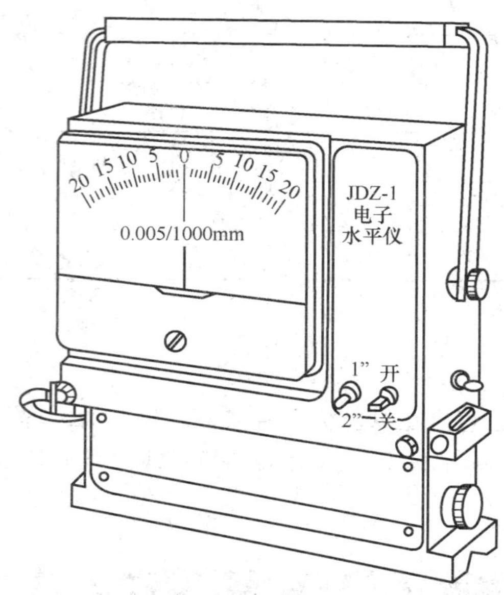

图 1.45 电子水平仪外形

电子水平仪的工作原理是通过传感器中的电子水准泡将电子水平仪微小角度的变化转换成微小电量变化，经过指示器中电子电路的调制、放大、谐调和滤波后形成直流电压输出，并由电表指示，表头指针的指示值为相应的角度变化值。

2. 直流单臂电桥

直流电桥是一种利用比较法进行测量的电学测量仪器。比较法是将待测量与标准量进行比较以确定其数值，它具有测试灵敏度高和使用方便等优点。电桥不仅可以测量电阻、电容、电感、频率、温度、压力等物理量，而且可以测量生物学中的一些非电量。电桥有交流和直流之分。

直流单臂电桥又称为惠斯通电桥，是一种专门用来测量 1Ω 以上直流电阻的较精密的仪器。它的原理和外形如图 1.46 所示，R_x、R_2、R_3、R_4 分别组成电桥的四个臂。其中 R_x 称为被测臂，R_2、R_3 构成比例臂，R_4 称为比较臂。

当接通按钮开关 SB 后，调节标准电阻 R_2、R_3、R_4，使检流计 P 的指示为零，即 $I_p=0$，这种状态称为电桥的平衡状态。

电桥平衡的条件是 $R_2R_4=R_xR_3$，它说明：电桥相对臂电阻的乘积相等时，检流计中的电流 $I_p=0$。

QJ23 型直流单臂电桥的电路图及面板图如图 1.47 所示。它的比例臂 R_2/R_3 由八个标准电阻组成，共分为七挡，由转换开关 SA 换接。比例臂的读数盘设在面板左上方。比较臂 R_4 由四个可调标准电阻组成，它们分别由面板上的四个读数盘控制，可得到从 0～9999Ω 范围内的任意电阻值，最小步进值为 1Ω。

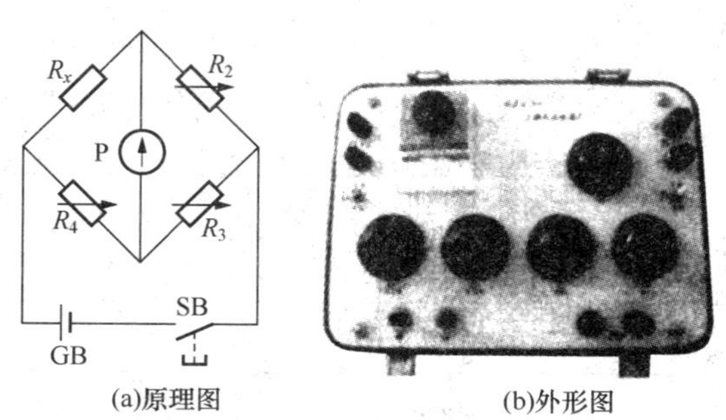

(a)原理图 (b)外形图

图 1.46 直流单臂电桥原理图和外形图

面板上标有“R”的两个端钮用来连接被测电阻。当使用外接电源时，可从面板左上角标有“B”的两个端钮接入。如需使用外附检流计时，应用连接片将内附检流计短

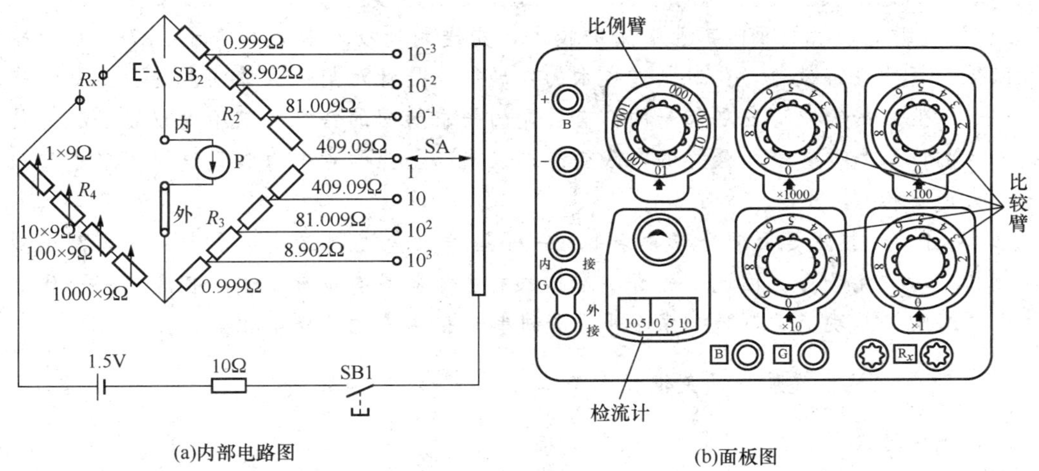

图 1.47 QJ23 型直流单臂电桥内部电路图与面板图

路，再将外附检流计接在面板左下角标有“外接”的两个端钮上。

课外阅读材料：先进制造技术

先进制造技术（Advanced Manufacturing Technology，AMT），是微电子技术、自动化技术、信息技术等给传统制造技术带来的种种变化与新型系统。具体地说，就是指集机械工程技术、电子技术、自动化技术、信息技术等多种技术为一体所产生的技术、设备和系统的总称。主要包括：计算机辅助设计、计算机辅助制造、集成制造系统等。AMT 是制造业企业取得竞争优势的必要条件之一，但并非充分条件，其优势还有赖于能充分发挥技术威力的组织管理，有赖于技术、管理和人力资源的有机协调和融合。

1. 先进制造技术的提出及背景

1993 年，美国政府批准了由联邦科学、工程与技术协调委员会（FCCSET）主持实施的先进制造技术计划（Advanced Manufacturing Technology，AMT）。

先进制造技术计划是美国根据本国制造业面临的挑战和机遇，为增强制造业的竞争力和促进国家经济增长，首先提出了先进制造技术的概念。此后，欧洲各国、日本以及亚洲新兴工业化国家如韩国等也相继作出响应。

2. 先进制造技术的特点

1）先进制造技术是制造技术的最新发展阶段，是面向 21 世纪的技术。制造业是社会物质文明的保证，是与人类社会一起动态发展的，因此，制造技术必然也将随着科技进步而不断更新。先进制造技术是由传统的制造技术发展而来，保持了过去制造技术中的有效要素；但随着高新技术的渗入和制造环境的变化，已经产生了质的变化。先进制造技术是制造技术与现代高新技术结合而产生的一个完整的技术群，是一类具有明确范畴的新的技术领域。

2）先进制造技术是面向工业应用的技术，先进制造技术应能适合于在工业企业推广并可取得很好的经济效益。先进制造技术的发展往往是针对某一具体的制造业（如汽车工业、电子工业）的需求而发展起来的，有明显的需求导向的特征。它不是以追求技术的高新度为目的，而是注重产生最好的实践效果，以提高企业的竞争力和促进国家经济增长和综合实力为目标。

3）先进制造技术是面向全球竞争的。一个国家的先进制造技术是支持该国制造业在全球范围市场的竞争力。因此，先进制造技术的主体应具有世界水平。但是，每个国家的国情也将影响到从现有的制造技术水平向先进制造技术的过渡战略和措施。

3. 先进制造技术发展中的关键技术

（1）成组技术

成组技术（GT）揭示和利用事物间的相似性，按照一定的准则分类成组，同组事物采用同一方法进行处理，以便提高效益的技术。

（2）敏捷制造

敏捷制造（AM）是指企业实现敏捷生产经营的一种制造哲理和生产模式。敏捷制造包括产品制造机械系统的柔性、员工授权、制造商和供应商关系、总体品质管理及企业重构。

（3）并行工程

并行工程（CE）是对产品及其相关过程（包括制造过程和支持过程）进行并行、一体化设计的一种系统化的工作模式。

（4）快速成型技术

快速成型技术（RPM）是集CAD/CAM技术、激光加工技术、数控技术和新材料等技术领域的最新成果于一体的零件原型制造技术。

（5）虚拟制造技术

虚拟制造技术（VMT）以计算机支持的建模、仿真技术为前提，对设计、加工制造、装配等全过程进行统一建模，在产品设计阶段，实时并行模拟出产品未来制造全过程及其对产品设计的影响，预测出产品的性能、产品的制造技术、产品的可制造性与可装配性，从而更有效地、更经济地灵活组织生产，使工厂和车间的设计布局更合理、有效，以达到产品开发周期和成本最小化、产品设计质量的最优化、生产效率的最高化。

（6）智能制造

智能制造（IM）是制造技术、自动化技术、系统工程与人工智能等学科互相渗透、互相交织而形成的一门综合技术。

总之，先进制造技术是一门综合性、交叉性前沿学科和技术，学科跨度大，内容广泛，涉及制造业生产与技术、经营管理、设计、制造、市场等各个方面。先进制造技术是在传统制造技术的基础上，利用计算机技术、网络技术、控制技术、传感技术与机、光、电一体化技术等方面的最新进展，不断发展和完善。

任务小结

本任务介绍了在机电设备维修中常用的量具、量仪和仪表的原理、结构和使用方法，重点讲解了利用框式水平仪和光学平直仪测量导轨直线度的方法。在光学平直仪测量导轨直线度误差中，应学会用直接作图法、计算法和计算作图法等三种方法求直线度误差值。

复习与思考

1. 平尺分为哪几种？它的精度等级是如何划分的？
2. 平板的精度分为哪几级？如何选用？
3. 检验棒的作用是什么？如何选用？
4. 水平仪的作用是什么？分为哪几种？
5. 光学平直仪有哪些优点？
6. 万用表有哪些用途？有哪些优点？
7. 磁电式万用表测量线路的作用是什么？
8. 简述兆欧表的工作原理。
9. 如何用万用表测量直流电流？
10. 选用兆欧表的原则是什么？

项目 2

常用低压电器的维修

凡是根据外界特定的信号或要求，自动或手动接通和断开电路，继续或连续地改变电路参数，实现对电路或非电现象的切换、控制、保护、检测和调节的电气设备均称为电器。根据工作电压的高低、电器可分为高压电器和低压电器。工作在交流额定电压 1200V 及以下、直流额定电压 1500V 及以下的电器称为低压电器。低压电器作为基本器件，广泛应用于输配电系统和电力拖动系统中，在工业生产、交通运输和国防工业中起着极其重要的作用。

随着科学技术的迅猛发展，工业自动化程度不断提高，供电系统的容量不断扩大，低压电器的使用范围也日益扩大，其品种规格不断增加，产品的更新换代速度加快。由于低压电器在长时间工作过程中，经常会由于使用维护不当或元器件老化等出现问题，这就需要操作者特别是维修人员了解低压电器的工作原理，熟悉其结构，以便于维修。

本项目主要介绍常用低压电器的工作原理、结构，各种低压电器的合理选用及安装，使用过程中容易出现的故障、产生的原因及维修方法等。

任务 2.1 低压开关及其维修

工作任务

对 HK1 型开启式负荷开关、HH4 型封闭式负荷开关、HZ10 型组合开关和 DZ5 型塑壳式断路器进行拆装与维修。

工作场景

一体化教室，多媒体教学设备；机电设备维修实训室，HK1 型开启式负荷开关、HH4 型封闭式负荷开关、HZ10 型组合开关和 DZ5 型塑壳式断路器，电气设备维修常用工具（尖嘴钳、螺丝刀、活络扳手、镊子等）、仪表（万用表、兆欧表），机修用工作台等。

知识目标

1. 了解常用低压开关的作用及适用范围。
2. 熟悉常用低压开关的结构及工作原理。
3. 掌握常用低压开关的选用及安装方法。

能力目标

1. 能正确分析常用低压开关的故障现象、产生原因。
2. 会对常用低压开关进行拆装，并能够根据出现的问题进行正确维修。

相关知识

低压电器的种类很多，按低压电器的用途和所控制的对象不同，可分为低压配电电器和低压控制电器两类。其中低压配电电器包括刀开关、组合开关、熔断器和断路器等，主要用于低压配电系统及动力设备中；低压控制电器包括接触器、继电器和电磁铁等，主要用于电力拖动与控制系统中。

低压开关主要用于隔离、转换及接通和分断电路，多数用于机床电路的电源开关和局部照明电路的控制开关，也可用来直接控制小容量电动机的启动、停止和正、反转。

2.1.1 负荷开关

负荷开关分为开启式负荷开关和封闭式负荷开关两种。

1. 开启式负荷开关

开启式负荷开关又称为闸刀开关。生产中常用的是 HK 系列开启式负荷开关，适用于照明、电热设备及小容量电动机控制线路中，供手动不频繁地接通和分断电路，并起短路保护。

HK 系列负荷开关由刀开关和熔断器组合而成，结构如图 2.1（a）所示，符号如图 2.1（b）所示。开关的瓷底座上装有进线座、静触头、熔体、出线座和带瓷手柄的刀式动触头，上面盖有胶盖以防止操作时触及带电体或分断时产生的电弧飞出伤人。

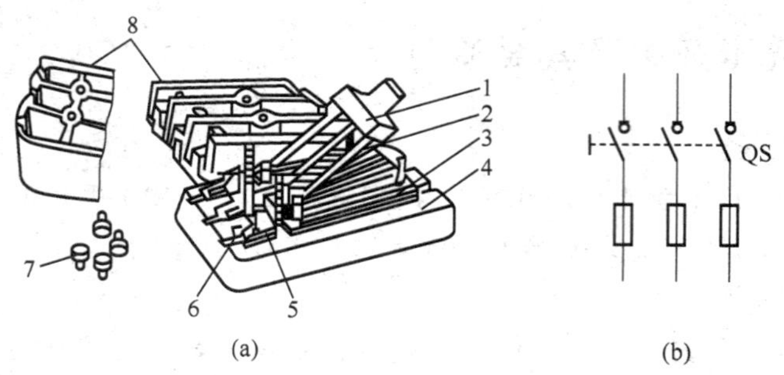

图 2.1 H-K 系列开启式负荷开关

1—瓷质手柄；2—动触头；3—出线座；4—瓷底座；5—静触头；6—进线座；7—紧固螺钉；8—胶盖

提 示

HK1-15 表示：开启式负荷开关、设计序号为 1、额定电流为 15A。

（1）开启式负荷开关的选用

开启式负荷开关的结构简单，价格便宜，在一般的照明电路和功率小于 5.5kW 的电动机控制线路中被广泛采用。但这种开关没有专门的灭弧装置，刀式动触头和静夹座易被电弧灼伤引起接触不良，因此不宜用于操作频繁的电路。一般情况下，用于照明和电热负载时，选用额定电压 220V 或 250V，额定电流不小于电路所有负载额定电流之和的两极开关；用于控制电动机的直接启动和停止时，选用额定电压 380V 或 500V，额定电流不小于电动机额定电流 3 倍的三极开关。

（2）开启式负荷开关的安装

1）开启式负荷开关必须垂直安装在控制屏或开关板上，且合闸状态时手柄应朝上。不允许倒装或平装，以防发生误合闸事故。

2）开启式负荷开关控制照明和电热负载时，要装接熔断器作短路和过载保护。接线时应把电源进线接在静触头一边的进线座，负载接在动触头一边的出线座，这样在开关断开后，闸刀和熔体上都不会带电。

注 意

开启式负荷开关用作电动机的控制开关时，应将开关的熔体部分用铜导线直连，并在出线端另外加装熔断器作短路保护。

2. 封闭式负荷开关

封闭式负荷开关是在开启式负荷开关的基础上改进设计的一种开关。其灭弧性能、操作性能、通断能力和安全防护性能都比开启式负荷开关要好。因其外壳多为薄钢板冲压而成，故也叫铁壳开关，选用于交流频率 50Hz、额定电压 380V、额定电流至 400A 的电路中，可用作手动不频繁地接通和分断负载的电路及线路末端的短路保护，也可用于控制 15kW 以下小容量交流电动机的不频繁直接启动和停止。

常用的封闭式负荷开关有 HH3 和 HH4 系列，其中 HH4 系列为全国统一设计，它的结构如图 2.2所示。它主要由刀开关、熔断器、操作机构和外壳组成。这种开关有两大优点：一是采用了储能分合闸方式。使触头的分合速度与手柄操作速度无关，有利于迅速熄灭电弧，从而提高开关的通断能力，延长其使用寿命；二是设置了联锁装置，保证开关在合闸状态下开关盖不能开启，而当开关盖开启时又不能合闸，确保操作安全。

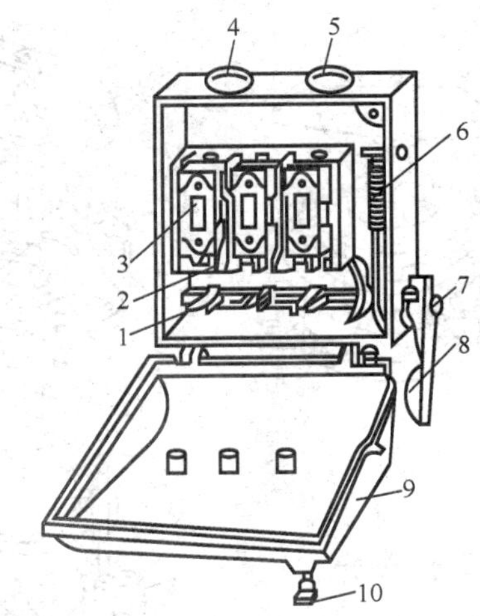

图 2.2　HH 系列封闭式负荷开关

1—动触刀；2—静夹座；3—熔断器；4—进线孔；5—出线孔；6—速断弹簧；7—转轴；8—手柄；9—开关盖；10—锁紧螺栓

(1) 封闭式负荷开关的选用

封闭式负荷开关的额定电流应不小于线路工作电压。封闭式负荷开关用于控制照明、电热负载时，开关的额定电流应不小于所有负载额定电流之和；用于控制电动机时，开关的额定电流应不小于电动机额定电流的 3 倍。

提　示

HH4-15/3Z 表示：封闭式负荷开关、设计序号为 4、额定电流 15A、3 极。

(2) 封闭式负荷开关的安装

1) 封闭式负荷开关必须垂直安装，安装高度一般离地不低于 1.3～1.5 米，以方便操作和安全。

2) 开关外壳的接地螺钉必须可靠接地。

3) 接线时，应电源接在静夹座一边的接线端子上，以免因意外故障电流使开关爆炸，铁壳飞出伤人。

4) 一般不用额定电流 100A 及以上的封闭负荷开关控制较大容量的电动机，以免发生飞弧灼伤手事故。

2.1.2 组合开关

组合开关又叫转换开关，它体积小，触头对数多，接线灵活，操作方便，常用于交流 50Hz、380V 以下及直流 220V 以下的电气线路中，供手动不频繁的接通和断开电路、换接电源和负载以及控制 5kW 以下小容量异步电动机的启动、停止和正反转。

组合开关的种类很多，常用的有 HZ5、HZ10 和 HZ15 等系列，其中 HZ10 系列是全国统一设计的产品，具有性能可靠、结构简单、组合性强、寿命长等优点，目前得到广泛应用。

HZ10-10/3 型组合开关的结构、符号如图 2.3 所示。开关的三对静触头分别装在三层绝缘垫板上，并附有接线柱，用于与电源及用电设备相接。动触头是由磷铜片（或硬紫铜片）和具用良好灭弧性能的绝缘钢板铆合而成，并和绝缘垫板一起套在附有手柄的方形绝缘转轴上。手柄和转轴能在平行于安装面沿顺时针或逆时针方向每次转动 90°，带

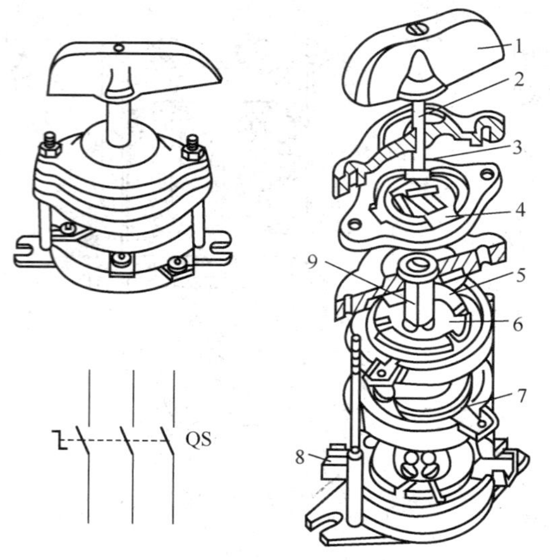

图 2.3　HZ10-10/3 型组合开关

1—手柄；2—转轴；3—弹簧；4—凸轮；5—绝缘垫板；6—动触头；7—静触头；8—接线端子；9—绝缘杆

动三个动触头分别与三对静触头接触或分离，实现接通或分断电路的目的。开关的顶盖部分是由滑板、凸轮、扭簧和手柄等构成的操作机构。由于采用一扭簧储能，可使触头快速闭合或分断，从而提高了开关的通断能力。

1. 组合开关的选用

组合开关应根据电源种类、电压等级、所需触头数、接线方式和负载容量进行选用。用于直接控制异步电动机的启动和正、反转时，开关的额定电流一般取电动机额定电流的1.5～2.5倍。

2. 组合开关的安装

1）HZ10 系列组合开关应安装在控制箱内，其操作手柄最好在控制箱的前面或侧面。开关为断开状态时应使手柄在水平旋转位置。

2）若需在箱内操作，开关最好装在箱内右上方，并且在它的上方不安装其他电器，否则应采取隔离或绝缘措施。

3）组合开关的通断能力较低，不能用来分断故障电流。用于控制异步电动机的正反转时，必须在电动机完全转动后才能反向启动，且每小时的接通次数不能起过 15～20 次。

4）当操作频率过高或负载功率因数较低时，应降低开关的容量使用，以延长其使用寿命。

5）倒顺开关接线时，应将开关两侧进出线中的一相互换，并看清开关接线端标记，切忌接错，以免产生电源两相短路故障。

2.1.3 低压断路器

低压断路器又叫自动空气开关，简称断路器或空气开关，它是低压配电网和电力拖动系统中常用的一种配电器，它集控制和多种保护功能于一体，在正常情况下可用于不频繁地接通和断开电路以及控制电动机的运行。当电路发生短路、过载和失压等故障时，能自动切断故障电路，保护线路和电气设备。

低压断路器具有操作安全、安装使用方便、工作可靠、动作值可调、分断能力较高等优点。

低压断路器按结构可分塑壳式、框架式、限流式、灭磁式、直流快速式和漏电保护式等六大类。

在电力拖动控制系统中常用的低压断路器是 DZ 系列塑壳式断路器，如 DZ5 小电流（额定电流 10～50A）系列和 DZ10 大电流（额定电流 100A、250A、600A）系列。

提 示

DZ5-20/330 表示：塑壳式断路器、设计序号为 5、额定电流 20A、3 极、脱扣器为复式（1 表示热脱扣器件、2 表示电磁脱扣器式、3 表示复式）、不带附件（0 表示不带附件、2 表示有辅助触头）。

断路器主要由动触头、静触头、灭弧装置、操作机构、热脱扣器、电磁脱扣器及外壳等部分组成。DZ5-20 型低压断路器的外形、结构如图 2.4 所示。其结构采用立体布置，操作机构在中间，上面是由加热元件和双金属片等构成的热脱扣器，作过载保护，配有电流调节装置，调节整定电流。下面是由线圈和铁心等组成的电磁脱扣器，作过载保护，它也有一个电流调节装置，调节瞬时脱扣整定电流。主触头在操作机构后面，由动触头和静触头组成，配有栅片灭弧装置，用以接通和分断主回路的大电流。另外还有常开和常闭辅助触头各一对。主、辅触头的接线柱均伸出壳外，以便于接线。在外壳顶部还伸出接通（绿色）和分断（红色）按钮，通过储能弹簧和杠杆机构实现断路器的手动接通和分断操作。

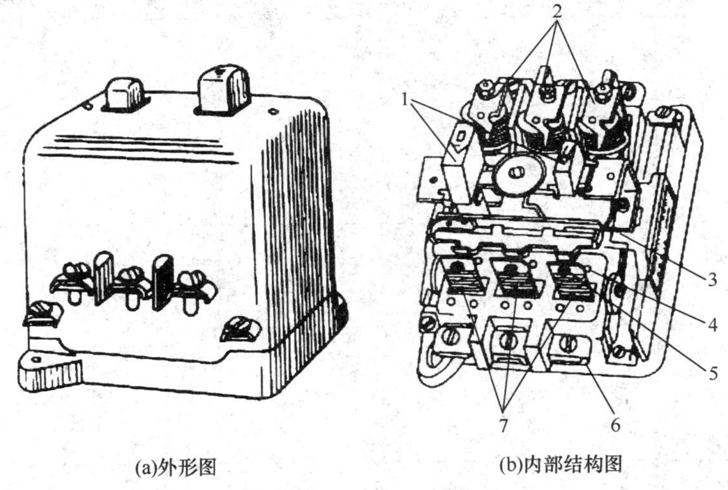

(a)外形图　　(b)内部结构图

图 2.4 DZ5-20 型低压断路器

1. 低压断路器的选用

1）低压断路器的额定电压和额定电流应不小于线路的正常工作电压和计算负载电流。

2）热脱扣器的整定电流应等于所控制负载额定电流。

3）电磁脱扣器的瞬时脱扣整定电流应大于负载正常工作时可能出现的峰值电流。

4）欠压脱扣器的额定电压应等于线路的额定电压。

5）断路器的极限通断能力应不小于电路最大短路电流。

2. 低压断路器的安装

1）低压断路器应垂直配电板安装，电源引线应接到上端，负载引线接到下端。

2）低压断路器用作电源总开关或电动机控制开关时，在电源进线必须加装刀开关或熔断器等，以形成明显的断开点。

3）低压断路器在使用前应将脱扣器工作面的防锈油脂擦干净；各脱扣器动作值一旦调好就不允许再随意变动，以免影响动作值。

4）使用过程中若遇分断短路电流，应及时检查触头系统，若发现电灼烧痕，应及时修理或更换。

5）断路器上的积尘应定期清除，并定期检查各脱扣器动作值，给操作机构添加润滑剂。

任务实施

2.1.4 低压开关的常见故障及处理方法

1. 开启式负荷开关的常见故障及处理方法（表2.1）

表2.1　开启式负荷开关的常见故障及处理方法

序号	故障现象	产生的原因	处理的方法
1	合闸后，开关一相或两相开路	1）静触头弹性消失，开口过大，造成动、静触头接触不良； 2）熔丝熔断或虚连； 3）动、静触头氧化或有尘污； 4）开关进线或出线接触不良	1）修整或更换静触头； 2）更换熔丝或紧固； 3）清洁触头； 4）重新连接
2	合闸后，熔丝熔断	1）外接负载短路； 2）熔体规格偏小	1）排除负载短路故障； 2）按要求更换熔体
3	触头烧坏	1）开关容量太小； 2）拉、开闸动作过慢，造成电弧过大、烧坏触头	1）更换开关； 2）修整或更换触头，并改善操作方法

2. 封闭式负荷开关的常见故障及处理方法（表2.2）

表2.2　封闭式负荷开关的常见故障及处理方法

序号	故障现象	产生的原因	处理的方法
1	操作手柄带电	1）外壳未接地或接地线松脱； 2）电源进出线绝缘损坏碰壳	1）检查后，加固接地导线； 2）更换导线或恢复绝缘
2	夹座过热或烧坏	1）夹座表面烧毛； 2）闸刀与夹座压力不足； 3）负载过大	1）用细锉修整夹座； 2）调整夹座压力； 3）减轻负载或更换大容量开关

3. 组合开关的常见故障及处理方法（表2.3）

表2.3 组合开关的常见故障及处理方法

序号	故障现象	产生的原因	处理的方法
1	手柄转动后，内部触头未动	1）手柄上的轴孔磨损变形； 2）绝缘杆变形； 3）手柄与方轴或轴与绝缘杆配合松动； 4）操作机构损坏	1）调换手柄； 2）更换绝缘杆； 3）紧固松动部件； 4）修理开关
2	手柄转动后，动、静触头不能按要求动作	1）组合开关型号选用不正确； 2）触头角度装配不正确； 3）触头失去弹性或接触不良	1）更换开关； 2）重新装配； 3）更换触头或清除氧化或尘垢
3	接线柱间短路	因铁屑或油污附着在接线柱间，形成导电层将胶木烧焦，绝缘损坏而形成短路	更换开关

4. 低压断路器的常见故障及处理方法（表2.4）

表2.4 低压断路器的常见故障及处理方法

序号	故障现象	产生的原因	处理的方法
1	不能合闸	1）欠压脱扣器无电压或线圈损坏； 2）储能弹簧变形； 3）反作用弹簧力过大； 4）机构不能复位再扣	1）检查施加电压或更换线圈； 2）更换储能弹簧； 3）重新调整； 4）调整脱扣接触面至规定值
2	电流达到整定值，断路器不动作	1）热脱扣器双金属片损坏； 2）电磁脱扣器的衔铁与铁心距离太大或电磁线圈损坏； 3）主触头熔焊	1）更换双金属片； 2）调整衔铁与铁心的距离或更换断路器； 3）检查原因并更换主触头
3	启动电动机时断路器立即分断	1）电磁脱扣器瞬动整定值过小； 2）电磁脱扣器某些零件损坏	1）调高整定值到规定值； 2）更换脱扣器
4	断路器闭合后经一定时间自行分断	热脱扣器整定值过小	调高整定值到规定值
5	断路器温升过高	1）触头压力过小； 2）触头表面过分磨损或接触不良； 3）两个导电零件连接螺钉松动	1）调整触头压力或更换弹簧； 2）更换触头或修整接触面； 3）重新拧紧

巩固训练

2.1.5 低压开关的拆装与维修

1. 训练内容

(1) 电器元件识别

将所给电器元件的铭牌盖住并编号，根据电器元件实物写出其名称与型号。

(2) 封闭式负荷开关的基本结构与测量

将封闭式负荷开关的手柄扳到合闸位置，用万用表的电阻挡测量各对触头之间的接触情况。再用兆欧表测量每两相触头之间的绝缘电阻。打开开关盖，仔细观察其结构，记下其主要部件的名称和作用。

(3) 低压断路器的结构

将一只 DZ5-20 型塑壳式低压断路器的外壳拆开，认真观察其结构，记下其主要部件的作用和有关参数。

(4) HZ10-10/3 型组合开关的改装、维修及校验

将组合开关原分、合状态为三常开（或三常闭）的三对触头，改装为二常开一常闭（或二常闭一常开），修整触头，并进行通电校验。

2. 训练步骤

1) 卸下手柄紧固螺钉，取下手柄。

2) 卸下支架上紧固螺母，取下顶盖、转轴弹簧和凸轮等操作机构。

3) 抽出绝缘杆，取下绝缘垫板上盖。

4) 拆卸三对动、静触头。

5) 检查触头有无烧毛、损坏，视损坏程度进行修理或更换。

6) 检查转轴弹簧是否松脱和消弧垫是否有严重磨损，根据实际情况确定是否调换。

7) 将任一相的动触头旋转 90°，然后按拆卸的逆序进行装配。

8) 装配时，应注意动、静触头的相互位置是否符合改装要求及叠片连接是否紧密。

9) 装配结束后，先用万用表测量各触头的通断情况，如果符合要求，连接线路进行通电检验。

10) 通电检验必须在 1min 时间内，连续进行 5 次分合试验，如 5 次试验全部成功为合格，否则须重新拆装。

3. 注意事项

1) 拆卸时，应备有盛放零件的容器，以防丢失。

2) 拆卸过程中，不允许硬撬，以防损坏电器。

3) 通电校验时，必须将组合开关紧固在校验板上，并有教师监护，以确保用电安全。

任务评价

任务评分见表 2.5。

表 2.5　低压开关的拆装与维修评分表

序号	项目	配分	考核标准	得分
1	元件识别	20	1）写错或漏写名称，每只扣 4 分； 2）写错或漏写型号，每只扣 2 分	
2	封闭式负荷开关的结构	20	1）仪表使用方法错误扣 5 分； 2）不会测量或测量结果错误扣 5 分； 3）主要零部件名称写错，每只扣 4 分； 4）主要零部件作用写错，每只扣 4 分	
3	低压断路器的结构	20	1）主要部件的作用写错，每只扣 4 分； 2）参数漏写或写错，每次扣 4 分	
4	组合开关的改装与维修	40	1）损坏电器元件或不能装配，扣 20 分； 2）丢失或漏装零件，每只扣 10 分； 3）拆装方法、步骤不正确，每次扣 5 分； 4）拆装后未进行改装，扣 20 分； 5）装配后手柄转动不灵活，扣 8 分； 6）不能进行通电检校检验，扣 20 分； 7）通电试验不成功，每次扣 10 分	
5	安全文明操作		违反安全文明操作规程，酌情扣 5～40 分	
6	定额时间 2h		每超时 5min 扣 5 分；超 20min 不得分	

知识拓展：框架式低压断路器简介

在需要手动不频繁地接通和断开容量较大的低压网络或控制较大容量电动机（40～100kW）的场合，经常采用框架式低压断路器。这种断路器有一个钢制或压塑的框架，断路器的所有部件都装在框架内，导电部分加以绝缘。它具有过电流脱扣器和欠电压脱扣器，可对电路和设备实现过载、短路、失压等保护。它的操作方式有手柄直接操作、杠杆操作、电磁铁操作和电动机操作四种。其代表产品有 DW10 和 DW16 系列，外形及结构如图 2.5 所示。

任务小结

本任务重点讲解了常用低压开关的作用及适用范围、低压开关的工作原理及结构，通过本任务的学习能够根据工作需要合理选择低压开关，并能够进行正确安装；能够根据常用低压开关经常出现的故障现象进行正确分析，进而能够排除故障，正确维修，恢复生产。

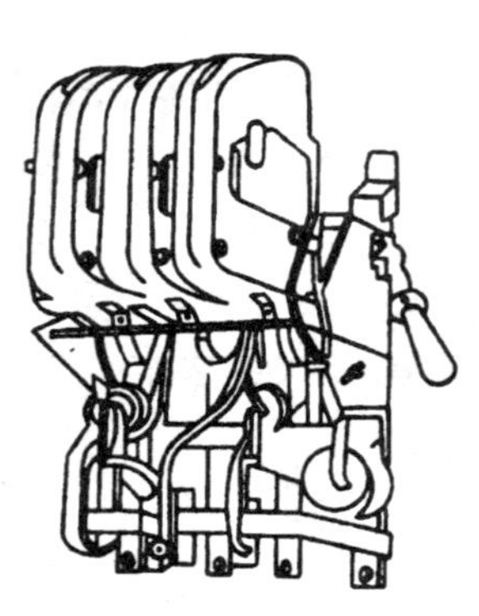

(a)外形图

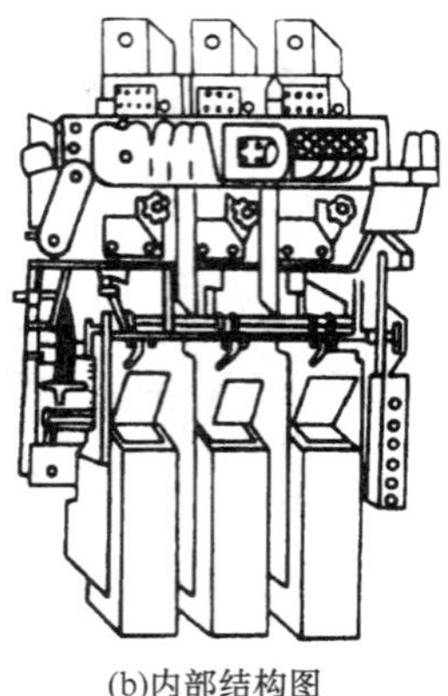

(b)内部结构图

图 2.5　框架式低压断路器

复习与思考

1. 按低压电器的用途和所控制的对象不同，低压电器可分为哪几类？各用于什么场合？

2. 开启式负荷开关和封闭式负荷开关的结构有什么不同？

3. 组合开关根据哪些因素进行选用？

4. 低压断路器在安装时应注意哪些问题？

5. 开启式负荷开关和封闭式负荷开关出现的故障有什么不同？

6. 简述组合开关经常出现的故障及产生的原因。

7. 简述低压断路器的常见故障及处理方法。

任务 2.2 熔断器及其维修

工作任务

对 RC1A、RL1、RT0、RM10 及 RS0 系列熔断器进行维修。

工作场景

一体化教室，多媒体教学设备；机电设备维修实训室，RC1A 插入式熔断器、RL1 螺旋式熔断器、RM10 无填料封闭管式熔断器、RT0 有填料封闭管式熔断器和 RS0 快速熔断器，电气设备维修常用工具（尖嘴钳、螺丝刀等），万用表，机修用工作台等。

知识目标

1. 了解常用熔断器的作用及适用范围。
2. 熟悉低压熔断器的的结构及主要技术参数。
3. 掌握熔断器类型、额定电压和额定电流的选择方法。
4. 掌握熔断器的安装与使用。

能力目标

1. 能正确分析熔断器的故障现象、产生原因。
2. 根据低压熔断器的故障现象，会对常用低压熔断器进行维修。

相关知识

熔断器是低压配电网络和电力拖动系统中主要用作短路保护的电器。使用时串联在被保护的电路中，当电路发生短路故障，通过熔断器的电流达到或超过某一规定值时，以其自身产生的热量使熔断体熔断，从而自动分断电路，起到保护作用。它具有结构简单、价格便宜、动作可靠、使用维护方便等优点，因此得到广泛应用。

2.2.1 熔断器的结构与主要技术参数

1. 熔断器的结构

熔断器主要由熔体、安装熔体的熔管和熔座三部分组成。

熔体是熔断器的主要组成部分，常做成丝状、片状或栅状。制作熔体的材料一般有铅锡合金、锌、银等，选用何种材料应根据保护的要求而定。

提　示

当电流较小时，一般选用由铅、铅锡合金或锌等低熔点材料制成的熔体；当电流较大时，一般选用由银、铜等较高熔点的金属制成的熔体。

熔管是熔体的保护外壳，用耐热绝缘材料制成，在熔体熔断时兼有灭弧作用。

熔座是熔断器的底座，作用是固定熔管和外接引线。

2. 熔断器的主要技术参数

(1) 额定电压

熔断器的额定电压是指能保证熔断器长期正常工作的电压。若熔断器的实际工作电压大于其额定电压，熔体熔断时可能会发生电弧不能熄灭的危险。

(2) 额定电流

熔断器的额定电流是指保证熔断器能长期正常工作的电流，是由熔断器各部分长期工作时的允许温升决定的。

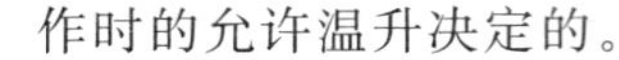

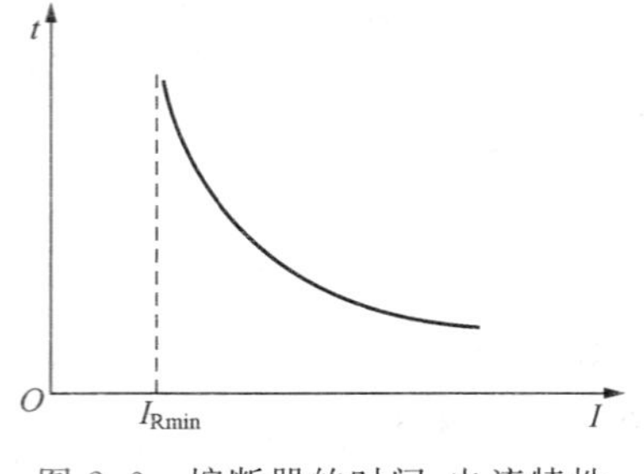

图 2.6　熔断器的时间-电流特性

(3) 分断能力

在规定的使用和性能条件下，熔断器在规定电压下能分断的预期分断电流值，常用极限分断电流值来表示。

(4) 时间-电流特性

在规定工作条件下，表征流过熔体的电流与熔体熔断时间关系的函数曲线，也称保护特性或熔断特性，如图 2.6 所示。

注　意

熔断器对过载反应是很不灵敏的，当电气设备发生轻度过载时，熔断器将持续很长时间才熔断，有时甚至不熔断。因此，除在照明电路中外，熔断器一般不适宜作过载保护，主要用作短路保护。

从特性曲线上可以看出，熔断电器的熔断时间随着电流的增大而减小，即熔断器通过的电流越大，熔断时间越短。

2.2.2 常用的低压熔断器

熔断器按结构形式分为半封闭插入式、无填料封闭管式、有填料封闭管式和自复式四类。

1. RC1A 系列瓷插入式熔断器

RC1A 系列瓷插入式熔断器的结构如图 2.7 所示，它由瓷座、瓷盖、动触头、静触头及熔丝五部分组成。其特点是结构简单、价格低廉、更换方便，一般用于频率为 50Hz、额定电压为 380V 及以下、额定电流为 5～200A 的交流低压线路末端或分支电路中，作为电气设备的短路保护。另外，在照明电路中还可以起过载保护作用。

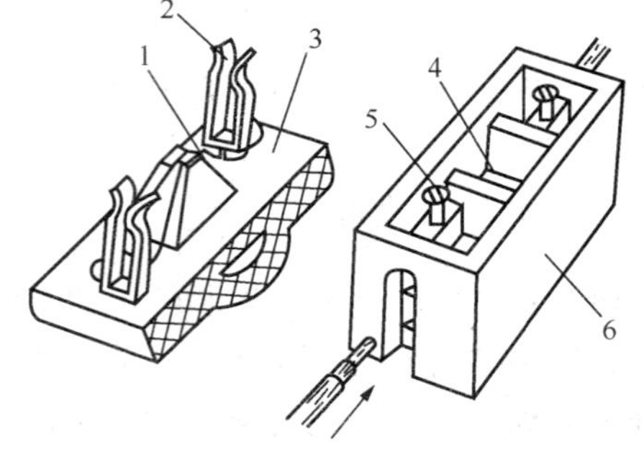

图 2.7　RC1A 系列插入式熔断器

1—熔丝；2—动触头；3—瓷盖；4—空腔；5—静触头；6—瓷座

提　示

RC1A-380 表示：熔断器、插入式、设计序号为 1、改型设计为 A、额定电压 380V。

2. RL1 系列螺旋式熔断器

RL1 系列螺旋式熔断器的结构如图 2.8 所示，它主要由瓷帽、熔断管、瓷套、上接线座、下接线座及瓷座等部分组成。熔断管内装有石英砂、熔丝和熔断指示器，石英砂用以增强灭弧性能。当熔丝熔断时，熔断指示器自动脱落。

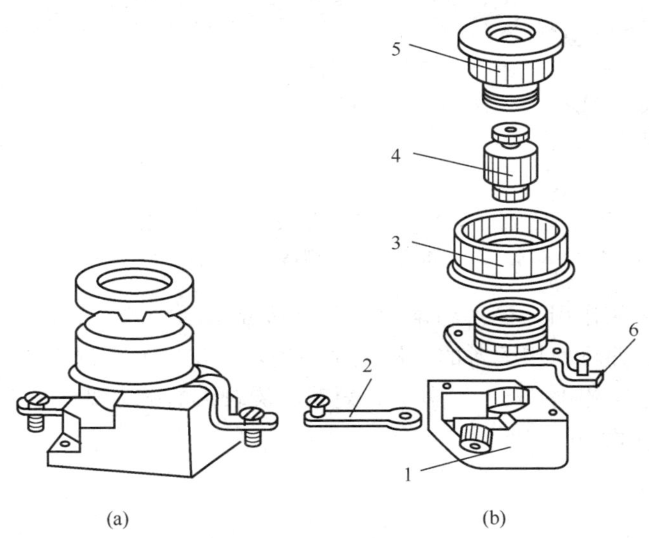

图 2.8 RL1 系列螺旋式熔断器

1—瓷座；2—下接线座；3—瓷套；4—熔断管；5—瓷帽；6—上接线座

RL1 系列螺旋式熔断器的分断能力较高，结构紧凑，体积小，安装面积小，更换熔体方便，工作安全可靠，并且熔丝熔断后有明显指示，因此广泛应用于控制箱、配电屏、机床设备及振动较大的场合，在交流额定电压 500V、额定电流 200A 及以下的电路中，作为短路保护器件。

提 示

RL1-15/2 表示：熔断器、螺旋式、设计序号 1、熔断器额定电流 15A、熔体额定电流 2A。

3. RM10 系列无填料封闭管式熔断器

RM10 系列无填料封闭管式熔断器的结构如图 2.9 所示，主要有熔断管、熔体、夹头及夹座等部分组成。熔断管用钢纸制作，两端为黄铜制成的可拆式管帽，管内熔体为变截面的锌片，更换较方便。此系列熔断器的极限分断能力相对较高，主要用于交流额定电压 380V、直流 440V 及以下、电流不超过 600A 的电力线路中，作导线、电缆及电气设备的短路和连续过载保护。

4. RT0 系列有填料封闭管式熔断器

RT0 系列有填料封闭管式熔断器主要由熔管、底座、夹头、夹座等部分组成，其结构如图 2.10 所示。它的熔管用高频电工瓷制成，熔体是两片网状紫铜片，中间用锡连接。熔

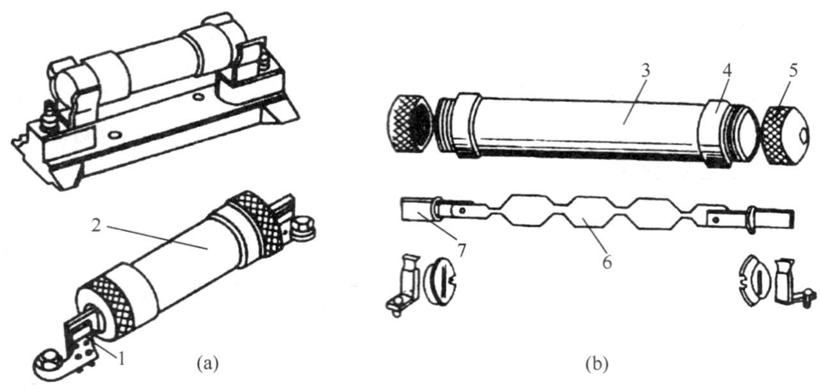

图 2.9 RM10 系列无填料封闭管式熔断器

1—夹座；2—熔断管；3—钢纸管；4—黄铜帽；5—熔体；6—熔体；7—刀型夹头

体周围填满石英起灭弧作用。该系列熔断器配有熔断指示装置，熔体熔断后，能显示出醒目的红色熔断信号，并可使用配备的专用绝缘手柄，在带电的情况下更换熔管，装取方便，安全可靠。广泛用于交流电压380V以下、短路电流较大的电力输配电系统中，作为线路及电气设备的短路和过载保护。

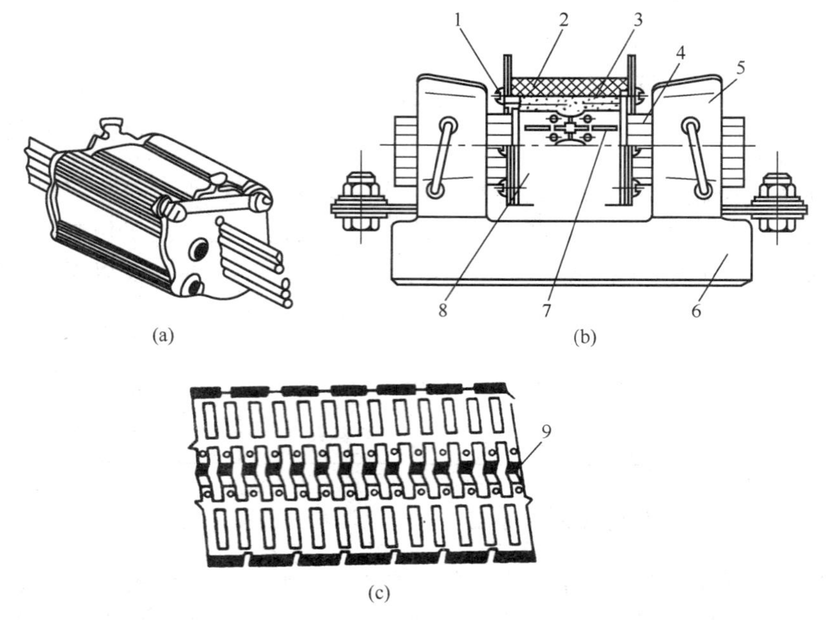

图 2.10 RT0 系列有填料封闭管式熔断器

1—熔断指示器；2—石英砂填料；3—指示器熔丝；4—夹头；5—夹座；6—底座；
7—熔体；8—熔管；9—锡桥

提　示

RLS2 系列适用于小容量硅元件及其成套装置的短路和过载保护；RS0 和 RS3 系列适用于半导体整流元件和晶闸管的短路和过载保护。

2.2.3 熔断器的选择

对熔断器的要求是：在电气设备正常运行时，熔断器不应熔断；在出现短路故障时，应立即熔断；在电流正常变动时，熔断器不应熔断；在用电设备持续过载时，应延时熔断。对熔断器的选用主要包括熔断器类型、额定电压、熔断器额定电流和熔体额定电流的选用。

1. 熔断器类型的选择

根据使用环境、负载性质和短路电流的大小选用适当类型的熔断器。例如，对于容量较小的照明电路，可选用 RT 系列筒帽形或 RC1A 系列瓷插式熔断器；对于短路电流相当大或有易燃气体的地方，应选用 RT0 系列有填料封闭管熔断器；在机床控制线路中，多选用 RL1 系列螺旋式熔断器；而用于半导体功率元件及晶闸管的保护时，则可选用 RS 或 RLS 系列快速熔断器。

2. 熔体额定电流的选择

1）对照明、电热等电流较平稳、无冲击电流的负载短路保护，熔体的额定电流应等于或稍大于负载的额定电流。

2）对一台不经常启动且启动时间不长的电动机的短路保护，熔体的额定电流应大于或等于 1.5～2.5 倍电动机额定电流。对于频繁启动或启动时间较长的电动机，熔体的额定电流应大于或等于 3～3.5 倍电动机额定电流。

3）对多台电动机的短路保护，熔体的额定电流应大于或等于其中最大容量电动机的额定电流的 1.5～2.5 倍加上其余电动机的额定电流的总和。

注　意

在电动机的功率较大而实际负载较小时，熔体额定电流可适当小些，小到电动机启动时熔体不熔断为准。

3. 熔断器额定电压和额定电流的选择

熔断器的额定电压必须等于或大于线路的额定电压；熔断器额定电流必须等于或大于所装熔体的额定电流；熔断器的分断能力应大于电路中可能出现的最大短路电流。

任务实施

2.2.4 熔断器的安装与使用

1）熔断器应完整无损，安装时应保证熔体和夹头以及夹座接触良好，并具有额定电压、额定电流值标志。

2）插入式熔断器应垂直安装，螺旋式熔断器的电源线应接在瓷底座的下接线座上，负载线应接在螺纹壳的上接线座上。这样在更换熔断管时，旋出螺帽后螺纹壳不带电，保证了操作者的安全。

3）熔断器内要安装合格的熔体，不能用多根小规格熔体并联代替一根大规格熔体。

4）安装熔断器时，各级熔体应相互配合，并做到下一级熔体规格比上一级规格小。

5）安装熔丝时，熔丝应在螺栓上沿顺时针方向缠绕，压在垫圈下，按紧螺钉的力应适当，以保证接触良好，同时注意不能损伤熔丝，以免减小熔体的截面积，产生局部发热而产生误动作。

6）更换熔体或熔管时，必须切断电源。尤其不允许带负荷操作，以免发生电弧灼伤。

7）对RM10系列熔断器，在切断过三次相当于分断能力的电流后，必须更换熔断管，以保证能可靠地切断所规定分断能力的电流。

8）熔断器兼做隔离件使用时应安装在控制开关的电源进线端；若仅做短路保护用，应装在控制开关的出线端。

2.2.5 熔断器的常见故障及处理方法

常见故障及处理方法见表2.6。

表2.6　熔断器的常见故障及处理方法

序号	故障现象	产生的原因	处理的方法
1	电路接通瞬间，熔体熔断	1）熔体电流等级选择过小； 2）负载侧短路或接地； 3）熔体安装时受机械损伤	1）更换熔体； 2）排除负载故障； 3）更换熔体
2	熔体未见熔断，但电路不通	熔体或接线座接触不良	重新连接

巩固训练

2.2.6 低压熔断器的识别与维修

1. 熔断器的识别

将所给熔断器的铭牌盖住并编号，根据实物写出其名称、型号及主要组成部分。

2. 更换RC1A系列或RL1系列熔断器的熔体

1）检查所给熔断器的熔体是否完好。对RC1A型，可以拔下瓷盖进行检查；对RL1型，应首先查看熔体指示器。

2）若熔体已熔断，按原规格选配熔体。

3）更换熔体。对RC1A系列熔断器，安装熔丝时熔丝缠绕方向要正确，安装过程中不得损伤熔丝。对RL1系列熔断器，熔断管不能倒装。

4）用万表检查更换熔体后的熔断器各部分接触是否良好。

任务评价

任务评分表见表 2.7。

表 2.7　熔断器的识别与维修评分表

序号	项目	配分	考核标准	得分
1	熔断器识别	50	1）写错或漏写名称，每只扣 5 分； 2）写错或漏写型号，每只扣 5 分； 3）漏写每个主要部件，扣 4 分	
2	更换熔体	50	1）检查方法不正确，扣 10 分； 2）不能正确选配熔体，扣 10 分； 3）更换熔体方法不正确，扣 10 分； 4）损伤熔体，扣 20 分； 5）更换熔体后熔断器断路，扣 25 分	
3	安全文明操作		违反安全文明操作规程酌情扣 5～40 分	
4	定额时间 60min		每超时 5min 扣 5 分；超 10min 不得分。	

知识拓展：熔断器的分类

1. 快速熔断器

快速熔断器又叫半导体器件保护熔断器，主要用于半导体功率元件的过电流保护。由于半导体元件承受过电流的能力很差，只对允许在较短的时间内承受一定的过载电流。因此要求短路保护元件应具有快速动作的特征。快速熔断器能满足这一要求，且结构简单，使用方便，动作灵敏可靠，因而得到了广泛应用。

目前常用的快速熔断器有 RSO、RS3、RLS2 等系列，RLS2 系列的结构与 RL1 系列相似，适用于小容量硅元件及其成套装置的短路和过载保护；RS0 和 RS3 系列适用于半导体整流元件和晶闸管的短路和过载保护，它们的结构相同，但 RS3 系列的动作更快，分断能力更高。

2. 自复式熔断器

自复式熔断器的工作原理是：自复式熔断器的熔体是应用非线性电阻元件（如金属钠等）制成，在特大短路电流产生的高温下，熔体气化，阻值剧增，即瞬间呈现高阻状态，从而能将故障电流限制在较小的数值范围内。

与其说自复式熔断器是一种熔断器，不如说是一个非线性电阻，因为它熔而不断，不能真正分断电路，但由于它具有限流作用显著、动作时间短、动作后不需更换熔体等优点，在生产中的应用范围不断扩大，常与断路器配合使用，以提高组合分断性能。目前的电路中与断路器配合使用。熔断器的额定电流有 100A、200A、400A、600A 四个等级，在功率因数 $\lambda \leqslant 0.3$ 时的分断能力为 100kA。

任务小结

熔断器在电力拖动系统中起着非常重要的短路保护作用。通过本任务的学习，要熟悉常用熔断器的种类、结构和熔断器的额定电压、额定电流和分断能力等主要技术参数；掌握对熔断器使用中的具体要求、选择方法以及安装方法等；能够对熔断器的故障原因进行正确分析判断，进而及时对其进行维修，保证整个线路或系统的安全。

复习与思考

1. 熔断器有什么优点？
2. 熔断器由哪几部分组成？各有什么作用？
3. 熔断器的主要技术参数有哪些？
4. 常用的低压熔断器按结构可分为哪几类？
5. RC1A 系列瓷插入式熔断器有什么特点？一般用于什么场合？
6. 对熔断器有什么具体要求？
7. 如何选择熔断器的额定电压和额定电流？
8. 熔断器常见的故障有哪些？产生的原因是什么？如何排除？

任务 2.3　主令电器及其维修

工作任务

对 LA18-22J 按钮、JLXK1-211 行程开关、LW5-15/5.5N 万能转换开关和 LK 系列主令控制器进行检测和维修。

工作场景

一体化教室，多媒体教学设备；机电设备维修实训室，LA18-22J 按钮、JLXK1-211 行程开关、LW5-15/5.5N 万能转换开关和 LK 系列主令控制器，电气设备维修常用工具（尖嘴钳、螺丝刀、活络扳手等），仪表（万用表、兆欧表），机修用工作台等。

知识目标

1. 了解主令电器的作用及适用范围。
2. 熟悉主令电器的的结构及工作原理。
3. 掌握主令电器的选择、安装与作用。

能力目标

1. 能正确分析主令电器的故障现象、产生原因。
2. 会根据主令电器的故障现象进行检测与维修。

相关知识

主令电器是用作接通或断开控制电器，以发出指令或作程序控制的开关电器。常用的主令电器有按钮、位置开关、万能转换开关和主令控制器等。

2.3.1 按钮

按钮是一种通过手动操作并具有储能（弹簧）复位的控制开关。按钮的触头允许通过的电流较小，一般不超过 5A，因此一般情况下它不直接控制主电路的通断，而是控制电路中发出指令或信号去控制接触器、继电器等电器，再由它们去控制主电路的通断、功能转换或电气联锁。

1. 按钮的结构与符号

按钮一般由按钮帽、复位弹簧、桥式动触头、静触头、支柱连杆及外壳等部分组成，部分常见的按钮的外形如图 2.11 所示。

按钮按不受外力作用（即静态）时触头的分合状态，分为启动按钮（常开按钮）、停止按钮（常闭按钮）和复合按钮（即常开、常闭触头组合为一体的按钮），各种按钮的结构与符号如图 2.12。不同类型和用途的按钮的符号如图 2.13 所示。

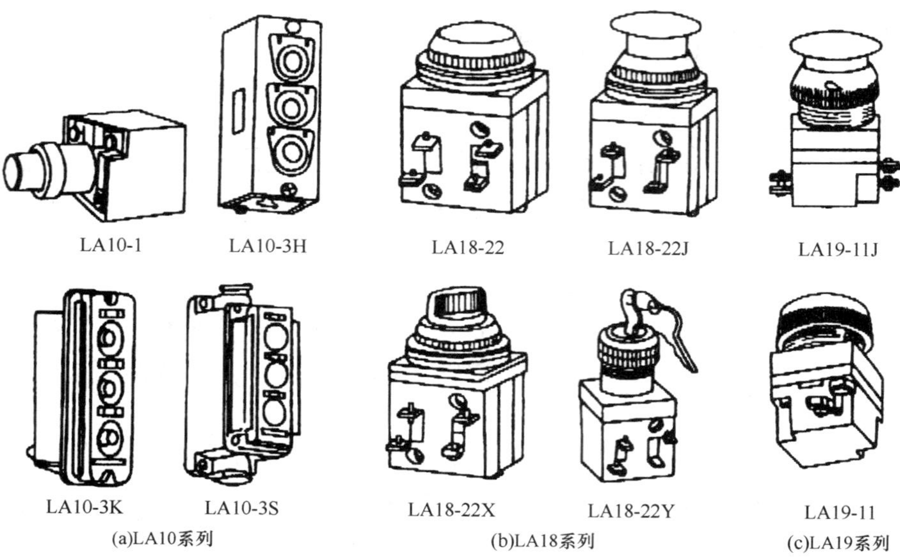

图 2.11 部分按钮的外形

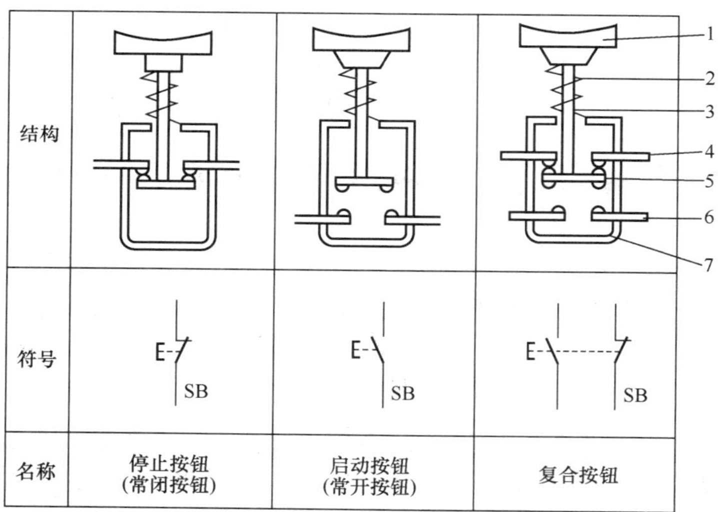

图 2.12 按钮的结构与符号

1—按钮帽；2—复位弹簧；3—支柱连杆；4—常闭静闭触头；5—桥式静触头；
6—常开静触头；7—外壳

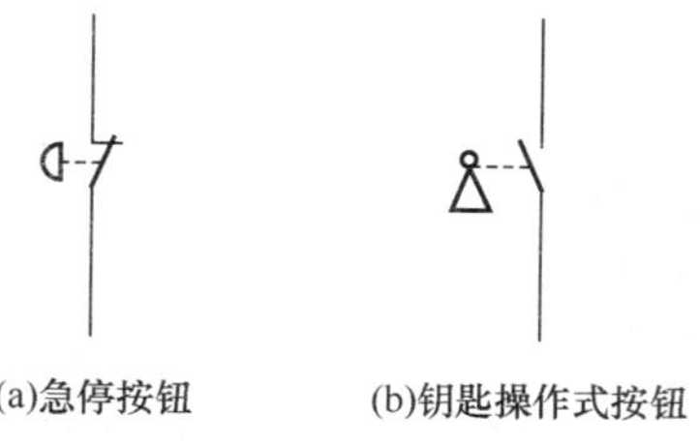

图 2.13 不同类型和用途的按钮的符号

提　示

LA18-22J 表示：主令电器、按钮、设计序号为 18、常开触头数为 2、常闭触头数为 2、结构形式为紧急式。(A 为开启式、H 为保护式、S 为防水式、J 为紧急式、X 为旋钮式、Y 为钥匙式、D 为光标式)

为了便于操作人员识别，避免发生误操作，生产中用不同的颜色和符号标志来区分按钮的功能作用。按钮颜色的含义如表 2.8 所示。

表 2.8　按钮颜色的含义

颜色	含义	说明	应用示例
红	紧急	危险或紧急情况时操作	急停
黄	异常	异常情况时操作	干预、制止异常情况，重新启动中断了的自动循环
绿	安全	安全情况或为正常情况准备时操作	启动/按通
蓝	强制性的	要求强制动作情况下的操作	复位功能
白	未赋予特定含义	除急停以外的一般功能的启动	启动/按通（优先）、停止/断开
灰			启动/按通（优先）、停止/断开
黑			启动/按通、停止/断开（优先）

注　意

如果用代码的辅助手段（如标记、形状、位置）来识别按钮操作件，则白、灰或黑同一颜色可用于标注各种不同功能（如白色用于标注启动/按通和停止/断开）。

2. 按钮的选择

(1) 根据使用场合和具体用途选择按钮的种类

如需显示工作状态的选用光标式；在非常重要处，为防止无关人员误操作宜用钥匙式等。

(2) 根据工作状态指示和工作情况要求，选择按钮或指示灯的颜色

如启动按钮可选用白、灰或黑色，优先选用白色，也允许用绿色。紧急按钮应选用红色等。

(3) 根据控制回路的需要选择按钮的数量

如选择单联按钮、双联铵钮和三联按钮等。

2.3.2 行程开关

行程开关是位置开关的一种，它是操作机构在机器的运动部件到达一个预定位置时操作的一种指示开关。行程开关能够反映工作机械的行程，控制运动方向和行程的大小。其作用、原理与按钮相同，区别在于它不是靠手指的按压而是利用生产机械运动部件的碰压使其触头动作，从而将机械信号转变为电信号，用以控制机械动作或用作程序控制。通常，行程开关被用来限制机械运动的位置或行程，使运动机械按一定的位置或行程实现自动停

止、反向运动、变速运动或自动往返运动等。

1. 行程开关的结构与工作原理

各系列行程开关的基本结构大体相同，都是由触头系统、操作机构和外壳组成。以某种行程开关元件为基础，装置不同的操作机构，可得到各种不同形式的行程开关，常见的有按钮式（直动式）和旋转式（滚轮式）。常用的JLXK1系列行程开关的外形如图2.14所示。

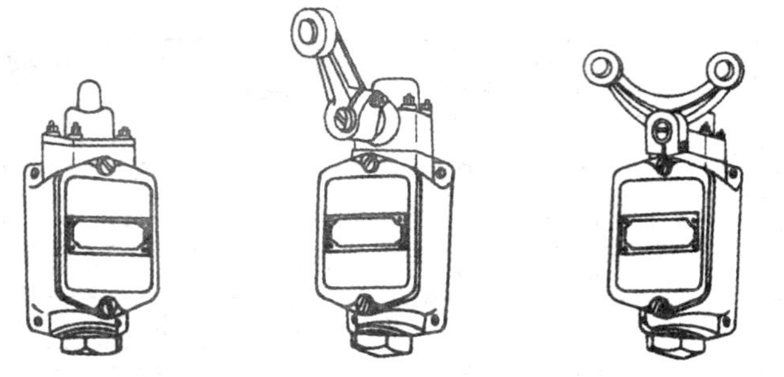

(a)JLXK1-311按钮式　(b)JLXK1-111单轮旋转式　(c)JLXK1-211双轮旋转式

图2.14　JLXK1系列行程开关

JLXK1系列行程开关的动作原理如图2.15所示。当运动部件的挡铁碰压行程开关的滚轮1时，杠杆2连同转轴3一起转动，使凸轮7推动撞块5，当撞块被压到一定位置时，推动微动开关6快速动作，使其常闭触头断开，常开触头闭合。

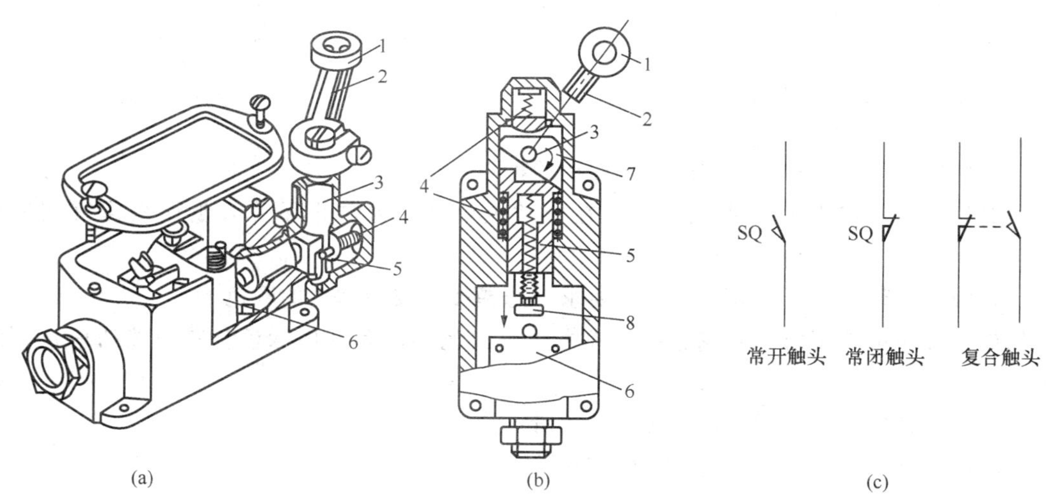

图2.15　JLXK1-111型行程开关的结构和动作原理

1—滚轮；2—杠杆；3—转轴；4—复位弹簧；5—撞块；6—微动形状；7—凸轮；8—调节螺钉

行程开关的触头动作有蠕动型和瞬动型两种。蠕动型的触头结构与按钮相似，这种行程开关的结构简单，价格便宜，但触头的分合速度取决于生产机械挡铁的移动速度。当挡铁的移动速度小于0.007m/s时，触头分合太慢，易产生电弧灼烧触头，从而减少触头的使用寿命，也影响动作的可靠性及行程控制的位置精度。为克服这些缺点，行程开关一般都

采用具有快速换接动作机构的瞬动型触头。瞬动行程开关的触头动作速度与挡铁的移动速度无关，性能显然优于蠕动型。

2. 行程开关的选用

行程开关主要根据动作要求、安装位置及触头数量选择。

提　示

JLXK1-211 表示：机床电器、主令开关、行程开关、快速、设计序号为 1、传动装置形式为双轮转动式（1 表示单轮转动式、2 表示双轮转动式、3 表示不带轮、4 表示直动带轮）、常开触头为 1、常闭触头为 1。

2.3.3 万能转换开关

万能转换开关是由于触头挡数多，换接线路多、用途广泛而得名，它是由多组相同触头组件叠装而成的多回路控制电器。主要用作控制线路的转换及电气测量仪表的转换，也可用于控制小容量异步电动机的启动、换向及变速。

1. 万能转换开关的结构与工作原理

万能转换开关主要由接触系统、操作机构、转轴、手柄、定位机构等部件组成，用螺栓组合而成。其外形及工作原理如图 2.16 所示。

万能转换开关的接触系统由许多接触元件组成，每一接触元件均有一胶木触头座，中间装有一对或三对触头，分别由凸轮通过支架操作。操作时，手柄带动转轴和凸轮一起旋转，凸轮即可推动触头接通或断开，如图 2.16（b）所示。由于凸轮的形状不同，当手柄处于不同的操作位置时，触头的分合情况也不同，从而达到换接电路的目的。

万能转换开关在电路图中的符号如图 2.17（a）所示。图中虚线表示手柄的位置。当手柄置于某一位置上时，就在处于接通状态的触头下方的虚线上标注黑点。触头的通断也可用如图 2.17（b）所示的触头分合表来表示。表中“×”表示触头闭合，空白表示触头分断。

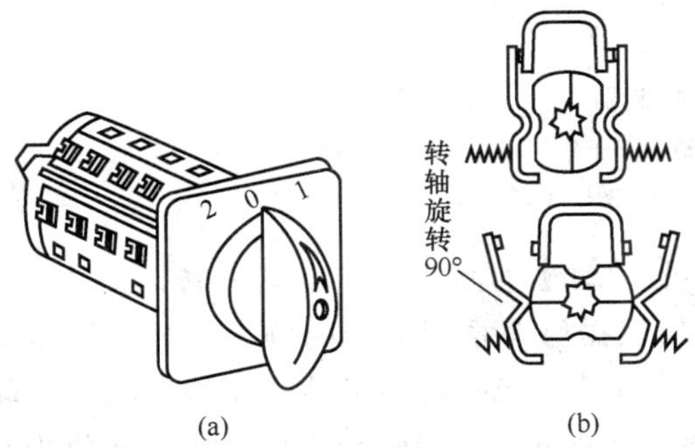

图 2.16　LW5 系列万能转换开关

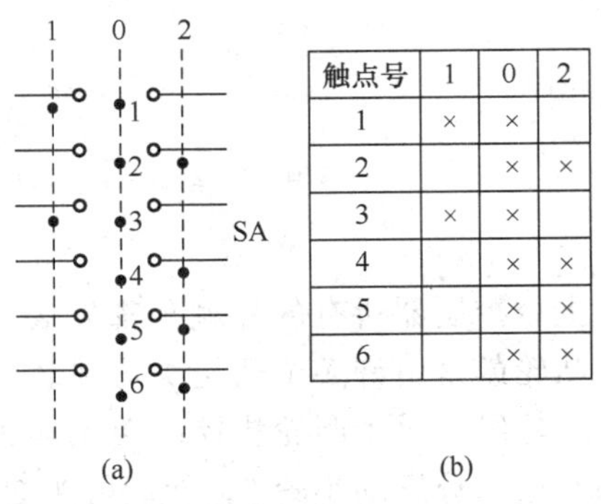

触点号	1	0	2
1	×	×	
2		×	×
3	×	×	
4		×	×
5		×	×
6		×	×

图 2.17　万能转换开关的符号和触头分合表

2. 万能转换开关的选用

万能转换开关主要根据用途、接线方式、所需触头挡数和额定电流来选择。

提　示

LW5-15/5.5N 表示：万能转换开关、设计序号为 5、额定电流为 15A。

2.3.4 主令控制器

1. 主令控制器的结构与工作原理

主令控制器按结构形式分为凸轮调整式和凸轮非调整式两种。调整式主令控制器，是指其系统的分合程序可随时按控制系统的要求进行编制及调整，调整时不必更换凸轮片。所谓非调整式主令控制器，是指其触头系统分合顺序只能按指定的触头分合表要求进行，在使用中用户不能自行调整，若需调整必须更换凸轮片。

目前生产中常用的主令控制器主要有 LK1、LK4、LK5 和 LK16 等系列，其中 LK1、LK5、LK16 系列属于非调整式主令控制器，LK4 系列属于调整式主令控制器。

LK1 系列主令控制器主要有由基座、转轴、动触头、静触头、凸轮鼓、操作手柄、面板支架及外护罩组成。其外形及结构如图 2.18 所示。

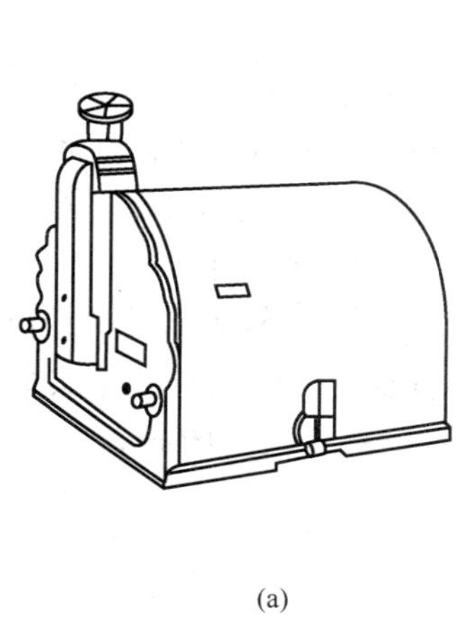

(a)

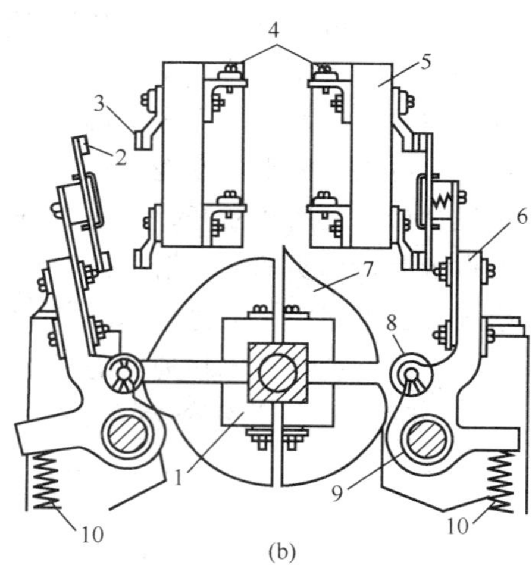

(b)

图 2.18　主令控制器

1—方形转轴；2—动触头；3—静触头；4—接线柱；5—绝缘板；6—支架；7—凸轮块；8—小轮；9—转动轴；10—复位弹簧

主令控制器所有的静触头都安装在绝缘板 5 上，动触头固定在能绕轴 9 转动的支架 6 上；凸轮鼓是由许多个凸轮块 7 嵌装而成，凸轮块根据触头系列的开闭顺序制成不同角度的凸出轮缘，每个凸轮块控制两副触头。当转动手柄时，方形转轴带动凸轮块转动，凸轮块的凸出部分压动小轮 8，使动触头 2 离开触头 3，分断电路；当转动手柄使小轮 8 位于凸块 7 的凹处时，在复位弹簧的作用下使动触头和静触头闭合，接通电路。

提　示

触头的闭合和分断顺序是由凸轮块的形状决定的。

2. 主令控制器的选用

主令控制器主要根据使用环境、所需控制的电路数、触头闭合顺序等进行选择。

任务实施

2.3.5 按钮的安装与使用

1）按钮安装在面板上，应布置整齐，排列合理，如根据电动机启动的先后顺序，从上到下或从左到右排列等。

2）同一机床运动部件有几种不同的工作状态（如上、下，前、后，松、紧等），应使每一对相反状态的按钮安装在一组。

3）按钮的安装应牢固，安装按钮的金属板或金属按钮盒必须可靠接地。

4）由于按钮的触头间距较小，如有油污等极易发生短路故障，所以应注意保持触头间的清洁。

5）光标按钮一般不宜用于需长期通电显示处，以免塑料外壳过度受热而变形，使更换灯泡困难。

2.3.6 按钮的常见故障及处理方法

常见故障及处理方法见表 2.9。

表 2.9　按钮的常见故障及处理方法

序号	故障现象	产生的原因	处理的方法
1	触头接触不良	1）触头烧损； 2）触头表面有尘垢； 3）触头弹簧失效	1）修整触头或更换； 2）清洁触头表面； 3）重绕弹簧或更换
2	触头间短路	1）塑料受热变形，导致接线螺钉相碰短路； 2）杂物或油污在触头间形成通路	1）更换并查明发热原因，如灯泡发热所致，可降低电压； 2）清洁按钮内部

2.3.7 行程开关的安装与使用

1）行程开关安装时，安装位置要准确，安装要牢固；滚轮的方向不能装反，挡铁与其碰撞的位置应符合控制线路的要求，并能可靠地与挡铁碰撞。

2）行程开关在使用时，要定期检查和保养，除去油垢及粉尘，清理触头，经常检查其动作是否灵活、可靠，及时排除故障。防止因行程开关触头接触不良或接线松脱产生误动作而导致设备和人身安全事故。

2.3.8 行程开关的常见故障及处理方法

常见故障及处理方法见表2.10。

表2.10 行程开关的常见故障及处理方法

序号	故障现象	产生的原因	处理的方法
1	挡铁碰撞位置开关后，触头不动作	1）安装位置不准确； 2）触头接触不良或接线松脱； 3）触头弹簧失效	1）调整安装位置； 2）清刷触头或紧固接线； 3）更换弹簧
2	杠杆已经偏转，或无外界机械力作用，但触头不复位	1）复位弹簧失效； 2）内部撞块卡阻； 3）调节螺钉太长，顶住开关按钮	1）更换弹簧； 2）清扫内部杂物； 3）检查调节螺钉

2.3.9 万能转换开关的安装与使用

1）万能转换开关的安装位置应与其他电器元件或机床的金属部件有一定间隙，以免在通断过程中因电弧喷出而发生对地短路故障。

2）万能转换开关一般应水平安装在屏板上，但也可以倾斜或垂直安装。

3）万能转换开关的通断能力不高，当用来控制电动机时，LW5系列只能控制在5.5kW以下的小容量电动机。若用于控制电动机的正反转，则只有在电动机停止后才能反向启动。

4）万能转换开关本身不带保护，使用时必须与其他电器配合。

5）当万能转换开关有故障时，必须立即切断电路，检查有无妨碍可动部分正常转动的故障，检查弹簧有无变形或失效，触头工作状态和触头状况是否正常等。

2.3.10 主令控制器的的安装与使用

1）安装前应操作手柄不少于5次，检查动、静触头接触是否良好，有无卡轧现象。

2）主令控制器投入运行前，应使用500～1000V的兆欧表测量其绝缘电阻，绝缘电阻一般应大于0.5MΩ，同时根据接线图检查接线是否正确。

3）主令控制器外壳上的接地螺栓应与接地网可靠地连接。

4）应注意定期清除控制器内的灰尘，所有活动部分应定期加润滑油。

5）不使用时手柄应停放在零位。

2.3.11 主令控制器的常见故障及处理方法

常见故障及处理方法见表2.11。

表2.11 主令控制器的常见故障及处理方法

序号	故障现象	产生的原因	处理的方法
1	操作不灵活或有噪声	1）滚动轴承损坏或卡死； 2）凸轮鼓或触头嵌入异物	1）更换或修理轴承； 2）取出异物、修复或更换产品

续表

序号	故障现象	产生的原因	处理的方法
2	触头过热或烧毁	1）控制器容量过小； 2）触头压力过小； 3）触头表面烧毛或有油污	1）选用较大容量的主令控制器； 2）调整或更换触头弹簧； 3）修理或清洗触头
3	定位不准或分合顺序不对	凸轮片碎裂脱落或凸轮角度磨损变化	更换凸轮

巩固训练

2.3.12 主令电器的识别与维修

1. 训练内容

（1）主令电器的识别

1）在教师的指导下，仔细观察各种不同种类、不同结构形式的主令电器的外形和结构特点。

2）将所给各种主令电器的铭牌盖住并编号，根据实物写出其名称、型号及主要组成部分。

（2）主令电器控制器的基本结构与测量

1）用兆欧表测量主令控制器的各触头部分的对地电阻，其值应不小于 0.5MΩ。

2）用万用表依次测量手柄置于不同位置时各对触头的通断情况，根据测量结果作出主令控制器的触头分合表。

3）打开主令控制器的外壳，仔细观察其结构和动作过程，写出各主要零部件的名称并叙述主令控制器的动作原理。

任务评价

任务评分表见表 2.12。

表 2.12　主令电器的识别与维修评分表

序号	项目	配分	考核标准	得分
1	元件识别	40	1）写错或漏写名称，每只扣 4 分； 2）写错或漏写型号，每只扣 3 分； 3）写错或漏写结构形式，每只扣 3 分	
2	主令控制器的测量	30	1）仪表方法不正确，扣 10 分； 2）测量结果错误，每次扣 5 分； 3）作不出触头分合表，扣 20 分； 4）触头分合表错误，每处扣 4 分	

续表

序号	项目	配分	考核标准	得分
3	主令控制器的动作原理	30	1）主要零部件的名称写错或漏写，每只扣 2 分； 2）写不出动作原理，扣 20 分； 3）动作原理叙述不正确，扣 5～20 分	
4	安全文明操作		违反安全文明操作规程酌情扣 5～40 分	
5	定额时间 90min		每超时 5min 扣 5 分；超 10min 不得分	

知识拓展：接近开关简介

接近开关又称为无触点开关，是一种与运动部件无机械接触而能操作的位置开关。当运动物体靠近开关到一定位置时，开关发出信号，达到行程控制、计数及自动控制的作用。它的用途除了行程控制和限位保护外，还可作为检测金属体的存在、高速计数、测速、定位、变换运动方向、检测零件尺寸、液面控制及用作无触点按钮等。与行程开关相比，接近开关在使用时，一般需要有触点继电器作为输出器。

按工作原理来分，接近开关有高频振荡型、感应电桥型、霍尔效应型、光电型、永磁及磁敏元件型、电容型和超声波型等多种类型，其中以高频振荡型最为常用。其电路结构如图 2.19 所示。

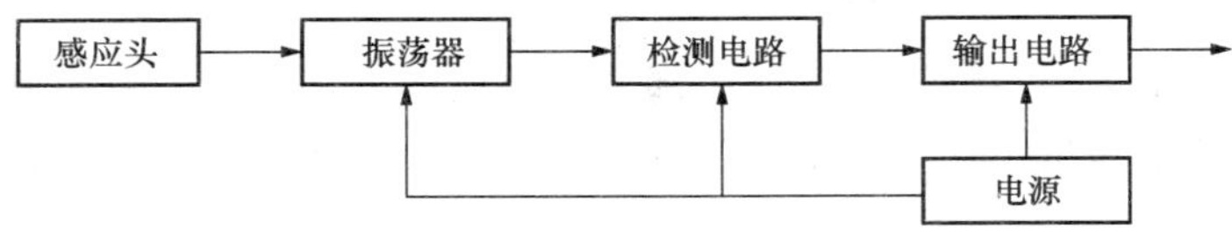

图 2.19　接近开关原理方框图

高频振荡型接近开关的工作原理为：当有金属物体靠近一个以一定频率稳定振荡的高频振荡器的感应头附近时，由于感应作用，该物体内部会产生涡流及磁滞损耗，以致振荡回路因电阻增大、能耗增加而使振荡减弱，直至停止振荡。检测电路根据振荡器的工作状态控制输出电路的工作，输出信号去控制继电器或其他电器，以达到控制目的。

目前在工业生产中，LJ1、LJ2 等系列晶体管接近开关已逐步被 LJ、LXJ10 等系列集成电路接近开关所取代。LJ 系列集成电路接近开关是由德国西门子公司元器件组装而成。其性能可靠，安装使用方便，产品品种规格齐全，应用广泛。

LJ 系列接近开关分交流和直流两种类型，交流型为两线制，有常开式和常闭式两种。直流型分为两线制、三线制、四线制。除四线制为双触头输出（含有一个常开和一个常闭输出触头）外，其余均为单头输出（含有一个常开或一个常闭触头）。交流两线接近开关的外形和接线方式如图 2.20 所示。

任务小结

本任务介绍了按钮、位置开关、万能转换开关和主令控制器等主令电器，通过本任务

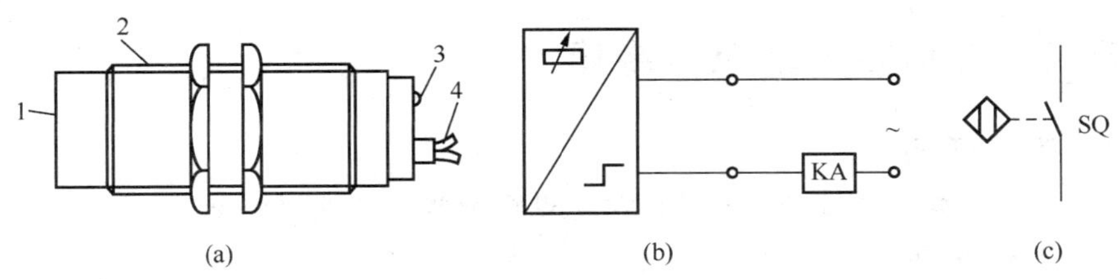

图 2.20　交流两线接近开关的外形、接方式与符号

1—感应面；2—圆柱螺纹型外壳；3—LED 指示；4—电缆

的学习，能够掌握主令电器的选择、安装方法，能够能正确分析主令电器的故障现象、产生原因，并能够进行及时检修。

复习与思考

1. 按钮的作用是什么？按钮由哪几部分组成？
2. 行程开关与按钮的最大区别是什么？
3. 万能转换开关的作用是什么？由哪几部分组成？
4. 主令控制器有哪几种？目前生产中常用的用哪几个系列？
5. 简述按钮的常见故障、产生原因及处理方法。
6. 万能转换开关在安装与使用时有哪些注意事项？
7. 主令控制器常见的故障有哪些？产生的原因是什么？

任务2.4 交流接触器及其维修

工作任务

一只交流接触器出现故障，现要对其进行拆卸维修。

工作场景

一体化教室，多媒体教学设备；机电设备维修实训室，CJ10—20型交流接触器、TDGC—10/0.5调压变压器、HK1—15/3三极开关、HK1—15/2二极开关，220V、25W指示灯，500mm×400mm×30mm控制板，BVR—1.0连接导线，电气设备维修常用工具（螺丝刀、电工刀、尖嘴钳、剥线钳、镊子等），仪表（电流表、电压表、万用表、兆欧表），机修用工作台等。

知识目标

1. 了解交流接触器的作用及适用范围。
2. 熟悉交流接触器的结构及工作原理。
3. 掌握交流接触器选用、安装与使用。
4. 掌握交流接触器的常见故障及处理方法。

能力目标

1. 能对交流接触器进行校验和调整。
2. 会根据交流电器的故障现象进行检测与维修。

相关知识

交流接触器是一种自动的电磁式开关，适用于远距离频繁地接通或断开交流主电路及大容量控制电路。其主要控制对象是电动机，也可用于控制其他负载，如电焊机或电容器等。它不仅能实现远距离自动操作和欠电压释放保护功能，而且具有控制容量大、工作可靠、操作频率高、使用寿命长等优点，因而在电力拖动系统中得到了广泛应用。

交流接触器的种类很多，目前常用的有我国自行设计生产的CJ0、CJ10和CJ20等系列以及引进国外先进技术生产的B系列、3TB系列等。另外，各种新型接触器，如真空接触器、固体接触器等在电力拖动系统中也逐步得到推广和应用。本任务以CJ10系列为例介绍交流接触器的的结构、原理及维修等。

2.4.1 交流接触器的结构

交流接触器主要由电磁系统、触头系统、灭弧装置及辅助部件等组成。CJ10—20型交流接触器的结构如图2.21所示。

提 示

CJ10-20表示：交流接器、额定电流20A。

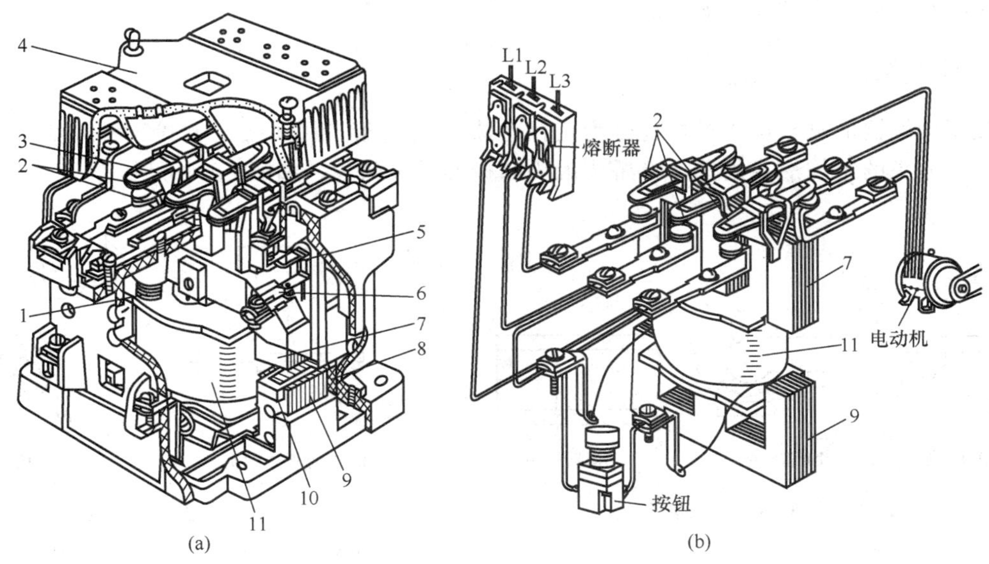

图 2.21　交流接触器的结构和工作原理

1—反作用弹簧；2—主触头；3—触头压力弹簧；4—灭弧罩；5—辅助常闭触头；6—辅助常开触头；7—动铁心；8—缓冲弹簧；9—静铁心；10—短路环；11—线圈

1. 电磁系统

交流接触器的电磁系统主要由线圈、铁心（静铁心）和衔铁（动铁心）三部分组成。其作用是利用电磁线圈的通电或断电，使衔铁和铁心吸合或释放，从而带动动触头与静触头闭合或分断，实现接通或断开电路。

CJ10 系列交流接触器的衔铁运动方式有两种，对于额定电流为 40A 及以下的接触器，采用如图 2.22（a）所示的衔铁直线运动的螺管式；对于额定电流为 60A 及以上的接触器，采用如图 2.22（b）所示的衔铁绕轴转动的拍合式。

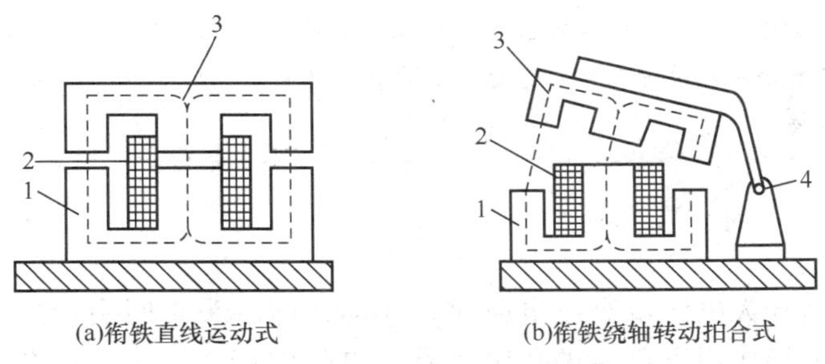

图 2.22　交流接触器电磁系统结构图

1—铁心；2—线圈；3—衔铁；4—轴

为了减少工作过程中交变磁场在铁心中产生的涡流及磁滞损耗，避免铁心过热，交流接触器的铁心和衔铁一般用 E 形硅钢片叠压铆成。为增大铁心的散热面积，又避免线圈与铁心直接接触而受热烧毁，交流接触器的线圈一般做成粗而短的圆筒形，并且绕在绝缘骨架上，使铁心与线圈之前有一定间隙；E 形铁心的中柱端面留有 0.1～0.2mm 之间的气隙，避免线圈断电后衔铁粘住不能释放。

2. 触头系统

交流接触器的触头按接触情况分为点接触式、线接触式和面接接触式三种，如图 2.23 所示。按触头的结构形式划分，有桥式触头和指形触头两种，如图 2.24 所示。

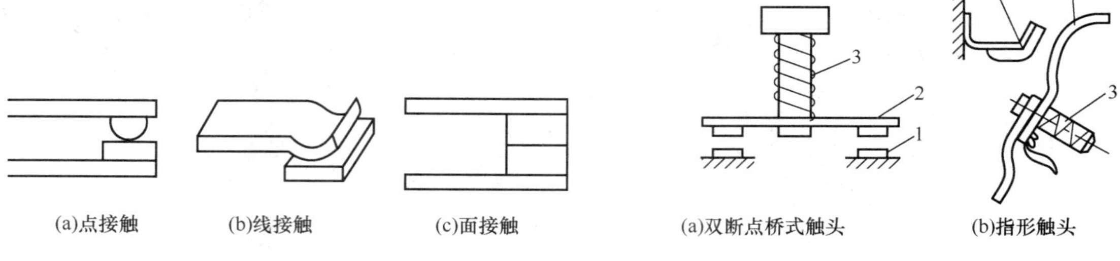

(a)点接触　(b)线接触　(c)面接触

图 2.23　触头的三种接触形式

(a)双断点桥式触头　(b)指形触头

图 2.24　触头的结构形式

1—静触头；2—动触头；3—触头压力弹簧

CJ10 系列交流接触器的触头一般采用双断点桥式触头。其动触头桥用紫铜片冲压而成。由于铜的表面易氧化并形成一层导电性能很差的氧化铜，而银的接触电阻小且其黑色氧化物对接触电阻的影响不大，所以在触头桥的两端镶有银基合金制成的触头块。静触头一般用黄铜板冲压而成，一端镶焊触头块，另一端为接线座。在触头上装有压力弹簧以减小接触电阻并消除开始接触时产生的有害振动。

按通断能力划分，交流接触器的触头分为主触头和辅助触头。主触头用以通断电流较大的主电路，一般由三对接触面积较大的常开触头组成。辅助触头用以通断电流较小的控制电路，一般由两对常开和两对常闭触头组成。

注　意

触头的常开和常闭，是指电磁系统未通电动作时触头的状态。常开触头和常闭触头是联动的。当线圈通电时，常闭触头先断开，常开触头随后闭合。而线圈断电时，常开触头首先恢复断开，随后常闭触头恢复闭合。两种触头在改变工作状态时，先后有个时间差，尽管这个时间差很短，但对分析线路的控制原理却很重要。

3. 灭弧装置

交流接触器在断开大电流或高压电路时，在动、静触头之间会产生很强的电弧。电弧是触头间气体在强电场作用下产生的放电现象，电弧的产生，一方面会灼伤触头，减少触头的寿命；另一方面会使电路切断时间延长，甚至造成弧光短路或引起火灾事故。因此应使触头间的电弧尽快熄灭。交流接触器中常用的灭弧方法有以下几种。

提　示

实验证明，触头开合过程中的电压越高、电流越大、弧区温度越高，电弧就越强。低压电器中通常采用拉长电弧、冷却电弧或将电弧分成多段等措施，促使电弧尽快熄灭。

(1) 双断口电动力灭弧。

双断口结构的电动力灭弧装置如图 2.25 (a) 所示。这种灭弧方法是将整个电弧分割成两段，同时利用触头回路本身的电动力 F 把电弧向两侧拉长，使电弧热量在拉长的过程中散发、冷却而熄灭。容量较小的交流接触器，如 CJ10—10 型等，多采用这种灭弧。

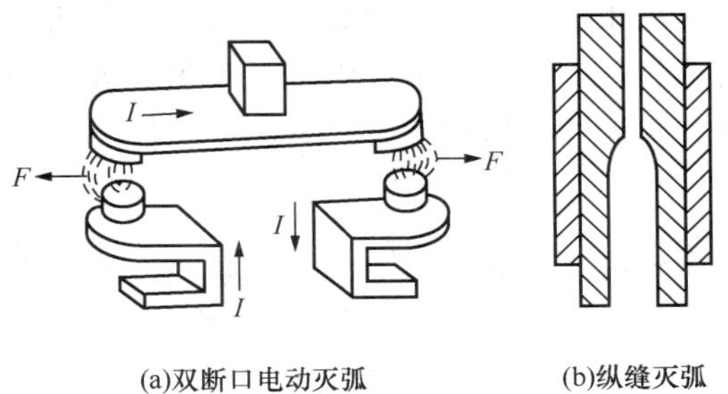

图 2.25 灭弧装置

(2) 纵缝灭弧

纵缝灭弧装置如图 2.25 (b) 所示。由耐弧陶土、石棉水泥等材料制成的灭弧罩内每相有一个或多个纵缝，缝的下部较宽以便放置触头；缝的上部较窄，以便压缩电弧，使电弧与灭弧室壁有很好的接触。当触头分断时，电弧被外磁场或电动力吹入缝内，其热量传递给室壁，电弧被迅速冷却熄灭。CJ10 系列交流接触器额定电流在 20A 及以上的，均采用这种方法灭弧。

(3) 栅片灭弧

栅片灭弧装置的结构及工作原理如图 2.26 所示。金属栅片由镀铜或镀锌片制成，形状一般为人字形，栅片插在灭弧罩内，各片之间相互绝缘。当动触头与静触头分断时，在触头间产生电弧，电弧电流在其周围产生磁场。由于金属栅片的磁阻远小于空气的磁阻，因此电弧上部的磁通容易通过金属栅片而形成闭合磁路，这就造成了电弧周围空气中的磁场上疏下密。这一磁场对电弧产生向上作用力，将电弧拉到栅片间隙中，栅片将电弧分割成若干个串联的短电弧。每个栅片成为短电弧的电极，将总电弧压降分成几段，栅片间的电弧电压低于燃弧电压，同时栅片将电弧的热量吸收散发，使电弧迅速冷却，促使电弧尽快熄灭。容量较大的交流接触器多采用这种方法灭弧，如 CJ10—40 型交流接触器。

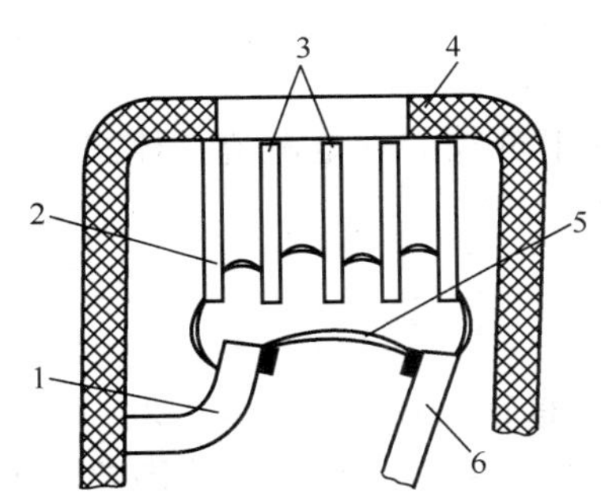

图 2.26 栅片灭弧装置

1—静触头；2—短电弧；3—灭弧栅片；4—灭弧罩；5—电弧；6—动触头

(4) 辅助部件

交流接触器的辅助部件有反作用弹簧、缓冲弹簧、触头压力弹簧、传动机构及底座、接线柱等。

反作用弹簧安装在动铁心和线圈之间，其作用是线圈断电后，推动衔铁释放，使各触头恢复状态。缓冲弹簧卷在静铁心与线圈之间，其作用是缓冲衔铁在吸合时对静铁心和外壳的冲击力，保护外壳。触头压力弹簧安装在动触头上面，其作用是增加动、静触头间的压力，从而增大接触面积，以减小接触电阻，防止触头过热灼伤。传动机构的作用是在衔铁或反作用弹簧的作用下，带动动触头实现与静触头的接通或分断。

2.4.2 交流接触器的工作原理

交流接触器的工作原理如图 2.21 (b) 所示。当接触器的线圈通电后，线圈中流过的电流产生磁场，使铁心产生足够大的吸力，克服反作用弹簧的反作用力，将衔铁吸合，通过传动机械带动三对主触头和辅助常开触头闭合，辅助常闭触头断开。当接触器线圈断电或电压显著下降时，由于电磁吸力消失或过小，衔铁在反作用弹簧力的作用下复位，带动各触头恢复到原始状态。

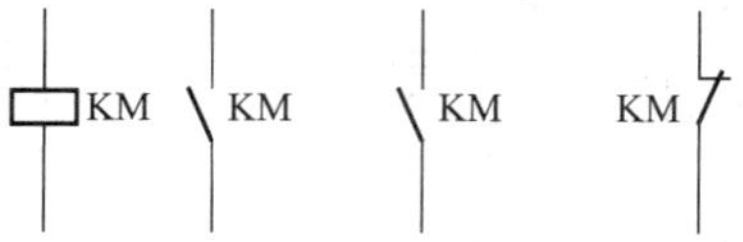

KM　KM　KM　KM

(a)线圈 (b)主触头 (c)辅助常开触头 (d)辅助常闭触头

图 2.27　接触器的符号

常用的 CJ0、CJ10 等系列的交流接触器在 0.85～1.05 倍的额定电压下，能保证可靠吸合。电压过高，磁路趋于饱合，线圈电流会显著增大。电压过低，电磁吸力不足，衔铁吸合不上，线圈电流会达到额定电流的十几倍，因此，电压过高或过低都会造成线圈过热而烧坏。

交流接触器在电路中的符号如图 2.27 所示。

2.4.3　交流接触器的选用

1. 选择交流接触器主触头的额定电压

交流接触器主触头的额定电压应大于或等于控制线路的额定电压。

2. 选择交流接触器主触头的额定电流

交流接触器控制电阻性负载时，主触头的额定电流应等于负载的额定电流。控制电动机时，主触头的额定电流应大于或稍大于电动机的额定电流。

3. 选择交流接触器吸引线圈的电压

当控制线路简单，使用电器较少时，为节省变压器，可直接选用 380V 或 220V 的电压。当线路复杂，使用电器超过 5 个小时，从人身和设备安全角度考虑，吸引线圈要选低一些，可用 36V 或 110V 电压的线圈。

4. 选择交流接触器的触头数量及类型

交流接触器的触头数量、类型应满足控制线路的要求。

任务实施

2.4.4　交流接触器的安装与使用

1. 交流接触器安装前的检查

1）检查接触器铭牌线圈的技术参数（如额定电压、电流、操作频率等）是否符合实际使用要求。

2）检查接触器外观，应无机械损伤；用手推动接触器可动部分时，接触器应动作灵活，无卡阻现象；灭弧罩应完整无损，固定牢固。

3）将铁心极面上的防锈油脂或粘在极面上的铁垢用煤油擦净，以免多次使用后衔铁被粘住，造成断电后不能释放。

4）测量接触器的线圈电阻和绝缘电阻。

2. 交流接触器的安装

1）交流接触器一般应安装在垂直面上，倾斜度不得超过 5°；若有散热孔，则应将有孔的一面放在垂直方向上，以利散热，并按规定留有适当的飞弧空间，以免飞弧烧坏相邻电器。

2）安装和接线时，注意不要将零件失落或掉入接触器的内部。安装孔的螺钉应装有弹簧垫圈和平垫圈，并拧紧螺钉以防振动松脱。

3）安装完毕，检查接线正确无误后，在主触头不带电的情况下操作几次，然后测量产品的动作值和释放值，所测数值应符合产品的规定要求。

3. 交流接触器的日常维护

1）应对接触器作定期检查，观察螺钉有无松动，可动部分是否灵活等。

2）接触器的触头应定期清扫，保持清洁，但不允许涂油，当触头表面因电灼作用形成金属小颗粒时，应及时清除。

3）拆装时注意不要损坏灭弧罩，应带灭弧罩的交流接触器绝不允许不带，也不允许弧罩损坏继续使用，以免发生电弧短路故障。

2.4.5 交流接触器的常见故障及处理方法

1. 触头的故障及维修

（1）触头过热

动静触头间存在着接触电阻，有电流通过时便会发热，正常情况下触头的温升不会超过允许值。但当动、静触头间的接触电阻过大或通过的电流过大时，触头发热严重，使触头温度超过允许值，造成触头特性变坏，甚至产生触头熔焊。导致触头过热的主要原因有：

1）通过动、静触头间的电流过大。交流接触器在运行过程中，触头通过的电流必须小于其额定电流，否则会造成触头过热。触头电流过大的原因主要有系统电压过高或过低；用电设备超负荷运行；触头容量选择不当和带故障运行。

2）动、静触头间接触电阻过大。造成动、静触头间接触间隙过大的原因有：一是触头压力不足。不同规格和结构形式的接触器，其触头压力值不同。对同一规格的接触器而言，一般触头压力越大，接触电阻越小。触头压力弹簧受到机械损伤或电弧高温的影响而失去弹性，触头长期磨损变薄等都会导致触头压力减小，接触电阻增大。此时首先应调整压力弹簧，若经调整后压力仍达不到标准要求，则应更换新触头。二是触头表面接触不良。造成触头表面接触不良的原因主要有：油污和灰尘在触头表面形成一层电阻层；铜质触头表面氧化；触头表面被电弧灼伤、烧毛，使接触面积减小等。对触头表面的油污，可用煤油或四氯化碳清洗；铜质触头表面的氧化膜应用小刀轻轻刮去。但对银或银基合金触头表面的氧化层可不做处理，因为银氧化膜的导电性能与纯银相差不大，不影响触头的接触性能。

注 意

对电弧灼伤的触头，应用刮刀或细锉修整。对用于大、中电流的触头表面，不要求修整的过分光滑，过分光滑会使接触面积减小，接触电阻反而增大。

维修人员在修整触头时，不应刮削或锉削太严重，以免影响触头的使用寿命。更不允许用砂布或砂轮修整，因为在修磨触头时砂布或砂轮会使砂粒嵌在触头表面上，反而导致接触电阻增大。

（2）触头磨损

触头在使用过程中，其厚度会越用越薄，这就是触头磨损。触头磨损有两种：一种是电磨损，是由于触头间电弧或电火花的高温使触头金属氧化所造成的；另一种是机械磨损，是由于触头闭合的撞击及触头接触面的相对滑动摩擦等所造成的。

一般当触头磨损至超过原有厚度的 1/2 时，应更换新触头。若触头磨损过快，应查明原因，排除故障。

（3）触头熔焊

动静触头接触面熔化后焊在一起不能分断的现象，称为触头熔焊。当触头闭合时，由于撞击和产生振动，在动、静触头间的小间隙中产生短电弧，电弧产生的高温（3000～6000℃）使触头表面被灼伤甚至烧熔，熔化的金属冷却后便将动、静触头焊在一起。发生触头熔焊的常见原因有：接触器容量不当，使负载电流超过触头容量；触头压力弹簧损坏使触头压力过小；因线路过载使触头闭合时通过的电流过大等。实验证明，当触头通过的电流大于其额定电流 10 倍以上时，将使触头熔焊。触头熔焊后，只有更换新触头，才能消除故障。如果因为触头容量不够而产生熔焊，则应选用容量较大的接触器。

2. 触头的的调整

（1）接触器触头初压力、终压力的测定及调整

触头的初压力是指动、静触头刚接触时触头承受的压力。初压力来源于触头弹簧的预压缩量，它可使触头减小振动，避免触头熔焊及减轻烧蚀程度。触头的终压力是指触头完全闭合后作用于触头上的压力。终压力由触头弹簧的最终压缩量决定，它可使触头处于闭合状态时的接触电阻保持较低值。

接触器经长期使用后，由于触头弹簧弹力减小或触头磨损等原因，会引起触头压力减小，接触器电阻增大，此时应调整触头弹簧的压力，使初压力和终压力达到规定的值。

提 示

对于触头压力的测试可用纸条凭经验测定。将一条比触头略宽的纸条夹在动、静触头之间，并使触头处于闭合状态，然后用手拉纸条，一般小容量接触器稍用力即可拉出；对于大容量的接触器，纸条拉出后有撕裂现象。出现这种现象时，一般认为触头压力较合适。若纸条很容易被拉出，说明触头压力不够。若纸条被拉断，则说明触头压力太大。

（2）接触器触头开距和超程的调整

触头开距 e 是指触头处于完全断开位置时，动、静触头间的最短距离。如图 2.28 所示，其作用是保证触头断开之后有必要的安全绝缘间隔。超程 c 是指接触器触头完全闭合

后，假设将静（或动）触头移开时，动（或静）触头能继续移动的距离，如图 2.28（c）所示。其作用是保证触头磨损后仍能可靠地接触，即保证触头压力的最小值。当超程不符合规定时，应更换新触头。

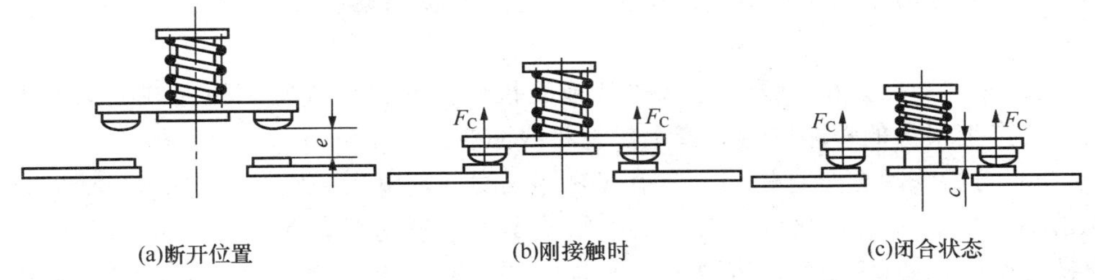

图 2.28　触头的结构参数

接触器经拆卸或更换零部件后，应对触头的开距和超程等进行调整，使其符合要求。如图 2.28 所示的直动式交流接触器，其触头的开距 e 与超程 c 之和等于铁心的行程 s。对于这种接触器，只需卸下底板，增减铁心底端的衬垫即可改变铁心的行程，从而改变触头的超程。

3. 电磁系统的故障及维修

（1）铁心噪声大

电磁系统在运行中发出轻微的嗡嗡声是正常的，若声音过大或异常，可判断电磁系统发生故障。其原因有：

1）衔铁与铁心的接触面接触不良或衔铁歪斜。衔铁与铁心经多次碰撞后，使接触面磨损或变形，或接触面上有锈垢、油污、灰尘等，都会造成接触面接触不良，导致吸合时产生振动和噪声，使铁心加速损坏，同时会使线圈过热，严重时甚至会烧毁线圈。

如果振动由铁心端面上的油垢引起，应拆下清洗。如果是由端面变形或磨损引起，可用细砂布平铺在平板上，来回推动铁心将端面修平整。对 E 型铁心，维修中应注意铁心中柱接触面间隙要留有 0.1～0.2mm 的防剩磁间隙。

2）短路环损坏。交流接触器在运行过程中，铁心经多次碰撞后，嵌装在铁心端面内的短路环有可能断裂或脱落，此时铁心产生强烈的振动，发出较大噪声。短路环断裂多发生在槽外的转角和槽口部分，维修时可将断裂处焊牢或照原样重新更换一件，并用环氧树脂加固。

3）机械方面的原因。如果触头压力过大或因活动部分受到卡阻，使衔铁和铁心不能完全吸合，都会产生较强的振动和噪声。

（2）衔铁吸不上

当交流接触器的线圈接通电后，衔铁不能被铁心吸合，应立即断开电源，以免线圈被烧毁。

衔铁吸不上的原因主要有：一是线圈引出线的连接处脱落，线圈断线或烧毁。二是电源电压过低或活动部分卡阻。若线圈通电后衔铁没有振动和发出噪声，一般为第一种情况；若衔铁有振动和发出噪声，多为第二种情况。

（3）衔铁不释放

当线圈断电后，衔铁不释放，此时应立即断开电源开关，以免发生意外事故。

衔铁不能释放的原因主要有：触头熔焊、机械部分卡阻、反作用弹簧损坏、铁心端面有油垢、E 形铁心的防剩磁间隙过小导致剩磁增大等。

（4）线圈的故障及维修

线圈的主要故障是由于所通过的电流过大导致线圈过热甚至烧毁。线圈电流过大的原因主要有：

1）线圈匝间短路。由于线圈绝缘损坏或受机械损伤，形成匝间短路或局部对地短路，在线圈中会产生很大的短路电流，产生热量将线圈烧毁。

2）铁心与衔铁闭合时有间隙。交流接触器线圈两端电压一定时，它的阻抗越大，通过的电流越小。当衔铁在分开位置时，线圈阻抗最小，通过的电流最大。铁心吸合过程中，衔铁与铁心的间隙逐渐减小，线圈的阻抗逐渐增大，当衔铁完全吸合后，线圈阻抗最大，电流最小。因此，如果衔铁与铁心间不能完全吸合或接触不紧密，会使线圈电流增大，导致线圈过热以致烧毁。

3）线圈两端电压过高或过低。线圈电压过高，会使电流增大，甚至超过额定值；线圈电压过低，会造成衔铁吸合不紧密而产生振动，严重时衔铁不能吸合，电流剧增使线圈烧毁。

线圈烧毁后，一般应重新绕制。如果短路匝数不多，短路又在靠近线圈的端部，而其余部分尚完好无损，则可拆去已损坏的几圈，其余的可继续使用。

注　意

线圈需重绕时，可从铭牌或手册中查出线圈的匝数和线径，也可从烧毁线圈中测得匝数和线径。线圈绕好后，先放入 105～110℃的烘箱中预烘 3 小时，冷却至 60～70℃后，浸绝缘漆，滴尽余漆后放入 110～120℃的烘箱中烘干，冷却至常温即可使用。

2.4.6 交流接触器的拆装与维修

1. 训练步骤及工艺要求

（1）交流接触器的拆卸、装配与维修

1）拆卸。

① 卸下灭弧罩紧固螺钉，取下灭弧罩。

② 拉紧主触头定位弹簧夹，取下主触头及主触头压力弹簧片，拆卸主触头时必须将主触头侧转 45 度后取下。

③ 松开辅助常开触头的线桩螺钉，取下常开静触头。

④ 松开接触器底部的盖板螺钉，取下盖板。在松盖板螺钉时，要用手按住螺钉慢慢放松。

⑤ 取下静铁芯缓冲绝缘板片及静铁芯。

⑥ 取下静铁芯支架及缓冲弹簧片。

⑦ 拔出线圈接线端的弹簧夹片，取下线圈。

⑧ 取下反作用弹簧。

⑨ 取下衔铁和支架。

⑩ 从支架上取下动铁芯定位销及缓冲绝缘纸片。

2）检修。

① 检查灭弧罩有无破裂或烧损，清除灭弧罩内的金属飞溅物和颗粒。

② 检查触头的磨损程度，磨损严重时应更换触头。若不需要更换，则清除触头表面上烧毛颗粒。

③ 清除铁芯端面的油垢，检查铁芯有无变形及端面接触是否平整。

④ 检查触头压力弹簧及反作用弹簧是否变形及压力不足。如有需要则更换弹簧。

⑤ 检查电磁线圈是否有短路、断路及发热变色现象。

3）装配。按拆卸的逆顺序进行装配。

4）自检。

① 用万用表欧姆挡检查线圈及各触头是否良好。

② 用兆欧表测量各触头间及主触头对地电阻是否符合要求。

③ 用手按动主触头检查运动部分是否灵活，以防产生接触不良、振动和噪声。

（2）交流接触器的校验及触头压力的调整

1）交流接触器的检验。

① 将装配好的接触器按如图 2.29 所示接入检验电路。

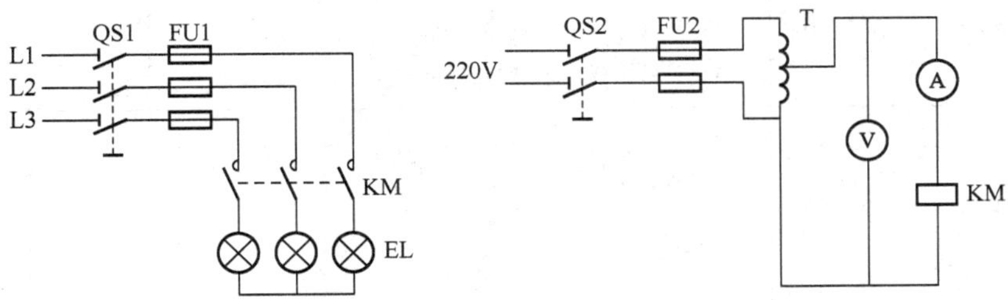

图 2.29　接触器动作值检验电路

② 选好电流表、电压表量程并调零；将调压变压器输出置于零位。

③ 合上 QS1 和 QS2，均匀调节调压变压器，使电压上升到接触器铁心吸合为止，此时电压表的指示值即为接触器的动作电压值。该电压应小于或等于 85%U_N（U_N 吸引线圈额定电压）。

④ 保持吸合电压值，分合开关 QS2，做两次冲击合闸试验，以校验动作的可靠性。

⑤ 均匀地降低调压变压器的输出电压直至衔铁分离，此时电压表的指示值即为接触器的释放电压，释放电压值应大于 50%U_N。

⑥ 将调压变压器的输出电压调至接触器线圈的额定电压，观察铁心有无振动及噪声，从指示灯的明暗可判断主触头的接触情况。

2）触头压力的测量与调整。根据前面介绍的知识，用一张厚 0.1mm 比触头稍宽的纸条测量触头的压力，并进行弹簧的调整，直至符合要求。

2. 注意事项

1）拆卸过程中，应备有盛放零件的容器，以防丢失零件。

2）拆卸过程中不允许硬撬，以免损坏电器。装配辅助静触头时，要防止卡住触头。

3）通电检验时，接触器应固定在校验板上，并有教师监护，以确保用电安全。

4）通电校验过程中，要均匀、缓慢地改变调压器的输出电压，以使测量结果尽量准确。

5）调整触头压力时，注意不得损坏接触器的主触头。

任务评价

任务评分表见表 2.13。

表 2.13　交流接触器拆装与维修评分表

序号	项目	配分	考核标准	得分
1	拆卸和装配	20	1）拆卸步骤及方法不正确，每次扣 5 分； 2）拆卸不熟练，每次扣 5～10 分； 3）丢失零件，每件扣 10 分； 4）拆卸后不能安装，扣 15 分； 5）损坏零件，扣 20 分	
2	检修	30	1）未进行检修或检修无效果，扣 30 分； 2）检修方法及步骤不正确，每次扣 5 分； 3）扩大故障（无法修复），扣 30 分	
3	校验	25	1）不能进行通电校验，扣 25 分； 2）校验的方法不正确，扣 10～20 分； 3）检验的结果不正确，扣 10～20 分； 4）通电时有振动或噪声，扣 10 分	
4	调整触头压力	25	1）不能判断触头压力大小，扣 10 分； 2）不会测量触头压力，扣 10 分； 3）触头压力测量不正确，扣 10 分； 4）触头压力的调整方法不正确，扣 15 分	
5	安全文明操作		违反安全文明操作规程酌情扣 5～40 分	
6	定额时间 60min		每超时 5min 扣 5 分；超 20min 不得分	

知识拓展：接触器的种类

1. 真空交流接触器

真空交流接触器是以真空为灭弧介质，其主触头封闭在真空管内，具有体积小、通断能力强、可靠性高、寿命长和维修方便等优点。

真空交流接触器有 CKJ 和 EVS 系列等。CKJ 系列为我国自行研制的产品，为三极式，适用于频率为 50Hz、额定电压 660V 或 1140V、额定电流至 60A 的电力线路中，供远距离接通或断开电路及启动和控制交流电动机之用，并适宜与各种保护装置配合使用，组成防

爆型电磁启动器。EVS系列真空接触器是引进德国EAW公司技术并全部国产化生产的，其采用以单极为基础单元的多级多驱动结构，可根据需要组装成多极接触器，以便与相关设备配合使用。

2. 固定接触器

固体接触器又叫半导体接触器，是利用半导体开关电器来完成接触功能的电器。目前生产的固体接触器多数由晶闸管构成。如CJW1—200A/N型晶体管交流接触器柜是由五台晶体管交流接触器组装而成。

3. B系列交流接触器

B系列交流接器是通过引进德国BBC公司的生产技术和生产线生产的接触器，可取代我国生产的CJ0、CJ8及CJ10等系列产品。

B系列交流接触器有交流操作的B型和直流操作的BE/BC型两种，主要适用于交流50Hz或60Hz，电压660V及以下，电流475A及以下的电力线路中，供远距离接通或分断电路及频繁地启动和控制三相异步电动机之用。

任务小结

本任务以CJ10系列交流接触器为例介绍了接触器的结构、工作原理、选用以及安装与使用，重点讲解了交流接触器在使用中过程中经常出现的故障及维修方法。

复习与思考

1. 交流接触器主要由哪几部分组成？
2. 交流接触器的电磁系统主要由哪几部分组成？其作用是什么？
3. 交流接触器为什么设置灭弧装置？
4. 交流接触器的反作用弹簧、缓冲弹簧和触头压力弹簧的作用有什么不同？
5. 简述交流接触器的工作原理。
6. 选用交流接触器时应考虑哪些因素？
7. 交流接触器在安装前应做哪些工作？
8. 如何对交流接触器进行日常维护？
9. 交流接触器常见故障有哪些？

任务2.5 继电器及其维修

工作任务

热继电器和时间继电器出现故障，现要对其进行校验与维修。

工作场景

一体化教室，多媒体教学设备；机电设备维修实训室，JR16—20型热继电器，TDGC2—5/0.5接触式调压器，JS7—2A、线圈电压380V时间继电器，DG—5/0.5小型变压器，HK1—30二极开启式负荷开关，HZ10—25/3、三极、25A组合开关，RL1—15/2、15A熔断器，LA4—3H、保护式按钮，HL24、100/5A电流互感器，220V、15W指示灯，500mm×400mm×20mm控制板，BVR—4.0、BVR—1.5、BVR—1.0连接导线，电气设备维修常用工具（螺丝刀、电工刀、尖嘴钳、剥线钳、测电笔、电烙铁等），仪表（交流电流表、秒表），机修用工作台等。

知识目标

1. 了解常用继电器的作用及适用范围。
2. 熟悉热继电器和时间继电器的结构及工作原理。
3. 掌握热继电器和时间继电器的安装与使用。
4. 掌握热继电器和时间继电器的常见故障及处理方法。

能力目标

1. 能对热继电器和时间继电器进行校验和调整。
2. 会根据热继电器和时间继电器的故障现象进行检测与维修。
3. 会将JS—2A型时间继电器改装成JS—4A型，并进行通电校验。

相关知识

继电器是一种根据输入信号（电量或非电量）的变化，接通或断开小电流电路，实现自动控制和保护电力拖动装置的电器。一般情况下不直接控制电流较大的主电路，而是通过接触器或其他电器对主电路进行控制。同接触器相比，继电器具有触头分断能力小、结构简单、体积小、重量轻、反应灵敏、动作准确、工作可靠等特点。

继电器主要有感测机构、中间机构和执行机构三部分组成。感测机构把感测到的电量或非电量传递给中间机构，并将它与预定值相比较，当达到预定值（过量或欠量）时，中间机构便使执行机构动作，从而接通或断开电路。

继电器的种类很多，按输入信号的性质可分为：电压继电器、电流继电器、速度继电器、压力继电器等；按工作原理可分为：电磁式继电器、电动式继电器、感应式继电器、晶体管继电器和热继电器等；按输出方式还可分为有触点式和无触点式两种。本任务重点介绍热继电器和时间继电器的结构、原理及维修等。

2.5.1 热继电器的结构及工作原理

热继电器是利用流过继电器的电流产生的热效应而反时限动作的继电器。热断电器主要用于电动机的过载保护、断相保护、电流不平衡运行的保护及其他电气设备发热状态的控制。

注　意

所谓反时限动作，是指电器的延时动作时间随通过电路电流的增加而缩短。

热继电器的形式有多种，其中双金属片式应用最多。按极数可分为单极、两极和三极三种，其中三极的又包括带断相保护装置的和不带断相保护装置的；按复位方式分，有自动复位式和手动复位式两种。

提　示

JR16—20/3D 表示：热继电器、设计序号为 16、额定电流为 20A、极数为 3、带断相保护装置。

我国在生产中常用的热继电器有国产的 FR16、JR20 系列以及引进的 T 系列、3UA 系列等产品，均为双金属片式。本任务以 JR16 系列为例，介绍热继电器的结构、原理及维修。

1. JR16 系列热继电器的结构

JR16 系列热继电器的外形、结构及符号如图 2.30 所示。它主要由热元件、动作机构、触头系统、电流整定装置、复位机构和温度补偿元件等组成。

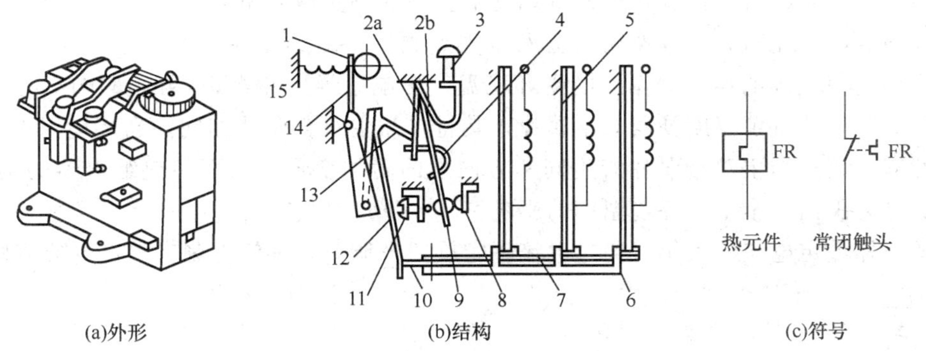

(a)外形　(b)结构　(c)符号

图 2.30　JR16 系列热继电器

1—电流调节凸轮；2—片簧；3—手动复位按钮；4—弓簧；5—主双金属片；6—外导板；7—内导板；8—静触头；9—动触头；10—杠杆；11—复位调节螺钉；12—补偿双金属片；13—推杆；14—连杆；15— 压簧

(1) 热元件

热元件是热继电器的主要组成部分，由主双金属片和绕在外面的电阻丝组成。主双金属片是由两种热膨胀系数不同的金属片复合而成，金属片的材料多为铁镍铬合金和铁镍合金。电阻丝一般用康铜或镍铬合金等材料制成。

(2) 动作机构和触头系统

动作机构利用杠杆传递及弓簧式瞬跳机构来保证触头动作的迅速、可靠。触头为单断点簧跳跃式动作，一般为一常开触头、一个常闭触头。

(3) 电流整定装置

通过旋钮和电流调节凸轮调节推杆间隙，改变推杆移动距离，从而调节整定电流值。

(4) 温度补偿元件

温度补偿元件也为双金属片，其受热弯曲的方向与主双金属片一致，它能保证热继电器的动作特性在－30℃～＋40℃的环境温度范围内基本上不受周围介质温度的影响。

(5) 复位机构

复位机构有手动和自动两种形式，可根据使用要求通过复位调节螺钉来自由调整选择。一般自动复位的时间不大于5min，手动复位时间不大于2min。

2. JR16系列热继电器的工作原理

使用时，将热继电器的三相热元件分别串接在电动机的三相主电路中，常闭触头串接在控制电路的接触器线圈回路中。当电动机过载时，流过电阻丝的电流超过热继电器的整定电流，电阻丝发热，主双金属片向右弯曲，推动导板6和7向右移动，通过温度补偿双金属片12推动推杆13绕轴转动，从而推动触头系统动作，动触头9与常闭静触头8分开，使接触器线圈断电，接触器触头断开，将电源切除起保护作用。电源切除后，主双金属片逐渐冷却恢复原位，于是动触头在失去作用力的情况下，靠弓簧4的弹性自动复位。

这种热继电器也可采用手动复位，以防止故障排除前设备带故障再次投入运行。将复位调节螺钉11向外调节到一定位置，使动触头弓簧的转动超过一定角度失去反弹性，此时即使主双金属片冷却复原，动触头也不能自动复位，必须采用手动复位。按下复位按钮3，动触头弓簧恢复到具有弹性的角度，推动动触头与静触头恢复闭合。

当环境温度变化时，主双金属片会发生零点漂移，即热元件未通过电源时主双金属片即产生变形，使热继电器的动作性能受环境温度影响，导致热继电器的动作产生误差。为补偿这种影响，设置了温度补偿双金属片，其材料与主双金属片相同。当环境温度变化时，温度补偿双金属片与主双金属片产生同一方向上的附加变形，从而使热继电器的动作特性在一定温度范围内基本不受环境温度的影响。

热继电器整定电流的大小可通过电流整定旋钮来调节，旋钮上刻有整定电流值标尺。

注 意

所谓整定电流，是指热继电器连续工作而不动作的最大电流，超过整定电流，热继电器将在负载未达到其允许的过载极限之前动作。

3. 带断相保护装置的热继电器

JR16系列热继电器有带断相保护和不带断相保护的两种类型。三相异步电动机的电源或绕组断相是导致电动机过热烧毁的主要原因之一，普通结构的热继电器能否对电动机进行断相保护，取决于电动机绕组的连接方式。

对定子绕组采用 Y 形连接的电动机而言，若运行中发生断相，通过另外两相的电流会增大，而流过热继电器的电流（即线电流）就是流过电动机绕组的电流（相电流），普通结构的热继电器都可以对此做出反应。而绕组接成△形的电动机若运行中发生断相，流过热继电器的电流（线电流）与流过电动机非故障绕组的电流（相电流）的增加比例不相同，在这种情况下，电动机非故障相流过的电流可能超过其额定电流，而流过热继电器的电流却未超过热继电器的整定值，热继电器不动作，但电动机的绕组可能会因此而烧毁。

为了对定子绕组采用△形接法的电动机实行断相保护，必须采用三相结构带断相保护装置的热继电器。JR16 系列中部分热继电器带有差动式断相保护装置，其结构及工作原理如图 2.31 所示。图 2.31（a）为未通电时的位置；图 2.31（b）是三相均通有额定电流的情况，此时三相主双金属片均匀受热，同时向左弯曲，内、外导板一齐平行向左移一段距离但未超过临界位置，触头不动作；图 2.31（c）所示为三相均过载时，三相主双金属片均受热向左弯曲，推动外导板并带动内导板一齐左移，超过临界位置，通过动作机构使常闭触头断开，从而切断控制回路，达到保护电动机的目的；图 2.31（d）所示是电动机在运行中发生一相断线故障时的情况，此时该相主双金属片逐渐冷却，向右移动，并带动内导板同时向右，这样内导板和外导板产生了差动放大作用，通过杠杆的放大作用使继电器迅速动作，切断控制电路，使电动机得到保护。

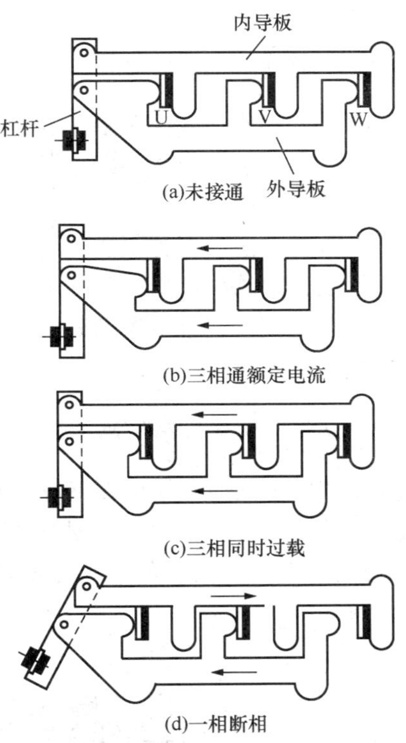

图 2.31　差动式断相保护装置动作原理

由于热继电器主双金属片受热膨胀的热惯性及动作机构传递信号的惰性原因，热继电器从电动机过载到触头动作需要一定的时间，也就是说，即使电动机严重过载甚至短路，热继电器也不会瞬时动作，因此热继电器不能作短路保护。但也正是这个热惯性和机构惰性，保证了热继电器在电动机启动或短时过载时不会动作，从而满足了电动机的运行要求。

2.5.2 热继电器的选用

选择热继电器主要根据所保护电动机的额定电流来确定热继电器的规格和热元件的电流等级。

1. 根据电动机的额定电流选择继电器的规格

一般应使热继电器的额定电流略大于电动机的额定电流。

2. 根据需要的整定电流值选择热元件的编号和电流等级

一般情况下，热元件的整定电流为电动机额定电流的 0.95～1.05 倍。但如果电动机拖动的是冲击性负载或启动时间较长及拖动的设备不允许停电的场合，热继电器的整定电流值可取电动机额定电流的1.1～1.5倍。如果电动机的过载能力较差，热继电器的整定电流可取电动机额定电流的0.6～0.8倍。同时，整定电流应留有一定的上下限调整范围。

3. 根据电动机定子绕组的连接方式选择热继电器的结构形式

根据电动机定子绕组的连接方式选择热继电器的结构形式，即定子绕组作Y形连接的电动机等普通三相结构的热继电器，而作△形连接的电动机应选用三相结构带断相保护装置的热继电器。

2.5.3 时间继电器的结构及工作原理

自得到动作信号起至触头动作或输出电路产生跳跃式改变有一定延时时间，该延时时间又符合其准确度要求的继电器称为时间继电器。它广泛用于需要按时间顺序进行控制的电气控制线路中。

常用的时间继电器主要有电磁式、电动式、空气阻尼式、晶体管式等。其中，电磁式时间继电器的结构简单，价格低廉，但体积和重量较大，延时较短，且只能用于直流断电延时；电动式时间继电器的延时精度高，延时可调范围大，但结构复杂，价格高。目前在电力拖动线路中应用较多的是空气阻尼式时间继电器。

1. JS7—A系列空气阻尼式时间继电器的结构

空气阻尼式时间继电器又称气囊式时间继电器，是利用气囊中的空气通过小孔节流的原理来获得延时动作的。根据触头延时的特点，可分为通电延时动作和断电延时复位两种。

JS7—A系列空气阻尼式时间继电器的外形和结构如图2.32所示，它主要由以下几部分组成：

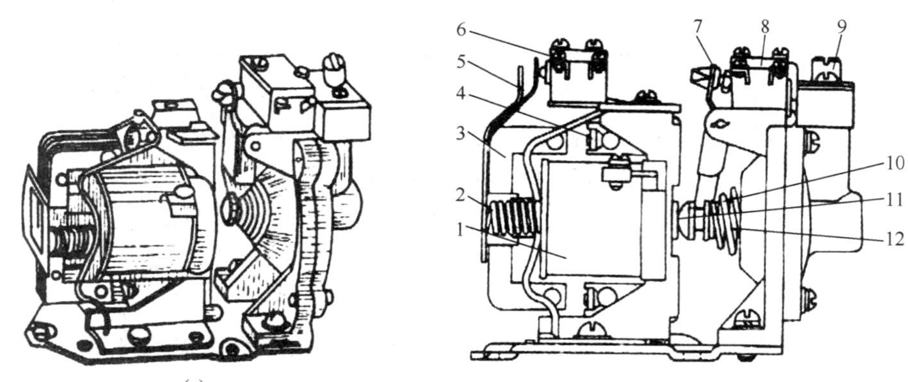

图2.32 JS7—A系列时间继电器的外形和结构

1—线圈；2—反力弹簧；3—衔铁；4—铁心；5—弹簧片；6—瞬时触头；7—杠杆；8—延时触头；9—调节螺钉；10—推杆；11—活塞杆；12—宝塔形弹簧

(1) 电磁系统

由线圈、铁心和衔铁组成。

(2) 触头系统

包括两对瞬时触头（一常开、一常闭）和两对延时触头（一常开、一常闭），瞬时触头和延时触头分别是两个微动开关的触头。

(3) 空气室

空气室为一空腔，由橡皮膜、活塞等组成。橡皮膜随空气的增减而移动，顶部的调节螺钉可调节延时时间。

(4) 传动机构

由推杆、活塞杆、杠杆及各种类型的弹簧等组成。

(5) 基座

用金属板制成，用以固定电磁机构和气室。

提　示

JS7—2A 表示：时间继电器、设计序号为 7、2 表示通电延时，有瞬时触头（1 表示通电延时，无瞬时触头；3 表示断电延时，无瞬时触头；4 表示断电延时，有瞬时触头）、A 表示结构设计稍有改动。

2. JS7—A 系列空气阻尼式时间继电器的工作原理

JS7—A 系列空气阻尼式时间继电器的工作原理示意图如图 2.33 所示。其中图 2.33（a）所示为通电延时型，图 2.33（b）所示为断电延时型。

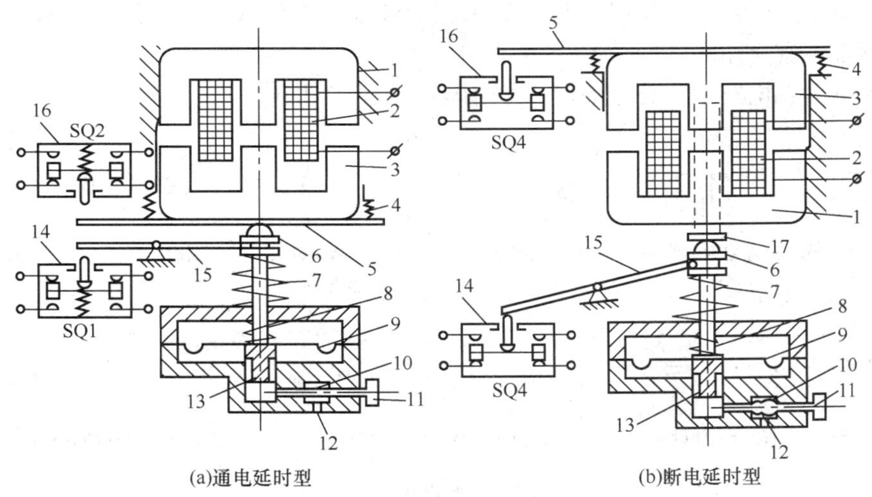

图 2.33　空气阻尼式型时间继电器的结构

1—铁心；2—线圈；3—衔铁；4—反力弹簧；5—推板；6—活塞；7—宝塔形弹簧；8—弱弹簧；9—橡皮膜；10—螺旋；11—调节螺钉；12—进气口；13—活塞；14、16—微动开关；15—杠杆；17—推杆

(1) 通电延时型时间继电器的工作原理

当线圈 2 通电后，铁心 1 产生吸力，衔铁 3 克服反作用力弹簧 4 的阻力与铁心吸合，带动活塞杆 5 立即动作，压合微动开关 SQ2，使其常闭触头瞬时断开，常开触头瞬时闭合。同时活塞杆 6 在宝塔形弹簧 7 的作用下向上移动，带动与活塞 13 相连橡皮膜 9 向上运动，运动的速度受进气孔 12 进气速度的限制。这时橡皮膜下面形成空气较稀薄的空间，与橡皮膜上面的空气形成压力差，对活塞的移动产生阻尼作用。活塞杆带动杠杆 15 只能缓慢地移动。经过一段时间，活塞才完成全部行程而压动微动开关 SQ1，使其常闭触头断开，常开触头闭合。由

于从线圈通电到触头动作需延时一段时间，因此 SQ1 的两对触头分别被称为延时闭合瞬时断开的常开触头和延时断开瞬时闭合的常闭触头。这种时间继电器延时时间的长短取决于进气的快慢，旋动调节螺钉 11 可调节进气孔的大小，即可达到调节延时时间长短的目的。JS7—A 系列空气阻尼式时间继电器的延时范围有 0.4～60s 和 0.4～180s 两种。

当线圈 2 断电时，衔铁 3 在反力弹簧 4 的作用下，通过活塞杆 6 将活塞推向下端，这时橡皮膜 9 下方腔内的空气通过橡皮膜 9、弱弹簧 8 和活塞 13 局部所形成的单向阀迅速从像皮膜上方的气室缝隙中排掉，使微动开关 SQ1、SQ2 的各对触头均瞬时复位。

（2）断电延时型时间继电器

JS7—A 系列断电延时型和通电延时型时间继电器的组成元件是通用的。如果将通电延时型时间继电器的电磁机构翻转 180°安装即成为断电延时型时间继电器。

想　想

断电延时型时间继电器的工作原理是什么？

空气阻尼式时间继电器的优点是：延时范围较大，且不受电压和频率波动的影响；可以做成通电和断电两种延时形式；结构简单，寿命长、价格低。其缺点是：延时误差大，难以精确地整定延时值，且延时值易受周围环境温度、尘埃等影响。因此，对延时精度要求较高的场合不宜采用。

时间继电器在电路中的符号如图 2.34 所示。

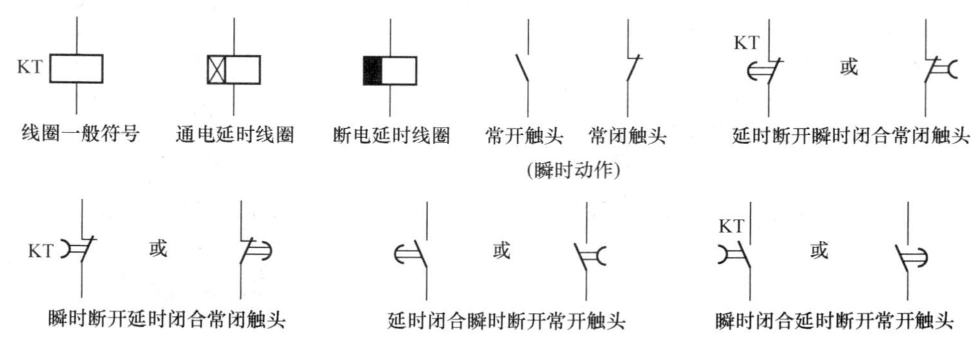

图 2.34　时间继电器的符号

2.5.4 时间继电器的选用

1. 根据系统的延时范围和精度选择时间继电器的类型和系列

在延时精度要求不高场合，一般可选用价格较低的 JS7—A 系列空气阻尼式时间继电器，反之，对精度要求较高的场合，可选用晶体管式时间继电器。

2. 根据控制线路的要求选择时间继电器延时方式

根据控制线路的要求选择时间继电器延时方式（通电延时或断电延时）。同时，还必须考虑线路对瞬时动作触头的要求。

3. 根据控制线路电压选择时间继电器吸引线圈的电压

任务实施

2.5.5 热继电器的安装与使用

1）热继电器必须按照产品说明书中规定的方式安装。安装处的环境温度应与电动机所处环境温度基本相同。当与其他电器安装在一起时，应注意将热继电器安装在其他电器的下方以免其动作特性受到其他电器发热的影响。

2）热继电器安装时应清除触头表面的尘污，以免因接触电阻过大或电路不通而影响热继电器的动作性能。

3）热继电器出线端的连接导线，按表 2.14 的规定选用。这是因为导线的粗细和材料将影响到热元件端接点传导到外部热量的多少。导线过细，轴向导热性差，热继电器可能提前动作；反之，导线过粗，轴向导热快，热继电器可能滞后动作。

表 2.14　热继电器连接导线选用表

序号	热继电器额定电流/A	连接导线截面积/mm^2	连接导线种类
1	10	2.5	单股铜芯塑料线
2	20	4	单股铜芯塑料线
3	30	16	多股铜芯橡皮线

4）使用中的热继电器应定期通电校验。此外，当发生短路事故后，应检查热元件是否已永久变形。若已变形，则需通电校验。因热元件变形或其他原因致使动作不准确时，只能调整其可调部件，而绝不能弯折热元件。

5）热继电器在出厂时均调整为手动复位方式，如果需要自动复位，只要将复位螺钉顺时针方向旋转 3～4 圈，并稍微拧紧即可。

6）热继电器在使用中应定期用布擦净尘埃和污垢，若发现双金属片上有锈斑，应用清洁棉布蘸汽油轻轻擦除，切忌用砂纸打磨。

2.5.6 热继电器的常见故障及处理方法

常见故障及处理方法见表 2.15。

表 2.15　热继电器的常见故障及处理方法

序号	故障现象	产生的原因	处理的方法
1	热元件烧断	1）负载侧短路，电流过大； 2）操作频率过高	1）排除故障，更换热继电器； 2）更换合适参数的热继电器
2	热继电器不动作	1）热继电器的额定电流值选用不合适； 2）整定值偏大； 3）动作触头接触不良； 4）热元件烧断或脱焊； 5）动作机构卡阻； 6）导板脱出	1）按保护容量合理选用； 2）合理调整整定值； 3）消除触头接触不良因素； 4）更换热继电器； 5）消除卡阻因素； 6）重新放入并调试

续表

序号	故障现象	产生的原因	处理的方法
3	热继电器动作不稳定，快慢不均	1）热继电器内部机构某些部件松动； 2）在检修中弯折了双金属片； 3）通电电流波动太大，或接线螺钉松动	1）将这些部件加以紧固； 2）用两倍电流预试几次或将双金属片拆下来热处理以去除内应力； 3）检查电源或拧紧接线螺钉
4	热继电器动作太快	1）整定值偏小； 2）电动机启动时间过长； 3）连接导线太细； 4）操作频率太高； 5）使用场合有强烈冲击和振动； 6）可逆转换频繁； 7）安装热继电器处与电动机处环境温差太大	1）合理调整整定值； 2）按启动时间要求，选择具有合适的可返回时间的热继电器或在启动过程中将热继电器短接； 3）选用标准导线； 4）更换型号； 5）选用带防护振动冲击的或采取防振措施； 6）改用其他保护方式； 7）按两地温差情况配置适当的热继电器
5	主电路不通	1）热元件烧断； 2）接线螺钉松动或脱落	1）更换热元件或热继电器； 2）紧固接线螺钉
6	控制电路不能	1）触头烧坏或动触头片弹性消失； 2）可调整式旋钮转到了不合适的位置； 3）热继电器动作后未复位	1）更换触头或弹簧片； 2）调整旋钮或螺丝钉； 3）按动复位按钮

2.5.7 时间继电器的安装与使用

1）时间继电器应按说明书规定的方向安装。无论是通电延时型还是断电延时型，都必须使继电器在断电后，释放时衔铁的运动方向垂直向下，其倾斜度不得超过5°。

2）时间继电器的整定值，应预先在不通电时整定好，并在试车时校正。

3）时间继电器金属板上的接地螺钉必须与接地线可靠连接。

4）通电延时型和断电延时型可在整定时间内自行调换。

5）使用时，应经常清除灰尘及油污，否则延时误差将更大。

2.5.8 时间继电器的常见故障及处理方法

常见故障及处理方法见表2.16。

表2.16 时间继电器的常见故障及处理方法

序号	故障现象	产生的原因	处理的方法
1	延时触头不动作	1）电磁线圈断线； 2）电源电压过低； 3）传动机构卡住或损坏	1）更换线圈； 2）调高电源电压； 3）排除卡住故障或更换部件
2	延时时间缩短	1）气室装配不严、漏气； 2）橡皮膜损坏	1）修理或更换气室； 2）更换橡皮膜
3	延时时间变长	气室内有灰尘，使气道阻塞	清除气室内灰尘，使气道畅通

巩固训练

2.5.9 热继电器的校验

1. 训练步骤及工艺要求

（1）观察热继电器的结构

将热电器的后绝缘盖板卸下，仔细观察热继电器的结构，指出动作机构、电流整定装置、复位按钮及触头系统的位置，并能叙述它们的作用。

（2）检验调整

热继电器更换热元件后应进行校验调整，方法如下：

1）按图 2.35 所示连接好校验电路。将调压变压器的输出调整到零位置。将热继电器置于手动复位状态并将整定值旋钮置于额定值处。

2）经教师审查同意后，合上电源开关 QS，指示灯 HL 亮。

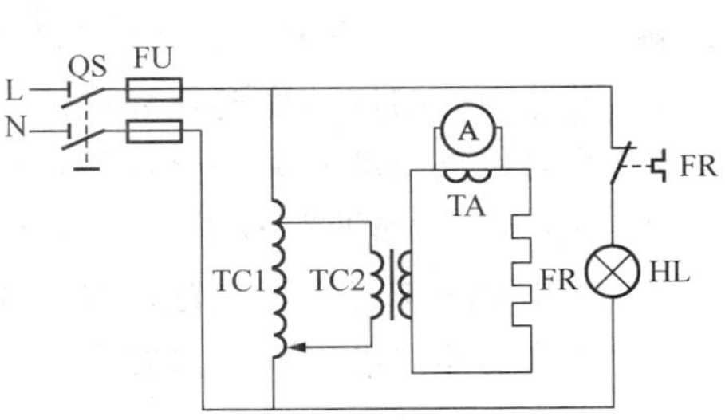

图 2.35　热继电器校验电路图

3）将调压变压器输出电压从零升高，使热元件通过的电流升至额定值，1 小时内热继电器应不动作；若 1 小时内热继电器动作，则应将调节旋钮向整定值大的方向旋动。

4）接着将电流升至 1.2 倍额定电流，热继电器应在 20min 内动作，指示灯 HL 熄灭；若 20min 内不动作，则应将调节旋钮向整定值小的位置旋动。

5）将电流降至零，待热继电器冷却并手动复位后，再调升电流至 1.5 倍额定值，热继电器应在 2min 内动作。

6）再将电流降至零，待热继电器冷却并复位后，快速调升电流至 6 倍额定值，分断 QS 再随即合上，其动作时间应不大于 5s。

（3）复位方式的调整

热继电器出厂时，一般都调在手动复位，如果需要自动复位，可将复位调节螺钉顺时针旋进。自动复位时应在动作后 5min 后自动复位；手动复位时，在动作 2min 后，按下手动复位按键，热继电器应复位。

2. 注意事项

1）校验时的环境温度应尽量接近工作环境温度，连接导线长度一般不应小于 0.6m，连接导线的截面积应与使用时的实际情况相同。

2）校验过程中电流变化较大，为使测量结果准确，校验时注意选择电流互感器的合适量程。

3）通电校验时，必须将热继电器、电源开关等固定在校验板上，并有指导教师监护，以确保用电安全。

4）电流互感器通电过程中，电流表回路不可开路，接线时应充分注意。

2.5.10 时间继电器的校验与维修

1. 训练步骤及工艺要求

（1）整修 JS7—2A 型时间继电器的触头

1）松开延时或瞬时微动开关的紧固螺钉，取下微动开关。

2）均匀用力慢慢撬开并取下微动开关盖板。

3）小心取下动触头及附件，要防止用力过猛而失去弹簧和薄垫片。

4）进行触头整修。整修时，不允许用砂纸或其他研磨材料，而应使用锋利的刀刃或细锉修平，然后用净布擦净，不得用手指直接接触触头或用油类润滑，以免沾污触头。整修后的触头应做到接触良好。若无法修复应调换新触头。

5）按拆卸的的逆顺序进行装配。

6）手动检查微动开关的分合是否瞬间动作，触头接触是否良好。

（2）JS7—2A 型改装成 JS7—4A 型

1）松开线圈支架紧固螺钉，取下线圈和铁心总成部件。

2）将总成部件沿水平方向旋转 180°后，重新旋上紧固螺钉。

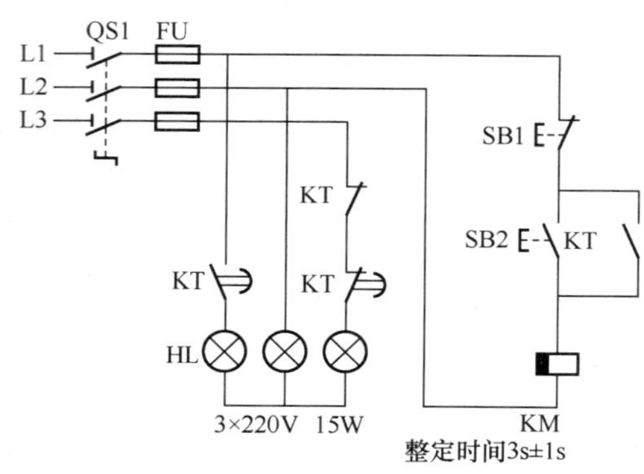

图 2.36 JS7—A 系列时间继电器检验电路图

3）观察延时和瞬时触头的动作情况，将其调整在最佳位置上。调整延时触头时，可旋松线圈和铁心总成部件的安装螺钉，向上或向下移动后再旋紧。调整瞬时触头时，可松开安装瞬时微动开关底板上的螺钉，将微动开关向上或向下移动后再旋紧。

4）旋紧各安装螺钉，进行手动检查，若达不到要求须重新调整。

（3）通电校验

1）将整修和装配好的时间继电器按如图 2.36所示连入线路，进行通电校验。

2）通电校验要做到一次通电校验合格。通电校验合格的标准为：在 1min 内通电频率不少于 10 次，做到各触头工作良好。吸合时无噪声，铁心释放无延缓，并且每次动作的延时时间一致。

2. 注意事项

1）拆卸时，应备有盛零件的容器，以免丢失零件。

2）整修和改装过程中，不允许硬橇，以防止损坏电器。

3）在进行校验接线时，要注意各接线端子上线头间的距离，防止产生相间短路故障。

4）通电校验时，必须将时间继电器紧固在控制板上并可靠接地，且有指导教师监护，以确保用电安全。

5）改装后的时间继电器，在使用时要将原来的安装位置水平旋转 180°，使衔铁释放时的运动方向始终保持垂直向下。

任务评价

任务评分表见表 2.17。

表 2.17　继电器校验与维修评分表

序号	项目	配分	考核标准	得分
1	热继电器的结构	15	1）不能指出热继电器各部件的位置，每个扣 2 分； 2）不能说出各部件的作用，每个扣 3 分	
2	热电器的校验	25	1）不能根据图纸接线，扣 10 分； 2）互感器量程选择不当，扣 5 分； 3）操作步骤错误，每步扣 2 分； 4）电流表未调零或读数不准确，扣 5 分； 5）不会调整动作值，扣 5 分	
3	复位方式的调整	10	不会调整复位方式，扣 10 分	
4	时间继电器的整修和改装	25	1）丢失或损坏零件，每件扣 5 分； 2）改装错误或扩大故障，扣 20 分； 3）整修和改装步骤或方法不正确，每次扣 2 分； 4）整修和改装不熟练，扣 5 分； 5）整修和改装后不能装配、不能通电，扣 25 分	
5	通电校验	25	1）不能进行通电校验，扣 25 分； 2）校验线路接错，扣 10 分； 3）通电校验不符合要求，吸合时有噪声扣 10 分； 4）铁心释放缓慢扣 8 分； 5）延时时间有误差，每超 1s 扣 5 分； 6）其他原因造成不成功，每次扣 5 分； 7）安装元件不牢固或漏接接地线，扣 8 分	
6	安全文明操作		违反安全文明操作规程酌情扣 5～40 分	
7	定额时间 120min		每超时 5min 扣 5 分；超 20min 不得分	

知识拓展：继电器的种类

1. JR20 系列热继电器

JS20 系列双金属片式热继电器适用交流 50Hz、额定电压 660V、电流 630A 及以下的电力拖动系统中，作为三相笼型异步电动机的过载和断相保护之用，并可与 CJ20 系列交流接触器配套组成电磁启动器。

该系列产品采用三相立体布置式结构，如图 2.37 所示。其动作机构采用拉簧式跳跃动作机构，且全系列通用。当发生过载时，热元件受热使双金属片向左弯曲，并通过导板和动杆推动杠杆绕 O_1 点沿顺时针方向转动，顶动拉力弹簧使之带动触头动作。同时动作指示件弹出，显示热继电器已动作。

JR20 系列热继电器具有三个特点：一是除具有过载保护、断相保护、温度补偿以及手动和自动复位功能外，还具有动作脱扣灵活性检查、动作指示及断开检验等功能。二是通过专用的导电板可安装在相应电流等级的交流接触上。三是电流调节旋钮采用“三点定位”固定方式，消除了在旋动电流调节旋钮时所引起的热继电器动作性能多变的弊端。

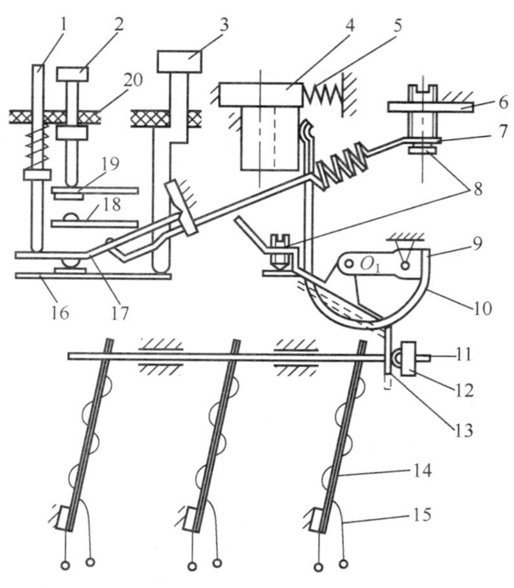

图 2.37　JR20 系列热继电器结构示意图

1—动作指示件；2—复位按钮；3—断开/校验按钮；4—电流调节按钮；5—弹簧；6—支撑件；7—拉簧；8—调整螺钉；9—支持件；10—补偿双金属片；11—导板；12—动杆；13—杠杆；14—主双金属片；15—发热元件；16、19—静触头；17、18—动触头；20—外壳

2. JZ7 系列中间继电器

中间继电器是用来增加控制电路中的信号数量或将信号放大的继电器。其输入信号是线圈的通电和断电，输出信号是触头的动作，由于触头数量较多，所以可用来控制多个元件或回路。

JZ7 系列中间继电器是常用的中间继电器，其结构、符号如图 2.38 所示，其工作原理

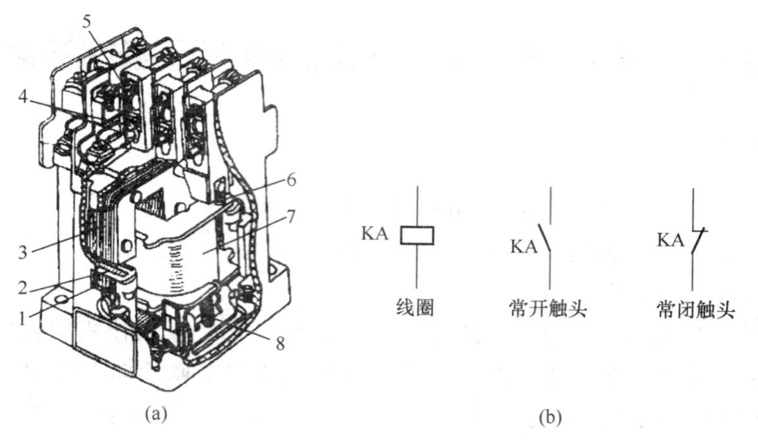

图 2.38　JZ7 系列中间继电器

1—静铁心；2—短路环；3—衔铁；4—常开触头；5—常闭触头；6—反作用弹簧；7—线圈；8—缓冲弹簧

等与接触器基本相同，因而中间继电器又称为接触器式继电器。但中间继电器的触头对数多，且没有主辅之分，各对触头允许通过的电流大小相同，多数为 5A。因此，对于工作电流小于 5A 的电气控制线路，可用中间继电器代替接触器实施控制。

JZ7 系列中间继电器采用立体布置，由铁心、衔铁、线圈、触头系统、反作用弹簧和缓冲弹簧等组成。触头采用双断点桥式结构，上下两层各有四对触头，下层触头只能是常开触头，故触头系统可按 8 常开、6 常开、2 常开及 4 常开、4 常闭组合。继电器吸引线圈额定电压有 12V、36V、110V、220V、380V 等。

课外阅读材料：可编程序控制器

可编程控制器（programmable controller）又叫工业控制计算机，也叫 PLC 机，是一种专为工业环境而设计的数字操作系统。与传统的继电器控制相比，PLC 可进行开关量和模拟量控制，能与计算机联机实现分级控制，而继电器只能进行开关量控制。

PLC 一般分为整体式和组合式。整体式的 CPU 单元、存储器和 I/O 单元都安装在同一机体内。组合式所有单元都分散在模块上，不同的模块可以实现不同的功能。

1. PLC 的组成

PLC 机其实和微机差不多。由微处理器（CPU）、存储器（ROM，RAM）、输入/输出单元（I/O）、编程器和电源组成。CPU 相当于人的大脑，存储器是存储文件的。把文件扫描，再把文件打印出来，这是 I/O 的功能，相当于人的五官。编程器用于用户程序的编制、调试、检查和监视，还可通过键盘调用和显示 PLC 的一些内部状态和系统参数。电源是提供 PLC 的能源。

2. PLC 的特点

1）可靠性高，抗抗干扰能力强（平均无故障时间一般可达 3～5 万小时）。
2）维修方便。
3）灵活、通用。
4）功能完善。
5）接线简单。
6）编程简单，使用方便。

3. PLC 的工作原理

PLC 的工作原理就是无限循环扫描。扫描过程是：初始化处理→处理输入信号阶段→程序处理阶段→处理输出信号阶段。扫描周期过程是 T=(读入一点时间×点数)+(运算速度×程序步数)+故障诊断时间。

4. PLC 的可靠性

PLC 的可靠性较高。

1）工作环境。一般 PLC 的工作温度为 0～55℃，最高为 60℃，存储温度为－20℃～85℃；相对温度为 5%～95%；空气条件：周围不能混有可然性、易爆性和腐蚀性气体。

2）耐振动、冲击性能强。一般 PLC 能承受振动和冲击频率为 10～55Hz，振幅为 0.5mm；加速度为 2g，冲击为 10g。

3）循环扫描。一周期扫描时间为 10ms 左右，因此 PLC 故障率低，不易坏，可靠性高。

5. PLC 的应用领域

PLC 的应用领域有开关量逻辑控制；模拟量闭环控制；数字量智能控制；数据采集与监控；通讯、联网及采集控制。

任务小结

本任务讲述了热继电器和时间继电的结构、工作原理，安装与使用，以及热继电器和时间继电器的常见故障及维修方法。通过本任务的学习，能够独立对热继电器和时间继电器进行故障排查，并能够进行校验与维修，初步学会对时间继电器进行改装。

复习与思考

1. 什么是继电器？其结构主要由哪部分组成？各部分的作用是什么？
2. 什么是热继电器？它有什么用途？
3. 简述热继电器的主要结构。
4. 如何选用热继电器？
5. 如果热继电器动作不稳定，可能的原因有哪些？如何处理？
6. 简述空气阻尼式时间继电器的结构。
7. 空气阻尼式时间继电器有何优缺点？
8. JS—A 系列时间继电器的延时时间变短，可能的原因有哪些？如何处理？

项　目 3

CA6140卧式车床的维修

CA6140卧式车床是一种中等复杂程度的机床，主要适于加工各种回转体零件，在传动、结构和电气控制线路上具有一定的典型性。本项目以卧式车床各主要部件和电气控制线路的维修为例，介绍其维修工艺特点和维修方法。

任务 3.1　CA6140 卧式车床简介

工作任务

1. 对 CA6140 卧式车床传动系统进行分析。
2. 对 CA6140 卧式车床进行简单操作。

工作场景

一体化教室，多媒体教学设备；机电设备维修实训室，CA6140 卧式车床，车床维修常用工具、量具、机油、油脂、汽油或柴油、油枪、油盆、毛巾、机修用工作台等。

知识目标

1. 了解 CA6140 卧式车床的功用及主要技术参数。
2. 熟悉 CA6140 卧式车床的结构及各部分的作用。
3. 熟悉卧式车床的润滑方式。
4. 掌握 CA6140 卧式车床传动系统的分析方法。

能力目标

1. 能对 CA6140 卧式车床主运动传动路线进行正确分析。
2. 会对 CA6140 卧式车床进行简单操作。
3. 会判断车床润滑系统的故障并能进行正确维修。

相关知识

卧式车床又叫普通车床，简称车床，在金属切削加工中应用极为广泛。在一般的机器制造厂中，车床约占金属切削加工机床总数的 20%～35%，其中 CA6140 卧式车床是我国自行设计制造、质量较好的普通车床。它的传动机构和结构形式比较典型。

3.1.1　卧式车床的功用

卧式车床在车床中的加工范围很广，它适用于加工各种轴类、套筒类和盘类零件上的各种回转表面，如车削内外圆柱面、内外圆锥面、环槽及成形回转表面，车削端面及各种螺纹，还可以用钻头、扩孔钻和铰刀进行内孔加工，用丝锥、板牙加工内外螺纹及滚花等工作。如图 3.1 所示为卧式车床所能完成的典型加工表面。

3.1.2　卧式车床的运动分析

为了加工如图 3.1 所示的各种表面，卧式车床必须具备三种运动。

（1）主运动

主运动是机床提供的主要运动，它是工件旋转的运动。其作用是使车刀与工件作相对运动，以完成切削加工。

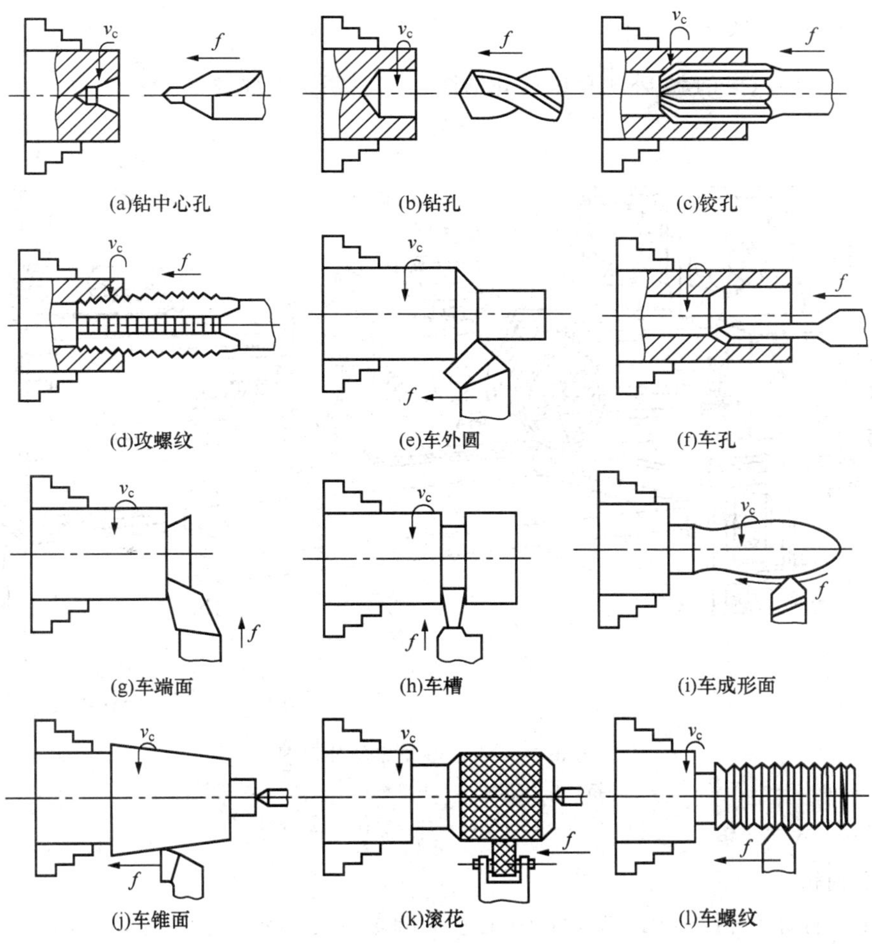

图 3.1　卧式车床典型加工表面

注　意

主运动是实现切削加工最基本的运动，其特点是速度最高，消耗功率最大。

（2）进给运动

进给运动是使新的金属层继续投入切削的运动，包括车刀的纵向进给运动和横向进给运动。车刀的纵向进给运动是指车刀沿平行于工件中心线的纵向移动，如车外圆、车螺纹等。车刀的横向进给运动是指刀具沿垂直于工件中心线的横向移动，多用于车端面及切断等。

（3）辅助运动

为实现机床的辅助工作而必需的运动称为辅助运动。辅助运动包括刀具的移近、退回、工件的夹紧等。在卧式车床上这些运动通常由操作者手工完成。

为了减轻操作者的劳动强度和节省移动刀架耗费的时间，CA6140 卧式车床还具有单独电动机驱动的刀架，以便实现纵向及横向的快速移动。

3.1.3 CA6140 卧式车床的组成

图 3.2 所示为 CA6140 卧式车床的外形图。其主要组成部件如下：

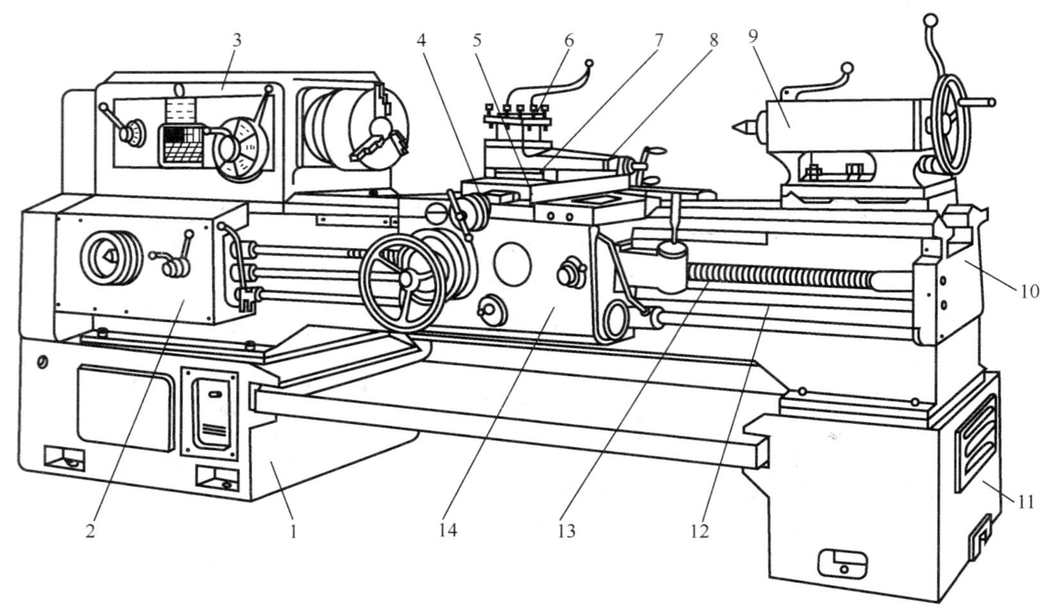

图 3.2 CA6140 车床的外形图

1、11—床腿；2—进给箱；3—主轴箱；4—床鞍；5—中滑板；6—刀架；7—回转盘；8—小滑板；9—尾座；10—床身；12—光杠；13—丝杠；14—溜板箱

(1) 主轴箱

主轴箱也称床头箱，固定在床身 10 的左上端，主要用来支承并传动主轴，是主运动的变速机构。装在主轴箱内的主轴通过卡盘等夹具装夹工件，使其按规定转速旋转，以实现主运动。

(2) 进给箱

进给箱也称走刀箱，固定在床身 10 的左前侧，它是进给传动系统的变速机构，主要功用是改变被加工螺纹的螺距或机动进给的进给量。

(3) 溜板箱

溜板箱 14 固定在床鞍 4 的底部，可带动刀架一起作纵向移动。它靠光杠、丝杠和进给箱联系，把进给箱传来的运动传给刀架，使刀架实现纵向进给、横向进给、快速移动或车削螺纹。溜板箱上装有各种操纵手柄及按钮，工作时操作者可以方便地操纵机床。

(4) 床身

床身 10 是车床的基本支承件，车床的各个主要部件均安装在床身上，并保持各部件间具有准确的相对位置。

(5) 尾座

尾座 9 安装在床身导轨上，可沿导轨作纵向移动，以达到需要的位置。尾座主要是用后顶尖支承较长工件，也可以安装钻头、铰刀等孔加工刀具，进行孔加上。

（6）光杠

光杠 12 将进给运动传给溜板箱，实现自动进给。

（7）丝杠

丝杠 13 将进给运动传给溜板箱，完成螺纹车削。

（8）床鞍

床鞍 4 与溜板箱连接，可带动车刀沿床身导轨作纵向移动。

（9）中滑板

中滑板 5 可带动车刀沿床鞍上的导轨作横向移动。

（10）小滑板

小滑板 8 可沿转盘上的导轨作短距离移动。当转盘扳转一定角度后，小滑板还可带动车刀作相应的斜向运动。

（11）回转盘

回转盘 7 与中滑板连接，用螺栓紧固。松开螺母，转盘可在水平面内转动任意角度。

（12）刀架

刀架 6 用来装夹车刀，最多可同时装夹 4 把刀。松开锁紧手柄即可转位，选用所需车刀。

3.1.4 CA6140 型车床主要技术参数

床身上最大工件回转直径		ϕ400mm
刀架上最大工件回转直径		ϕ210mm
最大工件长度		750mm、1000mm、1500mm、2000mm
主轴中心至床身平面导轨距离（中心高）		205mm
主轴内孔直径		ϕ48mm
主轴孔前端锥度		莫氏 6 号
主轴转速	正转 24 级	10～1400r/min
	反转 12 级	14～1580r/min
进给量	纵向 64 级	0.028～6.33mm/r
	横向 64 级	0.014～3.16mm/r
纵向快移速度		4m/min
横向快移速度		2m/min
车螺纹范围	公制 44 种	1～192mm
	英制 20 种	2～24 牙/in（1in=25.4mm）
车蜗杆范围	模数 39 种	0.25～48mm
	径节 37 种	1～96 牙/in
刀架行程	最大纵向行程 4 种	650mm、900mm、1400mm、1900mm
	最大横向行程 2 种	260mm、295mm
小滑板最大行程		139mm、165mm
主电动机		7.5kW　1450r/min
床鞍快速电动机		370W　2600r/min

	圆度	0.01mm
	圆柱度	0.01mm/100mm
机床工作精度	螺距精度 2 种	0.04mm/100mm、0.06mm/300mm
	精车平面平行度	0.02mm/400mm
	表面粗糙度	R_a2.5～1.25
机床外形尺寸（长×宽×高）		
对于最大工件长度为 1000mm 的机床		2668mm×1000mm×1190mm
机床质量	最大工件长度为 1000mm 的机床	2010kg

3.1.5 卧式车床润滑方式

1. 浇油润滑

车床外露的所有滑动表面，如床身导轨、中滑板和小滑板导轨面等，均需擦干净后采用油壶浇油润滑。

2. 溅油润滑

车床齿轮箱内的所有零部件，一般均是利用齿轮的旋转，将箱内的润滑油飞溅到各个零部件上，以起到润滑的作用。

3. 油绳润滑

将毛线浸入到油槽内，利用毛细现象把润滑油吸引到需要润滑的部位，见图 3.3（a）。如车床进给箱、丝杠支架等均采用油绳润滑。

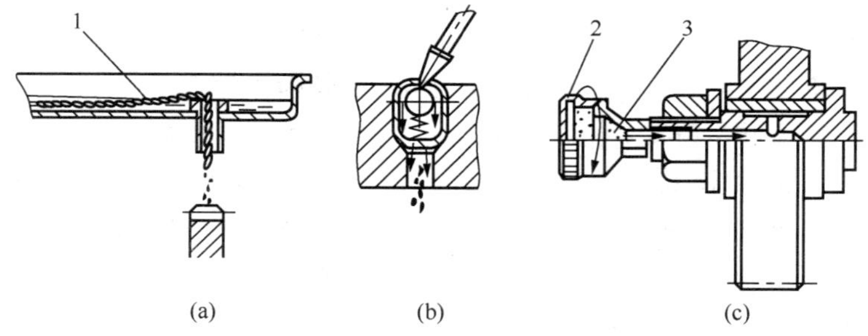

图 3.3　车床润滑方式（部分）

1—毛线；2—旋盖式油杯；3—润滑脂

4. 压配式压注油杯润滑

这种润滑方式俗称为油杯润滑。车床尾座、中滑板与小滑板丝杠的轴承处都采用压配式压注油杯润滑，如图 3.3（b）所示。

5. 旋盖式油杯润滑

车床交换齿轮箱、C620—1 型车床溜板箱内皆采用该种润滑方式，如图 3.3（c）所示。

6. 液压泵循环润滑

车床主轴变速箱内有一个单柱塞泵，车床起动后，液压泵能将主轴变速箱池内的润滑油抽上来，润滑主轴轴承、多片式离合器等润滑点；然后润滑油又从润滑部位流回主轴变速箱的油池内，形成循环润滑。

任务实施

3.1.6 CA6140 型卧式车床传动系统分析

1. 传动链和传动系统图

车床为了完成工作任务要实现两种主要运动：主运动是以电动机为动力，通过一系列传动机构的传动联系，使主轴得到各种不同的转速；进给运动则是由主轴开始，通过各种传动联系，使刀架产生纵、横向运动并获得不同的进给量（或不同螺距）。

从电动机到主轴或从主轴到刀架的这种传动联系，称为传动链。由电动机到主轴的传动链，即实现主运动的传动链称为主传动链。由主轴到刀架的传动链，即实现进给运动的传动链称为进给传动链。机床所有传动链的综合，便组成了整台机床的传动系统。

表示机床传动系统的简图称为机床传动系统图。图 3.4 是 CA6140 型卧式车床的传动系统图，它用一些简单的符号代表各个传动元件，按照运动传递的先后顺序表示出机床的传动关系。一般的机床传动系统图均绘成平面展开图，即把一个立体传动结构绘制在同一个平面内。对于展开后失去联系的传动副，可用括号（或虚线）连接起来，以表示出它们间的传动关系。

2. 传动系统图的分析

分析传动系统图时，可按以下步骤进行。第一步进行运动分析，找出每个传动链两端的首件和末件（动力的输入端和输出端）；第二步了解系统中典型机构的工作原理，研究传动件的传动关系，弄清传动路线；第三步对该系统进行速度分析，达到深入了解的目的。

(1) 主运动传动链

1) 运动分析。主运动是将电动机的转动传递给主轴，同时，完成主轴的起动、停止、换向和调速。

2) 弄清传动路线。由图 3.4 可知，运动由电动机经 V 带传给轴Ⅰ。轴Ⅰ上装有双向多片离合器 M1，M1 左右两端做成空套并套装在轴Ⅰ上带槽的双联齿轮上。当压紧 M1 左边摩擦片时，轴Ⅰ的运动经左齿轮 56/38 或 51/43 传给轴Ⅱ，可使主轴正转。当压紧 M1 右边摩擦片时，轴Ⅰ的运动经右齿轮 50/34 或 34/30 传给轴Ⅱ，使轴Ⅱ反向转动及主轴反转。当 M1 处于中间位置，则主轴停止转动。

轴Ⅱ的运动经三联齿轮滑动块的三对齿轮 22/58、30/50 或 39/41 传给轴Ⅲ。

轴Ⅱ到主轴的传动，由于主轴（轴Ⅵ）上 M2 的位置不同，有两种路线。当 M2 移到左端时，运动经齿轮 63/50 直接传给主轴，主轴实现高速转动。当 M2 移到右端时，即图 3.4 所示位置，内齿轮离合器啮合，使轴Ⅲ的运动经齿轮 20/80 或 50/50 传给轴Ⅳ，再经 20/80

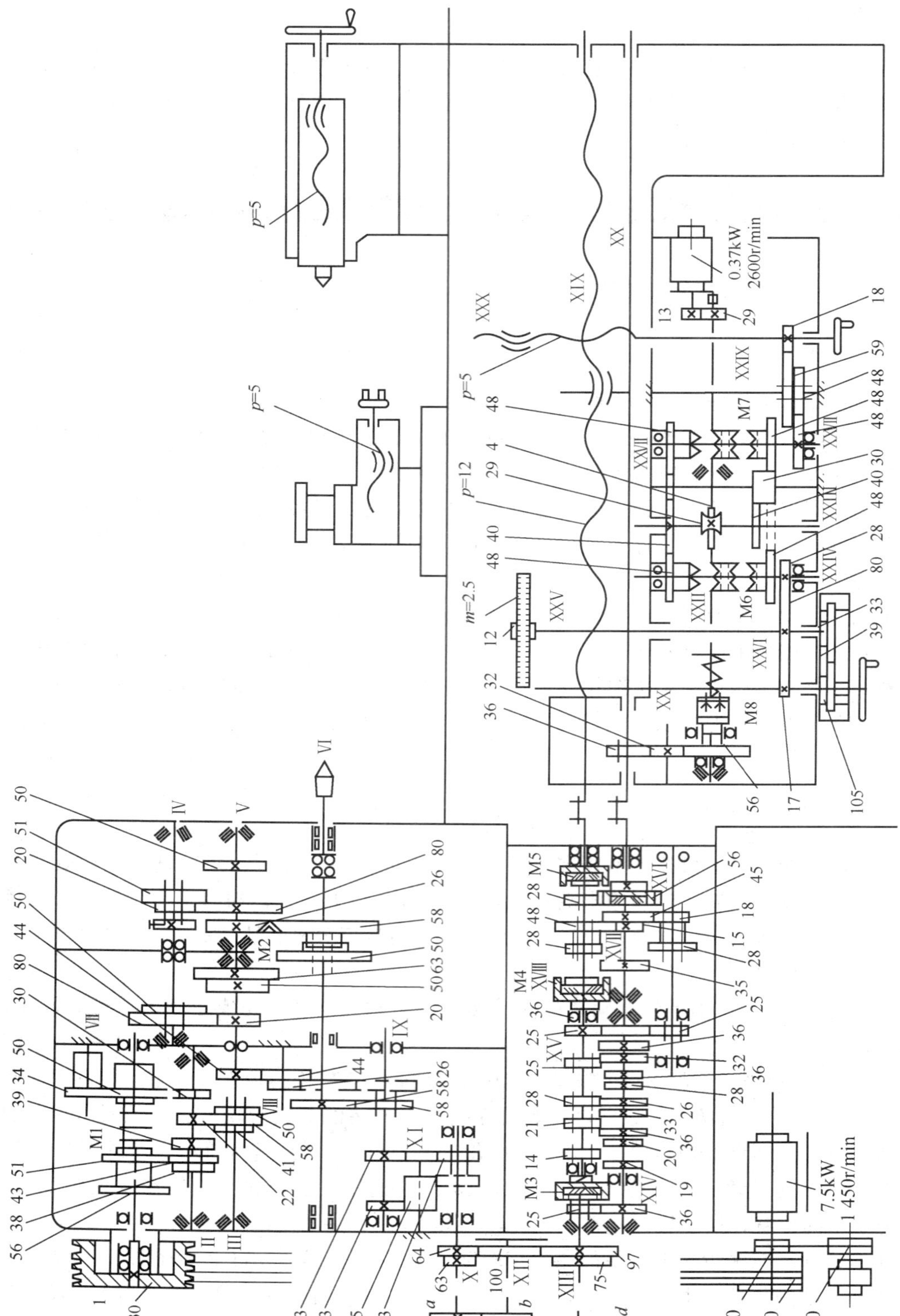

图 3.4 CA6140 型卧式车床的传动系统图

或 51/50 传给轴Ⅴ，轴Ⅴ的运动再经齿轮 26/58 传给主轴，使主轴实现较低的转速。

CA6140 型卧式车床主运动的传动路线可用传动结构式表示如下：

$$\text{电动机}—\frac{130}{230}—\text{I}—\left\{\begin{array}{l}\overleftarrow{\text{M1}}\left\{\begin{array}{l}\frac{51}{43}\\ \frac{56}{38}\end{array}\right\}\\ \overrightarrow{\text{M1}}\frac{50}{34}\times\frac{34}{30}\end{array}\right\}—\text{II}—\left\{\begin{array}{l}\frac{39}{41}\\ \frac{22}{58}\\ \frac{30}{50}\end{array}\right\}—\text{III}—\left\{\begin{array}{l}\frac{63}{50}—\overleftarrow{\text{M2}}\\ \left\{\begin{array}{l}\frac{20}{80}\\ \frac{50}{50}\end{array}\right\}—\text{IV}—\left\{\begin{array}{l}\frac{20}{80}\\ \frac{51}{50}\end{array}\right\}—\text{V}—\frac{26}{58}—\overrightarrow{\text{M2}}\end{array}\right\}\text{主轴VI}$$

3）计算主轴转速级数及各级转速。主轴转速级数就是主轴能实现几种转速。由传动系统图可以看出，滑移齿轮每改变一次啮合位置，主轴即以不同的转速旋转。主轴正转时，利用各滑移齿轮轴向位置的不同组合，使主轴获得多种转速。例如轴Ⅰ和轴Ⅱ之间的滑移齿轮有两个啮合位置，轴Ⅱ与轴Ⅲ之间的滑移齿轮有三个啮合位置，则轴Ⅰ有一种转速时，轴Ⅲ有 2×3=6 种转速。以此类推，主轴正转时应有2×3×(1+2×2)=30 种转速，实际上主轴只能能得到2×3×(1+3)=6+18=24 种正转转速。这是因为轴Ⅲ通过低速传动路线传动时，轴Ⅲ到轴Ⅴ之间的滑移齿轮啮合位置的传动比为

$$u_1=\frac{20}{80}\times\frac{20}{80}=\frac{1}{16}$$

$$u_2=\frac{20}{80}\times\frac{51}{50}\approx\frac{1}{4}$$

$$u_3=\frac{50}{50}\times\frac{20}{80}=\frac{1}{4}$$

$$u_4=\frac{50}{50}\times\frac{51}{50}\approx 1$$

其中，u_2 和 u_3 基本相同，实际上只有三种不同的传动比。

同理，主轴反转时的传动路线有3×(1+2×2)=15 条，但主轴反转时的转速实际上只有3×[1+(2×2−1)]=12 种。

将传动结构式加以整理，可列出计算主轴转速的方程式，通常称为运动平衡方程式，如下式所示

$$n_{主}=n_{电}\,u_{带}\,u_{变}\,\varepsilon$$

式中，$n_{主}$——车床主轴的转速，r/min；

$n_{电}$——主电动机的转速，r/min；

$u_{带}$——V 带传动机构的传动比；

$u_{变}$——齿轮变速部分的总传动比；

ε——V 带传动的滑动系数，一般 $\varepsilon=0.98$。

依据运动平衡方程式，CA6140 型卧式车床主轴最低转速为

$$n_{最低}=1450\times\frac{130}{230}\times 0.98\times\frac{51}{43}\times\frac{22}{58}\times\frac{20}{80}\times\frac{20}{80}\times\frac{26}{58}=10\text{r/min}$$

主轴最高转速为

$$n_{最高}=1450\times\frac{130}{230}\times 0.98\times\frac{56}{38}\times\frac{39}{41}\times\frac{63}{50}\approx 1400\text{r/min}$$

(2) 进给运动传动链

进给运动传动链是使刀架实现纵向、横向运动或车削螺纹运动的传动链。

进给运动的动力来源也是电动机，它的运动是经主运动传动链、主轴、进给传动链传至刀架，使刀架带着车刀实现纵向、横向进给或车削螺纹。由于刀架的进给量或加工螺纹的导程是以主轴每转过一转时刀架的移动量来表示的（mm/r），所以分析进给传动链时，应把主轴作为传动链的首件，而把刀架作为传动链的末件。

CA6140 型卧式车床的进给传动链的传动路线，见图 3.4。图 3.5 为该进给系统的传动结构式。

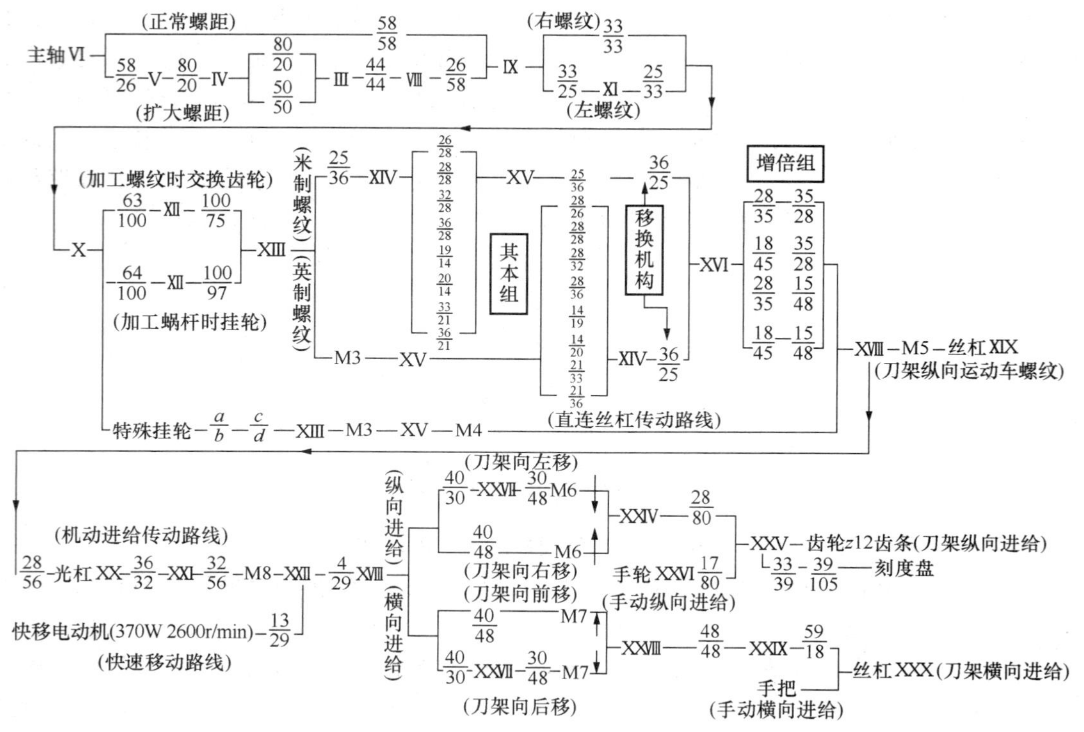

图 3.5　CA6140 型卧式车床进给系统的传动结构式

1）车削螺纹。CA6140 型卧式车床能车削米制、英制、模数和径节制等四种标准螺纹，还可以车削扩大螺距、非标准螺距及精密螺纹。无论车削哪一种螺纹，主轴与刀具之间必须保持严格的运动关系，即主轴每转一转，刀具应均匀地移动一个螺距 P 的距离。

$$P = lr_{(\text{主轴})} uP_{\text{丝杠}}$$

式中，u——从主轴到丝杠之间全部传动副的总传动比；

$P_{\text{丝杠}}$——车床丝杠的螺距（$P_{\text{丝杠}}=12\text{mm}$）。

2）机动进给。如图 3.4 和图 3.5 可知，机动进给运动是由光杠经溜板箱中的齿轮 36/32、32/56、超越离合器及安全器 M8 传至 XXⅡ，经蜗轮蜗杆 4/29 传至 XXⅢ。当运动由轴 XXⅢ 经齿轮 40/48 或 40/30、30/48，双向多片离合器 M6、轴 XXⅣ、齿轮 28/80、轴 XXⅤ 传至 z=12 的小齿轮，经齿轮齿条传动实现刀架的纵向机动进给。当运动由轴 XXⅢ 齿轮 40/48 或 40/30、30/48、双向多片离合器 M7、轴 XXⅧ、齿轮 48/48、59/18 传至横向进给丝杠

XXX 后，使刀架实现横向机动进给。进给方向的变换是由双向离合器 M6 和 M7 来完成的。摇动轴 XXX 上的手柄可实现横向手动进给，摇动轴 XXVI 上的手轮则实现纵向手动进给。

3）刀架的快速移动。为了减轻工人的劳动强度，缩短辅助时间，CA6140 型卧式车床的光杠右端装有快速电动机，可使刀架实现快速移动。当按下快速移动按钮后，快速电动机接通，经齿轮 13/29 使轴 XXII 高速转动，经蜗杆蜗轮传动至溜板箱内传动机构，使刀架实现快速的横向或纵向进给。

巩固训练

3.1.7 CA6140 型卧式车床的简单操作

1）断电状态下操纵车床各手柄，熟悉各手柄的功用。

2）床鞍、中滑板和小滑板操纵练习。中滑板板和小滑板均匀移动，要求双手交替动作自如；分清小滑板的进退刀方向，要求反应灵活，动作准确。

3）车床的启动和停止。练习主轴箱和进给箱的变速，变换溜板箱手柄位置，进行纵横向机动进给练习。

4）擦拭车床导轨面（包括中滑板和小滑板），要求无油污、无铁屑，并浇油润滑，使车床外表清洁。

5）保持油眼畅通，油标油窗清晰。

3.1.8 CA6140 卧式车床润滑系统故障维修

系统故障维修见表 3.1。

表 3.1 CA6140 卧式车床润滑系统故障维修

序号	故障现象	产生的原因	处理的方法
1	主轴箱油窗不滴油	1）油箱内缺油或滤油器、油管堵塞； 2）油泵磨损，压力过小或油量过小； 3）进油管漏压	1）检查油箱里是否有润滑油；清洗滤油器，疏通油管； 2）检查修理或更换油泵； 3）检查漏压点，拧紧管接头
2	车床润滑不良	没有按规定对各摩擦面和润滑系统加油	按照车床润滑的具体要求和车床润滑系统图（图 3.6），定期对车床所有摩擦面进行加油润滑
3	主轴前法兰盘处漏油	1）如图 3.7 所示，法兰盘 2 回油孔与箱体 3 回油孔没有对正； 2）法兰盘 2 封油槽太浅使回油空间不够用，迫使从旋转背帽 1 和法兰盘 2 间隙中流出来	1）使回油孔对正畅通； 2）加深封油槽，从 2.5mm 加深至 5mm；加大法兰盘上面的回油孔；箱体回油孔改两个；压盖上涂密封胶或安装纸垫
4	主轴箱手柄座轴端漏油	手柄轴在套中转动，轴与孔之间配合为 ϕ18H7/F7，油从配合间隙渗出来，如图 3.8所示	将轴套内孔一端倒棱 2.5×45°，使已溅的油顺着倒棱流回箱体内；注意提高装配质量

续表

序号	故障现象	产生的原因	处理的方法
5	主轴箱轴端法兰盘处漏油	1) 法兰盘与箱体孔配合太长，箱体孔与端面不垂直； 2) 纸垫太薄，没有压缩性； 3) 有螺孔钻透，如图 3.9 所示	1) 尽可能减小法兰盘与箱体孔配合长度； 2) 纸垫加厚或改用塑料垫； 3) 精心加工和装配
6	溜板箱轴端漏油	1) 装配质量差，在钻螺孔时有的钻透，油顺螺孔漏出，如图 3.10 所示； 2) 轴和孔的配合产生间隙	1) 提高装配质量； 2) 把 js 配合改为 n6 配合，使得轴与孔配合间隙减小

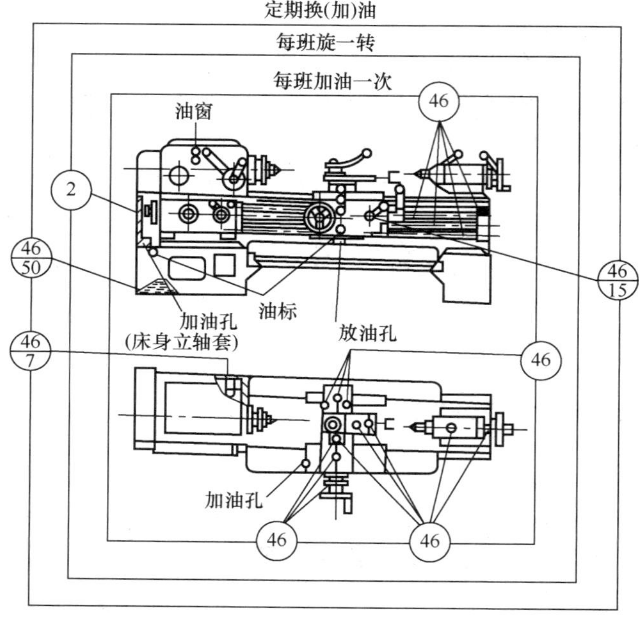

图 3.6 车床润滑系统图

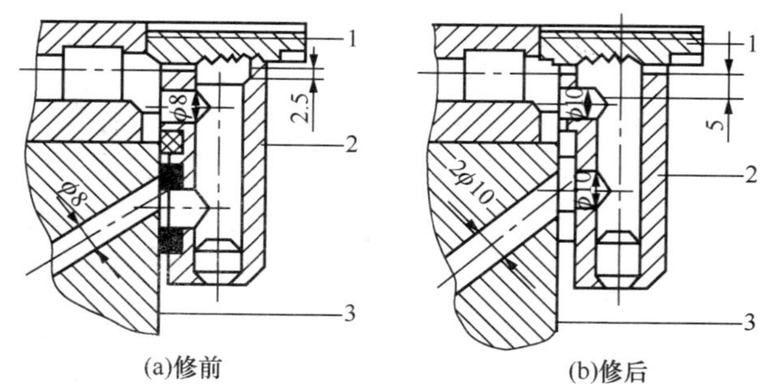

图 3.7 主轴前法兰盘图

1—旋转背帽；2—法兰盘；3—箱体

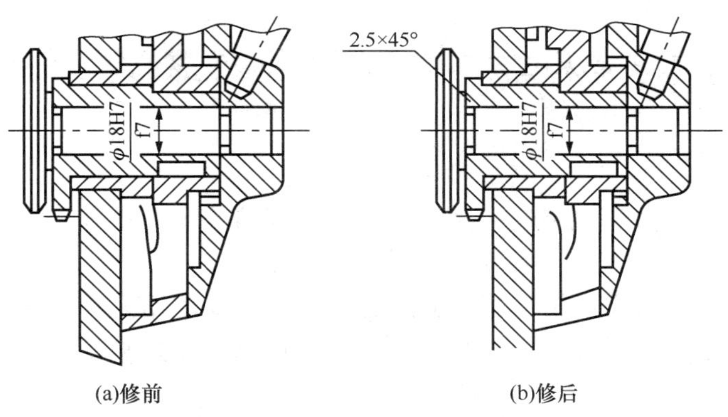

图 3.8　主轴箱手柄座

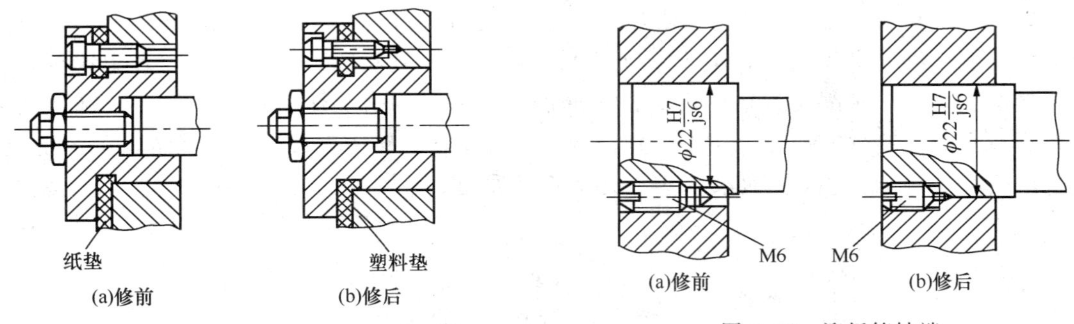

图 3.9　主轴箱轴端法兰盘

图 3.10　溜板箱轴端

任务评价

任务评分表见表 3.2。

表 3.2　卧式车床操作及润滑系统故障维修评分表

序号	项目	配分	考核标准	得分
1	认识卧式车床	30	1）准确说出各手柄名称及作用，错一处扣 5 分； 2）准确说出各箱体名称及作用，错一处扣 5 分	
2	卧式车床操作	30	1）中滑板、小滑板均匀移动，双手交替动作自如，根据情况酌情扣分； 2）主轴箱和进给箱变速，变换溜板箱手柄位置，进行纵横向机动进给练习，每错一次扣 5 分	
3	润滑系统排故及维修	30	1）准确说出故障产生的原因，每错一处扣 2 分； 2）能够根据润滑系统故障进行维修，一处不能维修扣 10 分	
4	维护保养	10	能够按照要求对车床进行正确维护与保养，一项达不到要求扣 2 分	
5	安全文明操作		违反安全文明操作规程酌情扣 10～20 分	
6	定额时间 40min		每超时 5min 扣 5 分；超 20min 不得分	

知识拓展：回轮、转塔以及立式车床

1. 回轮、转塔车床

回轮、转塔车床是为了适应成批生产提高生产率的要求，在卧式车床的基础上发展起来的。适于加工形状比较复杂，特别是带有内孔和内、外螺纹的工件。如各种阶台小轴、套筒、油管接头、连接盘和齿轮坯等。上述工件通常需要使用多种车刀、孔加工和螺纹刀具，如用卧式车床加工，必须多次装卸刀具，移动尾座，以及频繁的对刀、试切和测量尺寸等，生产率很低。

(1) 转塔车床

转塔车床的外形见图 3.11。主轴箱 1 和卧式车床的主轴箱相似。它具有一个可绕垂直轴线转位的六角形转塔刀架 3，在转塔刀架的六个位置上，各可装一把或一组刀具。转塔刀架通常只能作纵向进给运动，用于车削外圆、钻、扩、铰和车孔、攻螺纹和套螺纹等。横向刀架 2 主要用于车削大直径的外圆、成形面、端面、沟槽及切断等。转塔刀架和横向刀架各有一个溜板箱（5 和 6），用来分别控制它们的运动。转塔刀架后的定程装置 4，用来控制进给行程的终端位置，并使转塔刀架迅速返回原位。

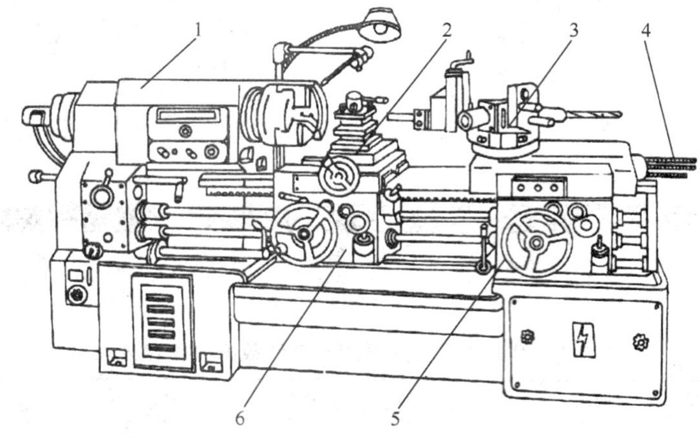

图 3.11 转塔车床的外形图

在转塔车床上加工工件时，须根据工件的工艺过程，预先把所用的全部刀具装在刀架上，并根据加工尺寸调定好位置，并同时调定好定程装置的位置。

(2) 回轮车床

回轮车床的外形如图 3.12 所示。它具有一个可绕水平轴线转位的圆盘形回转刀架 1，其回转轴线与主轴轴线平行。回轮刀架上沿圆周均匀地分布着许多轴向孔（通常 12～16 个），供装夹刀具用（图 3.13）。当装刀孔转到最高位置时，其轴线与主轴轴线在同一直线上。回轮刀架随纵向溜板和溜板箱 2 一起，沿床身导轨作纵向进给运动，以进行车外圆、钻孔、扩孔、铰孔和加工螺纹等。在回轮刀架的后端，装有定程装置 3，在定程装置的 T 形槽内，相对每一个刀具孔各装有一个可调节的挡块 4，用来控制刀具纵向行程的长度。

回轮刀架以绕其轴线缓慢旋转，实现横向进给运动［图 3.13（b）］，以进行车成形面、

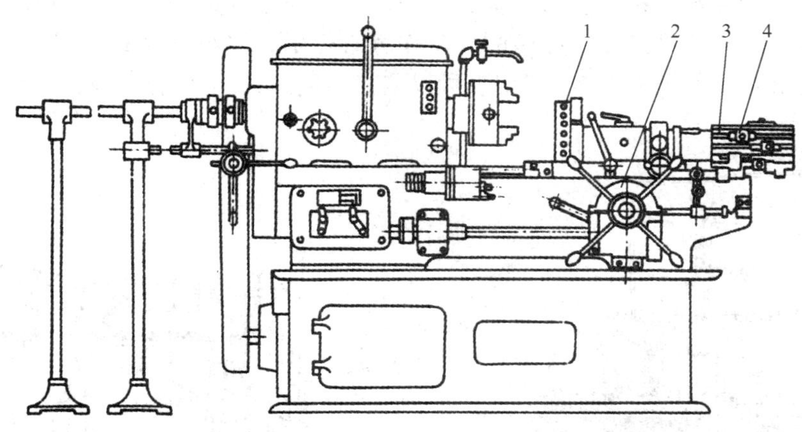

图 3.12　回轮车床的外形图

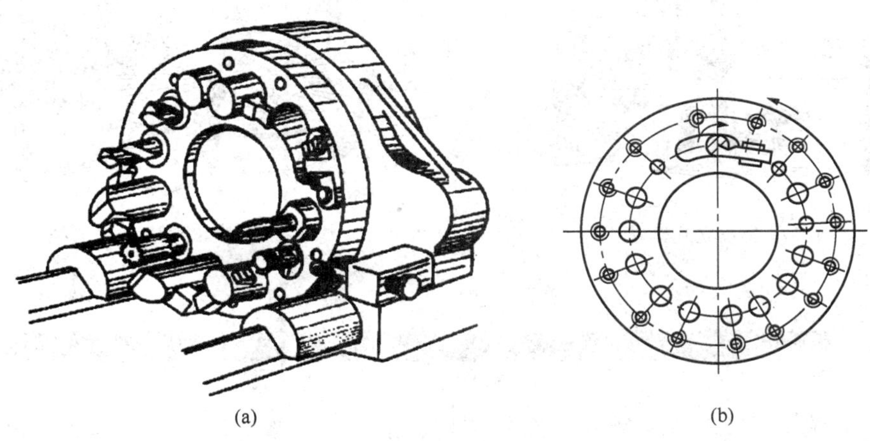

图 3.13　回轮刀架图

车槽和切断等工序。

2. 立式车床

立式车床用于加工径向尺寸大、轴向尺寸相对较小的大型和重型零件，如各种机架、体壳、盘、轮类零件。

立式车床在结构布局上的主要特点是主轴垂直布置，并有一个直径很大的圆形工作台，供装夹工件之用，工作台台面处于水平位置，因而笨重工件的装夹和找正比较方便。此外，由于工件及工作台的重力由底座导轨推力轴承承受，大大减轻了主轴及其轴承的负荷，因而较易保证加工精度。

立式车床分单柱式（图 3.14）和双柱式（图 3.15）两种。单柱式立式车床加工直径较小，最大加工直径一般小于 1600mm；双柱立式车床加工直径较大；最大的立式车床其加工直径超过 25000mm。

立式车床的工作台 2 装在底座上，工件装夹在工作台上并由工作台带动作主运动。进给运动由垂直刀架 4 和侧刀架 7 来实现，侧刀架 7 在立柱 6 的导轨上移动作垂直进给，还可以沿刀架滑座的导轨作横向进给。垂直刀架 4 可在横梁 5 的导轨上移动作横向进给。此外，垂直刀架滑板还可沿其刀架滑座的导轨作垂直进给。中小型立式车床的一个垂直刀架上，通常带有五边形转塔刀架 3，刀架上可以装夹多组刀具。横梁 5 可根据工件的高度沿立柱导轨升降。

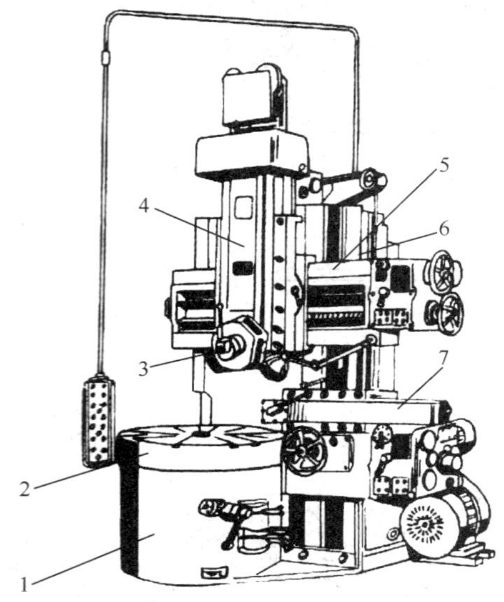

图 3.14 单柱式立式车床

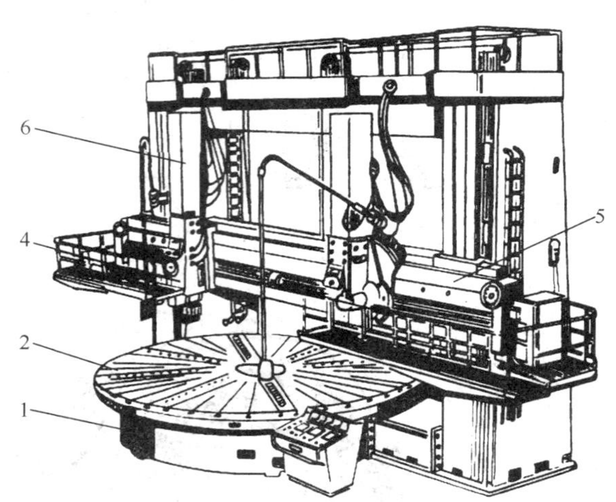

图 3.15 双柱式立式车床

任务小结

本任务介绍了 CA6140 型卧式车床的结构、主要技术参数、传动原理和润滑方式。通过学习，掌握 CA6140 卧式车床传动路线的分析方法，熟悉其结构和润滑方式，会对其简单操作，同时能够初步排除润滑系统的故障，为卧式车床各部件的后续维修打下基础。

复习与思考

1. 卧式车床有哪几种运动？
2. CA6140 卧式车床有哪几部分组成？
3. 卧式车床的主要润滑方式有哪几种？
4. 什么叫传动链？传动链分为哪两种？
5. 何谓运动平衡方程式？CA6140 卧式车床的运动平衡方程式是什么？
6. 看图简述 CA6140 卧式车床主运动的传动结构式？
7. 溜板箱轴端漏油是什么原因？如何处理？

任务 3.2 床鞍部件的维修

工作任务

车床床鞍部件长期使用间隙达不到规定技术要求，现要对其进行调整。

工作场景

一体化教室，多媒体教学设备；机电设备维修实训室，CA6140 卧式车床，机床维修常用工具、角度平尺、检验芯棒、工艺芯棒、测量棒、百分表、千分尺、校准平板、机油、红丹粉、毛巾，机修用工作台等。

知识目标

1. 了解床鞍的作用和工作原理。
2. 熟悉床鞍的结构。
3. 熟悉对床鞍的精度要求。
4. 掌握中滑板、床鞍的刮削与检验方法。

能力目标

1. 能对车床中滑板间隙进行正确调整。
2. 会对车床丝杠螺母间隙进行调整。

相关知识

床鞍部件在车床中主要担负着纵向、横向进给的切削运动，它自身的精度与床身导轨面之间配合状况良好与否，将直接影响加工零件的精度和表面粗糙度。

3.2.1 床鞍的结构

床鞍部件由床鞍（又称大拖板或纵向溜板）、中滑板（又称中拖板或横向溜板）和横向进给丝杠螺母副等组成，中滑板上部的 T 形槽通过螺钉把小拖板（小刀架）下的转盘连接在一起（松开螺钉后，可以使转盘和小拖板一起回转）。

3.2.2 床鞍的工作原理

床鞍部件装在床身的三角形导轨和矩形导轨上，由它们进行导向，以保证床鞍的纵向直线移动。床鞍与导轨间用楔铁和螺钉进行调整间隙。中滑板沿床鞍顶面上的燕尾导轨进行横向移动，它们之间同样用楔铁和螺钉进行间隙调整。横向进给丝杠的螺母固定在中滑板的底面上，由分开的两个螺母组成，中间用楔块隔开。

任务实施

3.2.3 床鞍配刮与检验

1. 中滑板的刮削与检验

1）如图 3.16 所示，用校准平板研点刮削表面 1。

2）在校准平板上刮削表面 2，保证面 1 和面 2 的平行度要求，检验方法如图 3.17 所示。

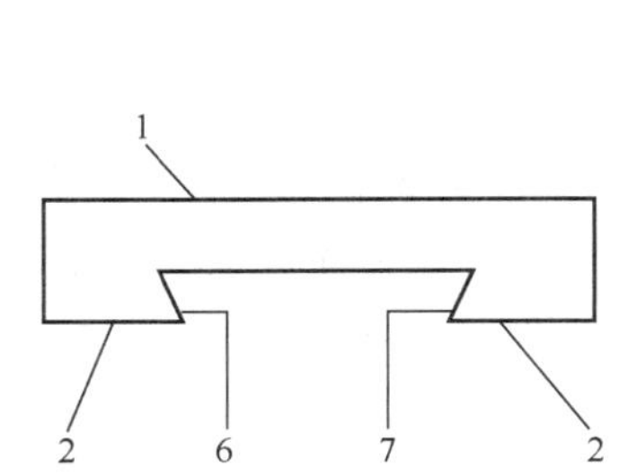

图 3.16　用校准平板研点刮削表面

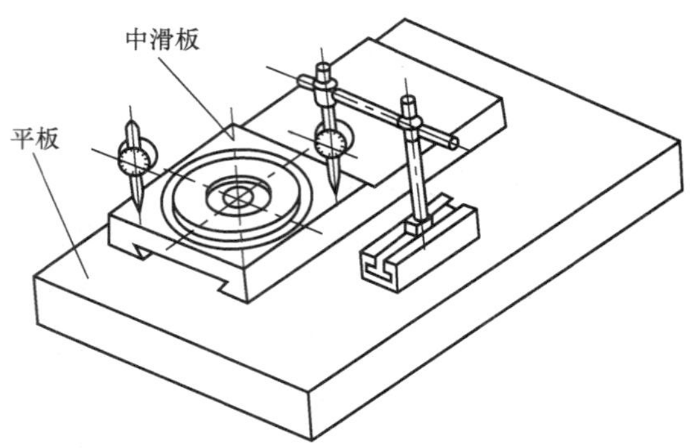

图 3.17　中滑板的检验

3）各平面的平面度以在校准平板上的研点保证。一般要求平面 1、2 中间的研点可淡（软）些。

2. 床鞍导轨的刮削及检验

1）用中滑板表面 2 研点刮削床鞍面 3，如图 3.18 所示，推研长度不宜超过床鞍过多。工艺心棒用于手握推研，主要是防止手指插入孔内推研时被挤伤。

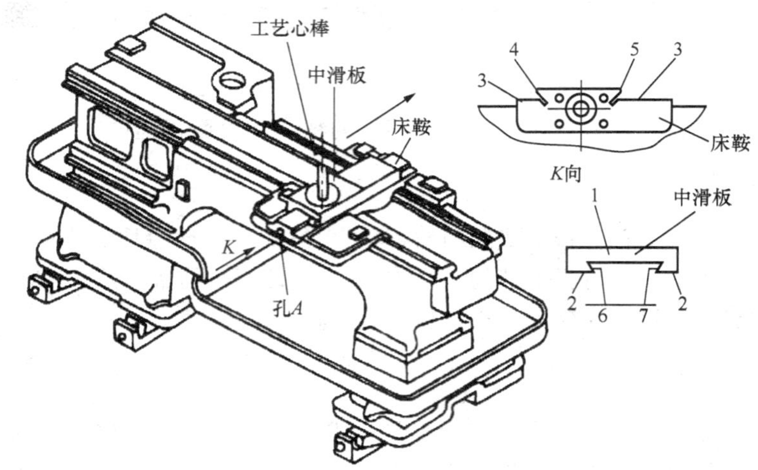

图 3.18　刮削床鞍面

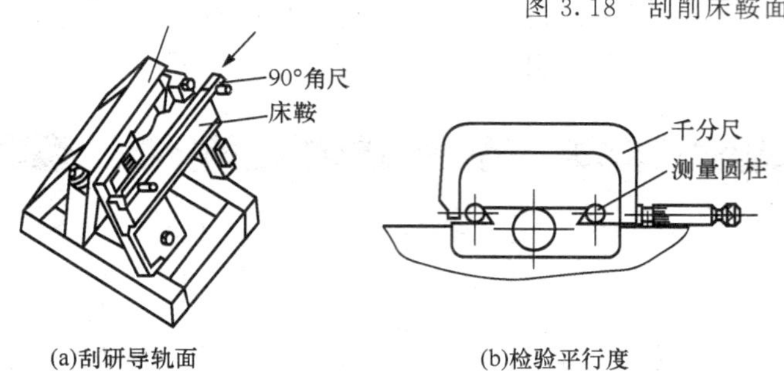

(a)刮研导轨面　(b)检验平行度

图 3.19　导轨面的刮研与检验

2）将床鞍斜靠在木架上，如图 3.19 (a)所示，用角度平尺研点精刮床鞍燕尾导轨面 4 及粗刮燕尾导轨面 5，并用图 3.19 (b) 所示方法检验 4、5 两导轨面的平行度。测量时将测量棒放在导轨两端，两次测量中千分尺读数差即为平行度误

差，在全长上不大于 0.02mm。

3）刮削后的导轨面 3、4 必须与床鞍上的中滑板丝杠孔 A 保持平行。其测量方法如图 3.20 所示，在孔 A 中插入检验心棒，百分表吸附在角度平尺（或中滑板）上，紧贴导轨面 3、4 移动角度平尺，百分表读数的最大差值，就是导轨面 3、4 对孔 A 轴心线的平行度误差，其误差在全长不大于 0.02mm。

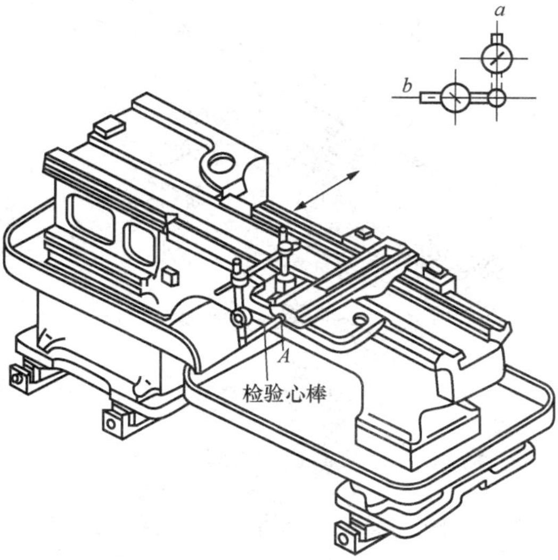

图 3.20 导轨面对孔 A 轴心线平行度的测量

3. 床鞍上导轨面的配刮与检验

1）以中滑板导轨面 6、7 为基准对床鞍导轨面 4、5 进行研点，配刮导轨面 4、5，如图 3.16 所示。

2）配刮镶条。配镶条的目的是使刀架横向进给时有准确间隙，并能在使用过程中，不断调整间隙，保证足够寿命。若是新配制镶条应比原镶条长 20%。先在校准平板上研点粗刮，然后塞入中滑板面 7 和床鞍面 5 之间反复配刮，床鞍面 5 的精刮也同时进行，如图 3.16 所示。

3）配刮完毕，切除多余长度后，应保证镶条还有 15～20mm 的调整余量，应保证刀架下滑座在床鞍燕尾导轨全长上移动时，无轻重或松紧不均匀的现象，接触面的间隙用 0.03mm 塞尺检查，插入深度不大于 20mm。

4. 床鞍下导轨面的配刮与检验

1）将床鞍在床身导轨上研点，配刮床鞍下导轨面至要求。

① 检查床鞍在纵向的平行度，如图 3.21 所示。将百分表座固定在床身上，百分表测量头支顶在中滑板上平面上，移动床鞍，百分表读数差即为在一定长度上的平行度误差。

② 检查横向行程内的平行度，如图 3.22 所示。先将平行平尺找平，全长上移动中滑板，百分表读数的最大差即为在横向行程内的平行度误差。

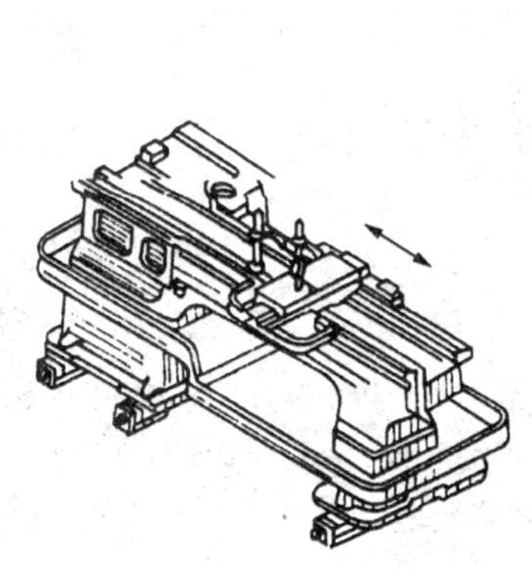

图 3.21 横向行程内的平行度检测

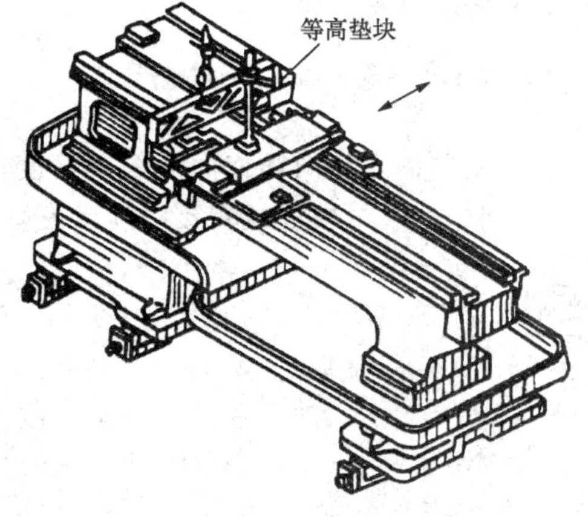

图 3.22 横向行程内平行度的检测

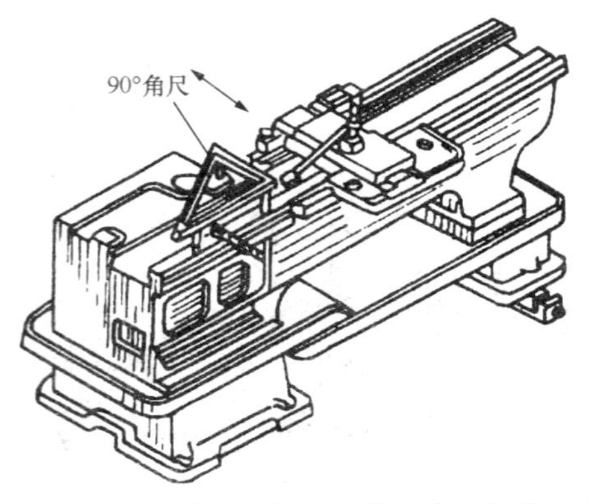

图 3.23　床鞍导轨面对床身垂直度的检测

③ 检查床鞍导轨面4对床身（或对车床主轴轴线）的垂直度，如图3.23所示。将90°角尺（或框式水平仪）支顶在床身上，先使床鞍纵向移动，校正90°角尺的一边，然后将百分表座固定在中滑板上，百分表测量头支顶在90°角尺的另一边，横向移动中滑板，百分表的最大读数差即为垂直度误差。

2）床鞍下导轨面要求中间的研点应稍淡（软）一些，接触面间隙用0.03mm塞尺检查，插入深度不得大于20mm。

5. 溜板箱安装面的刮削与检验

1）床鞍上溜板箱安装面横向应与进给箱、托架安装面垂直，其测量方法如图3.24所示。在床身进给箱安装面上用夹板夹持一个90°角尺，在90°角尺处于水平状态的上平面上移动百分表检验溜板安装面的位置精度；也可用框式水平仪分别紧贴进给箱安装面和溜板箱安装面，读取水平仪读数之差来确定。要求公差为0.03mm/100mm。

2）床鞍上溜板箱安装面纵向应与床身导轨平行，测量方法如图3.25所示。将百分表座固定在床身上，纵向移动床鞍，在溜板箱安装面全长上百分表读数的最大差不得超过0.06mm。

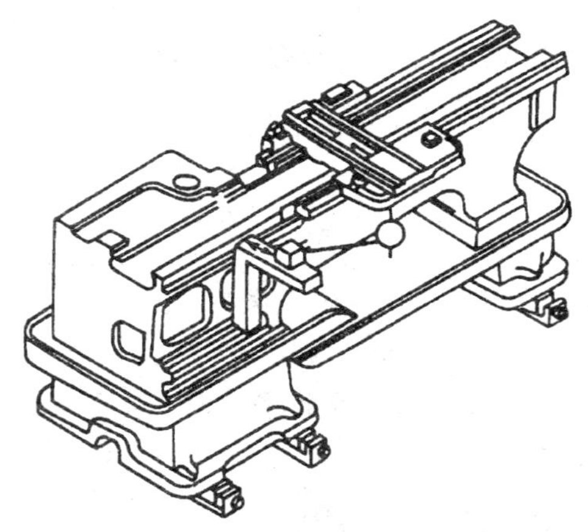
图 3.24　溜板箱安装面垂直度的测量

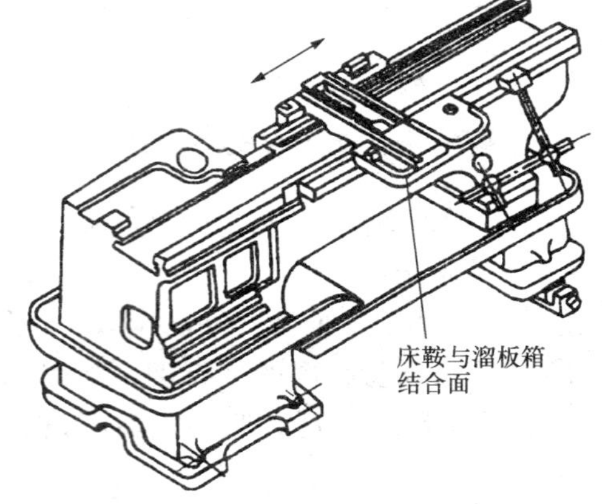

图 3.25　溜板箱安装面平行度的测量

3）溜板箱安装面在纵向和横向的两项精度，一般来说应在刮削床鞍下导轨面时保证。若超差，应刮削床鞍下导轨面或直接修刮溜板箱安装面。

注　意

1）用中滑板对床鞍研点中推研中滑板时，中滑板上一定要安装工艺心棒，否则，很容易将手指挤伤。

2）中滑板和床鞍上导轨面配刮时，中滑板在床鞍上推研不得移动过长，否则会影响研点的正确性。

3）将床鞍斜靠在木架上刮削床鞍时，木架一定要牢固，床鞍一定要放稳固，防止床鞍滑下造成事故。

巩固训练

3.2.4 中滑板间隙的调整

燕尾形导轨的间隙用图 3.26 所示的楔形镶条来调整。楔形镶条有 1∶60 斜度，调整时，先松开螺钉 1，再旋紧螺钉 3，使楔形镶条 2 向小端方向移动，间隙逐渐减小，调整至符合要求后，旋紧螺钉 1 即可。

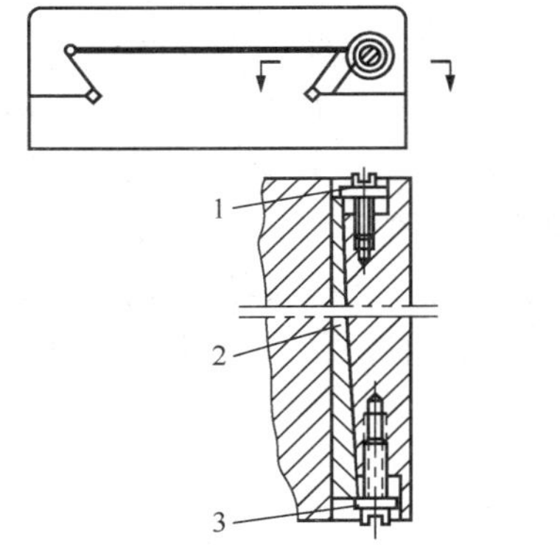

图 3.26　横向溜板调整间隙的方法

1、3—螺钉；2—楔形镶条

3.2.5 丝杠螺母间隙的调整

如图 3.27（b）所示，此结构由左半螺母 7 和右半螺母 10 组成，分别由两螺钉紧固在中滑板的 11 的底部，中间由楔块 8 隔开。当由于磨损使丝杠与螺母牙侧之间的间隙过大时，可将左螺母 7 上的紧固螺钉拧松，拧紧调节螺钉 9，把楔块 8 向上拉，依靠斜楔作用将螺母 7 向左推移，减少了丝杠螺母牙侧之间的间隙。

任务评价

任务评分表见表 3.3。

表 3.3　车床床鞍部件间隙调整评分表

序号	项目	配分	考核标准	得分
1	准备工作	20	1）工具准备齐全，每少一种扣 5 分； 2）量具准备齐全，每少一种扣 5 分	
2	工量具的使用	20	1）工具使用符合要求，每错一次扣 5 分； 2）量具使用及保养符合要求，每错一次扣 5 分	
3	中滑板间隙调整	30	1）调整方法正确，否则扣 10～20 分； 2）调整间隙合适，否则扣 5～10 分	
4	丝杠螺母间隙的调整	30	1）调整方法正确，否则扣 10～20 分； 2）调整间隙合适，否则扣 5～10 分	
5	安全文明操作		违反安全文明操作规程酌情扣 10～20 分	
6	定额时间 30min		每超时 5min 扣 5 分；超 10min 不得分	

知识拓展

1. 中滑板丝杠刻度盘的调整

如图 3.27（a）所示，如刻度盘过松，在转动中滑板手柄时将会自行转动，而无法读准刻度；如刻度盘过紧，则使刻线格数不易调整。中滑板丝杠刻度盘的调整方法是：当刻度盘过松时，可先拧出调节螺母和锁紧螺母 3，拉出圆盘，把里面的弹簧片扭弯些，增加其弹力，随后把它装进圆盘和刻度环 4 之间，适当拧紧锁紧螺母，再拧紧双锁紧螺母，减小刻度盘转动间隙；当刻度盘过紧时，则可适当松开调节螺母，使刻度盘转动间隙相应增大，然后再拧紧锁紧螺母。

2. 丝杠的安装与调整

丝杠的安装如图 3.27 所示，首先垫好螺母垫片（可估计垫片厚度 Δ 值并分成多层），再用螺柱将左右螺母及楔块挂住，先不拧紧，然后转动丝杠，使之依次穿过丝杠右螺母、楔形块丝杠左螺母，再将小齿轮（包括键）、法兰盘（包括套）、刻度盘及双锁紧螺母，按顺序安装在丝杠上。旋转丝杠，同时将法兰盘压入床鞍安装孔内，然后锁紧螺母。最后紧固左螺母 7、右螺母 10 的连接螺柱。在紧固左右螺母时需调整垫片厚度 Δ 值，使调整后达到转动手柄灵活，转动力不大于 80N，正反向转动手柄空行程不超过回转周的 1/20 转。

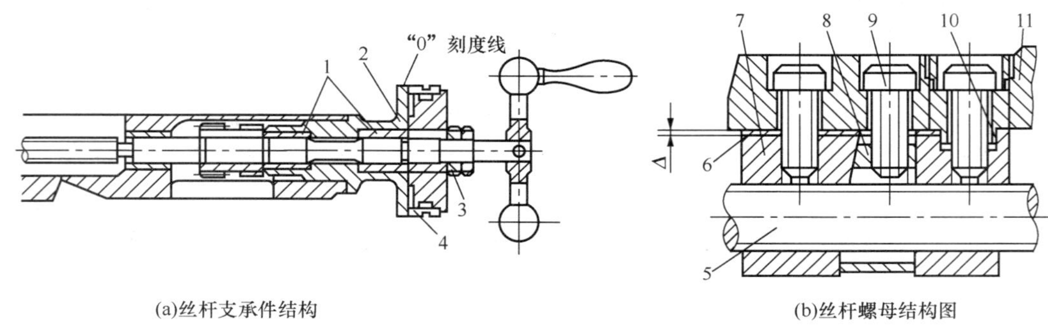

图 3.27　横向进给丝杠安装示意图

1—镶条；2—法兰盘；3—锁紧螺母；4—刻度环；5—横向进给丝杠；6—垫片；7—左半螺母；8—楔；9—调节螺钉；10—右半螺母；11—刀架下滑座

任务小结

本任务主要讲述车床中滑板、床鞍的刮削以及中滑板与床鞍和床鞍与床身的配刮。通过本任务的学习，要求熟悉对床鞍的精度要求；掌握中滑板、床鞍的刮削与检验技能；掌握车床床鞍部件间隙的调整方法，保证车床能够正常工作。

复习与思考

1. 床鞍在车床上起什么作用？
2. 床鞍有哪几部分组成？
3. 简述中滑板的刮削与检验过程。
4. 配镶条的目的是什么？
5. 简述丝杠螺母间隙的调整方法。

任务 3.3　刀架部件的维修

工作任务

一台 CA6140 车床的刀架部件无法正常转动，需要进行维修。

工作场景

一体化教室，多媒体教学设备；机电设备维修实训室，CA6140 卧式车床，机床维修常用工具、检验平板、角度平尺、塞尺、百分表、机油、红丹粉、毛巾，机修用工作台等。

知识目标

1. 了解刀架部件的作用。
2. 熟悉刀架部件的结构。
3. 掌握刀架的工作原理。

能力目标

1. 能对刀架部件进行正确维修。
2. 会对刀架部件进行调整。

相关知识

刀架部件是安装刀具、直接承受切削力的部件，各结合面之间必须保持正确的配合；同时，刀架的移动应保持一定的直线性，避免影响加工圆锥工件母线的直线度和降低刀架的刚度。

3.3.1 刀架部件的结构

如图 3.28 所示，刀架部件由方刀架、凸轮、套筒、手柄、固定销、中心轴、弹簧、定位销等组成。

3.3.2 刀架部件的工作原理

如图 3.28 所示，方刀架 2 中心有通孔与小滑板 1 上的凸圆柱体相配合，为了使方刀架体转位时获得准确的位置，使用钢球和定位销 11 定位。手柄 6 与中心轴 8 用螺纹连接，拧紧手柄 6 就可以使方刀架 2 压紧在小滑板 1 上。中心轴 8 上套有凸轮 3 和套筒 4，两者之间有单向端面齿爪，由弹簧 9 使它们处于啮合状态。套筒 4 以花键同套筒 5 连接，而套筒 5 用固定销 7 与手柄 6 相连接。

当需要刀架转位时，将手柄 6 逆时针方向转动，通过套筒 5、4 和单向离合器使凸轮 3 转动。这时凸轮 3 端部的斜面使定位销 11 由定位孔中拔出。手柄 6 继续转动，凸轮 3 的缺口肩部碰到固定在方刀架上的销子 12，且通过销子 12 而带动方刀架转动，钢球因而滑出定位孔。当方刀架 2 转到所需位置时，钢球便进入另一个位孔进行粗定位。此时应反转手柄，凸轮 3 也往回转动，使它的斜面部分脱离定位销 11，在弹簧 10 的作用下使定位销 11 插入新的定位孔中进行精确定位。于是方刀架 2 不再转动，而且凸轮 3 的缺口肩部另一侧与销子 12 相碰时也不能转动，此时套筒 4 和凸轮 3 端面的单向离合器开始打滑，手柄可以继续转动到夹紧方刀架为止。中心轴 8 顶部有注油孔，以便注油润滑方刀架内的零件。

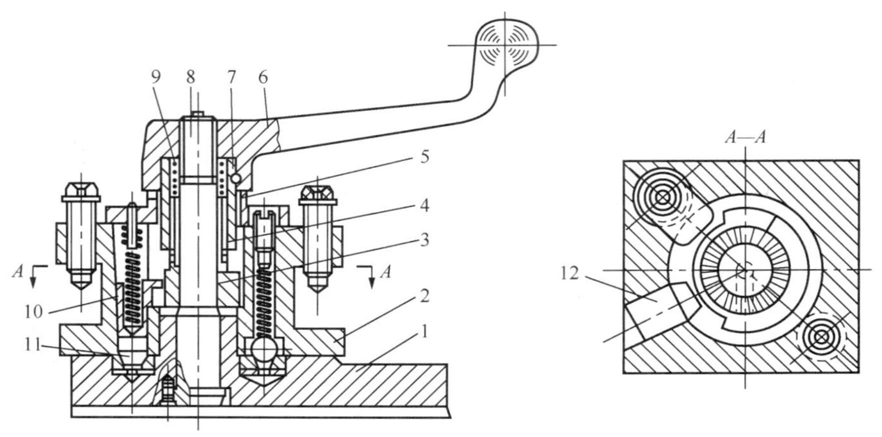

图 3.28　刀架的结构

1—小滑板；2—方刀架；3—凸轮；4、5—套筒；6—手柄；7—固定销；8—中心轴；9、10—弹簧；11—定位销子；12—销子

任务实施

3.3.3 小滑板上表面的修理与检验

刀架部件在使用过程中，由于方刀架经常转换位置，其定位销在弹簧作用下会在小滑板的上表面上摩损出一圈很深的沟槽，因而会造成定位不准、不牢。这种情况可采用将上表面车削去 5～6mm，镶一块钢板的方法进行修复（图 3.29）。车削上表面时，应以小滑板上表面上的定心轴和检验心棒为基准，如图 3.30 所示。

提　示

当上表面磨损较轻时，可不镶配钢板，而采用一个专用研点工具修刮上表面，使之达到垂直度要求。

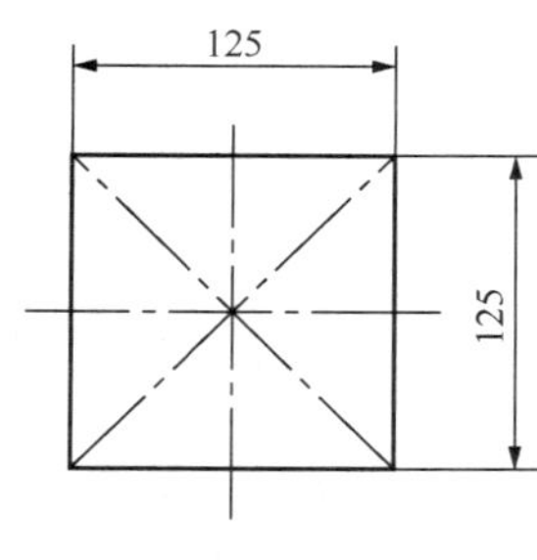

图 3.29　小滑板

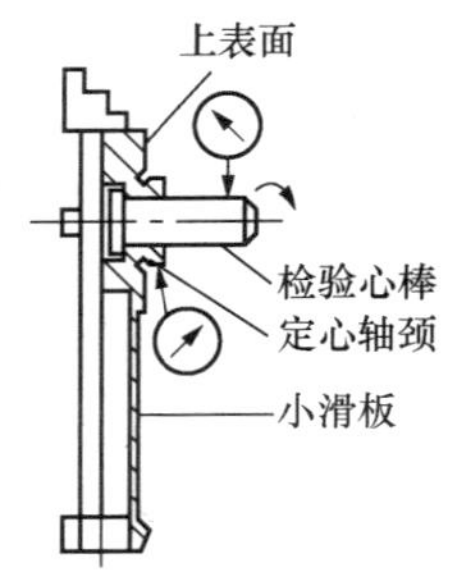

图 3.30　小滑板的检验

3.3.4 小滑板下导轨面的修理与检验

在校准平板上研点刮削小滑板下导轨平面 2 到要求，如图 3.31 所示。用百分表在校准平板或检验平板上检验表面 1、2 的平行度至要求。

3.3.5 刀架转盘上导轨面的修理与检验

用小滑板研点刮削刀架转盘上导轨面 3 至要求，如图 3.32（a）所示。用角度平尺研点刮削刀架转盘燕尾导轨面 4、5，并使其平行度符合要求，测量平行度的方法如图 3.32（b）所示。

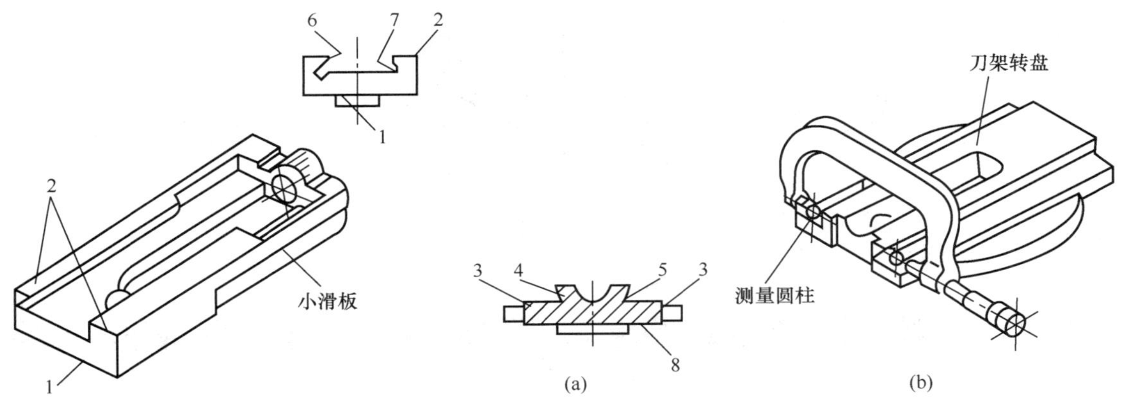

图 3.31 研点刮削小滑板下导轨面

图 3.32 刀架转盘导轨面的刮削与检验

3.3.6 小滑板燕尾导轨及镶条的刮削

1）以刀架转盘的燕尾导轨面 4、5 为基准研点，刮削小滑板燕尾导轨面 6、7 至要求。

2）先将镶条的一面（即和刀架转盘燕尾导轨接触的平面）在校准平板上研点进行粗刮，然后将镶条插进小滑板和刀架转盘中配刮，同时将各燕尾导轨面进行精刮修整至符合要求。然后切去镶条多余的长度，并保证有 15～20mm 的调整余量。导轨接触面用 0.03mm 塞尺检查，插入深度不大于 20mm。

巩固训练

3.3.7 刀架转盘下表面（圆环形）的修理与检验

1）刀架转盘下表面 8［图 3.32（a）］应在中滑板上平面上配刮研点，并达到平行度要求。其检验方法如图 3.32（b）所示。检验时，转盘回转 180°的数值应相同。

2）刀架转盘下表面 8 与中滑板上平面的接触间隙用 0.03mm 塞尺检查，塞尺不能塞入为合格。

3）检验刀架转盘上的凸缘与中滑板定位孔的配合精度，若超差应采用在中滑板或凸缘上镶套的方法解决。

3.3.8 方刀架下表面（和小滑板接触的表面）的修理

先将方刀架下表面 9（图 3.33）在校准平板上研点精刮，然后在小滑板表面 1（图 3.28）上研点配刮至要求。因为刀具在压紧过程中方刀架会发生变形，所以配研时方刀架表面 9 的四个角上的研点应淡（软）些，用 0.03mm 塞尺检验接触情况，塞尺不能插入为合格。

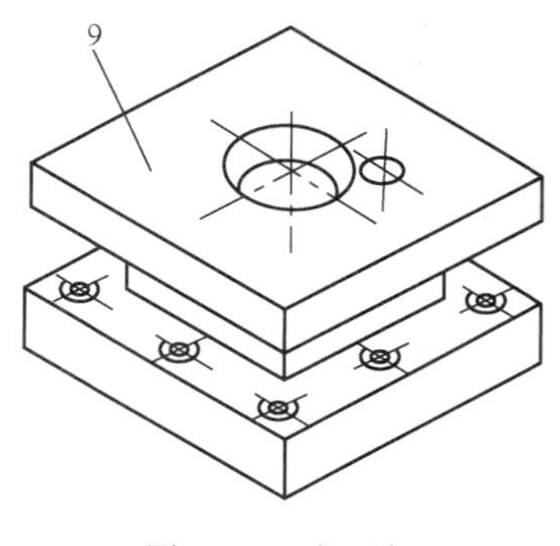

图 3.33　方刀架

任务评价

任务评分表见表 3.4。

表 3.4　刀架部件的维修与调整评分表

序号	项目	配分	考核标准	得分
1	准备工作	20	1）工具准备齐全，每少一种扣 5 分； 2）量具、量仪准备齐全，每少一种扣 5 分； 3）其他辅助用具准备齐全，每少一种扣 5 分	
2	工量具、量仪的使用	20	1）工具使用符合要求，每错一次扣 5 分； 2）量具使用及保养符合要求，每错一次扣 5 分； 3）量仪使用及保养符合要求，每错一次扣 5 分	
3	间隙调整	30	1）测量间隙准确，错一次扣 5 分； 2）调整方法正确，否则扣 10～20 分	
4	精度检验	30	1）精度检验方法正确，否则扣 10～20 分； 2）精度检验结果精确，否则扣 10 分；	
5	安全文明操作		违反安全文明操作规程酌情扣 10～20 分	
6	定额时间 120min		每超时 10min 扣 5 分；超 30min 不得分	

知识拓展：丝杠螺母的修理与装配

调整刀架丝杠及与其相配的螺母都属易损件，一般采用换丝杠配螺母或修复丝杠，重新配螺母的方法进行修复，在安装丝杠和螺母时，为保证丝杠与螺母的同轴度要求，一般

采用如下两种方法。

1. 设置偏心螺母法

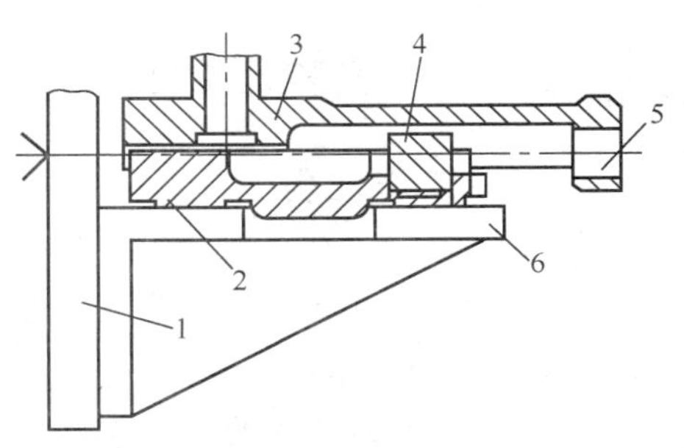

图 3.34　车削刀架螺母螺纹底孔示意图
1—花盘；2—转盘；3—小滑板；4—实心螺母体；5—丝杠安装孔；6—三角铁

在卧式车床花盘 1 上装专用三角铁 6（图 3.34），将小滑板 3 和转盘 2 用配刮好的镶条楔紧，一起安装在专用三角铁上，将加工好的实心螺母体 4 压入转盘 2 的螺母安装孔内（实心螺母体 4 与转盘 2 的螺母 2 安装孔为过盈配合）；在卧式车床花盘 1 上调整专用三角铁 6，以小滑板丝杠安装孔 5 找正，并使小滑板导轨与卧式车床主轴轴线平行，加工出实心螺母体 4 的螺纹底孔；然后再卸下螺母体 4，在卧式车床四爪卡盘上以螺母底孔找正加工出螺母螺纹，最后再修螺母外径以保证转盘螺母安装孔的配合要求。

2. 设置丝杠偏心轴套法

将丝杠轴套做成偏心式轴套，在调整过程中转动偏心轴套使丝杠螺母达到灵活转动位置，这时做出轴套上的定位螺钉孔，并加以紧固。

任务小结

刀架部件是安装刀具、承受切削力的部件，由于频繁的装刀、转动、受力等，其各结合面磨损较严重，如不及时维修将影响加工零件的精度，有时甚至使刀架无法转动，影响正常的工作，因此，应重视刀架部件的维修。本任务重点介绍了刀架各转动部件和配合面的维修，作为一名维修技术人员应重点掌握。

复习与思考

1. 刀架部件有什么作用？
2. 刀架部件有哪几部分组成？
3. 简述刀架部件的工作原理。
4. 刀架定位不牢是什么原因引起的？如何进行维修？
5. 如何对小滑板燕尾导轨及镶条进行刮削？
6. 如何对刀架转盘下表面进行修理？

任务 3.4 主轴箱部件的维修

工作任务

一台 CA6140 卧式车床由于长期使用，主轴轴承间隙、摩擦离合器间隙以及制动装置均需停车进行调整。

工作场景

一体化教室，多媒体教学设备；机电设备维修实训室，CA6140 卧式车床，机床维修常用工具，塞尺、百分表、高度尺、检验芯棒、研磨棒、平板，千斤顶、V 型架、黄油、机油、红丹粉、毛巾，机修用工作台等。

知识目标

1. 了解主轴变速操纵机构、摩擦离合器和制动装置的工作原理。
2. 熟悉主轴部件、摩擦离合器和制动装置的结构。
3. 掌握主轴箱部件的常用维修方法。

能力目标

1. 能对 CA6140 车床主轴轴承间隙进行调整。
2. 会对双向多片摩擦离合器间隙进行调整。
3. 会对制动装置进行正确调节。

相关知识

CA6140 卧式车床主轴箱是一个比较复杂的传动部件，由箱体、摩擦离合器、主轴、传动轴、变速操纵机构和制动器等组成。箱体用一个底平面及底部的凸块侧面装置定位在床身的安装基面上，用四个螺钉和一个压板组进行上下压紧，用两个螺钉从床身侧面进行压紧。主轴箱担负着主轴的旋转运动，它直接影响加工工件的精度、表面粗糙度等主要指标，图 3.35 所示是主轴箱各种传动机构和装配关系的展开图。展开图是按各传动链传递运动的先后顺序，沿轴线剖切后展开（由于轴Ⅳ画得离轴Ⅲ与轴Ⅴ较远，因而原来相互啮合的齿轮副分开了）。

3.4.1 主轴部件的结构

主轴部件是车床的关键部分，工作时承受很大的切削抗力。加工工件的精度和表面粗糙度，很大程度上决定于主轴部件的刚度和回转精度。图 3.36 是 CA6140 卧式车床主轴部件的结构图。主轴的前后支承各装有一个双列短圆柱滚子轴承 8（内径为 105mm）和 3（内径为 75mm），中间支承处还装有一个圆柱滚子轴承 4（内径为 80mm），用于承受径向力。由于双列短圆柱滚子轴承的刚度和承载能力大、旋转精度高、且内圈较薄，内孔是 1∶12 的锥孔，可通过相对主轴轴颈的轴向移动来调整轴承间隙，因而可保证主轴有较高的回转精度和刚度。在前后支承处还装有一个 60°的双向推力角接触球轴承 6 用于承受左右两个方向的轴向力。向左的轴向力由主轴Ⅵ经螺母 10、轴承 8 的内圈、轴承 9 传至箱体。向右的轴向力由主轴经螺母 5、轴承 6、隔套 11、轴承 8 的外圈、轴承盖 9 传至箱体。

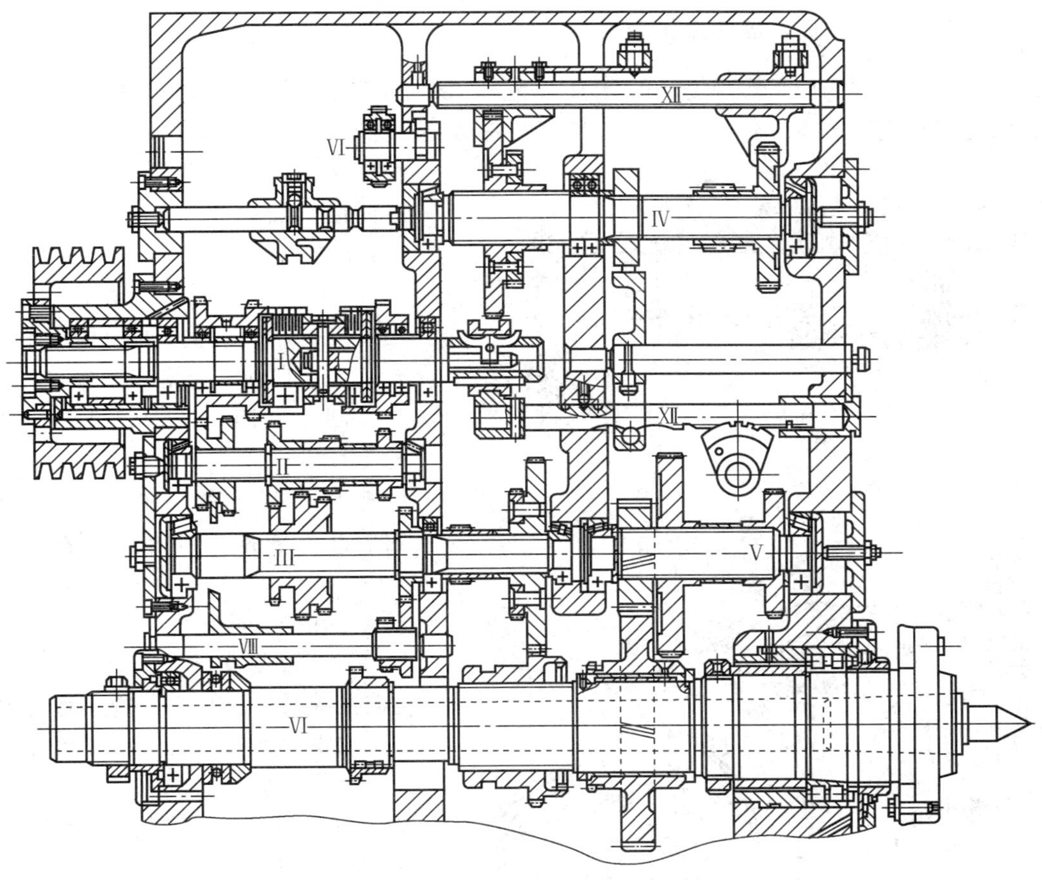

图 3.35　主轴箱部件

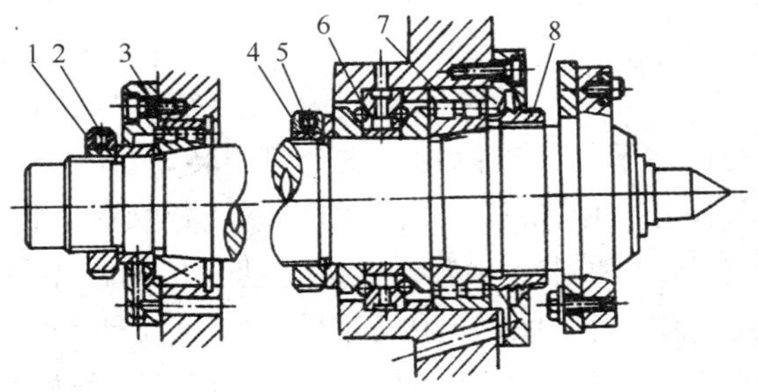

图 3.36　CA6140 型车床主轴部件

提　示

主轴是一根空心台阶轴。主轴前端的锥孔为莫氏 6 号锥度，用以安装锥度顶尖、心轴或夹具。主轴前端的短圆锥定位面，用短法兰式结构安装卡盘或拨盘。内孔可以通过 $\phi47$ 以下长棒料。

3.4.2 多片式摩擦离合器的工作原理

摩擦离合器的作用是实现主轴的起动、停止、换向及过载保护。图 3.37 是车床主轴箱内的双向多片式摩擦离合器。该离合器具有左右两组摩擦片，每一组由若干内、外摩擦片交叠组成。利用摩擦片在相互压紧时的接触面之间所产生的摩擦力传递运动和转矩。带花键孔的内摩擦片 3［图 3.37（b）］与轴 4 上的花键相连接；外摩擦片 2 的内孔是光滑圆孔，空套在轴 4 的花键外圆上，摩擦片外圆上有四个凸齿，卡在空套齿轮 1 右端套筒部分的缺口内。内、外摩擦片相间排列，在未被压紧时，它们互不联系。当用操纵装置将滑套 9［图 3.37（a）］向右移动时，拉杆 7（在轴 4 的孔内）上的元宝形摆块 8 绕支点摆动，其下端就拨动拉杆 7 向左移动。拉杆 7 左端上有一固定销，使螺圈 6 及加压套 5 压紧左边的一组摩擦片，通过摩擦片间的摩擦力，将转矩由轴 4 传给空套齿轮 1，使主轴实现正转。同理，当用操纵装置将滑套 9 向左移动时，压紧右边的一组摩擦片，将转矩由轴 4 传给右端的齿轮，这时使主轴反转。当滑套在中间位置时，左右两组摩擦片都处在松开状态，轴 4 的运动不能传给齿轮，主轴停止转动。

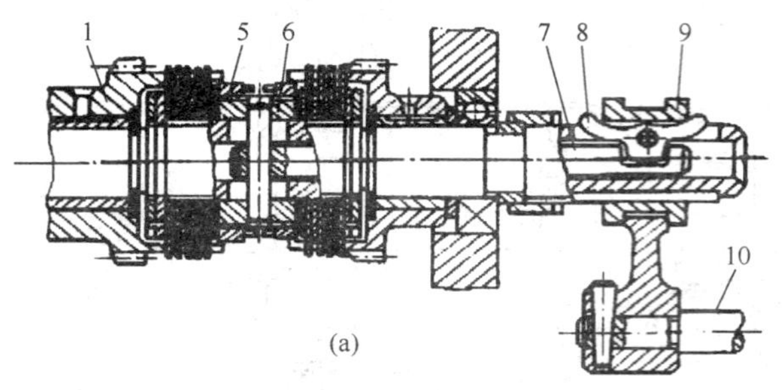

(a)

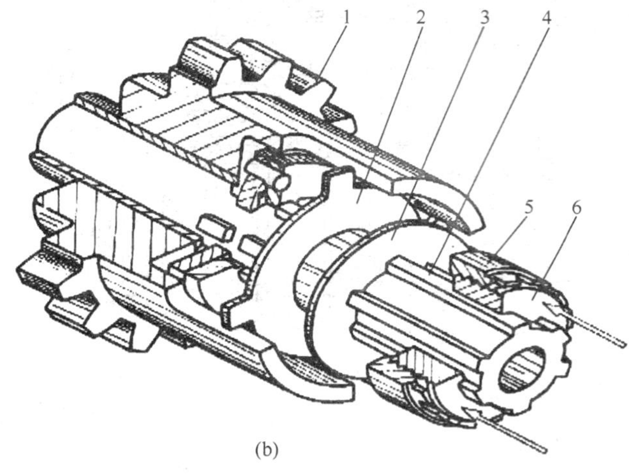

(b)

图 3.37 多片式摩擦离合器

摩擦离合器的压紧和松开，由图 3.38 所示的操纵装置操纵。向上提起手柄 6 时，通过杠杆 5、连杆 4、杠杆 3 使轴 2 和扇形齿 1 顺时针转动，传动齿条轴 13（如图 3.37 中的轴 10）右移，便可压紧左边一组摩擦片，使主轴正转。向下扳动手柄 6 时，右边一组摩擦片被压紧，主轴反转。当手柄在中间位置时，左、右两组摩擦片都松开，主轴停止转动。

3.4.3 制动装置的作用及工作原理

制动装置的作用是在车床停车过程中，克服主轴箱内各运动件的旋转惯性，使主轴迅速停止转动，以缩短辅助时间。图 3.39 是 CA6140 卧式车床上闸带式制动器，它由制动轮 8、制动带 7 和杠杆 4 等组成。制动轮是一钢制圆盘，与传动轴Ⅳ用花键连接。制动带为一钢带，其内侧固定着一层铜丝石棉，以增加摩擦面的摩擦系数。制动带的一端通过调节螺钉 5 与主轴箱体 1 连接，另一端固定在杠杆 4 的上面。

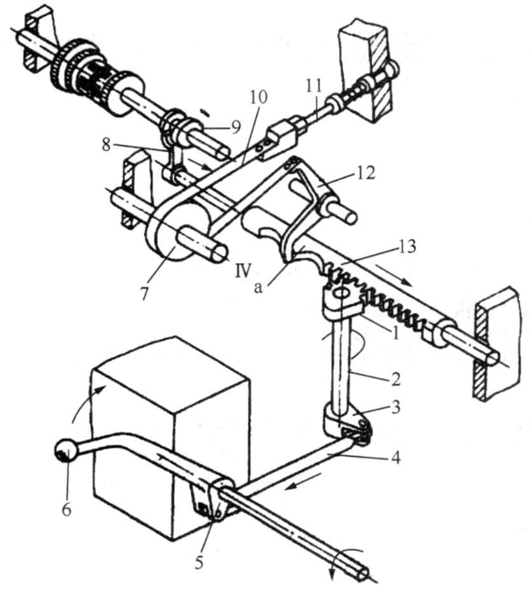

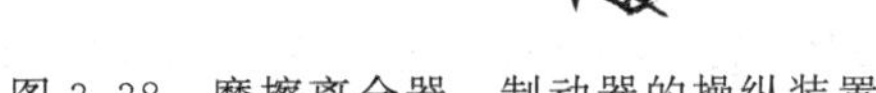
图 3.38 摩擦离合器、制动器的操纵装置

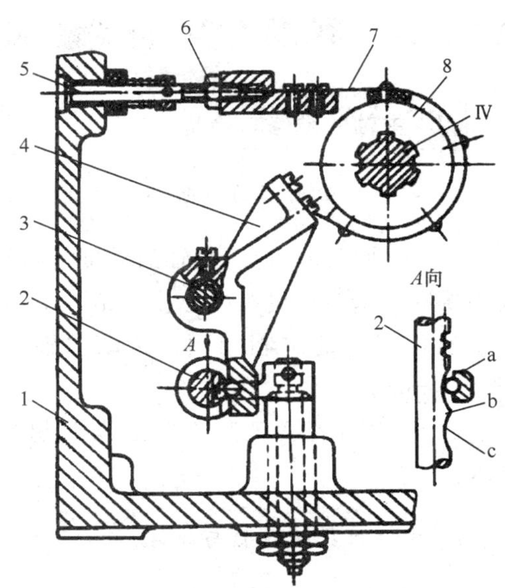

图 3.39 制动器

制动器的动作由操纵装置（图 3.38）操纵。当杠杆 4 的下端与齿条 2 上的圆弧凹部 a 或 c 接触时，主轴处于正转或反转状态，制动带被放松；移动齿条轴，当其上的凸起部分 b 对正杠杆 4 时，使杠杆 4 绕轴 3 摆动而拉紧制动带 7，此时，离合器处于松开状态，轴Ⅳ和主轴便迅速停止转动。

3.4.4 主轴变速操纵机构工作原理

图 3.40 是 CA6140 型车床主轴变速操纵机构。主轴箱内有两组滑移齿轮 A、B，双联齿轮 A 有左、右两个啮合位置；三联齿轮 B 有左、中、右三个啮合位置。两组滑移齿轮由装在主轴箱前面上的手柄 6 操纵。手柄通过链传动使轴 5 转动，在轴 5 上固定盘形凸轮 4 和曲柄 2。凸轮 4 上有一条封闭的曲线槽，图中 a～f 标出有六个位置，其中 a、b、c 位置凸轮曲线的半径较大，d、e、f 位置的半径较小，凸轮槽通过杠杆 3 操纵双联齿轮 A。当杠杆 3 的滚子处于凸轮曲线大半径处时，齿轮 A 在左端位置；若处于小半径处时，则被移动到右端位置。曲柄 2 上的圆销、滚子装在拨叉 1 的长槽中，当曲柄 2 随着轴 5 转动时，可拨动滑移齿轮 B，使齿轮 B 处于左、中、右三个不同的位置。通过手柄 6 的旋转和曲柄 2 及杠杆 3 的协同动作，就可使齿轮 A 和 B 的同向位置实现六种不同的组合，得到六种不同的转速，所以称为单手柄六速操纵机构。

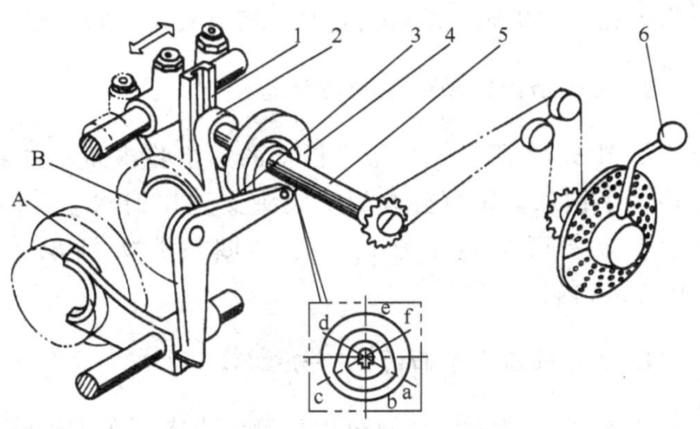

图 3.40 主轴变速操纵机构

任务实施

3.4.5 主轴的维修与检验

1. 主轴定心轴颈的检验与维修

1）主轴拆卸后应对主轴的精度进行检验，其测量装置如图3.41所示。在主轴后端的孔中镶一个堵头，堵头中心孔内粘一个钢球支顶在测量架的挡铁上，百分表测量头分别触及主轴各部分的定心轴颈，转动主轴一周，测出各部分的误差。一般径向圆跳动应小于0.01mm。

2）测量后若发现某部分的误差超差或磨损严重，可采用镀铬或刷镀的方法修复至要求。

2. 主轴锥孔的检验与维修

1）按图3.42所示的方法，将带锥柄的检验心棒擦拭干净后紧密地装入主轴锥孔内，将百分表测量头分别触及检验棒靠近两端的部分，回转主轴一周，测量其跳动量。一般靠近主轴端面处应小于0.015mm，距离端面300mm处应小于0.025mm。

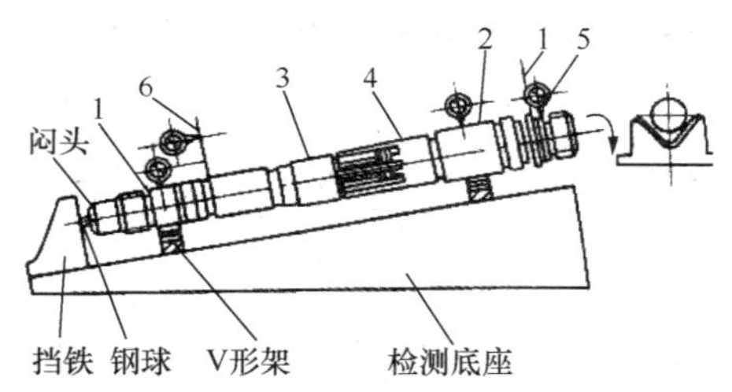

图3.41　主轴定心轴颈的检验

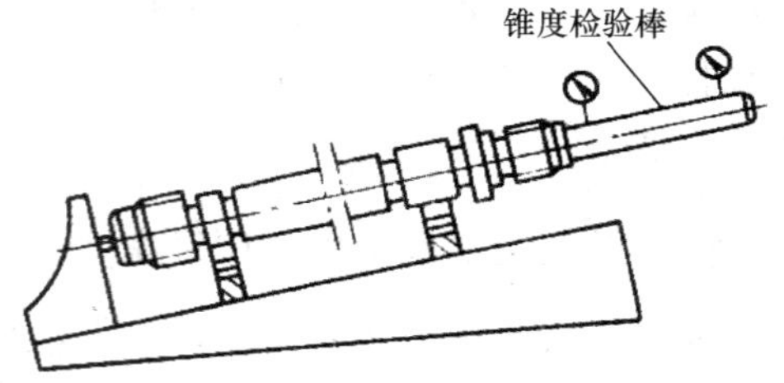

图3.42　主轴锥孔的检验

2）若锥孔跳动量在允差范围内，表面有轻微磨损时，可用标准研磨棒研磨修复（图3.43）或用标准铰刀铰削修复。若锥孔表面磨损严重或跳动量超差较多时，应在磨床上精磨内孔或在机床总装后由自身刀架装夹车刀精车修整。

3. 主轴轴向窜动的检验与调整

如图3.44所示，将带有锥柄的短检验棒插入主轴锥孔内，在检验棒中心孔内用润滑脂粘一个钢球，用百分表的平表头支顶在钢球上，回转主轴一周，测量主轴的轴向窜动量，若超差可检查主轴的止推垫圈及推力轴承。主轴的轴向窜动应控制在0.01～0.015mm内。

4. 主轴轴肩支承面的检验与维修

如图3.45所示，将百分表的测量头支顶在主轴轴肩上，沿主轴轴线加一力F，慢慢旋转主轴测量其端面跳动量，一般应小于0.015mm，若超差可在总装配后精磨或精车修整。

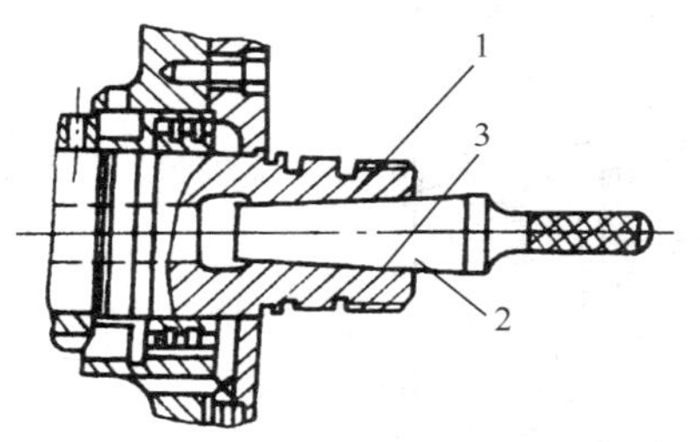

图 3.43　用研磨棒修复锥孔

1—主轴；2—研磨棒；3—主轴锥孔

图 3.44　主轴轴向窜动的检验

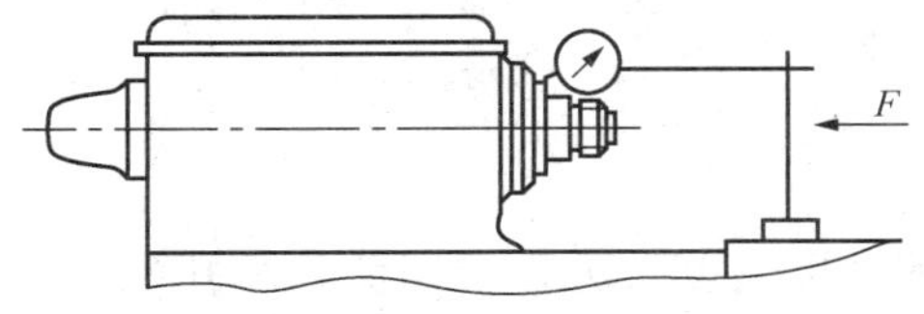

图 3.45　主轴轴肩支承面的检验

3.4.6 主轴箱壳体主轴座孔的检验与维修

1. 主轴座孔的精度检验

主轴箱壳体两端主轴座孔必须同心。维修中，一般在镗床上检查比较方便，如图 3.46 所示，将箱体底面放在镗床工作台上的可调千斤顶上（千斤顶为校表调整用）。镗杆上装一内径百分表，旋转镗杆和移动工作台，校准镗杆与一个孔的同轴度，然后再移动工作台使另一孔行至内径百分表处，旋转镗杆测量两个孔的同轴度，同轴度一般不超过 0.015mm。

注　意

校验中，为减少相对误差，镗杆只作旋转运动而不作往复运动。

另一种测量同轴度的方法，是在主轴箱体主轴座孔中各插入一根心轴。如图 3.47所示，将主轴箱壳体底面放在平板上的可调千斤顶上，调整千斤顶，使一个孔中心轴的 a、b 两点与平板等高，这时此孔的基准轴线与平板平行。移动百分表，测量另一孔中心轴的 E、F 与平板距离，表上读数差，即此孔上面的基准轴线和平板的平行度误差。将主轴箱回转 90 °，如上述方式测量所得的数值，即侧面的基准轴线和平板的平行误差。二孔间的同轴度误差，可通过基准轴线与平板之间的距离比较对照求得。基准轴线高度：$H=H_1-D_1/2$（式中 H 为基准轴心距平板的高度、H_1 为基准孔心轴上母线距离平板的高度、D_1 为测量心轴的直径尺寸）。

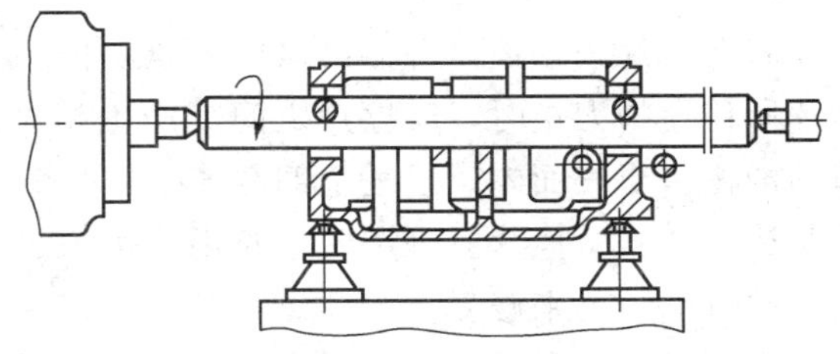

图 3.46　在镗床上测量主轴座孔的精度

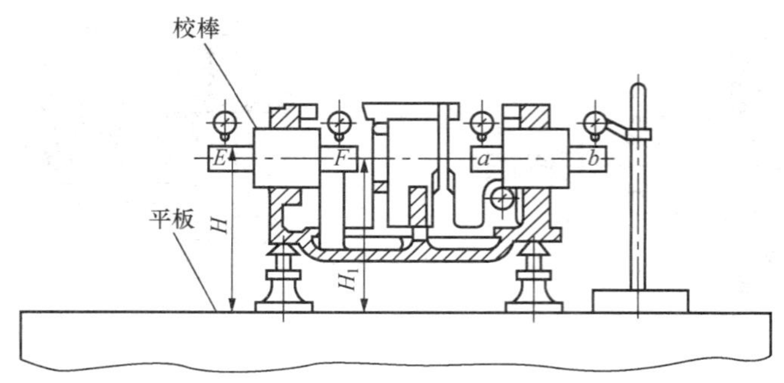

图 3.47 在平板上测量主轴座孔的精度

2. 主轴座孔的维修

如果主轴座孔的圆度或锥度超差较大，特别前轴承孔配合过松或有较大的锥度，将直接引起轴承外壳变形，需采用无槽镀镍工艺，恢复孔与滚动轴承间的公差配合要求。另一种是镶套工艺。方法是：将主轴箱放在镗床工作台上，将箱体两端的轴承孔校正后，按镶入套的外径镗至要求；配制的钢套内孔留精镗余量 1～2mm，外径按镗孔后主轴箱主轴磨孔的实际尺寸留过盈量 0.03～0.05mm，保持主轴箱在镗床上固定，利用拉具将套压入。

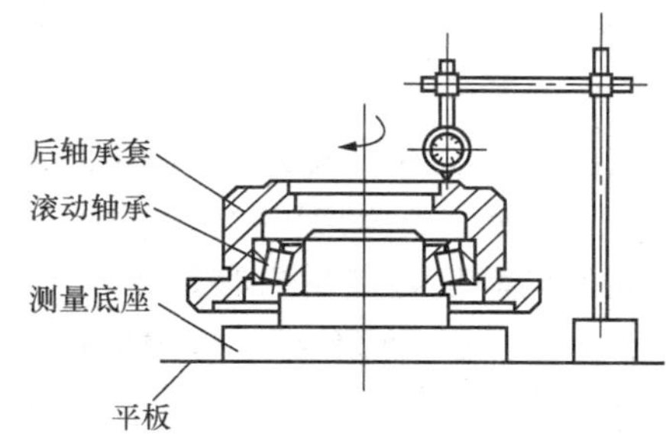

图 3.48 后轴承套端面圆跳动检验

3. 后轴承套壳体的修理

如图 3.48 所示，将轴承内圈装在检验心棒上，再将轴承外圈装进后轴承壳体，将其放置于平板上用百分表检查。主要检验支承套端面圆跳动误差。若超差时可根据百分表读数大小采用刮削的方法进行修整。

3.4.7 摩擦离合器的维修

双向多片式摩擦离合器维修的重点是内、外摩擦片，当机床切削载荷超过调整好的摩擦片所传递的力矩时，摩擦片之间就产生相对滑动现象，多次反复，其表面就会被研出较深的沟槽。当表面渗碳层被全部磨掉时，摩擦离合器就失去功能。维修时一般更换新的内、外摩擦片。若摩擦片只是翘曲或拉毛，可通过延展校直工艺校平和平面磨床磨平，然后采用吹砂打毛工艺来修复。

元宝形摆块及滑套在使用中经常作相对运动，在二者的接触处及元宝形摆块与拉杆接触处产生磨损，一般是更换新件。

提　示

1）对箱体主轴孔进行研磨镗削镶套时，一定要保证前、后主轴孔的同轴度。

2）对箱体所镶的套一定要进行精度检验，主要检验轴线对端面的垂直度和两端面的平行度。

3）主轴箱体较重，吊装、安放、检验时一定要注意安全，防止事故发生。

巩固训练

3.4.8 CA6140 车床主轴轴承间隙的调整

在使用中如发现轴承磨损而使间隙增大时，需及时进行调整。具体方法如图 3.36 所示。前轴承 7 可用螺母 4 和 8 调整。调整时，先拧松螺母 8，然后拧紧锁紧螺钉 5 和螺母 4，使轴承 7 的内圈相对主轴锥形轴颈向右移动，由于锥面的作用，轴承内圈产生径向弹性膨胀，将滚子与内、外圈之间的间隙减小。调整合适后，应将锁紧螺钉 5 和螺母 8 拧紧。后轴承 3 的间隙可用螺母 1 调整。一般情况下，只需调整前轴承即可，只有调整前轴承后仍不能达到要求的回转精度时，才需调整后轴承。

3.4.9 摩擦离合器间隙的调整

离合器的内外摩擦片在松开状态时间隙要适当。如间隙太大，在压紧时会相对打滑，不能传递足够的转矩，易产生闷车现象，并易使摩擦片磨损；如间隙太小，易损坏操纵装置中的零件。其调整方法是：先把弹簧销 11（图 3.49）从加压套 5 的缺口中按下，然后转动加压套，使其相对螺圈 6 作小量的轴向位移，即可改变摩擦片间隙。调整后应使弹簧销从加压套的任一缺口中弹出，以防加压套在旋转中松脱。

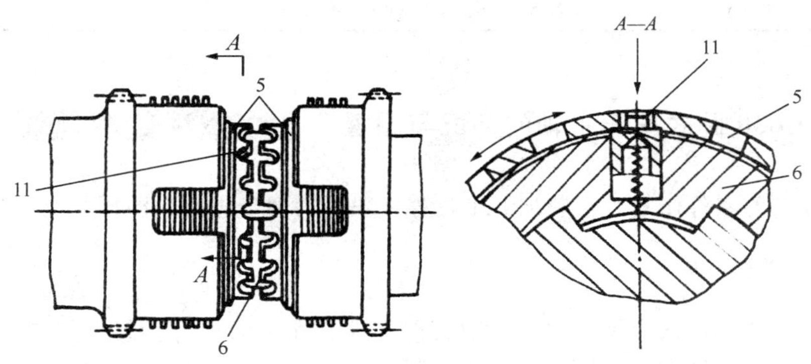

图 3.49　多片式摩擦离合器的调整

3.4.10 制动装置的调节

若机床停止时主轴不能迅速停止，说明钢带和制动轮之间的间隙较大（即钢带较松），应调紧制动带。此时，应将螺母 6 松开，调整主轴箱后壁上的调节螺钉 5（图 3.39），当主轴转速为 300r/min 时，能在 2～3 转时间内完全制动，主轴旋转时，制动带能完全松开为宜。

> **提　示**
>
> 调整合适后应将锁紧螺母拧紧。

任务评价

任务评分表见表 3.5。

表 3.5 主轴轴承间隙、摩擦离合器间隙调整评分表

序号	项目	配分	考核标准	得分
1	准备工作	20	1）工具准备齐全，每少一种扣 5 分； 2）量具、量仪准备齐全，每少一种扣 5 分； 3）其他辅助用具准备齐全，每少一种扣 5 分	
2	工量具、量仪的使用	20	1）工具使用符合要求，每错一次扣 5 分； 2）量具使用及保养符合要求，每错一次扣 5 分； 3）量仪使用及保养符合要求，每错一次扣 5 分	
3	主轴轴承间隙调整	30	1）调整方法正确，否则扣 5～10 分； 2）间隙大小合适，否则扣 10～20 分	
4	摩擦离合器间隙调整	30	1）调整方法正确，否则扣 5～10 分； 2）间隙大小合适，否则扣 10～20 分	
5	安全文明操作		违反安全文明操作规程酌情扣 10～20 分	
6	定额时间 30min		每超时 5min 扣 5 分；超 10min 不得分	

知识拓展：C630 卧式车床主轴的装配与调整

主轴部件在各零件修复后，装配调整过程一般分为两步进行，即预装调整和试车调整。

1. 主轴的预装调整

主轴的预装调整，通常是在主轴箱中其他零件装配之前进行。其目的是检查主轴部件各项零件在维修或更换之后，能否达到组装要求；便于主轴箱翻转修刮底面，保证主轴箱与床身的接触面积和主轴轴线对床身导轨的平行度误差。

预装的顺序如图 3.50 所示，先将主轴箱内的卡环 13、双列圆柱滚子轴承 14 外套圈、后轴承壳体 5 及圆锥滚子轴承 4 的外套圈装配到位，然后将主轴小直径端从主轴箱右端孔穿入并依次套入轴承 14 内套圈、圆螺母 11、平键、齿轮 8、圆螺母、垫圈 1、对开垫圈 7、推力球轴承 6、轴承 4 内套圈、衬套 3 和圆螺母 2。

装配时，一边穿入主轴，一边安装零件。安装到位后，拧紧螺钉和锁紧螺母，然后进行轴承间隙调整。调整轴承时，先调整后轴承，然后再调整前轴承。

（1）后轴承的调整

见图 3.50，先将圆螺母 11 松开，拧紧圆螺母 2，逐渐收紧圆锥滚子轴承 4 和推力球轴承 6，用百分表测头触及主轴前台肩 *B* 面，用适当的力前后推动主轴，保证轴向间隙在 0.01mm 之内。同时，用手转动齿轮 8，若感觉不灵活，可用铜棒或木锤在主轴的前后振击一下，直至手感觉主轴旋转灵活自如无阻滞即可。最后锁紧圆螺母 2。

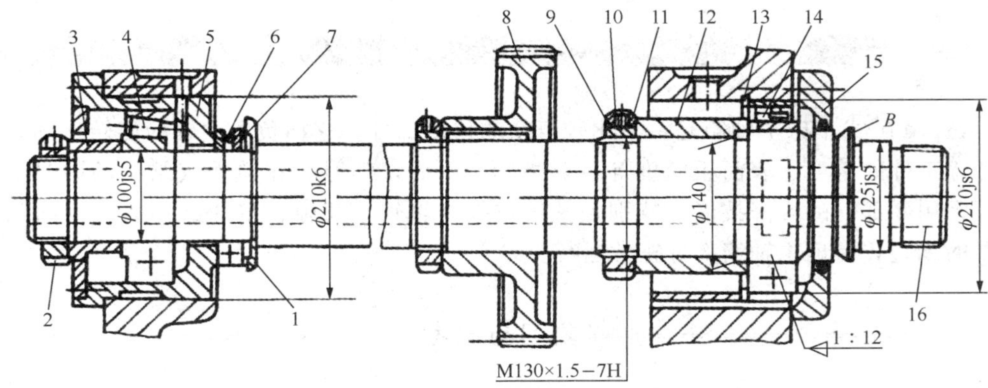

图 3.50　C630 卧式车床的主轴结构

(2) 前轴承的调整

前轴承的内孔具有 1∶12 的锥度，轴承的内外滚道之间具有原始的径向间隙。调整时，逐渐旋转圆螺母 11，通过衬套 12 使轴承内圈在主轴锥面上作轴向移动，迫使内圈胀开，使轴承内外滚道之间的间隙在 0～0.005mm 范围内。该间隙的检查方法如图 3.51 所示，先将主轴箱压紧在床身上，再把磁性表座吸于箱体上，使千分表测头触及主轴轴颈处，用杠杆稍用力撬动主轴，检查千分表的的示值是否合格，并用手旋转齿轮 8，应感觉灵活自如无阻滞。

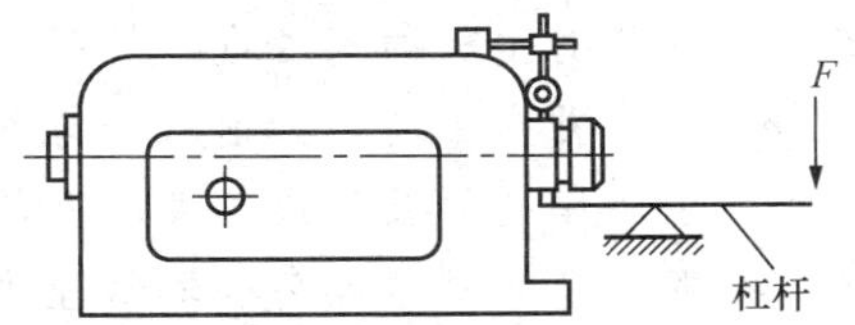

图 3.51　主轴径向间隙的检查

2. 主轴的试车调整

试车调整是将主轴部件空运转至温升到最高值并稳定后，对主轴进行的迅速、准确的调整。通过试车调整，可以提高主轴的旋转精度和刚度，从而提高加工工件的精度并减小加工表面的粗糙度数值。试车调整的方法如下。

1) 打开主轴箱盖，在主轴箱内按要求加好润滑油。

2) 适当旋松圆螺母 11 和圆螺母 2，用木锤在主轴前端造当敲击，使轴承回松，保持间隙在 0.025～0.050mm 之间。

3) 在主轴锥孔内紧密地插入检验棒，在中滑板上固定好百分表。

4) 用手试转主轴灵活无阻滞现象后，盖上箱盖，从低速到高速空运转，并在高速下空运转不少 1 小时，使主轴箱温升到最高值并保持稳定。

5) 停车后，将百分表测头触及检验棒母线，然后用杠杆撬主轴前端，从百分表上可测量出主轴的径向间隙大小。

6) 打开箱盖，松开圆螺母锁块，先调整后轴承圆螺母 2，再调前轴承圆螺母 11，根据撬动主轴显示的径向间隙，逐渐旋紧圆螺母 2 和 11，使主轴的径向间隙调至 0～0.02mm 之间，然后锁紧圆螺母的锁紧块，并盖好主轴箱盖。

任务小结

CA6140卧式车床主轴箱是一个比较复杂的传动部件，它担负着主轴的旋转运动，直接影响加工工件的精度、表面粗糙度等主要指标。因此，学习时在熟悉其结构的同时，应重点掌握常用零部件的维修技能，特别是熟练掌握主轴轴承间隙、多片摩擦离合器间隙和制动装置的调整，保证主轴箱部件正常运行。

复习与思考

1. 简述CA6140卧式车床主轴部件的结构。
2. 多片式摩擦离合器是如何工作的?
3. 卧式车床制动装置有哪几部分组成? 起什么作用?
4. 主轴变速操纵机构为什么称为单手柄六速操纵机构?
5. 如何对主轴的精度进行检验?
6. 主轴轴向窜动是如何检验与调整的?
7. 主轴座孔的圆度或锥度超差较大时，一般如何修理?
8. 双向多片式摩擦离合器修理的重点是什么?
9. CA6140车床主轴轴承间隙增大时，如何进行调整?
10. 双向多片式摩擦离合器的间隙为什么既不能太大也不能太小?

任务 3.5 溜板箱部件的维修

工作任务

一台 CA6140 卧式车床由于长期使用，溜板箱部分机构需进行检查、调整；安全离合器和超越离合器、纵横向操纵机构等需进行检修。

工作场景

一体化教室，多媒体教学设备；机电设备维修实训室，CA6140 卧式车床，机床维修常用工具，百分表、高度尺、检验芯棒、平板，千斤顶、黄油、机油、红丹粉、毛巾，机修用工作台等。

知识目标

1. 了解开合螺母机构、互锁机构、安全离合器和超越离合器机构的工作原理。

2. 熟悉开合螺母机构、互锁机构、纵横向操纵机构、安全离合器和超越离合器机构的结构。

3. 掌握开合螺母机构、互锁机构、纵横向操纵机构、安全离合器和超越离合器机构的调整方法。

能力目标

1. 能对传动丝杠和光杠传动机构进行维修。

2. 会对开合螺母机构、纵横向操纵机构、安全离合器和超越离合器机构进行维修。

相关知识

溜板箱是用来将光杠传来的旋转运动变为刀架的纵向或横向直线进给运动，或将丝杠的旋转运动转变为刀架切削螺纹时所需直线进给运动的部件。

3.5.1 溜板箱的结构

溜板箱以顶平面与大拖板下的安装基面相贴合，并用五个螺钉紧固连接。装配时要与大溜板同时钻铰定位销孔，用锥销定位，结构如图 3.52 所示。它由纵横向操纵机构、互锁机构、开合螺母机构、安全离合器和超越离合器等机构组成。

3.5.2 开合螺母机构的工作原理

开合螺母的作用是用来接通或断开从丝杠传来的运动。车削螺纹时或蜗杆时，将开合螺母合上，丝杠通过螺母带动溜板及刀架运动。

开合螺母机构的结构如图 3.53 所示，它由上下两个半螺母 1 和 2 组成，安装在溜板箱后壁的燕尾形导轨中，可上下移动。在上下半螺母的背面各装有一个圆柱销 3，其伸出部分分别嵌入槽盘 4 的两条曲线槽中。扳动手柄 6，经轴 7 使槽盘逆时针转动时，曲线槽迫使圆柱销 3 互相靠近，带动上下半螺母合拢，刀架便作左右移动。槽盘顺时针转动时，曲线槽通过圆柱使两个螺母彼此分离，与丝杠脱开，刀架便停止移动。

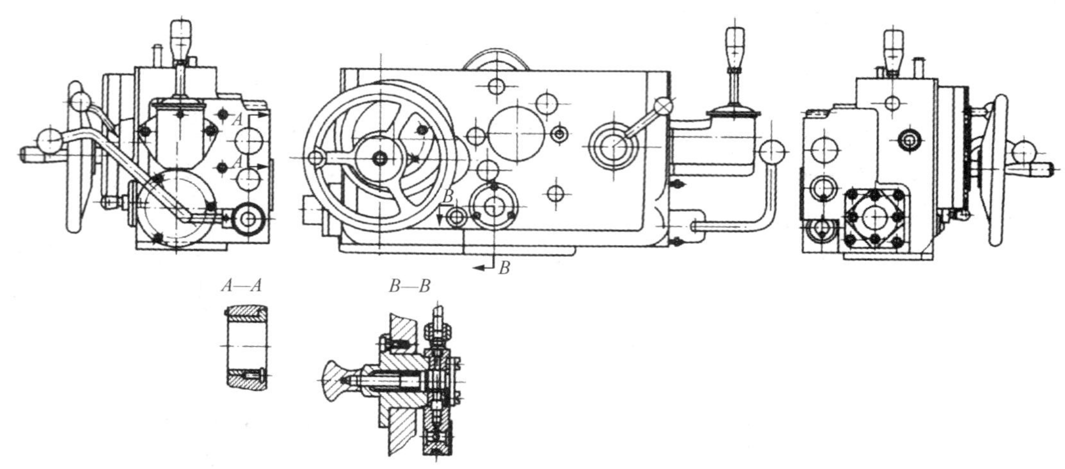

图 3.52　CA6140 卧式车床溜板箱

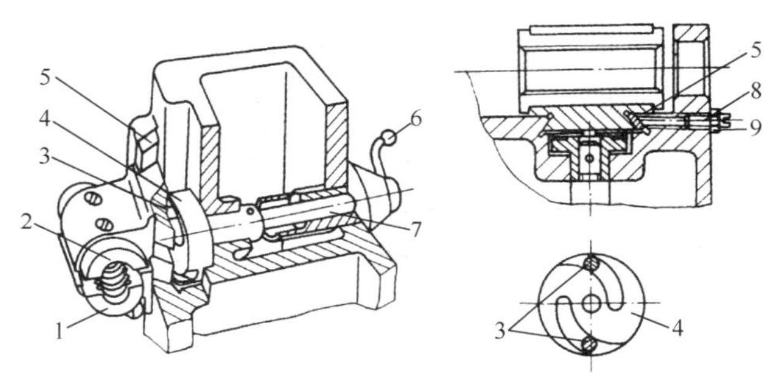

图 3.53　开合螺母机构

1、2—半螺母；3—圆柱销；4—槽盘；5—机体；6—手柄；7—轴；8—固定套

3.5.3 纵、横向进给操纵机构的工作原理

图 3.54 是 CA6140 车床纵、横向进给操纵机构。车床纵、横向机动进给的接通、断开及变向，由装在溜板箱右侧的手柄 1 集中操纵，而且手柄扳动方向与进给方向一致，使用比较方便。

向左或向右扳动手柄 1，使手柄 3 绕着销钉 2 相对摆动，销钉 2 安装在轴向固定的轴 23 上。手柄座下端的开口槽通过球头销 4 拨动轴 5 作轴向移动，再经杠杆 10 和连杆 11 使凸轮 12 转动，凸轮上曲线槽又通过拨销 13 带动轴 14 及固定在它上面的拨叉 15 向前或向后移动。拨叉拨动离合器 M6，使之与轴 XXII 上的相应空套齿轮相啮合，于是纵向机动进给运动接通，刀架相应地向左或向右移动。

当向前或向后扳动手柄 1，通过手柄座 3 使轴 23 及固定在它左端的凸轮 22 转动时，凸轮 22 上的曲线槽通过拨销 19 使杠杆 20 绕轴销 21 摆动，再经杠杆 20 上的另一拨销 18 带动轴 17 及固定它上面的拨叉 16 作轴向移动。拨叉 16 又拨动离合器 M7，使之与轴 XXV 上的相应空套齿轮相啮合，于是横向机动进给运动接通，刀架相应地向前或向后移动。

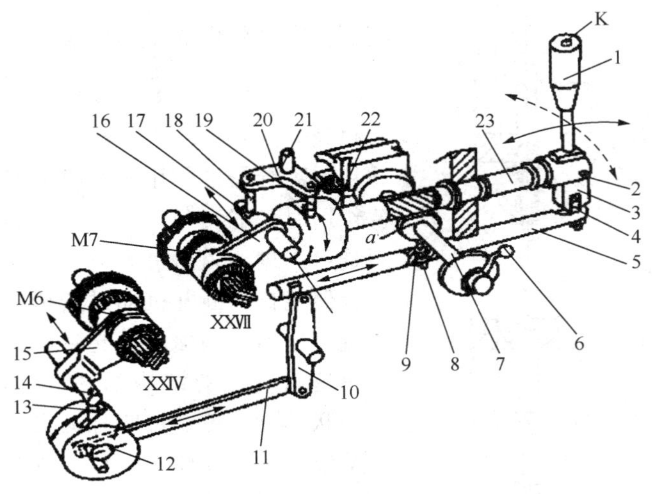

图 3.54　纵、横向机动进给操纵机构

1、6—手柄；2—销钉；3—手柄座；4、8、9—球头销；5、7、14、17、23—轴；10—杠杆；11、20—边杆；12、22—凸轮；13、18、19—拨销；15、16—拨叉；21—轴销

当手柄 1 扳至中间直立位置时，离合器 M6 和 M7 处于中间位置，机动进给传动链断开。

当手柄 1 扳至左、右、前、后任一位置时，如按下安装在手柄 1 顶端的按钮 K，则快速电动机起动，刀架便在相应方向上作快速移动。

3.5.4 互锁机构的工作原理

互锁机构的作用是使机床在接通机动进给时，开合螺母不能合上，反之，在合上时，机动进给不能接通。

注　意

目的是防止将丝杠传动和纵、横向机动进给（或快速运动）同时接通，损坏机床。

图 3.55 为 CA6140 卧式车床溜板箱中互锁机构的工作原理图，它由开合螺母 6 上的凸肩 a、固定套 4 和机动操纵机构轴 1 上的球头 2、弹簧 7 等元件组成。

图 3.55（a）所示为停车位置，即机动进给未接通，开合螺母处于脱开状态。这时，可以任意接合开合螺母或机动进给。图 3.55（b）所示为合上开合螺母时的状态，这时由于手柄轴 6 转过一个角度，它的平轴肩旋入到轴 5 槽中，使轴 5 不能转动。同时，轴 6 转动使 V 型槽转过一定角度，将安装在固定套 4 横向孔中的球头销 3 往下压，使它的下端插入轴 1 的孔中，轴 1 锁住，使其不能左右移动。所以，当合上开合螺母时，机动进给手柄即被锁住。图 3.55（c）所示为向左或向右扳动机动进给手柄，接通纵向机动进给时，由于轴 1 沿轴向移动了一段距离，其上的横孔不再与球头销 3 对准，使球头销不能向下移动，因而轴 6 被锁住，开合螺母不能闭合。图 3.55（d）所示为前后拨动机动进给手柄，接通横向机动进给时，由于轴 5 转过了一定角度，其上面的沟槽不能对准轴 6 上的凸肩 a，使轴 6 无法转动，开合螺母也不能闭合。

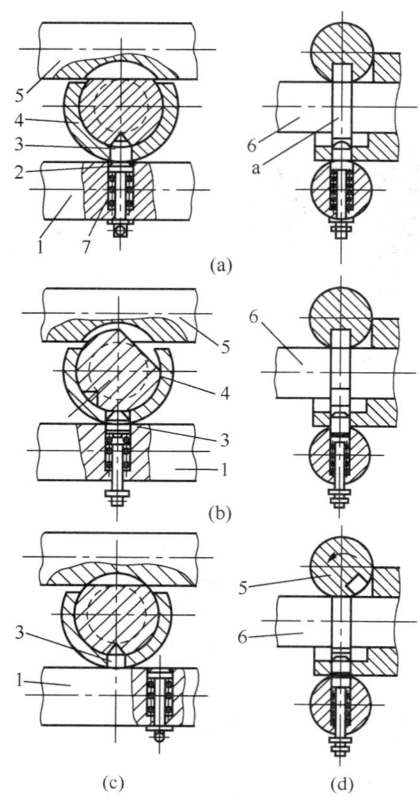

图3.55　互锁机构的工作原理
1、5、6—轴；2、3—球头销；
4—固定销；7—弹簧

3.5.5 安全离合器和单向超越离合器的工作原理

CA6140卧式车床溜板箱中的轴XXII上，安装有单向超越离合器M和安全离合器M8，如图3.56所示。超越离合器的作用是在机动慢进和快进两个运动交替作用时，能实现运动的自动转换。安全离合器的作用是：当进给阻力过大或刀架移动受到阻碍时，安全离合器能自动断开机动进给传动链，使刀架停止进给，避免传动机构损坏，起到过载保护作用。

超越离合器的结构如图3.56中的$A-A$剖面。它由星状体1、三个短圆柱滚子2、三个弹簧3和弹簧4及带齿轮的外环5组成。外环5空套在星状体1上，当慢速运动由轴XX经齿轮副使外环5按逆时针方向旋转时，摩擦力将圆柱滚子2楔紧在外环5与星状体1之间，并带动星状体1一起转动。同时，摩擦力又把运动传给安全离合器M8，再通过花键传递给轴XXII，实现正常的机动进给。当按下快速运动按钮时，轴XXII及星状体1获得一种与外环5转向相同，但转速快得多的旋转运动。这时圆柱滚子2与外环5和星状体1之间的摩擦力，使圆柱滚子2向楔形槽的宽端滚动，从而脱开外环5与星状体1之间的联系。此时，虽然光杠XX及齿轮仍旋转，但是不再将运动传至轴XXII。因此，刀架快速移动时，无需停止光杠的传动。安全离合器M8由端面带螺旋齿爪的左、右离合器12和11组成。其中左离合器12用键固定在超越离合器的星状体1上，右离合器11与轴XX用花键连接。正常工作时，在弹簧10的压力作用下，左、右离合器相互啮合。由光杠传来的运动，经齿轮副、超越离合器和安合离合器传至轴XXII和蜗杆。此时，安全离合器螺旋齿面上产生的轴向分力小于弹簧10的压力，如图3.57所示。当刀架上的载荷增大时，通过安全离合器齿爪传递的转矩及由此产生的轴向分力都将随之增大。当轴向分力超过弹簧10的压力时，右离合器将压缩弹簧向右移动，与左离合器脱开，安合离合器开始打滑，于是机动进给传动链断开，刀架停止进给。待过载现象消除后，弹簧力使安全离合器重新自动接合才能恢复正常工作。

任务实施

3.5.6 传动丝杠的修理

螺纹车削质量的好坏，取决于丝杠的精度、丝杠与开合螺母的啮合质量以及开合螺母的稳定性。由于整个丝杠暴露在外，防尘条件较差，容易发生磨料磨损，导致丝杠各段螺距不等的现象产生。同时，溜板箱（连同开合螺母）出现下沉现象，促使丝杠弯曲，造成

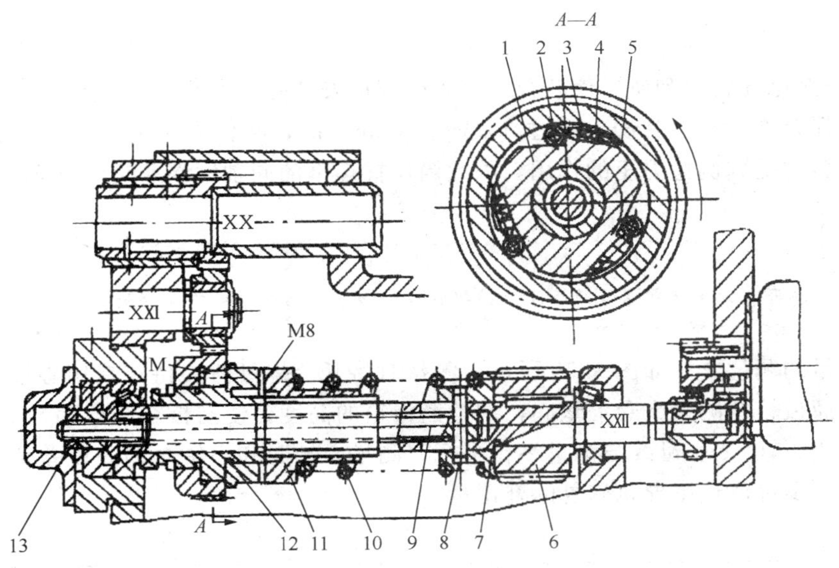

图3.56　安全离合器和单向超越离合器

1—星状体；2—圆柱滚子；3—弹簧销；4、10—弹簧；5—外环；6—齿轮；7—弹簧座；8—横销；11、12—螺旋形齿爪；13—螺母

丝杠回转过程中产生振动。

一般修理丝杠螺母副的方法是修丝杠、配螺母，其中，丝杠的修理工艺如下：

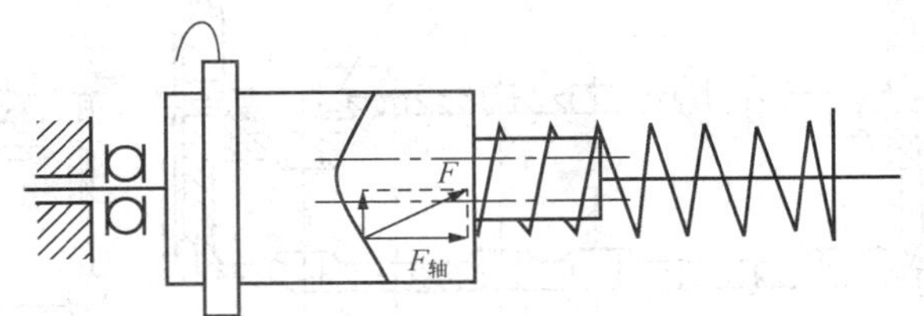

图3.57　安全离合器的工作原理

1）校直。校直弯曲变形的丝杠时，要尽量消除内应力；常用压力法或敲击法（用木锤或铜棒）来校直，但在修车螺纹及使用过程中容易再次产生变形，因此在有条件的情况下可增加低温时效处理工序。

2）精修丝杠外径。必须确保丝杠外径在全长上尺寸一致，因为在修车螺纹及总装校表测量时都是以丝杠外径为基准进行的。

3）精车螺纹。在修理前，要认真检查丝杠的螺距累积误差，根据最大的修理余量，确定丝杠能否修复，以免在精车丝杠末尾部分时出现螺纹齿厚减弱过度而影响丝杠强度的问题。

3.5.7　开合螺母机构的修理

1. 溜板箱燕尾导轨的修理

溜板箱燕尾导轨的修理如图3.58所示，用平板配刮导轨面1，用专用角度底座配刮导轨面2。刮研时要用90°角尺测量导轨面1、2对溜板结合面的垂直度误差，其误差值为在200mm长度上不大于0.08～0.10mm，导轨面与研具间的接触点达到均匀即可。

2. 开合螺母体的修理

1）由于燕尾导轨的刮研，使开合螺母体的螺母安装孔中心位置产生位移，造成丝杠螺母的同轴度误差增大。当其误差超过 0.05～0.08mm 时，将使安装后的溜板箱移动阻力增加，丝杠旋转时受到侧弯力矩的作用，因此当丝杠螺母的同轴度误差超差时必须消除。

注　意

一般采取在开合螺母体燕尾导轨面上粘贴铸铁或聚四氟乙烯胶带的方法消除。

其补偿量的测量方法如图 3.59 所示，测量时将开合螺母体夹持在专用心轴 2 上，然后用千斤顶将溜板箱在测量平台上垫起，调整溜板箱的高度，使溜板箱结合面与 90°角度尺直角边贴合，使心轴 1、2 母线与测量平台平行，测量心轴 1 和心轴 2 的高度差值，此测量值的大小即开合螺母体燕尾导轨修复的补偿量。

提　示

实际补偿量还应加上螺母体燕尾导轨的刮研余量。

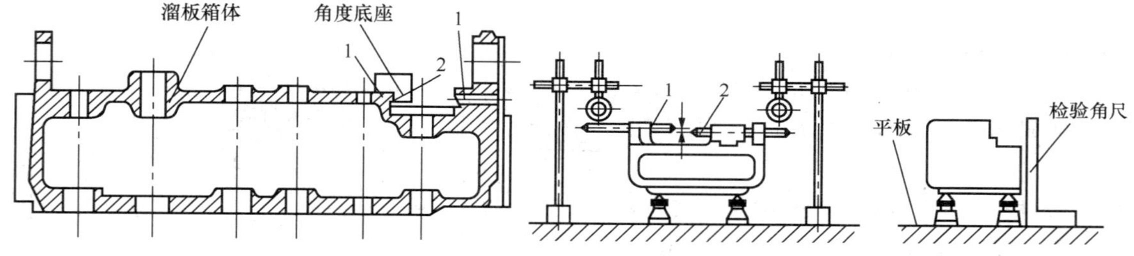

图 3.58　溜板箱燕尾导轨的修理　　　图 3.59　燕尾导轨补偿量的测量

消除上述误差后，须将开合螺母体导轨面配刮。刮研时首先车一实心的螺母坯，其外径与螺母体相配，并用螺钉与开合螺母体装配好，然后和溜板箱导轨面配刮，要求两者的接触精度不低于 25mm×25mm 内 8～10 点，用心轴检验螺母体轴线与溜板箱结合面的平行度，其误差控制在 200mm 测量长度上不大于 0.08～0.10mm，然后配刮调整塞铁。

2）开合螺母应根据修理后的丝杠进行配作。首先将实心螺母坯和刮好的螺母体安装在溜板箱上，并将溜板箱放置在卧式镗床的工作台上；按图 3.59 的方法找正溜板箱结合面，以光杠孔中心为基准，按孔间距的设计尺寸平移工作台，找出丝杠孔中心位置，在镗床上加工出内螺纹底孔；然后以此孔为基准，在卧式车床上精车内螺纹至要求，最后将开合螺母切开为两个半部分。

提　示

开合螺母的配作是在溜板箱体和螺母体的燕尾导轨修复后进行的。

3.5.8 光杠传动机构的修理

光杠传动机构由光杠、传动滑键和传动齿轮组成。光杠的弯曲、光杠键槽及滑键的磨损、齿轮的磨损，将会引起光杠传动不平稳，床鞍纵向工作进给时产生爬行。光杠的弯曲采用校直修复，可用传动齿轮套装在光杠来检验。校直后再修正键槽，使装配在光杠上的传动齿轮在全长上移动灵活。

提　示

滑键、齿轮磨损严重时一定要更换。

巩固训练

3.5.9 安全离合器和超越离合器的修理

超越离合器用于刀架快速运动和工作进给运动的相互转换，安全离合器用于刀架工作进给超越时自动停止，起超载保护作用。

超越离合器经常出现传递力小时打滑、传递力大时快慢转换脱不开的故障，造成机床不能正常运转，一般可采用加大滚柱直径或减小滚柱直径来解决。安全离合器的维修的重点是左右两半离合器接合面的磨损，一般需要更换，然后调整弹簧压力，使之能正常传动。超越离合器传递力小时打滑，传递力大时快慢转换脱不开。

提　示

对安全离合器和单向超越离合器进行拆卸，注意星状体、短圆柱滚子和弹簧的装配。

3.5.10 纵横向进给操纵机构的修理

卧式车床纵横向进给操纵机构的功用是实现床鞍的纵向快慢运动和中滑板的横向快慢速运动的操纵和转换。由于使用频繁，操纵机构的凸轮槽和操纵圆销易产生磨损，使拨动离合器不到位、控制失灵。另外，离合器齿形端面易产生磨损，造成传动打滑。这些磨损件的修理，一般采用更换方法即可。

任务评价

任务评分表见表 3.6。

表 3.6　溜板箱部件常用机构的调整与维修评分表

序号	项目	配分	考核标准	得分
1	准备工作	20	1）工具准备齐全，每少一种扣 5 分； 2）量具准备齐全，每少一种扣 5 分； 3）其他辅助用具准备齐全，每少一种扣 5 分	

续表

序号	项目	配分	考核标准	得分
2	工量具的使用	20	1）工具使用符合要求，每错一次扣 5 分； 2）量具使用及保养符合要求，每错一次扣 5 分	
3	离合器的调整与维修	20	1）调整方法正确，否则扣 5～10 分； 2）间隙大小合适，否则扣 5～10 分； 3）维修方法正确，否则扣 5～10 分	
4	开合螺母的调整与维修	20	1）调整方法正确，否则扣 5～10 分； 2）间隙大小合适，否则扣 5～10 分； 3）维修方法正确，否则扣 5～10 分	
5	进给操纵机构的调整与维修	20	1）调整方法正确，否则扣 5～10 分； 2）维修方法正确，否则扣 5～10 分	
6	安全文明操作		违反安全文明操作规程酌情扣 10～20 分	
7	定额时间 60min		每超时 10min 扣 5 分；超 20min 不得分	

知识拓展：C620-1 型卧式车床的互锁机构和脱落蜗杆机构

1. C620-1 型卧式车床的互锁机构

图 3.60 是 C620-1 型卧式车床的互锁机构工作原理图。在接通机动进给时互锁机构使开合螺母不能合上。反之，合上开合螺母时，就使机动进给不能接通。手柄 10 是操纵横向或纵向机动进给的，轴 8 上固定有互锁套筒 6、轴 7 上套装着可沿螺旋移动的拨叉 5，套筒 6 上的凸块与拨叉 5 上的凹槽是互锁机构的关键部分。图中是合上开合螺母接通丝杆的情况，这时套筒 6 的凸块正好卡在拨叉 5 的凹槽里，使左边纵、横向进给传动齿轮 2、3 均未与传动齿轮 4 接通。此时如要接通光杠而转动手柄 9 时，由于拨叉 5 被套筒 6 的凸块卡着不能动，手柄 9 就被锁着而无法转动。只有当转动手柄 10 使开合螺母分开时，由于套筒 6 的凸块也同时移出拨叉 5 的凹槽之外，这时转动手柄 9 才可以自由接通横向或纵向进给。因纵向和横向进给都是使用滑移齿轮 4（$Z=24$）来接通的，故两者只能接通其一，而不能同时接通。当接通了纵向或横向进给时，因拨叉 5 已转动了位置，此时若要转动手柄 10 而合上开合螺母，则因套筒 6 上的凸块位置对不着拨叉 5 的凹槽，手柄 10 就不能转动，开合螺母就不能合上，从而起到了互锁作用。

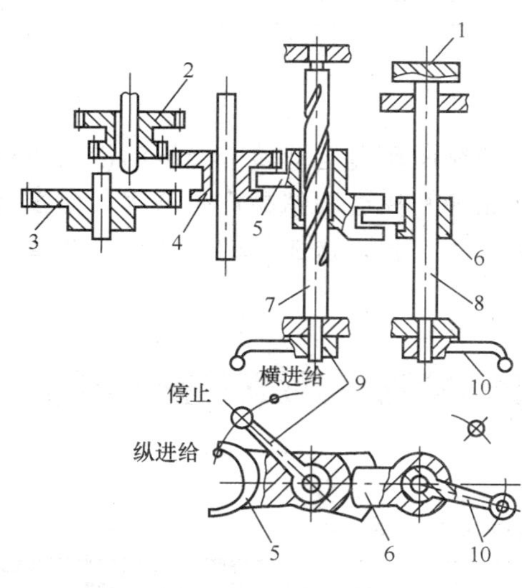

图 3.60　互锁机构

1—圆盘；2、3、4—齿轮；5—拨叉；6—套筒；7、8—轴；9—进给手柄；10—开合螺母手柄

2. C620-1 型卧式车床的脱落蜗杆机构

C620-1 型卧式车床的脱落蜗杆机构是一种进给过载保护机构，其作用是在机动进给过程中，如进给抗力过大或刀架移动受到阻碍时，能自动停止进给运动，避免传动机构损坏。图 3.61 是脱落蜗杆机构。图 3.62 是其工作原理图。

在正常机动进给情况下，运动由光杠、变向机构再通过万向接头 8 传给轴 1。蜗杆 2 空套在轴 1 上，它的右端是螺旋曲面的牙嵌式离合器 3 的左半部，右半部是用花键孔与轴 1 的花键部分连接。拧紧螺母 9 使弹簧 4 产生压力，离合器便处于接合状态。于时轴 1 转动，通过离合器 3 而传给蜗杆 2，带动蜗轮转动，从而使刀架实现纵向或横向的进给运动。

当机动进给发生过载现象时，拖板停止移动，蜗轮和蜗杆无法转动。但这时光杠传来的运动使轴 1 继续带动离合器 3 转动，于是在螺旋面上产生的轴向分力逐渐增大，压缩弹簧 4，离合器 3 便向右退出，它的轴肩又推动杠杆 5 绕轴心顺时针转动，使支架 6 右端失去支撑点，使轴 1 在本身的重力作用下绕销轴 10 而向下脱落，蜗杆则不能与蜗轮啮合，于是传动被蜗杆切断，机动进给也就停止。当需要重新接通机动进给时，只需提起手柄 7，使杠杆回复原位，重新抬起支架 6，蜗杆与蜗轮也就重新啮合，机动进给又重新接通。

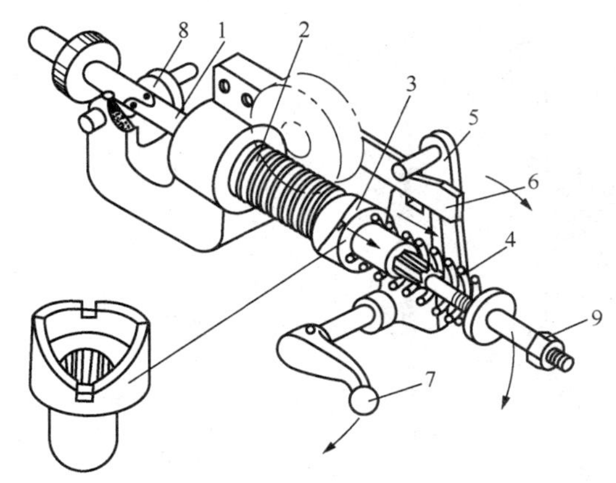

图 3.61 脱落蜗杆机构

1—轴；2—蜗杆；3—牙嵌式离合器；4—弹簧；5、6—支架；7—手柄；8—万向接头；9—螺母；10—销轴

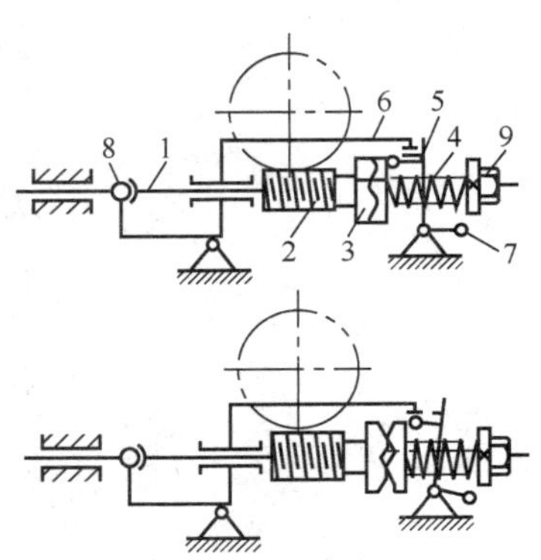

图 3.62 脱落蜗杆工作原理

脱落蜗杆的负载能力，由弹簧 4 的压力来决定，而弹簧 4 的压力是由螺母 9 来调整的。调整后要求在切削时，既能保证正常传递动力，进行纵、横进给运动，又能保证超载荷时自行脱落，停止进给运动。

任务小结

溜板箱部件是进给运动的把持机构。溜板箱接受光杠或丝杠传递的运动，驱动床鞍和中、小滑板及刀架实现车刀的纵、横向进给运动，以完成外圆柱面或螺纹的加工。由于溜板箱结构复杂，内部机构较多，是车床的关键部件，所以在学习本任务时，要在熟悉结构的基础上，重点掌握各种机构的调整与维修技能。

复习与思考

1. 溜板箱的作用是什么？溜板箱内常用的机构有哪些？
2. 开合螺母机构的作用是什么？互锁机构的作用是什么？
3. 安全离合器的作用是什么？简述安全离合器的工作原理。
4. 简述丝杠的维修方法。
5. 如何配作开合螺母？
6. 超越离合器经常出现的故障是什么？如何维修？
7. 卧式车床纵横向进给操纵机构的功用是什么？常出现的故障是什么？

任务 3.6 进给箱部件的维修

工作任务

CA6140 卧式车床进给箱上操纵手轮旋转不灵，拨块无法拨动滑移齿轮，需拆卸维修。

工作场景

一体化教室，多媒体教学设备；机电设备维修实训室、CA6140 卧式车床、机床维修常用工具，百分表、刮研芯轴、平板、黄油、机油、红丹粉、毛巾、机修用工作台等。

知识目标

1. 了解进给箱的作用及结构。
2. 熟悉进给箱中各零部件的连结及传动关系。
3. 熟悉进给箱的基本螺距结构。

能力目标

1. 能对进给箱上丝杠连接法兰进行检验与维修。
2. 会对基本螺距结构、倍增机构及其操纵机构等进行维修。

相关知识

进给箱的作用是将主轴箱经交换齿轮传来的运动，经变速后传给光杠和丝杠，以满足机动进给和车削不同螺纹螺距的需要。

3.6.1 进给箱的结构

进给箱主要由箱体、箱盖、基本螺距机构、倍增机构、移换机构、光杠、丝杠转换机构和操纵机构等组成。它用一个平面和一个导向侧面安装在床身左前方的安装基面上，装配时用四个螺钉紧固，然后与床身同时钻铰两个定位销孔，用锥销定位。

3.6.2 基本螺距机构的工作原理

如图 3.63 所示，CA6140 卧式车床进给箱中的基本螺距机构由ⅩⅣ轴上四个滑移齿轮 1、2、3、4 和Ⅷ轴上八个固定齿轮 5、6、7、8、9、10、11、12 组成。每个滑移齿轮依次与Ⅷ轴相邻的两个固定齿轮中的一个啮合，而且要保证在同一时刻内，基本螺距机构中只能有一对齿轮啮合。控制齿轮啮合的四个滑块是由一个手柄统一操纵的。根据图 3.64 可知，基本螺距机构的四个滑移齿轮分别由四个拨块 2 来拨动，每个拨块的位置是由各自的四个销子通过杠杆 3 来控制。四个销子均匀地分布在操纵手轮 5 背面的环形槽 E 中。环形槽上有两个间隔 45°的孔 a 和 b，孔中分别装有带斜面的压块 6、6′。安装时压块 6 的斜面应向外斜，以便与销子接触时能向外抬起销子 4；压块 6′的斜面应向里斜，以便与销子接触时能向里压销子 4。这样通过环形槽和压块 6、6′，可操纵销子 4 和杠杆 3，使每个拨块及其滑移齿轮能依次有左、中、右三个位置。

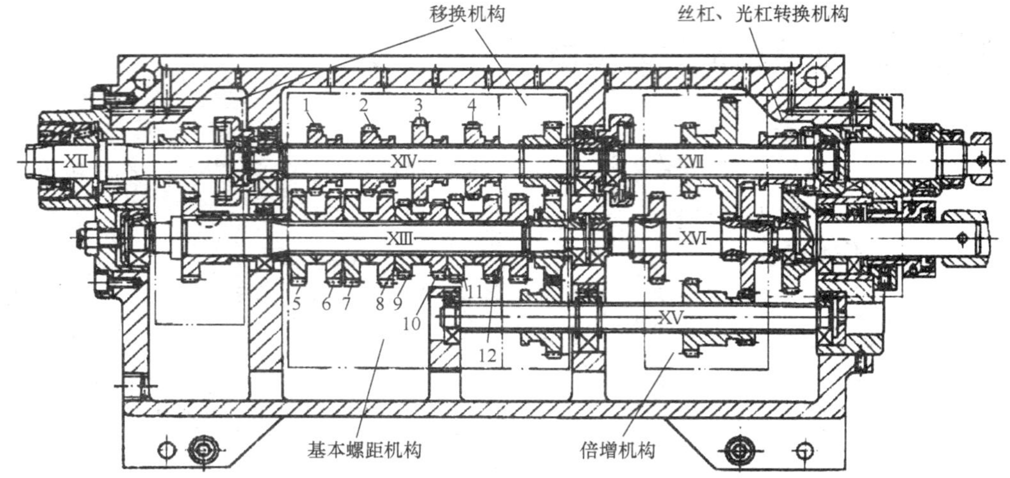

图 3.63　CA6140 型车床进给箱传动图

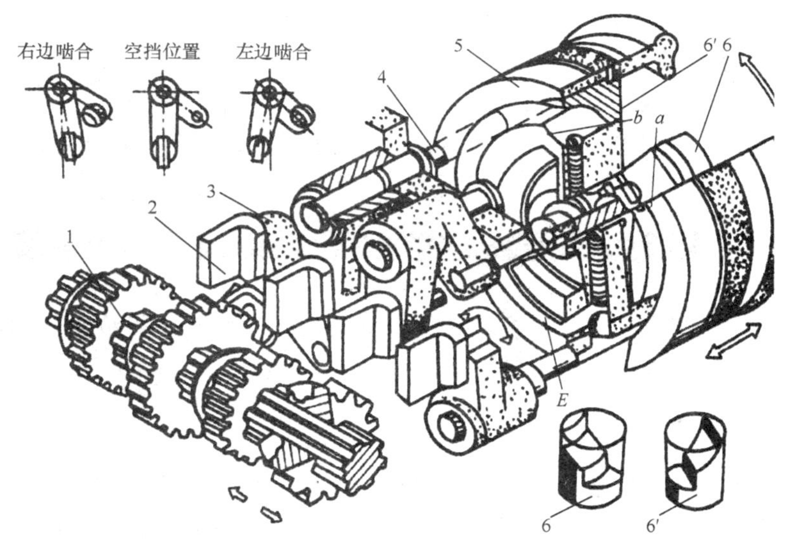

图 3.64　基本螺距机构

1—滑移齿轮；2—拨块；3—杠杆；4—销子；5—手轮；6、6′—压块

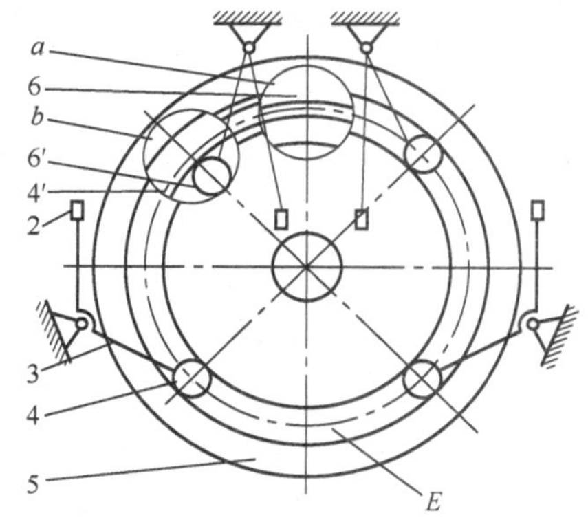

图 3.65　操纵手轮八个方向的位置示意图

操纵手轮 5 在圆周方向有八个均匀分布的位置。它在图 3.65 所示位置时，只有左上角的销子 4′在压块 6′的作用下靠在孔 *b* 的内壁上。此时杠杆将拨动滑移齿轮右移，使 XIV 轴上的齿轮 9 啮合。其余三个销子因在环形槽 *E* 内，相应的其他三个滑移齿轮都在中间位置，从而保证 XIV 轴和 XIII 轴之间只有一对齿轮啮合。

在改变传动比时，先把手轮 5 向外拉，螺钉的前端沿轴的导向槽移动到轴端部的环形槽中，手轮却可自由转动，这时销 6′尚有一小段保留在

槽 E 及孔 b 中，转动手轮 5 时，销 6′就沿槽 E 及孔 b 的内壁滑动，手轮 5 的周向位置可由固定环的缺口观察，可以看到手轮标牌上的编号，当手轮转动所需位置后，从如图 3.65 所示位置逆时针转过 45°，这时孔 a 正对准左上角杠杆的销 6′，将手轮重新推入，此时孔 a 中压块 6 的斜面推动销 6′靠在孔 a 的外侧壁上，使左上角杠杆顺时针方向摆动，于是便将相应的滑动齿轮推向右端，即与轴Ⅻ上的齿轮相啮合。

提　示

螺钉是手轮的周向定位装置。钢球是手轮的轴向定位装置。

任务实施

3.6.3 基本螺距机构、倍增机构及其操纵机构的维修

检查基本螺距机构、倍增机构中各齿轮、操纵机构、轴的弯曲等情况，修理或更换已磨损的齿轮、轴、滑块、压块、斜面推销等零件。

3.6.4 丝杠连接法兰及推力球轴承的维修

在车削螺纹时，要求丝杠传动平稳，轴向窜动小。丝杠连接轴在装配后轴向窜动量不大于 0.008～0.010mm，若轴向窜动超差，可通过选配推力球轴承和刮研丝杠连接法兰表面来修复。丝杠连接法兰修复如图 3.66（a）所示，用刮研芯轴进行研磨修正，使表面 1、2 保持相互平行，并使其对轴孔中心线垂直度误差小于 0.006mm，装配后按图 3.66（b）所示测量其轴向窜动。

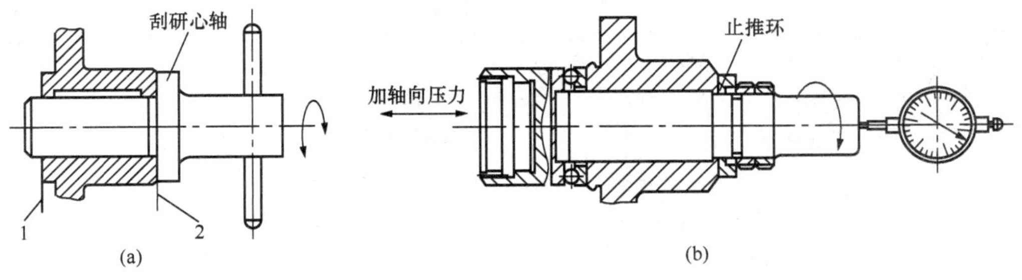

图 3.66　丝杠轴向窜动修复与测量

3.6.5 托架的调整与支承孔的维修

床身导轨磨损后，溜板箱下沉，丝杠弯曲，使托架孔磨损。为保证三支承孔的同轴度，在修复进给箱时，应同时修复托架。托架支承孔磨损后，一般采用镗孔镶套来修复，使托架的孔中心距、轴线至安装底面的距离均与进给箱尺寸一致。

巩固训练

3.6.6 基本螺距机构的拆装与维修

1）熟悉图纸，掌握基本螺距机构的工作原理、各零件间的连接关系，以便于拆卸、维修与装配。

2）将基本螺距机构各部分零件进行拆卸，认真清洗并按顺序把零件摆放整齐。

3）认真检查齿轮、花键、拨块、压块、环形槽等是否有磨损，如磨损应修补或更换；检查是否有毛刺，并进行打磨清理。

4）将零件擦拭干净并按与拆卸相反的顺序装配。保证压块、销子、环形槽、拨块相互配合，准确拨动滑移齿轮，使操纵手轮既不被卡住又不会滑出，能够灵活旋转。

任务评价

任务评分表见表3.7。

表3.7 基本螺距机构的拆装与维修评分表

序号	项目	配分	考核标准	得分
1	准备工作	20	1）工具准备齐全，每少一种扣5分； 2）量具准备齐全，每少一种扣5分	
2	工量具的使用	20	1）工具使用符合要求，每错一次扣5分； 2）量具使用及保养符合要求，每错一次扣5分	
3	拆卸	20	1）拆卸方法正确，每错一次扣5分； 2）零件摆放整齐有秩，否则每件扣5分	
4	清洗、检查及维修	20	1）清洗干净，否则扣5分； 2）检查认真仔细，否则扣5分； 3）对出现故障处理正确，达到要求，否则，每次扣10分	
5	装配与调试	20	1）装配方法正确，否则扣5分； 2）操纵手轮运转灵活，无阻滞现象，工作正常，否则，扣5～10分	
6	安全文明操作		违反安全文明操作规程酌情扣10～20分	
7	定额时间45min		每超时5min扣5分；超10min不得分	

知识拓展：C620-1型卧式车床的摆移齿轮变速机构

C620-1型卧式车床的摆移齿轮变速机构又称塔齿轮机构，这种机构的工作原理如图3.67所示。轴Ⅰ上固定的安装着6～9个齿数不同的齿轮5，轴Ⅱ上装有滑移齿轮2，它通过一个可以轴向移动又能摆动的中间齿轮4，能够和塔齿轮5中的任一个齿轮相啮合，使

轴Ⅰ、Ⅱ之间变换 6～9 种不同的传动比。中间齿轮 4 空套在固定于摆动架 1 中的轴销 3 上，摆动架空套轴Ⅱ上，由定位销 6 将其固定在一定位置［图 3.67（b)］，以保持中间齿轮和塔齿轮正确啮合。变速时需先从定位孔中拔出定位销 6，转动摆动架 1，使中间齿轮 4 与塔齿轮 5 脱开啮合，然后轴向移动摆动架，带着齿轮 2 和 4 移动至所需位置，再反向转动摆动架，将定位销插入相应的定位孔中，使中间齿轮与塔齿轮中另一个所需的齿轮啮合。

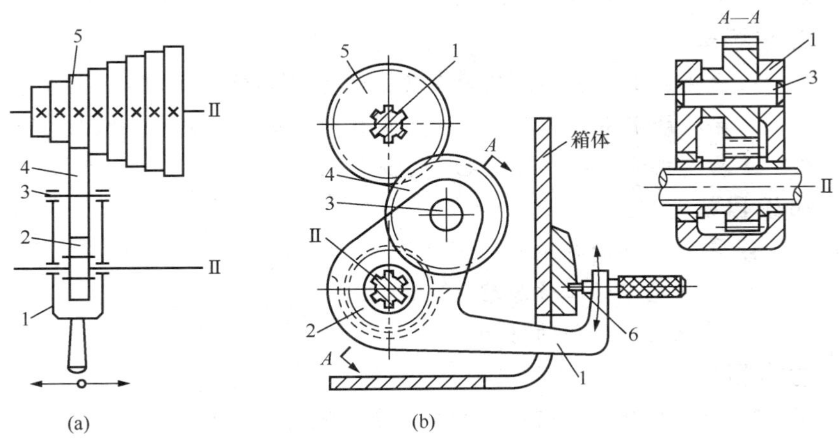

图 3.67　C620-1 型卧式车床的摆移齿轮变速机构

任务小结

本任务讲述了 CA6140 卧式车床进给箱的结构及各零部件间的传动关系，重点讲述了基本螺距机构和操纵机构，学习时应理论联系实际，图纸与实物对照进行操作学习，以便于掌握相关技能。

复习与思考

1. 进给箱的作用是什么？它由哪几部分组成？
2. 简述基本螺距机构的工作原理。
3. 如何对丝杠连接法兰进行维修？
4. 为什么在修复进给箱时，应同时维修托架？

任务 3.7 尾座部件的维修

工作任务

CA6140 卧式车床尾座顶尖套运转不灵活，出现阻滞；有时手轮空转，无法推动顶尖，需拆卸维修保养。

工作场景

一体化教室，多媒体教学设备；机电设备维修实训室，CA6140 卧式车床、机床维修常用工具、顶尖、可调式研磨棒、百分表、塞尺、检验棒、平板、黄油、机油、红丹粉、毛巾、机修用工作台等。

知识目标

1. 了解尾座的作用。
2. 熟悉尾座的工作原理。
3. 掌握尾座部件的结构。

能力目标

1. 能对尾座体孔研磨、对尾座底板进行刮削维修。
2. 会对尾座部件进行拆装、维修和保养。

相关知识

尾座部件的主要作用是支承工件或在尾座顶尖套中装夹刀具来加工工件，要求尾座顶尖套筒移动轻便，在承受切削载荷时稳定可靠。

3.7.1 尾座的结构

尾座部件的结构如图 3.68 所示，主要由尾座体、尾座底板、顶尖套筒、尾座丝杠、压板、手轮、螺母等组成。

3.7.2 尾座的工作原理

如图 3.68 所示，尾座装在床身的尾座导轨 C 和 D 上，它可以根据工件的长短调整纵向位置，位置调整完毕用快速紧固手柄 7 夹紧，当快速紧固手柄 7 向后推动时，通过偏心轴及拉杆将尾座夹紧在床身导轨上，为了将尾座紧固的更牢固些，可拧紧螺母 9，这时螺母 9 通过螺钉 10 与压板 11 使尾座牢固地夹紧在床身上。后顶尖 1 安装在尾座顶尖套 3 的锥孔中。尾座顶尖套 3 装在尾座体 2 的孔中，并由平键 15 导向，使它只能轴向移动，不能转动。摇动手轮 8，可使尾座顶尖套 3 纵向移动。当尾座套 3 移到所需位置时，可用手柄 4 转动螺杆 12 以拉紧套筒 13 和 14，从而将尾座顶尖 3 夹紧。如需卸下顶尖，可转动手轮 8，使尾座顶尖 3 后退，直到丝杠 5 的左端顶住后顶尖，将后顶尖从锥孔中顶出。

调整螺钉 16 和 17 用于调整尾座体 2 的横向位置，也就是调整后顶尖中心线在水平面内的位置，使它与主轴中心线重合。

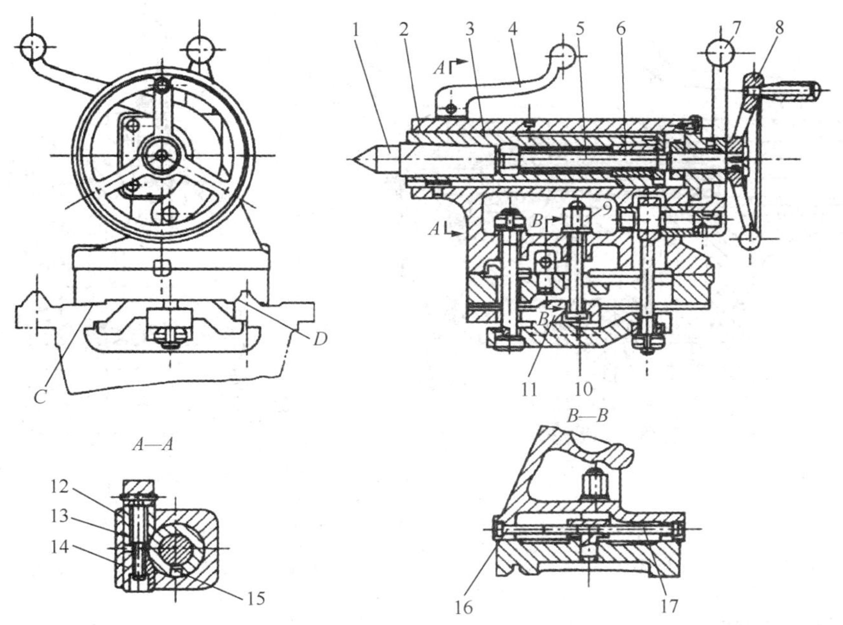

图 3.68　卧式车床尾座部件的结构

1—后顶尖；2—尾座体；3—顶尖套；4、7—手柄；5—丝杠；6、9—螺母；8—手轮；10、16、17—螺钉；11—压板；12—螺杆；13、14—套筒；15—平键

任务实施

3.7.3 尾座体孔的维修

一般是先恢复孔的精度，然后根据已修复的孔的实际尺寸配尾座顶尖套筒。由于顶尖套筒受径向载荷并经常处于夹紧状态下工作，尾座孔容易磨损和变形，使尾座体孔径呈椭圆形，孔前端呈喇叭形。在修复时，若孔磨损严重，可在镗床上精镗修正，然后研磨至要求，修镗时需考虑尾座部件的刚度，将镗削余量严格控制在最小范围；若磨损较轻则采用研磨方法进行修正。研磨时，采用如图 3.69 利用可调研磨棒，以摇臂钻床为动力在垂直方向研磨，以防止研磨棒的重力影响研磨精度。尾座孔修复后应达到如下精度要求：圆度、圆柱度误差不大于 0.01mm，研磨后的尾座体孔与更换或修复后的尾座套筒配合后为 H7/h6。

3.7.4 顶尖套筒的维修

尾座体孔修磨后，必须配制相应的顶尖套筒才能保证两者间的配合精度。顶尖套筒的配制可根据尾座孔修复情况而定，当尾座孔磨损严重采用精镗法修正，可更换新制套筒，并增加外径尺寸，达到与尾座体孔配合要求；当尾座孔磨损较轻，采用研磨法修正时，可将原件经修磨外径及锥孔后整体镀铬，然后再精车外圆，达到与尾座体孔的配合要求。尾座顶尖套筒经修配后，应达到如下要求：套筒外径圆度、圆柱度小于 0.008mm；锥孔轴线

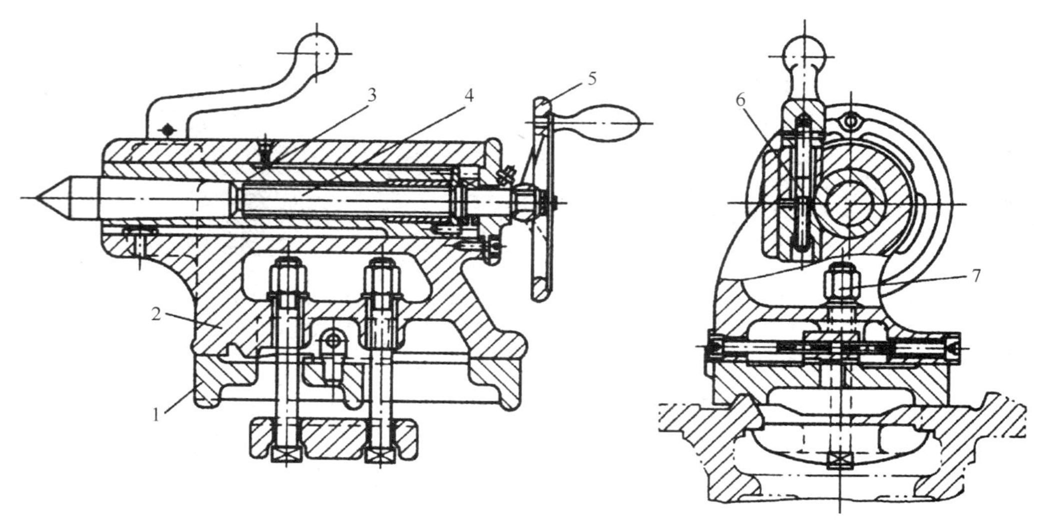

图 3.69　尾座部件装配图

1—尾座垫板；2—尾座体；3—顶尖套筒；4—丝杠；5—手轮；6—锁紧机构；7—压紧机构

相对外径的径向圆跳动误差在端部小于 0.01mm，在 300mm 处小于 0.02mm；锥孔修复后端面的轴线位移不超过 5mm。

3.7.5 丝杠螺母副与锁紧装置的维修

尾座丝杠螺母磨损后一般可更换新的丝杠螺母副，也可修丝杠配螺母；尾座顶尖套筒修复后必须相应修刮紧固块，如图 3.70 所示，使紧固块圆弧面与尾座顶尖圆弧面接触良好。

3.7.6 尾座体装配后的精度检验与维修

尾座体装配到使用要求后，将尾座体放置在平板上，把尾座套筒摇出 100mm，按图 3.71所示方法测量尾座套筒与底面的平行度。若平行度超差，应修刮尾座底面 1 至要求；按图 3.72 所示方法检查尾座套筒锥孔中心线对底面 1 的平行度，若超差应修整锥孔至要求。

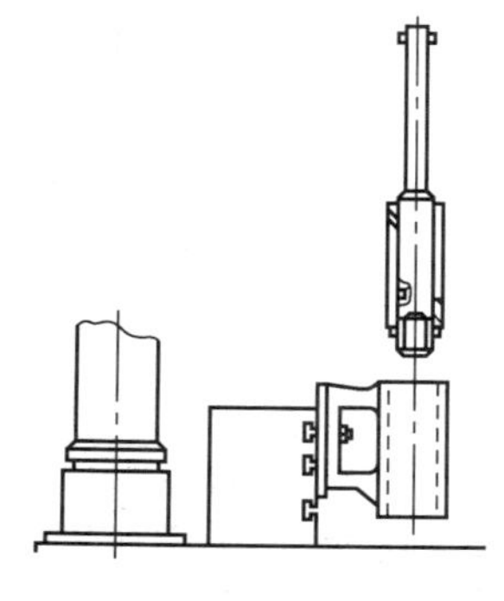

图 3.70　尾座紧固块示意图

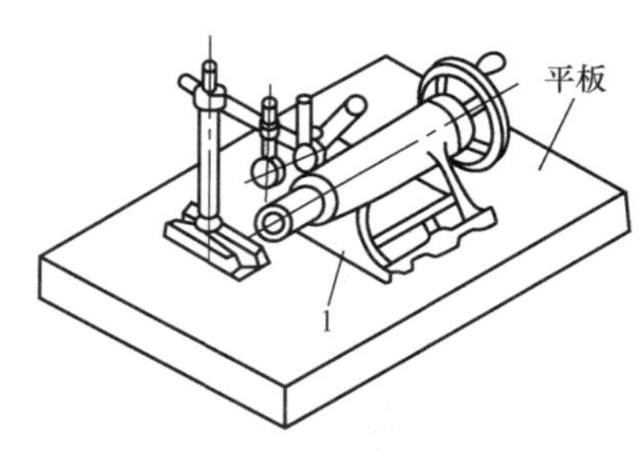

图 3.71　尾座套筒与底面平行度的测量

3.7.7 尾座底板的刮削

如图 3.73 所示，尾座底板上表面（山形导轨面 3、平面 2）应和尾座底面 1 配刮至要求。接触面之间用 0.03mm 塞尺检验，塞尺不能插入为合格。尾座底板下导轨面应和车床床身导轨配刮至要求。

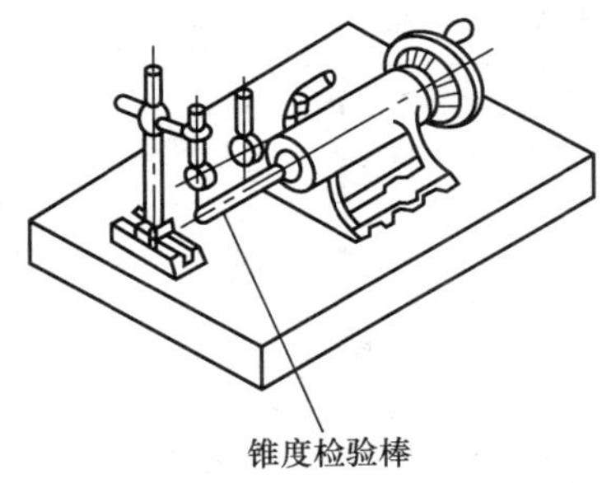

图 3.72　尾座套筒锥孔中心线对底面平行度的测量

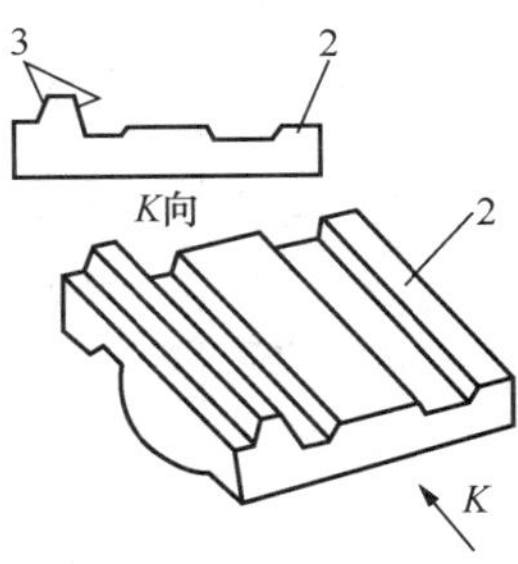

图 3.73　尾座底板

注　意

1）研磨尾座轴孔时应两手握住研磨棒柄部的两端，左右旋转着向上提拉或向下推压研磨棒作往复直线运动。

2）研磨棒在孔内移动距离不能过大。推研时，研磨棒下端超出孔端面在 50～80mm 之间；上提时，研磨棒上部超出孔端也应在 50～80mm 之间。

3）研磨加力时，要保持研磨棒中心始终和尾座体孔中心重合，施加转矩时，两手力量要对称，避免产生过大的径向力导致孔口扩大。

巩固训练

3.7.8 尾座的拆装与维修

1）熟悉图纸，掌握尾座的结构及工作原理，以便于拆卸、维修与装配。

2）将尾座上各零件进行拆卸，认真清洗并按顺序把零件摆放整齐。

3）认真检查尾座体、套筒、丝杠和各键表面是否有毛刺，并进行打磨清理。

4）将零件擦拭干净并按与拆卸相反的顺序装配。保证转动手轮时尾座顶尖套在尾座体内平稳轴向移动，灵活自如，无任何阻滞现象发生；锁紧手柄锁紧后，螺杆拉紧套筒，尾座顶尖能被夹紧。

任务评价

任务评分表见表 3.8。

表3.8 尾座拆装与维修评分表

序号	项目	配分	考核标准	得分
1	准备工作	20	1）工具准备齐全，每少一种扣5分； 2）量具准备齐全，每少一种扣5分	
2	工量具的使用	20	1）工具使用符合要求，每错一次扣5分； 2）量具使用及保养符合要求，每错一次扣5分	
3	拆卸	20	1）拆卸方法正确，每错一次扣5分； 2）零件摆放整齐有秩，否则每件扣5分	
4	清洗、检查及维修	20	1）清洗干净，否则扣5分； 2）检查认真仔细，否则扣5分； 3）对故障处理正确，达到要求，否则，每次扣10分	
5	装配与调试	20	1）装配方法正确，否则扣5分； 2）操纵手轮使顶尖套筒运转灵活，无阻滞现象，否则，扣5～10分	
6	安全文明操作		违反安全文明操作规程酌情扣10～20分	
7	定额时间45min		每超时5min扣5分；超10min不得分	

知识拓展：尾座套筒外径镀铬工艺简介

当尾座顶尖套筒磨损严重时，可以在原尾座顶尖套筒外径上镀铬来增大尺寸，达到与轴孔的配合要求。具体的镀铬工艺如下。

1. 镶键

在键槽中镶入键，作为加工工艺支承用，镶键不能过紧或过松，以能够轻度敲入为宜，键应高出外径0.5mm。

2. 两端镶堵塞（闷头）

所镶堵塞的松紧程度仍以能轻度敲入为宜。校正外径后，两端钻中心孔，使外径的径向圆跳动误差不超过0.02mm。

3. 磨削外径

其目的是保证镀铬的厚度，一般镀层厚度为0.1～0.15mm，所以外径的磨削量要依据修复后的尾座轴孔实际尺寸来确定。

4. 外径镀铬

其目的是保证磨削余量。

5. 精磨外圆

精磨后的外径应与尾座体修复后的轴孔达到 H7/h6 配合，如轴孔仍有微量的直线度误差，则它们的最大配合间隙不得超过 0.02mm。

任务小结

本任务讲述了 CA6140 卧式车床尾座部件的结构及工作原理，重点讲述了尾座部件常出现的故障及维修方法，学习时应注意理论联系实际。

复习与思考

1. 尾座的作用是什么？它有哪几部分组成？
2. 简述尾座部件的工作原理。
3. 尾座体孔磨损后如何研磨修复？
4. 尾座顶尖套筒修配后，应达到什么要求？
5. 如何对尾座体装配后的精度进行检验？

任务 3.8　CA6140 卧式车床电气控制线路的维修

工作任务

一台 CA6140 卧式车床电气控制线路出现故障，现需要进行检修。

工作场景

一体化教室，多媒体教学设备；机电设备维修实训室，CA6140 卧式车床，电工维修常用工具、CA6140 卧式车床电气控制线路图纸、万用表、兆欧表、钳形电流表、电工维修工作台等。

知识目标

1. 了解车床的电力拖动特点及控制要求。
2. 熟悉绘制和阅读机床电路图的基本知识。
3. 掌握 CA6140 卧式车床电气控制线路的构成。

能力目标

1. 能对 CA6140 卧式车床电气控制线路进行正确分析。
2. 会对 CA6140 卧式车床电气控制线路出现的故障进行检修。

相关知识

CA6140 卧式车床是机电设备中常用的机床，它的电气线路具有一定的代表性，包括主电路、控制电路、照明和信号电路等。

3.8.1 车床电力拖动特点及控制要求

1）主拖动电动机一般选用三相笼型异步电动机，不进行电气调速。

2）采用齿轮箱进行机械有级调速。为减小振动，主拖动电动机通过几条 V 带将动力传递到主轴箱。

3）在车削螺纹时，要求主轴有正、反转，由主拖动电动机正反转或采用机械方法来实现。

4）主拖动电动机的启动、停止采用按钮操作。

5）刀架移动和主轴转动有固定的比例关系，以便满足对螺纹的加工需要。

6）车削加工时，由于刀具及工件温度过高，有时需要冷却，因而配有冷却泵电动机，且要求在主拖动电动机启动后，方可决定冷却泵开动与否，而主拖动电动机停止时，冷却泵应立即停止。

7）必须有过载、短路、欠压、失压保护。

8）具有安全的局部照明装置。

3.8.2 绘制和阅读机床电路图的基本知识

机床电路图包含的电器元件和电气设备的符号较多，要正确绘制和阅读机床电路图。一般要明确以下几点。

1）将电路图按功能划分若干图区，通常是一条回路或一条支路划为一个图区，并从左向右依次用阿接伯数控字编号，标注在图形下部的图区栏中，如图 3.74 所示。

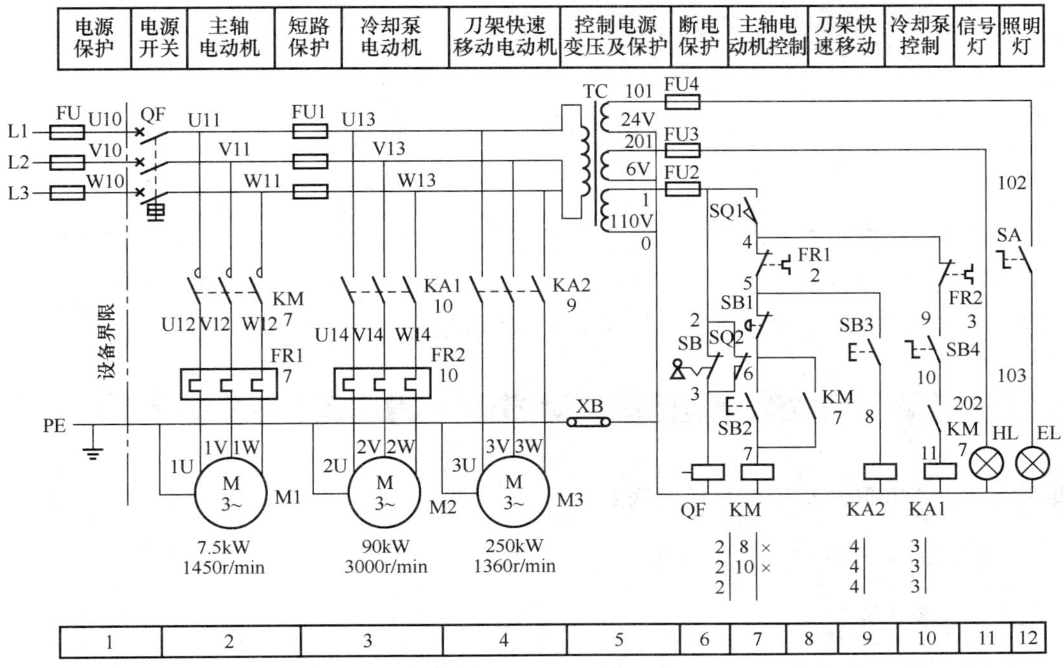

图 3.74　CA6140 型卧式车床电路图

2）电路图中每个电路在机床电气操作中的用途，必须用文字标明在电路图上部的用途栏内，如图 3.74 所示。

3）在电路图中每个接触器线圈的文字符号 KM 的下面画两条竖线，分成左、中、右三栏，把受其控制而动作的触头所处的图区号按表 3.9 的规定填入相应栏内。对备而未用的触头，在相应的栏中用记号“×”标出或不标出任何符号。

表 3.9　接触器线圈符号下的数字标记

栏　目	左　栏	中　栏	右　栏
触头类型	主触头所处的图区号	辅助常开触头所处的图区号	辅助常闭触头所处的图区号
举例 KM 2 | 8 | × 2 | 10 | × 2 |	表示 3 对主触头均在图区 2	表示一对辅助常开触头在图区 8，另一对常开触头在图区 10	表示 2 对辅助常闭触头未用

4）在电路图中每个继电器线圈符号下面画一条竖直线，分成左、右两栏，把受其控制而动作的触头所处的图区号，按表 3.10 的规定填入相应栏内。同样，对备而未用的触头在相应的栏中用记号“×”标出或不标出任何符号。

表3.10 继电器线圈符号下的数字标记

栏 目	左 栏	右 栏
触头类型	常开触头所的图区号	常闭触头所处的图区号
举例 KA2 4 4 4	表示3对常开触头均在图区4	表示常闭触头未用

5）电路图中触头文字符号下面的数字表示该电器线圈所处的图区号。如图3.74所示在图区4标有KA2，表示中间继电器KA2的线圈在图区9。

任务实施

3.8.3 CA6140卧式车床电气控制线路分析

CA6140卧式车床电气控制线路如图3.74所示。

1. 主电路分析

主电路共有三台电动机：M1为主轴电动机，带动主轴旋转和刀架作进给运动；M2为冷却泵电动机，用以输送切削液；M3为刀架快速移动电动机。

将钥匙开关SB向右旋转，再扳动断路器QF将三相电源引入。主轴电动机M1由接触器KM控制，热继电器FR1作为过载保护，熔断器FU作为短路保护，接触器KM作失压和欠压保护。冷却泵电动机M2由中间继电器KA1控制，热继电器FR2作为它的过载保护。刀架快速移动电动机M3由中间继电器KA2控制，由于是点动控制，故未设过载保护。FU1作为冷却泵电动机M2、快速移动电动机M3、控制变压器TC的短路保护。

2. 控制电路分析

控制电路的电源由控制变压器TC二次侧输出110V电压提供。在正常工作时，位置开关SQ1的常开触头闭合。打开床头皮带罩后，SQ1断开，切断控制电路电源，以确保人身安全。钥匙开关SB和位置开关SQ2在正常工作时是断开的，QF线圈不通电，断路器QF能合闸。打开配电盘壁龛门时，SQ2闭合，QF线圈获电，断路器QF自动断开。

（1）主轴电动机M1的控制

M1启动：

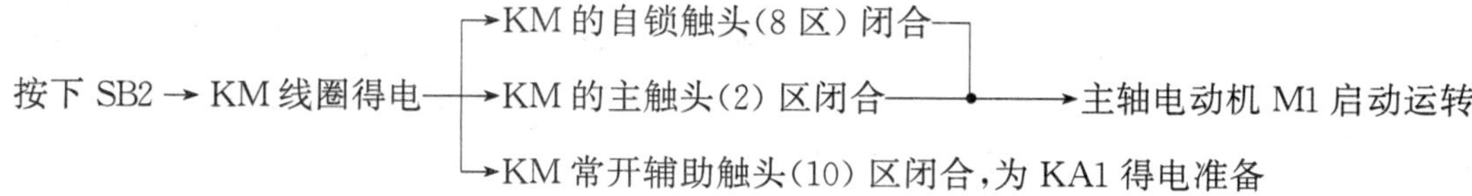

M1 停止：

按下 SB1→KM 线圈失电→KM 触头复位断开→M1 失电停转

主轴的正反转是采用多片摩擦离合器来实现的。

（2）冷却泵电动机 M2 的控制

由于主轴电动机 M1 和冷却泵电动机 M2 的控制电路采用顺序控制，所以，只有当主轴电动机 M1 启动后，即 KM 常开触头（10 区）闭合，合上旋钮开关 SB4，冷却泵电动机 M2 才可能启动。当 M1 停止运行时，M2 自行停止。

（3）刀架快速移动电动机 M3 的控制

刀架快速移动电动机 M3 的启动是由安装在进给操作手柄顶端的按钮 SB3 控制，它与中间继电器 KA2 组成点动控制线路。刀架移动方向（前、后、左、右）的改变，是由进给操作手柄配合机械装置实现的。如需要快速移动，按下 SB3 即可。

（4）照明、信号电路分析

控制变压器 TC 的二次侧分别输出 24V 和 6V 电压，作为车床照明灯和信号灯的电源，EL 作为车床的低压照明灯，由开关 SA 控制；HL 为电源信号灯。它们分别由 FU4 的 FU3 作为短路保护。

巩固训练

3.8.4　CA6140 卧式车床电气控制线路的维修

1. CA6140 卧式车床电气控制线路常见故障分析与维修

当需要打开配电盘壁龛门进行带电维修时，将 SQ2 开关的传动杆拉出，断路器 QF 仍可合上。关上壁龛门后，SQ2 复原恢复保护作用。

（1）主轴电动机 M1 不能启动

1）检查接触器 KM 是否吸合，如果接触器 KM 吸合，则故障必然发生在电源电路和主电路上，可按下列步骤维修：

① 合上断路器 QF，用万用表测接触器受电端 U11、V11、W11 点之间的电压，如果电压是 380V，则电源电路正常。当测量 U11 与 W11 之间无电压时，再测量 U11 与 W10 之间有无电压，如果无电压，则 FU（L3）熔断器或连线断路；否则，故障是断路器 QF（L3 相）接触不良或连线断路。

修复措施：查明损坏原因，更换相同规格和型号的熔体、断路器及连接导线。

② 断开断路器 QF，用万用表电阻 $R\times1$ 挡测量接触器输出端 U12、V12、W12 之间的电阻值，如果阻值较小且相等，说明所测电路正常；否则，依次检查 FR1、电动机 M1 以及它们之间的连线。

修复措施：查明损坏原因，修复或更换同规格、同型号的热继电器 FR1、电动机 M1 及其之间的连接导线。

③ 检查接触器 KM 主触头是否良好，如果接触不良或烧毛，则更换动、静触头或相同规格的接触器。

④ 检查电动机机械部分是否良好，如果电动机内部轴承等损坏，应更换轴承；如果外

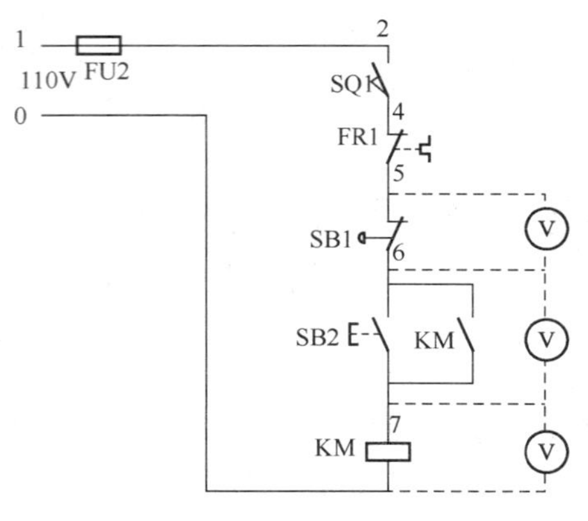

图3.75 电压分段测量法

部机械有问题，则对机械部分进行维修。

2）若接触器KM不吸合，可按下列步骤维修：首先检查KA2是否吸合，若吸合说明KM和KA2的公共控制路部分（0—1—2—4—5）正常，故障范围在KM的线圈部分支路（5—6—7—0）；若KA2也不吸合，就要检查照明灯和信号灯是否亮，若照明灯和灯亮，说明故障范围在控制电路上，若灯HL、EL都不亮，说明电源部分有故障，但不能排除控制电路有故障。下面用电压分段测量法检修如图3.75所示控制电路的故障。根据各段电压来检查故障的方法见表3.11。

表3.11 用电压分段测量法检测故障及排除方法

故障现象	测量状态	5—6	6—7	7—0	故障点	排除
按下SB2时，KM不吸合，按下SB3时，KA2吸合	按下SB2不放	110V	0	0	SB1接触不良或接线脱落	更换按钮SB1或将脱落线接好
		0	110V	0	SB2接触不良或接线脱落	更换按钮SB2或将脱落线接好
		0	0	110V	SB1线圈开路或接线脱落	更换同型号线圈或将脱落线接好

（2）主轴电动机M1启动后不能自锁

当按下启动按钮SB2时，主轴电动机能启动运转，但松开SB2后，M1也随之停止，造成这种故障的原因是接触器KM的自锁触头接触不良或连接导线松脱。

（3）主轴电动机M1不能停车

造成这种故障的原因多是接触器KM的主触头熔焊；停止按钮SB1击穿或线路中5、6两点连线导线短路；接触器铁心表面粘牢污垢。可采用下列方法判明是哪种原因造成电动机M1不能停车；若断开QF，接触器KM释放，则说明故障为SB1击穿或导线短路。若接触器过一段时间释放，故障为铁心表面粘牢污垢；若断开QF，接触器KM不释放，则故障为主触头熔焊。根据具体故障采取相应的措施修复。

（4）主轴电动在运行中突然停车

这种故障的主要原因是由于热继电器FR1动作。发生这种故障后，一定要找出热继电器FR1动作的原因，排除后才能使其复位。引起热继电器FR1动作的原因可能是：三相电源电压不平衡；电源电压较长时间过低；负载过重以及M1的连接导线接触不良等。

（5）刀架快速移动电动机不能启动

首先检查FU1熔丝是否熔断；其次检查中间继电器KA2触头的接触是否良好；若无异常或按下SB3时，继电器KA2不吸合，则故障必定在控制电路中。这时依次检查FR1的常闭触头，点动按钮SB3及继电器KA2的线圈是否有断路现象。

2. 检修步骤及要求

1）熟悉CA6140卧式车床电气控制线路的工作原理。

2）根据电路图，弄清车床电器元件的安装位置及布线情况。

3）教师在车床上人为设置故障点，并示范维修。

故障设置时的注意事项：

① 切忌设置更改线路或更换电器元件等由于人为原因而造成的非自然故障。

② 对于设置一个以上故障点的线路，故障现象尽可能不要相互掩盖。如果故障相互掩盖，按要求应有明显检查顺序。

4）根据设置的故障点，教师指导学生从故障现象着手进行分析，逐步引导学生采用正确的维修步骤和维修方法。

提　示

1）用通电试验法引导学生观察故障现象。

2）根据故障现象，依据电路图用逻辑分析法确定故障范围。

3）采取正确的检查方法查找故障点，并排除故障。

4）维修完毕进行通电试验，并做好维修记录。

任务评价

任务评分表见表 3.12。

表 3.12　CA6140 车床电气控制线路检修评分表

序号	项目	配分	考核标准	得分
1	故障分析	30	1）标不出故障线段或错标在故障回路以外，每个故障点扣 15 分；2）不能标出最小故障范围，每个故障点扣 5～10 分	
2	排除故障	70	1）停电不验电，扣 5 分；2）测量仪器和工具使用不正确，每次扣 5 分；3）排除故障的方法不正确，扣 10 分；4）损坏电器元件，每个扣 40 分；5）不能排除故障点，每个扣 35 分；6）扩大故障范围或产生新的故障，每个扣 40 分	
3	安全文明操作		违反安全文明操作规程扣 10～20 分	
4	时间定额 60min		超过规定时间，每 5 分钟扣 5 分，超过 15 分钟不得分	

知识拓展：C650 车床控制线路介绍

C650 车床是一种中型车床，共有 3 台电动机。主电动机 M1 为 20kW，另外还有 1 台快速移动电动机 M3 及冷却泵电动机 M2。控制线路如图 3.76 所示。

C650 车床控制线路的特点：主电动机能正反转，省掉了机械换向装置；采用了电气反接制动，能迅速停车；刀架移动加快，能提高工作效率；主轴可以点动调整。

1. 主轴点动调整控制

点动控制由点动按钮 SB2 操作，按下按钮 SB2，接触器 KM1 得电动作，主触头 KM1 闭合，电动机经限流电阻 R 接通（接触器 KM3 不得电），电动机在低速下转动。松开按钮，KM1 断电，电动机断电停转，在点动过程中 KA1 不会得电，因此 KM1 不会自锁。

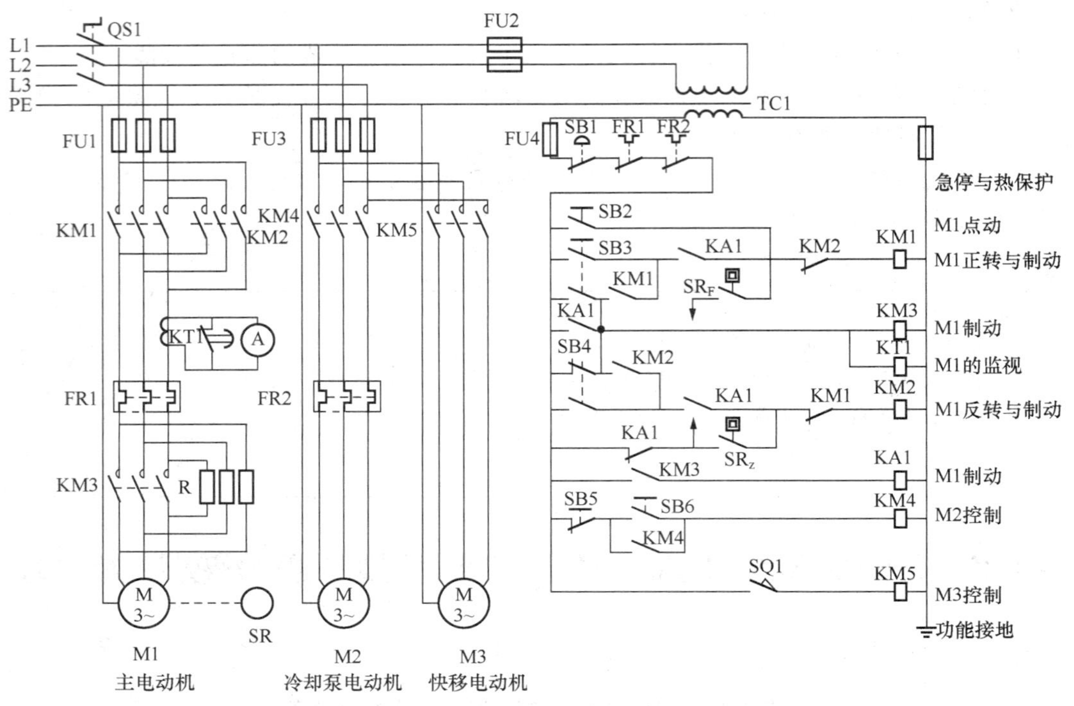

图 3.76　C650 车床电气控制线路

2. 主轴正反转控制

正向转动由正向启动按钮 SB3 操作，是通过正向接触器 KM1 和接触器 KM3 实现的。按下按钮 SB3，接触器 KM3 首先得电动作，主触头 KM3 闭合，电阻 R 被短接。同时其常开触点 KM3 闭合，使 KA1 得电。KA1 常开触头闭合，使 KM1 得电动作，主触头 KM1 闭合，电动机接通电源运转。接触器 KM1 是靠中间继电器触头自锁，这是为了实现其自动功能。

主轴反转控制是由 SB4 操作并通过反向接触器 KM2 和接触器 KM3 实现的，也是接触器 KM3 首先得电动作，其常开触头 KM3 闭合，使 KM1 得电。KA1 常开触头闭合，使接触器 KM2 得电动作，电源反接，电动机反转。显然电动机反转时，由于按钮和互锁环节的保障，不会正向接通。

3. 主轴电动机的反接制动控制

C650 车床采用了电气反接制动方式。当电动机制动接近零速时，用速度继电器控制来切断三相电源。因速度继电器与被控电动机是同轴连接的，所以当电动机正转时，速度继电器正转触头动作闭合；电动机反转时，反转触点动作闭合。

当电动机正向转动时，接触器 KM1、KM3 和继电器 KA1 都处于得电动作状态。速度继电器的正转触点 SB_Z 也是闭合的，从而给反接制动做好了准备。

如需要停车，可按停止按钮 SB1，此时接触器 KM3 失电，其主触点打开，并即刻将电阻 *R* 接入主回路，以防止制动电流过大。与此同时，KM1 也失电，断开了电动机正转电源。由于 KA1 和 KM1 失电，其常闭触点闭合，反向接触器 KM2 得电动作，电动机电源反

接。此时，由于惯性，电动机仍在正向转动，SB_Z 触点仍是闭合的，因此电动机是在主回路串入电阻 R 的情况下进行反接制动。当转速很低时，SB_Z 触头才断开。接触器 KM2 失电，主触头打开，切断电动机电源，从而使电动机停转。

电动机反向转时的制动情况与正向运转时的情况相似。电动机反转时，速度继电器 SB_F 触头是闭合的。反接时接通了线路，接触器 KM1 得电使电源反接，电动机进入制动。

4. *刀架快速移动控制及冷却控制*

M3 为刀架快速移动电动机，M2 为冷却泵电动机。刀架手柄压合限位开关 SQ1，接触器 KM5 得电动作，实现快速移动控制。冷却泵电动机的起停是由按钮 SB6 和 SB5 操作接触器 KM4 来实现的。

此外，C650 车床主回路采用电流表来监视主电动机负载情况，而电流表 A 是通过电流互感器接入的。为了防止起动电流冲击电流表，线路中加一个时间继电器 KT1。当起动时，KT1 接通，而其延时打开的常闭触头尚未动作，则电流互感器二次侧电流只流经触头回路，因此，不影响电流表 A。起动后，时间继电器 KA1 延时完毕，常闭触头打开，此电流经由电流表 A。延长时间长短可根据电动机起动时间来调整，一般为 0.5～1s，这样电流表就不会受到起动电流的冲击。制动时 KT1 失电，由于其触头是瞬时闭合的，电流表 A 也同样不会受冲击。

任务小结

机电设备在运行过程中产生故障，会使设备不能正常工作，不但影响生产效率，严重时还会造成人身或设备事故。因此，设备发生故障后，维修人员必须及时、熟练、准确、迅速、安全地查出故障并加以排除，尽快恢复其正常运行。本任务以 CA6140 卧式车床电气线路为例，分析了车床的电气控制线路，介绍了电气控制线路的维修方法，对其他机电设备的维修具有一定的借鉴作用。

复习与思考

1. 简述 CA6140 卧式车床电力拖动的特点。

2. 绘制和阅读机床电路图应注意哪些问题？

3. CA6140 卧式车床电气控制线路中有几台电动机？它们的作用分别是什么？

4. 在 CA6140 卧式车床中，若主轴电动机 M1 只能点动，则可能的故障原因有哪些？在此情况下，冷却泵电动机能否正常工作？

5. CA6140 卧式车床的主轴是如何实现正反转控制的？

6. CA6140 卧式车床的主轴电动机因过载而自行停车后，操作者立即按启动按钮，但电动机不能启动，试分析可能的原因。

7. CA6140 卧式车床的主轴电动机不能停车，造成这种故障的原因是什么？

8. 如何检查刀架快速移动电动机不能启动？

任务 3.9　卧式车床的精度检验

工作任务

对卧式车床进行几何精度和工作精度检验。

工作场景

一体化教室，多媒体教学设备；机电设备维修实训室，CA6140 卧式车床，机械设备维修常用工具，百分表、检验心棒、专用顶尖、钢直尺、水平仪、千分尺、钢球，机修用工作台等。

知识目标

1. 熟悉卧式车床几何精度与工作精度检验的相关知识。
2. 掌握卧式车床几何精度与工作精度检验的方法。

能力目标

1. 能对卧式车床常见故障进行分析和排除。
2. 会对卧式车床几何精度和工作精度进行检验。

相关知识

卧式车床大修后，应进行空运转试验和负荷试验。在车床空运转试验后的热平衡状态下，应按 GB/T 4020—1997 进行几何精度和工作精度检验，合格后方可使用。

3.9.1 卧式车床几何精度检验知识

卧式车床的几何精度检验是机床处于非运行状态下，对机床主要零部件质量指标误差值进行的测量。它包括基础件的单项精度、各部件间位置精度、部件的运动精度、定位精度、分度精度和传动链精度等。它是衡量机床精度的主要内容之一，它的测量方法与空运转试验、负荷试验和工作精度检验有明显的区别。

一般机床的几何精度分两次进行，一次在空运转试验后，负荷试验前进行；另一次在工件检验之后进行。

机床的几何精度检验，一般不允许紧固地脚螺栓。如因机床结构要求，必须紧固地脚螺栓，才能使检验数值稳定时，也应将机床调整在水平位置，在垫铁承载均匀的条件下，再以大致相等的力矩紧固地脚螺栓。绝对不允许用紧固地脚螺栓的方法来校正机床的水平和几何精度。

注　意

1）凡是与主轴轴承（或滑枕）温度有关的项目，应在主轴运转达到稳定温度后进行几何精度检验。

2）各运动部件的检验，应用手动，不适于手动或机床重量大于 10 吨的机床，允许用低速机动。

3）凡规定的精度检验项目，均应在允差范围内，如超差时需进行返修，返修后必须对所有几何精度重新检验。

3.9.2 卧式车床工作精度检验知识

机床在进行空运转试验、负荷试验之后，确认机床所有机构都处于正常状态下，且主轴等主要部件已运转到稳定温度时，就可以进行工作精度检验。

机床工作精度检验前应将机床的安装水平再复核一次，确保达到安装要求后，紧固机床固定的压板螺钉或地脚螺钉。

机床工作精度检验前应按机床说明书或精度检验标准要求的试切件形状、尺寸、材料品种准备试切件；按试切要求准备刀具、卡盘、尾顶尖；按检验要求准备检验试切件精度、表面粗糙度的标准量具或量仪。

如果要考核工件质量的稳定性，一般可准备五个试件，加工后进行测量并对数据进行整理统计分析，试件最多不超过十件。

任务实施

3.9.3 卧式车床的几何精度检验

卧式车床的几何精度检验内容包括：几何精度的检验项目、检验方法、检验工具和允差值（见附表）等。

1. 检验序号 G1（床身导轨调平）

（1）导轨在竖直平面内的直线度

如图 3.77 所示，检验前，须将机床安装在适当的基础上，在床脚紧固螺栓孔处设置可调垫铁，将机床调整水平。水平仪按顺序放在床身平导轨纵向 a、b、c、d 和床鞍横向 f 的位置上，调整可调垫铁使两条导轨的两端放置成水平，同时校正床身导轨的扭曲。

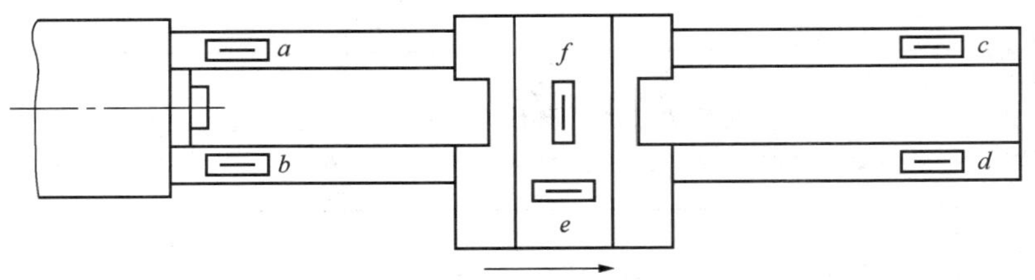

图 3.77　G1 检验简图

检验时，在床鞍上靠近前导轨 e 处，纵向放一水平仪，等距离（近似等于规定的局部误差的测量长度）移动床鞍检验。

将水平仪的测量读数依次排列，用直角坐标法画出导轨误差曲线。曲线相对其两端点连线在纵坐标上的最大正负绝对值之和就是该导轨全长的直线度误差。曲线上任意局部测量长度的两端点相对曲线两端点连线的坐标值，就是导轨的局部误差。

（2）导轨在竖直平面内的平行度

如图 3.77 所示，在床鞍上横向 f 位置处放一水平仪，等距离移动床鞍（移动距离与检验竖直面内的直线度相同）。水平仪在全部测量长度上读数的最大代数差就是该导轨的平行度误差。

2. 检验序号G2（床鞍移动在水平面内的直线度）

如图3.78（a）所示，当床鞍行程小于或等于1600mm时，可利用检验棒和百分表检验。将百分表固定在床鞍上，使其测头触及主轴和尾座顶尖间的检验棒表面，调整尾座，使百分表在检验棒两端的读数相等。使百分表触头触及检验棒侧母线，移动床鞍在全部行程上检验，百分表读数的最大代数差就是该导轨的直线度误差。

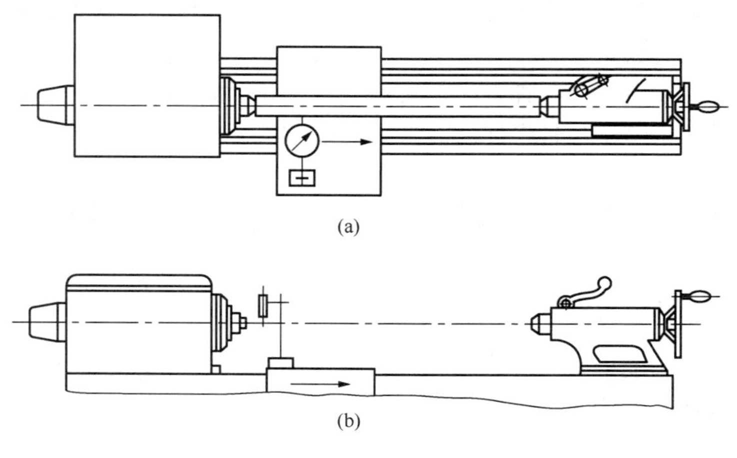

图3.78 G2检验简图

如图3.78（b）所示，当床鞍行程大于1600mm时，用直径约为0.1mm的钢丝和读数显微镜检验。在机床中心高的位置上绷紧一根钢丝，显微镜固定在床鞍上，调整钢丝，使显微镜在钢丝两端的读数相等。等距离移动床鞍，在全部行程上检验，显微镜读数的最大代数差值就是该导轨的直线度误差值。

提　示

用光学准直仪测量水平面内直线度的方法是测量车床直线度的最佳选择。检验时也可以不将两端的读数调整到相等，但必须将读数画在坐标纸上，作出误差曲线来确定其误差值。

3. 检验序号G3（尾座移动对床鞍移动的平行度）

如图3.79所示，将百分表固定在床鞍上，使其测头触及近尾座端面的顶尖套上，a为在竖直平面内；b为在水平面内，锁紧顶尖套。使尾座与床鞍一起移动（即在同方向按相同速度一起移动），在床鞍全部行程上检验。百分表在任意500mm行程上和全部行程上读数的最大差值就是局部长度和全长上的平行度误差值。（a、b的误差分别计算）

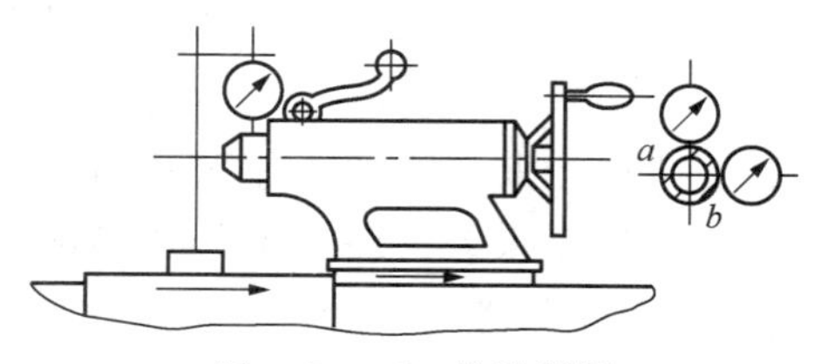

图3.79 G3检验简图

4. 检验序号 G4（主轴的轴向窜动和主轴轴肩支撑面的跳动）

（1）主轴的轴向窜动

如图 3.80（a）处所示，固定百分表，使百分表测头触及检验棒端部中心孔内的钢球上，为消除主轴轴向游隙对测量的影响，在测量方向上沿主轴轴线加一力 F。慢慢旋转主轴，百分表读数的最大差值就是轴向窜动误差值。

（2）主轴轴肩支撑面的跳动检验

如图 3.80（b）处所示，固定百分表，使其测头触及主轴轴肩支撑面上，沿轴线加一力 F。慢慢旋转主轴，百分表放置在轴肩支撑面不同直径处一系列位置上检验，其中最大误差值就是包括轴向窜动误差在内的轴肩支撑面的跳动误差值。

5. 检验序号 G5（主轴定心轴颈的径向圆跳动）

如图 3.81 所示，固定百分表使其测头垂直触及轴颈（包括圆锥轴颈）的表面，沿主轴轴线加一力 F。旋转主轴检验，百分表读数的最大差值就是径向圆跳动误差值。

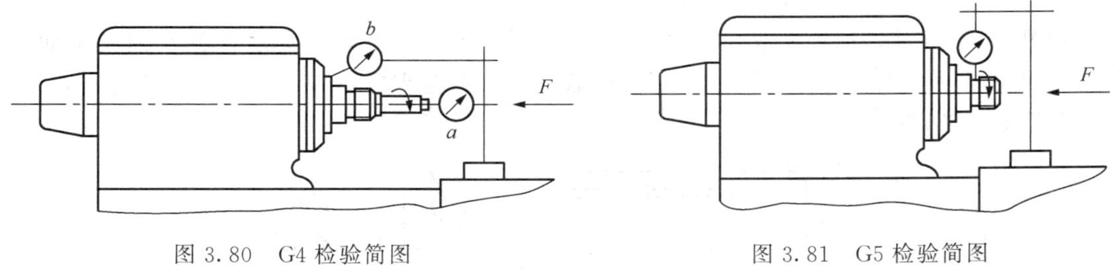

图 3.80　G4 检验简图

图 3.81　G5 检验简图

6. 检验序号 G6（主轴锥孔轴线的径向圆跳动）

如图 3.82 所示，将检验棒插入主轴锥孔内，固定百分表，使其测头触及检验棒的表面：a 为靠近主轴位置；b 为距 a 点 L 处。对于车削工件外径 $D_a \leqslant 800$mm 的车床，L 等于 $D_a/2$ 或不超过 300mm；对于 $D_a > 800$mm 的车床，测量长度 L 应增加至 500mm。旋转主轴检验。规定在 a、b 两个截面上检验。主要是控制锥孔轴线与主轴轴线的倾斜误差值。

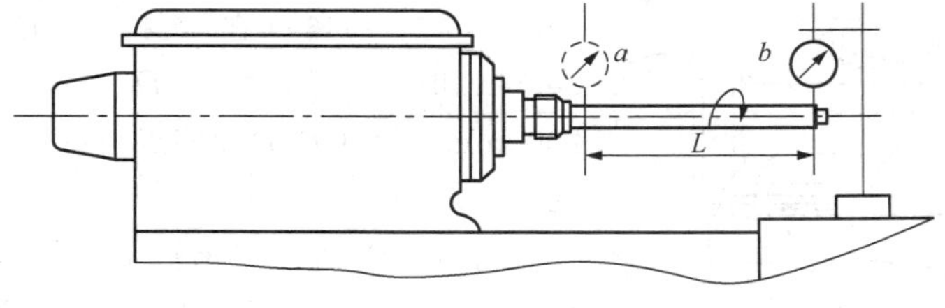

图 3.82　G6 检验简图

为了消除检验棒误差和检验棒插入孔内时的安装误差对主轴锥孔轴线径向圆跳动误差的叠加或抵偿，应将检验棒相对主轴旋转 90°作重新插入检验，共检验四次，四次测量结果的平均值就是径向圆跳动误差值。（a、b 的误差分别计算）

7. 检验序号 G7（主轴轴线对床鞍移动的平行度）

如图 3.83 所示，将百分表固定在床鞍上，使其测头触及检验棒的表面，a 为在竖直平面内；b 为在水平面内，移动床鞍检验。为消除检验棒轴线与旋转轴线不重合对测量的影响，必须旋转主轴 180°作两次测量，两次测量结果的代数和之半，就是平行度误差。（a、b 的误差分别计算）

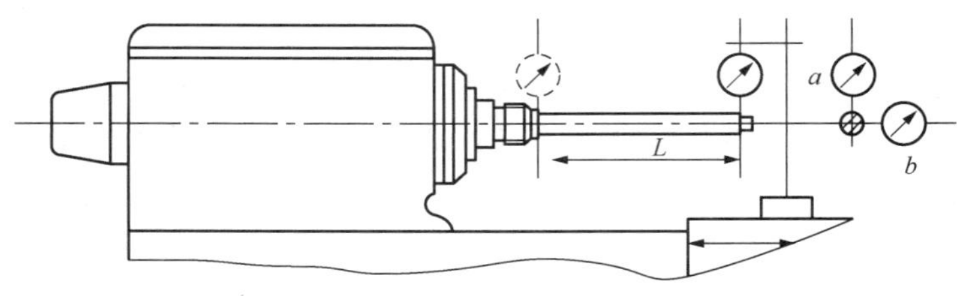

图 3.83 G7 检验简图

8. 检验序号 G8（顶尖跳动）

如图 3.84 所示，顶尖插入主轴锥孔内，固定百分表，使其测头垂直触及顶尖锥面上，沿主轴轴线加一力 F。旋转主轴，百分表读数的最大差值乘以 $\cos\alpha$（α 为圆周半角）后，就是顶尖跳动误差值。

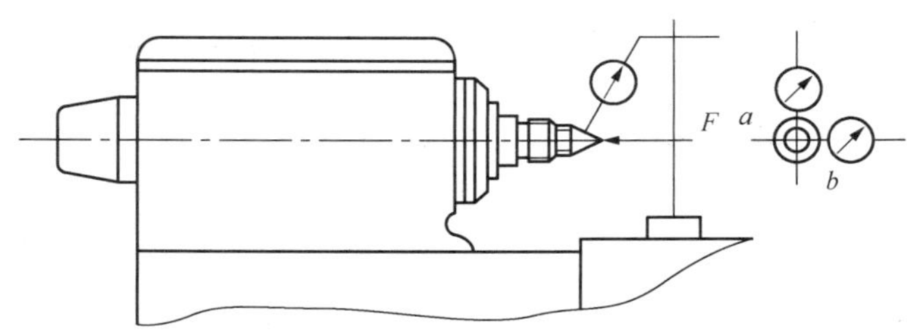

图 3.84 G8 检验简图

9. 检验序号 G9（尾座套筒轴线对床鞍移动的平行度）

如图 3.85 所示，将尾座紧固在检验位置，当被加工工件最大长度 D_c 小于或等于 500mm 时，应紧固在床身导轨的末端；当 D_c 大于 500mm 时，应紧固在 $D_c/2$ 处，但最大不大于 2000mm。尾座顶尖套伸出量约为床鞍最大伸出长度的一半，并锁紧。

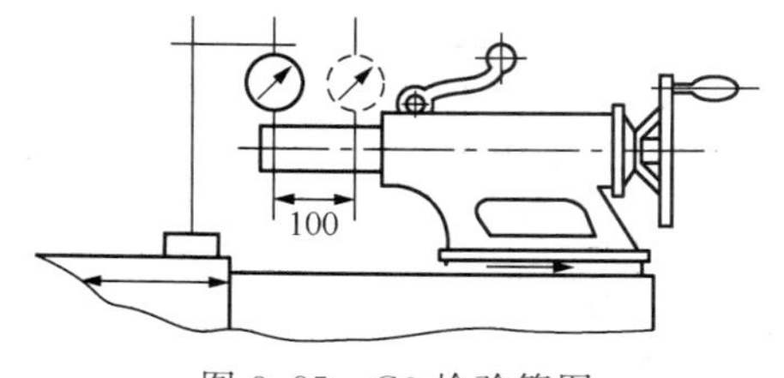

图 3.85 G9 检验简图

将百分表固定在床鞍上，使其测头触及尾座套筒一表面，a 为在竖直平面内；b 为在水平面内，移动床鞍检验，百分表读数的最大差值，就是平行度误差值。（a、b 的误差分别计算）

10. 检验序号 G10（尾座套筒锥孔轴线对床鞍移动的平行度）

如图 3.86 所示，检验时尾座的位置同检验 G9，顶尖套筒退入尾座孔内，并锁紧。在尾座套筒锥孔中插入检验棒，百分表固定在床鞍上，使其测头触及检验棒表面，a

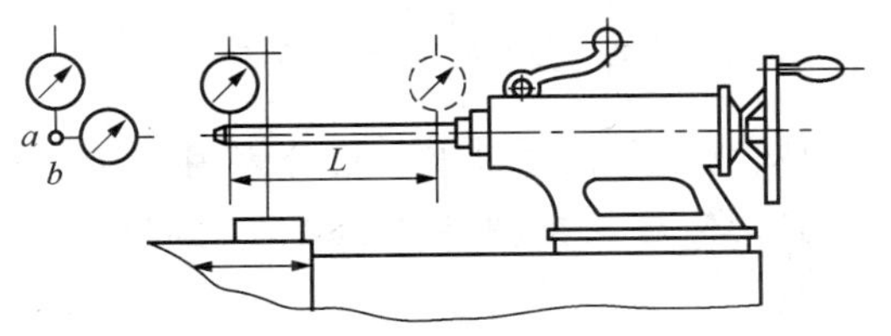

图 3.86　G10 检验简图

为在竖直平面内；b 为在水平面内。移动床鞍检验，一次检验后，拔出检验棒，旋转 180°重新插入尾座顶尖套锥孔中，重复检验一次。两次测量结果的代数和之半，就是平行度误差值。（a、b 的误差分别计算）

11. 检验序号 G11（主轴和尾座两顶尖的等高度）

如图 3.87 所示，在主轴与尾座顶尖间装入检验棒，百分表固定在床鞍上，使其测头在竖直平面内触及检验棒，移动床鞍在检验棒的两极限位置上检验。百分表在检验棒两端读数的差值，就是等高度误差值。检验时，尾座顶尖套应退入尾座孔内，并锁紧。

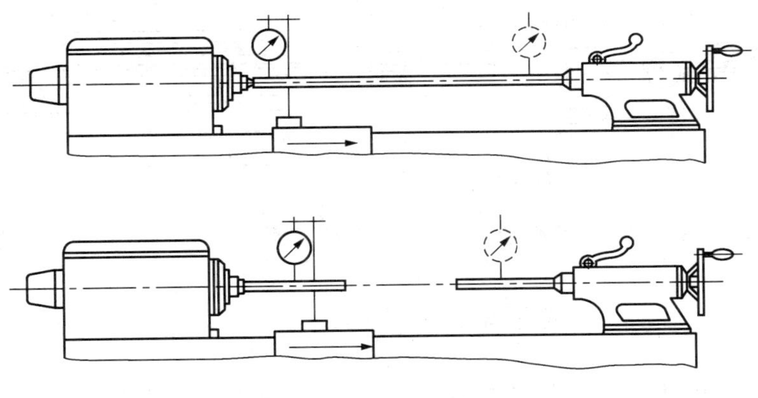
图 3.87　G11 检验简图

12. 检验序号 G12（小滑板移动对主轴轴线的平行度）

如图 3.88 所示，将检验棒插入主轴锥孔内，百分表固定在小滑板上，使其测头在水平面内触及检验棒。调整小滑板，使百分表在检验棒两端的读数相等，再将百分表测头在竖直平面内触及检验棒，移动小滑板，然后将主轴旋转 180°同样检验一次。两次测量结果的代数和之半，就是平行度误差。

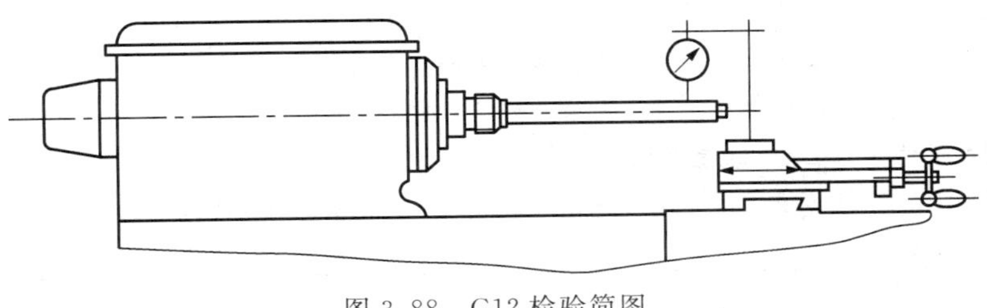
图 3.88　G12 检验简图

13. 检验序号 G13（中滑板移动对主轴轴线的垂直度）

如图 3.89 所示，将平面圆盘固定在主轴上。百分表固定在中滑板上，使其测头触及圆盘平面，移动中滑板进行检验，然后将主轴旋转 180°，再同样检验一次。两次测量结果的代数和之半，就是垂直度误差。

14. 检验序号 G14（丝杠的轴向窜动）

如图 3.90 所示，固定百分表，使其测头触及丝杠顶尖孔内的钢球上（钢球用黄油粘牢）。在丝杠的中段处闭合开合螺母，旋转丝杠检验。检验时，有托架的丝杠应在装有托架的状态下检验。百分表读数的最大值，就是丝杠的轴向窜动误差值。正转、反转均应试验，但由正转变换到反转时的游隙量不计入误差内。

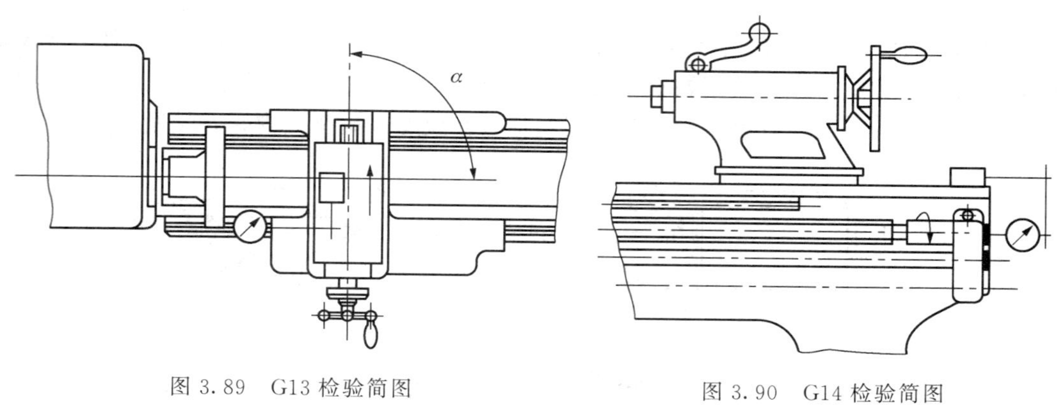

图 3.89　G13 检验简图

图 3.90　G14 检验简图

15. 检验序号 G15（由丝杠所产生的螺距累积误差）

将不小于 300mm 长度的标准丝杠装到主轴与尾座的两顶尖间。电感器固定在刀架上，使其测头触及螺纹侧面，移动床鞍进行检验。电感器在任意 300mm 和任意 60mm 测量长度内的读数差，就是丝杠所产生的螺距累积误差。

提　示

卧式车床几何精度检验时的问题：

1）测量时，被测件和量仪等的安装面和测量面都应擦干净。

2）测量时被测件和量仪应安置平稳，接触良好，并注意周围振动对测量稳定性的影响。

3）用水平仪测量时，由于测量时间较长，应特别注意避免环境温度的变化使水准管气泡变形而对测量准确性的影响。

4）用水平仪移动测量时，必须遵守水平仪单向移动测量的原则。

5）对水平仪读数时，必须确认水平仪气泡已处于稳定静止的位置。

6）当被测要素的实际位置不能直接测量而必须通过过渡工具间接测量时（如 G6、G7、G13 等），为消除过渡工具的替代对测量的影响，一般应采用正、反两次测量法（或半周期法），并取测量的平均值。

3.9.4 卧式车床的工作精度检验

卧式车床工作精度检验的内容包括：精车外圆试验、精车端面试验和精车螺纹试验。为了考核车床主轴系统及刀架系统的抗振性能，检查主轴部件的装配精度、主轴旋转精度、床鞍刀架系统刮研配合面的接触质量及配合间隙的调整是否适合，也可以在工作精度检验中增加切槽试验。

1. 检验序号 P1（精车外圆）

目的是检验车床在正常工作温度下，主轴轴线与床鞍移动方向是否平行，主轴旋转精度是否合格。

外圆试切件如图 3.91 所示。材料为中碳钢（一般选用 45 钢）；外径 D 要求大于或等于车床最大切削直径（400mm）的 1/8，即不小于 50mm，一般选用直径为 80～100mm 的圆棒料；检验长度 l_1 为 300mm，连同装夹料头部分，总长度约为 350mm；l_2 的长度一般取 20mm；空刀槽深不作限制，为了加强试切件的刚性，一般以精车时车刀切不着为限，直径尽量偏大。

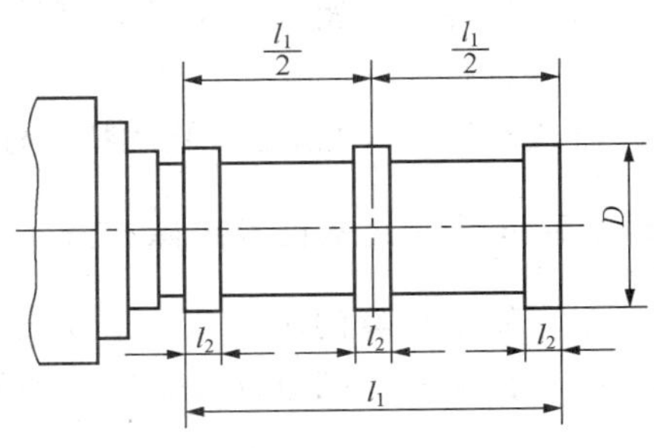

图 3.91　外圆试切件

试切件可夹在主轴前端的三爪自定心卡盘中，也可插在主轴前端的内锥孔中，但不能用尾座顶尖进行支撑，必须一端悬臂。

采用硬质合金外圆车刀，也可采用高速钢车刀。切削用量取：$n=397\text{r/min}$；$a_p=0.15\text{mm}$；$f=0.1\text{mm/r}$。精车后用千分尺或其他精密检验工具在三段直径（长度为 l_2）上检验试件的圆度和圆柱度，圆度误差以试件在同一横剖面内的最大与最小直径之差计，圆柱度误差以试件在任意轴向剖面内最大与最小直径之差计。

2. 检验序号 P2（精车端面）

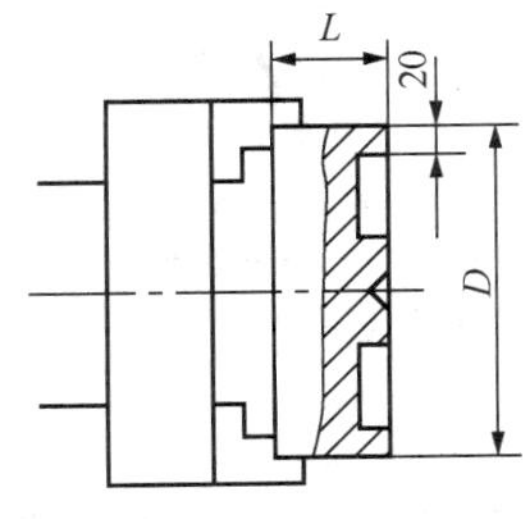

图 3.92　端面试切件

目的是检查车床在正常工作温度下，刀架横向移动轨迹对主轴轴线的垂直度和横向导轨的直线度。

精车端面试验的试切件如图 3.92 所示，材料为铸铁件，一般采用 HT200，无气孔、砂眼和夹砂，材质均匀无白口；外径 D 要求大于等于车床最大切削直径（400mm）的 1/2，即 200mm，一般选用直径为 300mm 或稍大一些的铸铁盘形试件；最大长度 L 为 1/8 最大车削外径，即 50mm。

提　示

试切件夹持在主轴前端的三爪自定心卡盘中，卡爪呈反爪安装，最好能将铸铁盘的端面顶紧卡爪的台阶端面，以加强试件的刚度。

采用硬质合金 45°右车刀，切削用量为：$n=230\text{r/min}$；$a_p=0.2\text{mm}$；$f=0.15\text{mm/r}$。精车后用平尺或百分表进行检验。用百分表检验时，百分表固定在横刀架上，使其测头触及端面的后半径上，移动刀架检验。百分表读数的最大差值之半就是平面度误差。

3. 检验序号 P3（精车螺纹）

目的是检查车床加工螺纹传动系统的准确性。

试切件材料一般为 45 钢，试件的螺距应与车床丝杠螺距相等，即等于 12mm；直径也应尽可能接近丝杠直径，即 40mm；长度为 300mm（指的是螺纹处长度），两端还要留出工艺料头，所以总长一般以 400mm 为宜；车削螺纹为 60°普通螺纹，螺纹深度以能在检验工具上准确地读出螺距误差为宜，不要切得过深。

试件在车床两顶尖间进行车削，用拨盘带动工件旋转。采用高速钢 60°标准螺纹车刀，车削时可加切削液冷却，切削用量为：$n=19\text{r/min}$；$a_p=0.02\text{mm}$；$f=12\text{mm/r}$。工件精车后经清洗用专用精密检验工具如万能工具显微镜、卧式测长仪、双频道激光测长仪或螺距测量仪等进行检测。

卧式车床 18 项精度检验的精度标准见附表。

3.9.5 车床常见故障及排除方法

车床发生故障的种类很多，大致可归纳为：车床本身制造精度差，零件磨损或损坏，机构配合松动和受到意外冲击等。各种故障、产生原因及其排除方法如表 3.13 所示。

表 3.13　车床常见故障及排除方法

序号	故障名称	产生原因	排除方法
1	车削圆柱形工件产生锥度	1）主轴中心线对床鞍导轨平行度超差； 2）原调整的床身导轨水平精度有变化； 3）由于主轴箱温升过高引起热变形	1）校正主轴中心线与床鞍导轨的平行度； 2）调整垫铁，重新校正床身导轨水平精度； 3）降低主轴箱温升或调换切削液
2	车削圆柱形工件时产生椭圆及棱圆	1）主轴轴承间隙过大； 2）主轴轴颈的圆度误差过大	1）调整主轴轴承间隙； 2）修磨主轴轴颈
3	精车外圆时在圆周表面上出现有规律的波纹	1）主轴上的传动齿轮齿形不良，齿部损坏或啮合不良； 2）电动机旋转不平衡而引起机床振动； 3）带轮等旋转零件振动过大； 4）主轴间隙过大或过小	1）出现这种波纹时，如果波纹的条纹与主轴上传动齿轮齿数相同，就可确定是主轴上传动齿轮所引起的，此时应研磨或更换主轴齿轮； 2）校正电动机转子的平衡，清除其振动； 3）校正带轮等旋转零件的平衡； 4）调整主轴间隙
4	精车外圆时表面轴向出现有规律的波纹	1）溜板箱的纵进给小齿轮与齿条啮合不良； 2）光杠弯曲或光杠、丝杠的三孔不同轴，以及与车床导轨不平行； 3）溜板箱内某一传动齿轮损坏或由于节径振摆而引起啮合不良； 4）主轴箱、进给箱中的轴弯曲或齿轮损坏。 5）床鞍在纵向移动时受切削力的作用而使床鞍顺导轨斜面抬起	1）如波纹之间距离与齿条的齿距相同时，即可认为这种波纹是由齿轮与齿条引起的，这时应调整齿轮与齿条的间隙，或更换齿轮、齿条； 2）如波纹出现的规律与光杠回转一周有关，可确定为光杠弯曲所引，这时必须将光杠拆下校直，装配时应保证三孔在同一轴线上，使滑板移动时不能有轻重不匀的现象； 3）检查与校正溜板箱内传动齿轮，对已损坏的齿轮必须更换； 4）校正传动轴，用手转动各轴，在空转时应无轻重不匀的现象，更换已损坏的齿轮； 5）检查床鞍、压板与床身导轨的配合间隙

续表

序号	故障名称	产生原因	排除方法
5	车外圆时表面上有混乱的波纹	1）主轴滚动轴承磨损，间隙过大； 2）主轴轴向窜动过大； 3）各滑板滑动表面间隙过大	1）调整或更换主轴滚动轴承； 2）调整主轴推力球轴承的间隙； 3）调整间隙，使各滑板移动平稳轻便
6	精车后工件端面中凸或中凹	1）纵向滑板移动对主轴中心线的平行度误差； 2）中滑板导轨与主轴中心线的垂直度超差	1）校正主轴中心线位置； 2）修刮中滑板导轨
7	精车工件端面后，振摆超差	主轴的轴向窜动过大	调整主轴推力轴承的间隙
8	车削螺纹时螺距不均匀及乱牙（小螺距的螺纹）	1）丝杠的轴向窜动过大； 2）主轴的轴向游隙太大； 3）溜板箱的开合螺母与丝杠不同轴而造成啮合不良或间隙过大，或因其燕尾闭合时不稳定； 4）由主轴经过交换齿轮而来的传动链间隙过大	1）调整丝杠连接轴的轴向间隙； 2）调整主轴的轴向游隙； 3）修整开合螺母，并调整开合螺母间隙
9	重切削时主轴转速减低或自动停机	摩擦离合器调整过松	调紧摩擦离合器
10	停机后主轴有自转现象	1）摩擦离合器调整得太紧，不能脱开； 2）制动器没有调整好	1）调松摩擦离合器； 2）调整制动器

巩固训练

3.9.6 卧式车床 18 项精度检验

1）将人员按 5 人一组进行分组。

2）各组分别准备工量具及辅助用具。

3）根据教师分工，各组分别穿插进行几何精度检验和工作精度检验。

任务评价

任务评分表见表 3.14。

表 3.14　卧式车床精度检验评分表

序号	项　目	配分	考核标准	得分
1	几何精度检验	80	1）工量具准备齐全，每少一件扣 5 分； 2）检验方法正确，每错一处扣 5 分； 3）检验数据准确，每超差一处扣 5 分	

续表

序号	项　　目	配分	考核标准	得分
2	工作精度检验	20	1）工量具准备齐全，每少一件扣 5 分； 2）检验方法正确，每错一处扣 5 分； 3）检验数据准确，每超差一处扣 5 分	
3	安全文明操作		违反安全文明操作规程扣 10～20 分	

知识拓展：切槽试验

切槽试验的试件为 $\phi80\times150$mm 的中碳钢棒料。用前角 $\gamma_o=8°\sim10°$，后角 $\alpha_o=5°\sim6°$ 的 YT15 硬质合金切断刀，切削用量为：$v=40\sim70$m/min；$f=0.1\sim0.2$mm/r。切削宽度为 5mm；在距卡盘端 1.5～2d（d 为被切工件外径）处切槽。切槽时不应有明显的振动和振痕。如发现异常现象，一般是由下列原因引起的：

1）主轴轴承径向间隙过大，此时可重新调整主轴轴承间隙。

2）主轴前端 60°角接触双列推力向心球轴承端面与主轴轴线不垂直，此时要检查该轴承的垂直度，必要时可更换新轴承。

3）主轴中心线或其与滚动轴承配合的轴颈的径向振摆过大。此时可测量轴承内环内孔的振摆量和主轴振摆量及其方向，按定向装配方法进行调整装配。

4）主轴的滚动轴承内环 1∶12 锥度与主轴轴颈配合不良，且接触区小头硬，此时可按轴承内环孔重新配磨主轴。

5）主轴箱轴承内孔与轴承外环配合太紧，此时可更换合适轴承，对轴承孔径刷镀或镶套。

6）工件未夹持牢固或卡盘爪已磨损卡不紧工件，此时可重新修磨或更换卡爪。

课外阅读材料

虚拟轴机床（Parallel Kinematics Machine Tools）

虚拟轴机床又称为并联机床、六杆机床，它是机床、机器人技术、现代伺服驱动技术和数控技术结合而产生的一种新型自动化加工设备。

虚拟轴机床由基座与运动平台及其间的六根可伸缩杆件组成，每根杆件上的两端通过球面支撑分别交运动平台上基座相边，并由伺服电动机和滚珠丝杠按指令实现伸缩运动，运动平台带着主轴部件作任意轨迹的运动，从而使刀具在工件上加工出复杂的三维曲面。

与传统机床相比，虚拟轴机床没有笨重的床身、立柱、导轨和滑座，只由杆件组成的框架式结构和长度可控的伸缩杆，因而结构简单、刚度高，易于实现高速度和高柔性，其结构是对传统机床结构的革命性创新。

• G 系列六杆加工中心的运动平台与主轴部件呈倒置式，基座由框架支撑安置在上方，有效地增大了主轴部件的运动空间（图 3.93）。

- Mikromat 六杆加工中心采用主轴筒代替运动平台，其中三根杆件位于主轴筒上部，另三根杆位于主轴筒下部。而杆件的另一端分别位于三根立柱上，以取代固定平台（图 3.94）。

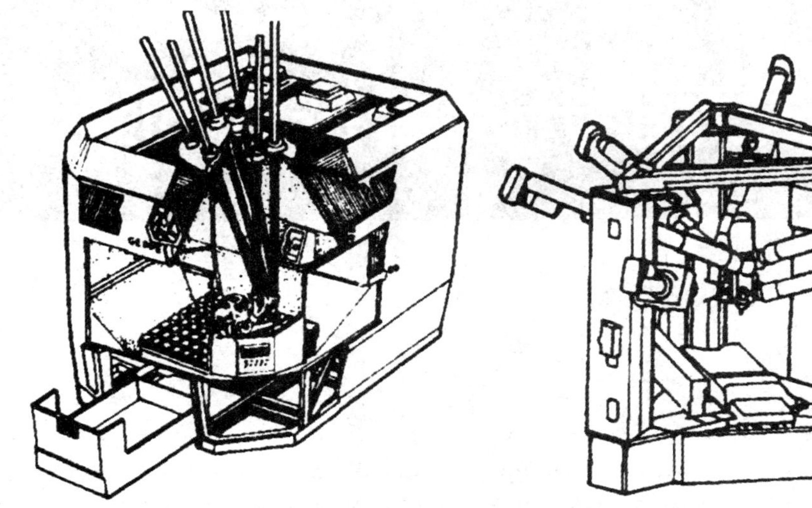

图 3.93　G 系列六杆加工中心示意图　　图 3.94　Mikromat 六杆加工中心示意图

任务小结

卧式车床在空运转试验后、负荷试验前应进行几何精度检验，在负荷试验后应进行工作精度检验，本任务对车床的几何精度检验和工作精度检验方法进行了详细讲解。通过本任务的学习，应熟悉卧式车床几何精度、工作精度检验项目及要求，重点掌握几何精度、工作精度检验的方法。

复习与思考

1. 车床精度检验包括哪些内容？为什么精度检验要在热平衡状态下进行？
2. 卧式车床的几何精度检验包括哪些内容？
3. 机床几何精度检验过程中应注意什么问题？
4. 卧式车床工作精度检验包括哪些内容？
5. 如何检验床鞍移动在水平面内的直线度？
6. 如何检验尾座套筒轴线对床鞍移动的平行度？
7. 检验精车外圆、精车端面的目的是什么？
8. 车削螺纹时螺距不均匀是什么原因？如何调整？

项目4

X62型卧式万能升降台铣床的维修

铣床的种类很多，主要有卧式及立式升降台铣床、工具铣床、龙门铣床、仿形铣床、仪表铣床和床身铣床等。其中，应用最普遍的是X62型卧式万能升降台铣床。本项目以X62型卧式万能升降台铣床各主要部件和电气控制线路的维修为例，介绍其维修工艺特点和维修方法。

任务 4.1　X62 型卧式万能升降台铣床简介

工作任务

1. 对 X62 型卧式铣床的传动系统进行分析。
2. 对 X62 型卧式铣床进行简单操作。

工作场景

一体化教室，多媒体教学设备；机电设备维修实训室，X62 型卧式铣床，机油，油枪，毛巾，机修用工作台等。

知识目标

1. 了解 X62 型卧式铣床的功用及主要技术参数。
2. 熟悉 X62 型卧式铣床的结构及各部分的作用。
3. 掌握 X62 型卧式铣床传动系统的分析方法。

能力目标

1. 能对 X62 型卧式铣床主运动传动路线进行正确分析。
2. 会对 X62 型卧式铣床进行简单操作。

相关知识

X62 型卧式万能升降台铣床适用于圆柱、圆盘、角度、成型或端面铣刀等多刃刀具，能加工中小型平面、特形表面、各种沟槽、齿轮、螺旋槽和小型箱体工件上的孔等。

4.1.1　X62 型卧式铣床的主要部件及功用

图 4.1 所示为 X62 型卧式万能升降台铣床的外形图。其主要组成部件如下。

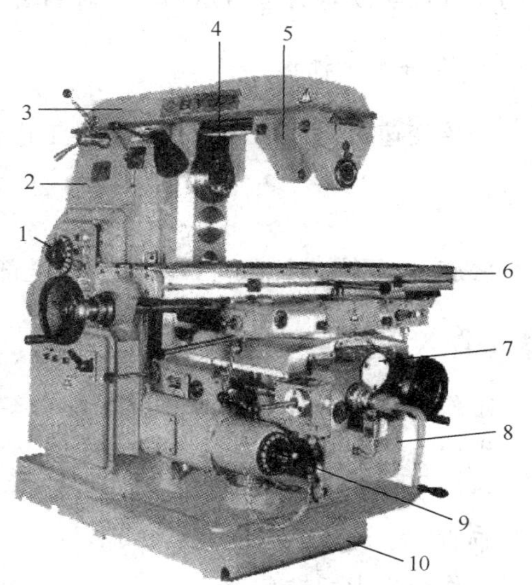

图 4.1　X62 型万能升降台铣床

1—主轴变速机构；2—床身；3—横梁；4—主轴；5—挂架；6—工作台；7—横向溜板；8—升降；9—进给变速机构；10—底座

1. 主轴变速机构

主轴变速机构 1 安装在床身内，其功用是将主电动机的额定转速通过齿轮变换成 18 种不同的转速，传递给主轴，以适应铣削的需要。

2. 床身

床身 2 是机床的主体，用来安装和连接机床其他部件。床身正面有垂直导轨，可引导升降台上、下移动。床身顶部有燕尾形水平导轨，用以安装横梁并按需要引导横梁水平移动。床身内部装有主轴和主轴变速机构。

3. 横梁

横梁 3 可沿床身顶部燕尾形导轨移动，并可按需要调节其伸出床的长度，横梁上可安装挂架。

4. 主轴

主轴 4 是一根前端带锥孔的空心轴，锥孔的锥度为 7∶24，用来安装铣刀刀杆和铣刀。主电动机输出的回转运动，经主轴变速机构驱动主轴连同铣刀一起回转，实现主运动。

5. 挂架

挂架 5 安装在横梁上，用以支承刀杆的外端，增强刀杆的刚性。

6. 工作台

工作台 6 用以安装需要的铣床夹具和工件，铣削时带动工件实现纵向进给运动。

7. 横向溜板

横向溜板 7 铣削时用来带动工作台实现横向进给运动。在横向溜板与工作台之间设有回转盘，可以使工作台在水平面内作±45°范围内的扳动。

8. 升降台

升降台 8 用来支承横向溜板和工作台，带动工作台上、下移动，调整工作台在垂直方向的位置或实现垂直进给运动。升降台内部装有进给电动机和进给变速机构。

9. 进给变速机构

进给变速机构 9 用来调整和变换工作台的进给速度，以适应铣削的需要。

10. 底座

底座 10 用来支持床身，承受铣床全部重量，盛储切削液。

4.1.2 X62 型卧式铣床主要技术参数

工作台最大行程（机动）	
纵向	680mm
横向	240mm
垂直	300mm
工作台最大回转角度	±45°
主轴轴线至工作台面距离	30～350mm
床身垂直导轨至工作台中心线的距离	215～470mm
主轴转速（18 级）	30～1500r/min
工作台纵向、横向进给量（18 级）	12～960mm/min

主电动机功率	7.5kW
进给电动机功率	1.5kW
工作台面外形尺寸（长×宽）	1250mm×320mm

4.1.3 X62 型卧式铣床的性能及特点

注　意

它可以安装万能立铣头，使铣刀偏转任意角度，完成立式铣床的工作。

X62 型卧式万能升降台铣床功率大，转速高，变速范围宽，刚性好，操作方便、灵活，通用性强。X62 型万能升降台铣床在其结构上还具有下列特点：

1）机床工作台的机动进给操纵手柄，操纵时所指示的方向，就是工作台进给运动的方向，操作时不易产生错误。

2）机床的前面和左面各有一组按钮和手柄的复式操纵装置，便于操作者在不同位置上进行操作。

3）机床采用速度预选机构来变换主轴转速和工作台的进给速度，使操作简单、明确。

4）机床工作台的纵向传动丝杠上，有双螺母间隙调整机构，所以既可进行逆铣又能进行顺铣。

5）机床工作台可以在水平面内±45°范围内偏转，因而可进行各种螺旋槽的铣削。

6）机床采用转速控制电器（或电磁离合器）进行制动，能使主轴迅速停止回转。

7）机床工作台有快速进给运动装置，采用按钮操纵，方便省时。

任务实施

4.1.4 X62 型卧式铣床的传动系统分析

1. 主运动

铣床的主运动是主轴（铣刀）的回转运动，传动链的两端件是主电动机和主轴。

如图 4.2 所示，主电动机通过弹性联轴器与变速箱中轴Ⅰ相连。轴Ⅰ经齿轮传到轴Ⅱ，再经过两组三联滑移齿轮和一组双联齿轮，将运动从轴Ⅱ传到主轴Ⅴ。通过三组滑移齿轮的变速，使主轴获得 3×3×2＝18 级转速。主轴的旋转方向，由电动机的正反转来变换。停车时，通过电动机的反接制动克服旋转惯性，使主轴迅速停止转动。主运动的传动结构式为

$$\underset{(1450\text{r/min})}{\text{电动机}}-\text{I}-\frac{26}{54}-\text{II}-\begin{Bmatrix}\frac{22}{33}\\ \frac{19}{36}\\ \frac{16}{39}\end{Bmatrix}-\text{III}-\begin{Bmatrix}\frac{39}{26}\\ \frac{28}{37}\\ \frac{18}{47}\end{Bmatrix}-\text{IV}-\begin{Bmatrix}\frac{82}{38}\\ \\ \frac{19}{71}\end{Bmatrix}-\text{主轴 V}$$

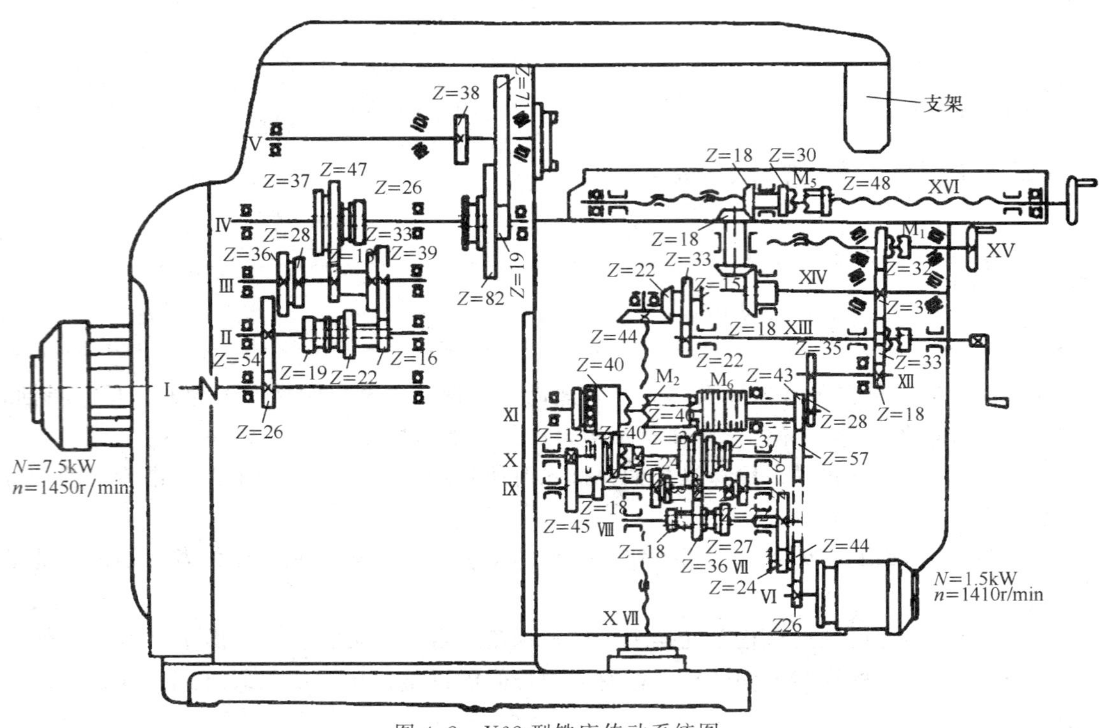

图 4.2　X62 型铣床传动系统图

2. 进给运动

进给运动由进给电动机单独带动，经传动比为 26/44、24/64 的两对齿轮传到轴Ⅶ，再经轴Ⅷ和轴Ⅹ上的两组三联滑动齿轮，使轴Ⅹ获得 9 级转速。当空套在轴Ⅹ上右滑动的 $Z=40$ 的齿轮处于图示位置时（与离合器 M1 结合），轴Ⅹ的 9 级转速经传动比为 40/40 的一对齿轮及离合器 M2 传至轴Ⅵ；当轴Ⅹ的上空套的 $Z=40$ 的齿轮向左移动（与离合器 M1 脱开）与轴Ⅸ上 $Z=18$ 的齿轮啮合时（图中点划线位置），轴Ⅹ的 9 级转速经传动比为 13/45、18/40 两对齿轮、40/40 的一对齿轮和离合器 M2 传至轴Ⅺ。轴Ⅺ的运动经传动比为 28/35 等齿轮和离合器 M3、M4、M5 分别传给垂直、横向和纵向方向的进给丝杆，使工作台获得三个方向的进给运动。进给量的级数为 3×3×2＝18 级。垂直进给量只相当于纵向进给量的三分之一，其范围为 8～394mm/min。进给运动的传动结构式为：

$$
\text{电动机 Ⅵ}-\frac{26}{44}-\text{Ⅶ}-\frac{24}{44}-\text{Ⅷ}-\begin{bmatrix}\frac{36}{18}\\\frac{27}{27}\\\frac{18}{36}\end{bmatrix}-\text{Ⅸ}-\begin{bmatrix}\frac{24}{34}\\\frac{21}{37}\\\frac{18}{40}\end{bmatrix}-\text{Ⅹ}-\begin{Bmatrix}M_1\ \text{接合}\ \frac{40}{40}\\M_1\ \text{脱开}\ \frac{13}{45}-\frac{18}{40}-\frac{40}{40}\end{Bmatrix}-\text{Ⅺ}-\frac{28}{35}-\text{Ⅻ}
$$

$$
\text{Ⅶ}-\frac{44}{57}-\text{Ⅹ}-\frac{57}{43}-\text{Ⅺ}-M_0\ \text{接合(快速移动)}-\text{Ⅻ}
$$

$$
\text{Ⅻ}-\frac{18}{33}-\text{XIII}-\begin{cases}\frac{33}{37}-\text{XIV}-\frac{18}{16}-\frac{18}{18}-\text{XVI}-M_5\ \text{接合}-\text{纵向进给丝杠}\\\frac{33}{37}-\text{XIV}-\frac{37}{33}-\text{XV}-M_4\ \text{接合}-\text{横向进给丝杠}\\M_3\ \text{接合}-\frac{22}{33}-\frac{22}{44}-\text{XVII}-\text{垂直进给丝杠}\end{cases}
$$

X62 型卧式铣床工作台三个方向的进给运动是互锁的。纵向进给运动与横向和垂直进给运动由电气互锁，横向进给运动与垂直进给运动靠机械互锁。进给运动的换向，通过改变电动机的转向来实现。

3. 工作台的快速移动

X62 型卧式铣床在工作台的三个进给运动方向上均可快速移动。其传动路线是：进给电动机的运动经 $Z=26$ 齿轮及轴Ⅶ与Ⅹ轴上空套的 $Z=44$、$Z=57$ 齿轮传给空套在Ⅺ轴上的 $Z=43$ 齿轮，然后经片式摩擦离合器 M6、28/35 的齿轮传给Ⅻ轴，使工作台获得快速移动。

当需要工作台快速移动时，可先通过进给操纵手柄接通进给运动，然后再按下快速移动按钮，使片式摩擦离合器 M6 接通，牙嵌式离合器 M2 断开，工作台快速移动。

巩固训练

4.1.5 X62 型卧式铣床的简单操作

1）断电状态下操纵铣床各手柄，熟悉各手柄的功用。

2）熟悉 X62 型卧式铣床主轴和工作台的结构。

3）手轮移动铣床工作台，引导操作者辨清铣床纵向、横向和垂向三个进给方向，以便在调整时使用手轮移动工作台进行调整。

4）用变速操纵手柄改变主轴转速，引导操作者学会主轴的起动、变速、停止，以便在调整后进行主轴精度测试。

5）保持油眼畅通，油标油窗清晰。

任务评价

任务评分表见表 4.1。

表 4.1　卧式铣床传动系统分析与操作练习评分表

序号	项目	配分	考核标准	得分
1	传动系统分析	40	对照传动系统图能够正确写出传动结构式，错一处或漏一处扣 5 分	
2	认识卧式铣床	20	1）准确说出各手柄名称及作用，错一处扣 5 分； 2）准确说出各箱体名称及作用，错一处扣 5 分	
3	卧式车床操作	30	1）熟练用手轮移动铣床工作台，进行纵向、横向和垂向三个方向进给，根据情况酌情扣分； 2）用变速操纵手柄改变主轴转速，使主轴起动、变速、停止，根据情况酌情扣分	
4	维护保养	10	能够按照要求对铣床进行正确维护与保养，一项达不到要求扣 2 分	
5	安全文明操作		违反安全文明操作规程酌情扣 10～20 分	
6	定额时间 40min		每超时 5min 扣 5 分；超 10min 不得分	

知识拓展：铣床简介

1. 龙门铣床简介

龙门铣床如图 4.3 所示，铣床主体结构为龙门框架，横梁 3 可以在立柱 5 和 7 上升降，以适应加工不同高度的工件。横梁 3 上装有两个立铣头 4 和 8，两个立柱上分别装有两个水平铣头 2 和 9，每个铣头都是独立的主运动部件。立铣头可以在横梁上作水平横向运动，立铣头可在立柱上升降。工件安装在工作台 1 上，工作台可在床身 10 上作水平的纵向运动。

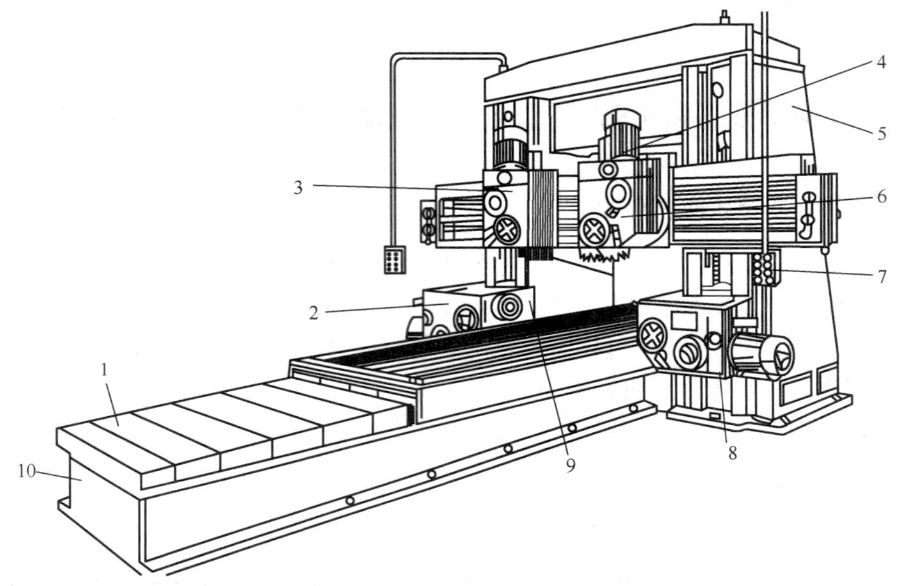

图 4.3　龙门铣床

1—工作台；2、9—水平铣头；3—横梁；4、8—立铣头；5、7—立柱；6—顶梁；10—床身

龙门铣床刚度高，主要用来加工大型工件上的平面和沟槽，可实现多刀加工多个表面和多个工件，是一种大型高效的通用铣床，适用于大批量生产。

2. 万能工具铣床

X8126 型万能工具铣床如图 4.4 所示，它的基本布局与升降台铣床相似，但配备有多种附件，因而扩大了铣床的万能型。机床的主要部件有床身 1、水平主轴头架 2、立铣头 5、工作台 8、升降台 9。床身 1 的顶部有水平导轨，水平主轴头架 2 可沿着它移动。可拆卸的立铣头 5 固定在水平主轴头架前面的垂直平面上，能左右偏转 45°，其垂直主轴可手动轴向进给。当水平主轴工作时，需卸下立铣头，将铣刀心轴装入水平主轴孔中，并用悬梁 4 和支架 6 把铣刀心轴支承起来，就成为卧式铣床。在床身的前面有垂直导轨，升降台 9 可沿着它上升下降。工作台 8 则沿着升降台前面的水平导轨实现纵向进给。工作台前面的垂直平面上，有两条 T 形槽，供安装各附件用。

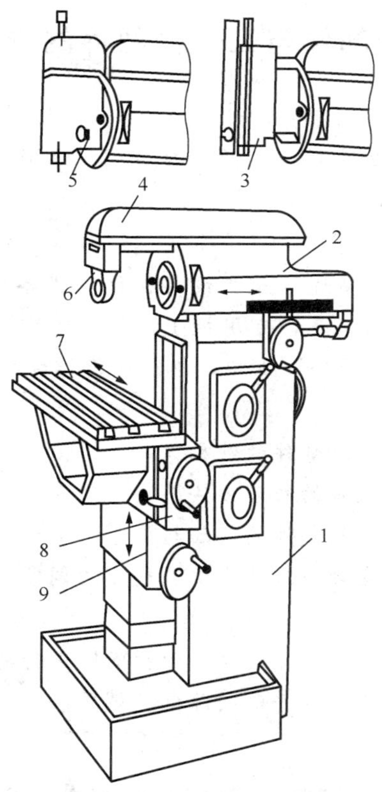

图 4.4　万能工具铣床及其附件

1—床身；2—水平主轴头架；3—插头附件；4—悬梁；5—立铣头

6—支架；7—水平角度工作台；8—工作台；9—升降台

由于万能工具铣床具有较强的适应性，故常用于工具车间，加工形状较复杂的各种切削刀具、夹具及模具零件等。

任务小结

本任务介绍了 X62 型卧式万能升降台铣床的结构、主要技术参数和传动原理。通过学习，掌握 X62 型卧式万能升降台铣床传动路线的分析方法，熟悉其结构，会对其简单操作，为卧式铣床各部件的后续维修打下基础。

复习与思考

1. 卧式铣床有哪几种运动？
2. X62 型卧式铣床有哪几部分组成？
3. X62 型万能升降台铣床在其结构上具有哪些特点？
4. 请对照传动系统图写出传动结构式。
5. 请说出 X62 型万能升降台铣床的工作台是如何快速移动的？

任务4.2 铣床主轴部件与工作台部件的维修

工作任务

一台X62型卧式铣床由于长期使用，工作台纵向传动丝杠间隙和导轨间隙较大，需要调整。

工作场景

一体化教室，多媒体教学设备；机电设备维修实训室，X62型卧式铣床，机床维修常用工具，专用扳手，平行垫块、检验棒、千分表、百分表、V型架，机油，红丹粉、毛巾，机修用工作台等。

知识目标

1. 熟悉铣床主轴部件的结构。
2. 掌握铣床主轴的修理方法。
3. 掌握铣床主轴部件的装配与调整。
4. 掌握铣床主轴与工作台位置精度的调整。

能力目标

1. 能对铣床工作台纵向传动丝杠间隙进行调整。
2. 会对铣床工作台导轨间隙进行调整。

相关知识

主轴部件是铣床的关键零部件，其工作性能直接影响铣床的精度，因此，维修中必须对主轴各部分进行全面检查。如果发现有超差现象，应修复至原来的精度。

4.2.1 铣床主轴部件的结构

如图4.5所示，铣床主轴部件有3个支承，前支承2、中间支承3为圆锥滚子轴承，后

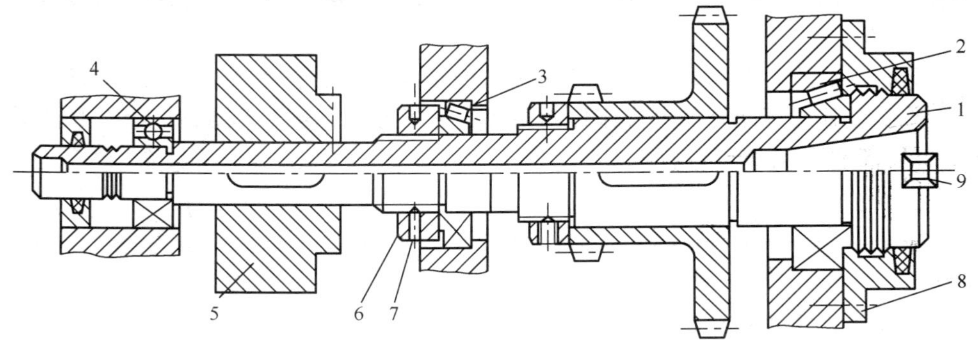

图4.5 主轴部件结构

1—主轴；2—圆锥滚子轴承；3—圆锥滚子轴承；4—深沟球轴承；5—飞轮；6—调整螺母；7—紧固螺钉；8—盖板；9—端面键

支承 4 为深沟球轴承。前、中轴承是决定主轴工作精度的主要支承，后支承是辅助支承。前、中轴承可采用定向装配方法，以提高装配精度。主轴上装有飞轮 5，利用它的惯性储存能量，以消除铣削时的振动，使主轴旋转更加平稳。

任务实施

4.2.2 主轴的修理

注　意

主轴的修复一般是在磨床上精磨各轴颈和精密定位圆锥等表面。

1. 主轴锥孔的检测与修复

如图 4.6 把带有锥柄的检验棒插入主轴锥孔，并用接杆接紧，用千分表检测主轴锥孔的径向圆跳动量，要求在近主轴端的允差为 0.005mm，距主轴端 300mm 处为 0.01mm。如果达不到上述精度要求或内锥表面磨损时，将主轴尾部用磨床卡盘夹持，用中心架支承轴颈 C 的径向圆跳动量进行修磨，使其小于 0.005mm，同时校正轴颈 C，使其与工作台运动方向平行；然后修磨主轴锥孔 I，使其径向圆跳动量在允许范围内，并使接触率大于 70%。

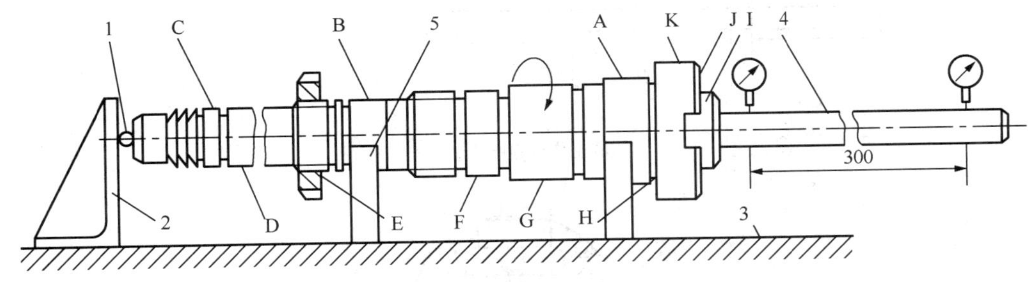

图 4.6　主轴结构和主轴检测

1—钢球；2—挡铁；3—平板；4—检验棒；5—V 形棒

2. 主轴轴颈及轴肩面的检测与修理

如图 4.6 所示，在平板 3 上用 V 形架 5 支承主轴的 A、B 轴颈，用千分尺检测 B、D、F、G、K 各表面间的同轴度，其允差为 0.007mm。如果同轴度超差，可采用镀铬工艺修复并磨削各轴颈至要求。再用千分表检测 H、J 表面 E 的径向圆跳动，允差为 0.007mm。如果超差，可以在修磨表面 A、K 的同时磨削表面 H、J。表面 C 的径向圆跳动量允差为 0.005mm。如果超差，可以同时修磨至要求。

4.2.3 主轴部件的装配与调整

如图 4.6 所示，为了使主轴得到理想的旋转精度，在装配过程中，要特别注意前、中两个圆锥滚子轴承径向和轴向间隙的调整。调整时，先松开紧固螺钉 7，然后用专用扳手钩住调整螺母 6 上的孔，借主轴端面 9 转动主轴，使轴承 3 内圈右移，以消除两个轴承的径向和轴向间隙。调整完毕，再把紧固螺钉 7 拧紧，防止其松动。轴承的预紧量应根据机床的工作要求决定，当机床进行载荷不大的精加工时，预紧量可稍大一些，但应保证在 1500r/min 转速下运转 30～60min 后，轴承的温度不超过 60°。

对螺母 6 的右端面的调整有较严格的要求，其右端面的圆跳动量应在 0.005mm 内，其两端面的平行度应在 0.001mm 内，否则将对主轴的径向圆跳动产生一定影响。

提　示

主轴的装配精度应按 GB 3933－83 卧式万能升降台铣床精度标准、允差、检验方法的要求进行检查。

4.2.4 铣床主轴与工作台位置精度的调整

如果机床工作台零位不准，则工作台纵向进给方向与主轴轴线不垂直。此时，若用三

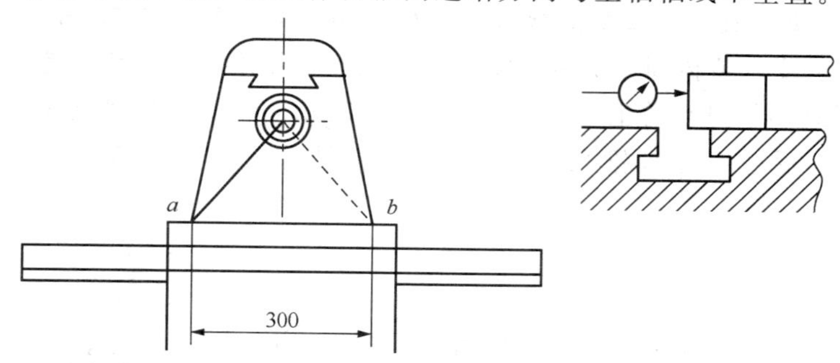

(a) 工作台零位调整方法

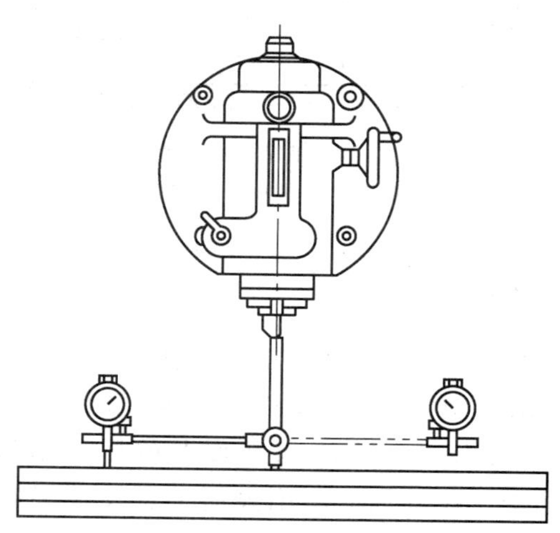

(b) 立铣头零位调整方法

图 4.7　工作台立铣头零位调整

面刃铣刀铣削直角槽，铣出的槽形将上宽下窄，且两侧面呈凹弧形状，影响形状和尺寸精度；如果用面铣刀铣削平面，铣出的是凹形面；用锯片铣刀铣削较深的窄槽和切断时，容易把锯片铣刀扭碎。因此在铣床装配后，必须对工作台零位进行调整。如图 4.7 所示，常用的调整方法为：

1）在工作台上固定一块长度大于 300mm 的光洁平整的平行垫块，用百分表找正面向主轴一侧的垫块表面与工作台纵向进给方向平行。若中间 T 形槽与纵向进给的平行度很好，则可在 T 形槽中嵌入定位键代替平行垫块。

2）将装有角形表杆的百分表固定在主轴上，扳动主轴，使百分表的测头与平行垫块两端接触，百分表的示值差应 300mm 长度上不大于 0.03mm。

调整准确锁紧回转盘后，可在工作台床鞍上刻制零位基准线。

注　意

1）卧式铣床回转盘的锁紧机构的装配质量对转动角度的准确度有定影响，锁紧作业时注意四个螺钉应对角顺序拧紧。

2）使用百分表检测时应注意表架的松动对测量准确性的影响。

巩固训练

4.2.5　铣床工作台纵向传动丝杠间隙的调整

工作台部件装配后，若丝杠间隙过大，会使工作台产生窜动现象，这样将会影响铣削质量，甚至使铣刀折断，因此应进行调整。一般应先调整丝杠安装的轴向间隙，然后再调整丝杠和螺母之间的间隙。

1. 工作台纵向丝杠轴向间隙的调整

纵向工作台左端丝杠轴承的结构，如图 4.8（a）所示，调整轴向间隙时，首先卸下手轮，然后将螺母 1 和刻度盘 2 卸下，扳直止动垫圈 4，稍微松开螺母 3 之后，即可用螺母 5 调整间隙。一般轴向间隙调整到 0.01～0.03mm 之间。调整后，先旋紧螺母 3，然后再反向旋紧螺母 5，其目的是为了防止螺母 3 旋紧后，会把螺母 5 向里压紧（扳紧螺母的松紧程度一般以用手刚能拧动垫块 6 即可）。最后再扣紧止动垫圈 4，装上刻度盘和螺母 1。

2. 工作台纵向丝杠螺母的间隙调整

X62W 型铣床工作台纵向丝杠螺母的间隙调整机构，如图 4.8（b）所示，丝杠传动副的主螺母 4 固定在工作台的导轨座上，左边的调整螺母 2 和它的端面紧贴，螺母 2 的外圆是蜗轮并和蜗杆 3 啮合。当需要调整间隙时，先卸下机床正面的盖板 6，再拧松压环 7 上的螺钉 5，然后顺时针转动蜗杆 3，螺母 2 便会绕丝杠 1 微微旋转，直至螺母 4、2 分别与丝杠螺纹的两侧接触为止，这样就消除了丝杠与螺母之间的间隙。

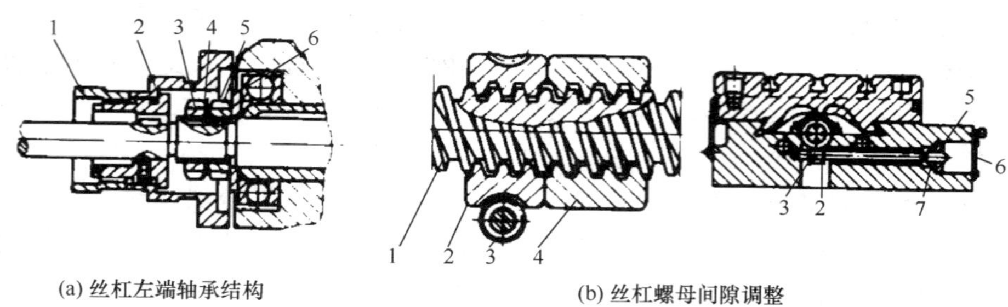

图 4.8　纵向传动丝杠间隙的调整

注　意

调整铣床纵向工作台丝杠螺母间隙的要点：先调整丝杠轴向间隙，后调整丝杠螺母间隙的步骤不能颠倒。利用刻度盘检测丝杠螺母间隙的方法应以 1/40r 为准。在全长内进行间隙检测十分重要。

丝杠与螺母之间的配合松紧程度应达到下列要求：

1）转动手轮的方法进行检验时，丝杠和两端轴承的间隙不超过 1/40r，即在刻度盘上反映的倒转空位读数不大于 3 小格。

2）丝杠全长上移动工作台不能有卡住现象。

为了达到上述要求，在调整时，应在工作台传动丝杠的全长内调整，以保证丝杠和导轨在全长上间隙均匀。否则，在调整间隙时，无法同进达到以上两点调整要求。

4.2.6 铣床工作台导轨间隙的调整

铣床工作台纵、横、垂直三个方向的运动部件与导轨之间装配后，应有合适的间隙。间隙过小时，移动费力，动作不灵敏；间隙过大时，铣削过程工作不平稳，易产生振动，甚至会使工作台上下跳动和左右摇晃，影响加工质量，严重时还会使铣刀崩碎。

注　意

在工作台装配后，应进行工作台导轨间隙调整。

铣床导轨间隙调整机构，如图 4.9 所示，它是利用导轨镶条斜面的作用使间隙减小。调整时，先拧松螺母 2、3，再转动螺杆 1，使镶条 4 向前移动，以消除导轨之间的间隙。调整后，先摇动工作台升降台，以确定间隙合适程度，最后紧固螺母 2、3。检查镶条间隙的方法是用手摇动丝杠手柄的力度来测定。对纵横手柄，以用 150N 左右的力摇动手柄比较合适；对升降手柄向上以用 200N 左右的力摇动比较合适。如果比上述所用的力小，表示镶条间隙较大；所用的力大，则表示镶条间隙较小。另外，由于丝杠螺母之间的配合不好，或受其他传动机构的影响，虽然在摇手柄时不感到轻松，但镶条间隙可能已过大，此时右用塞尺来测定，一般以 0.04mm 的塞尺不能塞入为宜。

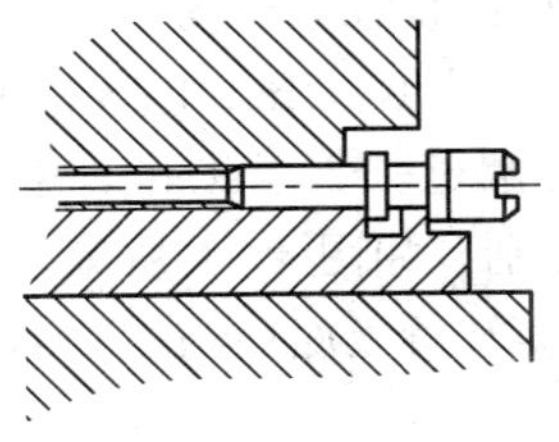

(a) 横向导轨间隙调整机构

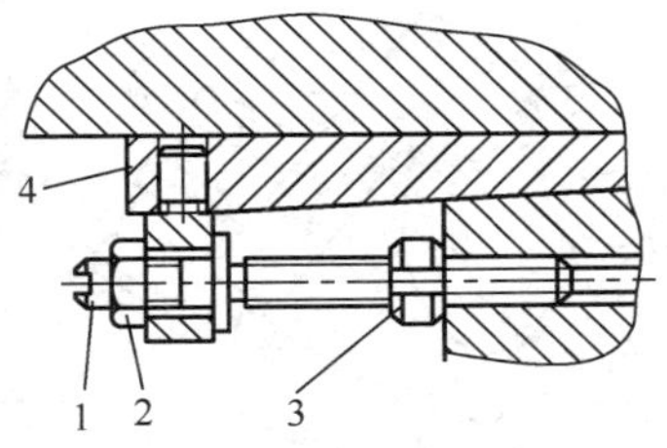

(b) 纵向导轨间隙调整机构

图 4.9 铣床工作台导轨间隙调整机构

注 意

铣床工作台导轨间隙的调整要点：①注意镶条与导轨接触面的贴合接触精度。若接触不好，首先应修研镶条，然后进行间隙调整。②调整过程中应注意紧固螺钉的使用，每次检测间隙大小，应在紧固螺钉锁紧时进行，否则，紧固后对导轨间隙会有微量影响。③升降台导轨间隙的调整应注意工作台自重对手柄测力的影响，此时应采用塞尺配合检测导轨间隙。

任务评价

任务评分表见表 4.2。

表 4.2 铣床工作台纵向传动丝杠间隙和导轨间隙的调整评分表

序号	项目	配分	考核标准	得分
1	准备工作	20	1）工量具准备齐全，每少一种扣 5 分； 2）工具量使用正确，否则酌情扣分	
2	工作台纵向传动丝杠间隙的调整	40	1）调整方法正确，否则酌情扣分； 2）调整间隙达到规定要求，否则酌情扣分	
3	工作台导轨间隙的调整	40	1）调整方法正确，否则酌情扣分； 2）调整间隙达到规定要求，否则酌情扣分	
4	安全文明操作		违反安全文明操作规程酌情扣 10～20 分	
5	定额时间 60min		每超时 5min 扣 5 分；超 10min 不得分	

知识拓展：铣床工作台与回转滑板的配刮

工作台中央 T 形槽一般磨损较少，刮研工作台上表面及下表面以及燕尾导轨时，应以中央 T 形槽为基准进行修刮。按工作台上、下表面的平行度纵向允差为 0.01mm/500mm、横向允差为 0.01mm/300mm。

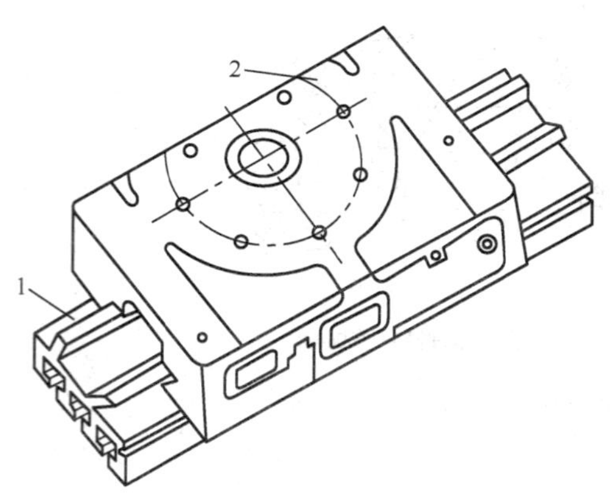

图4.10　工作台与回转滑板配刮
1—工作台；2—回转滑板

中央T形槽与燕尾导轨两侧面按平行度允差在全长上为0.02mm的要求刮研好各表面后，将工作台翻过去，以工作台上表面为基准与回转滑板配刮，如图4.10所示。

1）回转滑板底面与工作台上表面的平行度允差在全长上为0.02mm，滑动面间接触点在25mm×25mm内为6～8点。

2）粗刮楔铁，将楔铁装入回转滑板与工作台燕尾导轨间配研，滑动面的接触点在25mm×25mm内为8～10点；非滑动面的接触点6～8点。用0.04mm的塞尺检查楔铁两端与导轨面间的配合程度，插入深度应小于20mm。

任务小结

铣床在使用过程中，由于长期工作或磨损，间隙会增大，精度会降低，如不及时调整或维修，将直接影响铣床的工作精度。本任务重点讲解了X62型卧式万能升降台铣床主轴部件的装配与调整、主轴与工作台位置精度的调整、工作台纵向传动丝杠间隙的调整和铣床工作台导轨间隙的调整。

复习与思考

1. 如何检测主轴锥孔的精度？主轴锥孔的径向圆跳动量是多少？
2. 如何调整主轴上两个圆锥滚子轴承的间隙？
3. 铣床装配后，如何对工作台零位进行调整？
4. 工作台丝杠与螺母之间的配合松紧程度应什么要求？
5. 简述铣床工作台导轨间隙的调整要点。

任务 4.3　铣床主传动变速箱部件的维修

工作任务

X62 型卧式铣床的变速操纵机构出现故障，需要维修。

工作场景

一体化教室，多媒体教学设备；机电设备维修实训室，X62 型卧式铣床，框式水平仪、百分表、等高垫铁、平行平尺、锥柄检验棒、塞尺，机油，红丹粉，毛巾，机修用工作台等。

知识目标

1. 了解 X62 型卧式铣床主传动变速机构的工作原理。
2. 熟悉 X62 型卧式铣床主传动变速箱的结构。
3. 掌握 X62 型卧式铣床床身导轨的维修要求。

能力目标

1. 能对 X62 型卧式铣床升降台与床鞍、床身进行装配。
2. 能对卧式铣床升降台与床鞍下滑板传动零件进行组装。
3. 会对 X62 型卧式铣床变速操纵机构进行调整。

相关知识

主传动变速箱部件的展开图如图 4.11 所示。轴Ⅰ～Ⅳ的轴承和安装方式基本一样，左

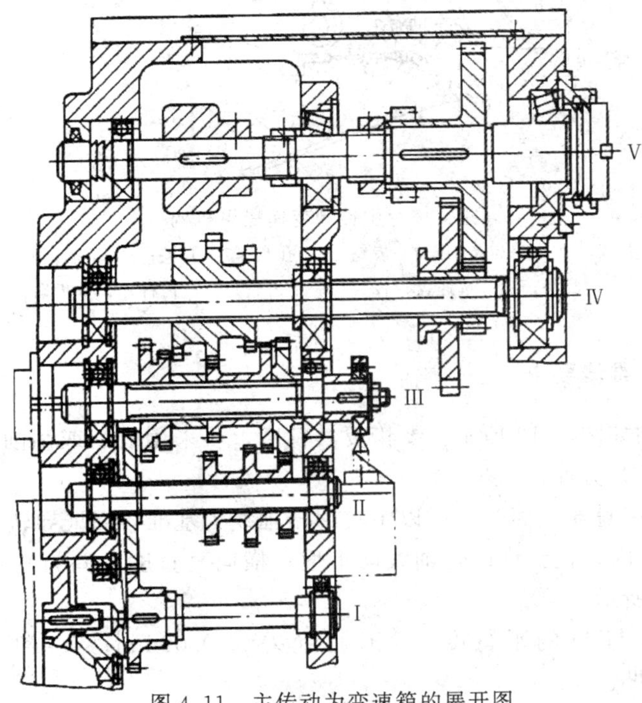

图 4.11　主传动为变速箱的展开图

端轴承采用内、外圈分别固定在轴上和箱体孔中；右端轴承则采用只将内圈固定于轴上，外圈则在箱体孔中游动的方式。装配Ⅰ～Ⅲ轴时，轴由左端深入箱体孔中一段长度后，把齿轮安装到花键轴上，然后装右端轴承，将轴全部深入箱体内，并将两端轴承调整好固定。轴Ⅳ应由右端向左装配，先伸入右边一跨，安装大滑移齿轮块；轴继续前伸至左边一跨，安装中间轴承和三联滑移齿轮块，并将三个轴承调整好。

4.3.1 变速操纵机构的工作原理

如图 4.12 所示，主变速操纵机构主要由孔盘 5、齿条轴 2 和 4、齿轮 3 及拨叉 1 等组成。变速时，将手柄 8 顺时针转动，通过齿扇 15、齿杆 14、拨叉 6 使孔盘 5 向右移动，与齿条 2、4 脱开；根据转速转动选择速盘 11，通过锥齿轮 12、13 使孔盘 5 转到所需的位置；再将手柄 8 逆时针转动到原位，孔盘 5 使三组齿条轴改变位置，从而使三联滑移齿轮改变啮合位置，实现主轴的 18 种转速变换。

瞬时压合开关 7，使电动机启动。当凸块 10 随齿扇 15 转过后，开关 7 重新断开电动机，电动机随即停转。电动机运转很短的时间，以便于滑移齿轮与固定齿轮的啮合。

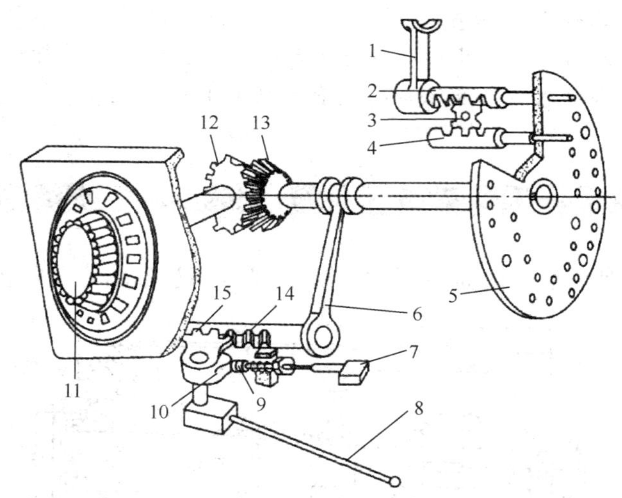

图 4.12　主传动变速操纵机构

1、6—拨叉；2、4—齿条轴；3—齿轮；5—孔盘；7—开关；8—手柄；9—顶杆；10—凸块；11—选速盘；12、13—锥齿轮；14—齿杆；15—齿扇

4.3.2 床身导轨的维修要求

床身导轨的结构如图 4.13 所示。要恢复其精度，可采用磨削或刮削的方法。对床身导轨的具体要求有以下几方面。

1）磨削或刮削床身导轨面时，应以主轴回转轴线为基准，保证导轨 A 向垂直度允差在 0.015mm/300mm 以内，且允许回转轴线向下偏；横向垂直度允差为 0.01mm/300mm。其检测方法如图 4.13 所示。

2）保证导轨 B 与 D 的平行度，全长上允差为 0.02mm；直线度误差为 0.02mm/1000mm，并允许中凹。

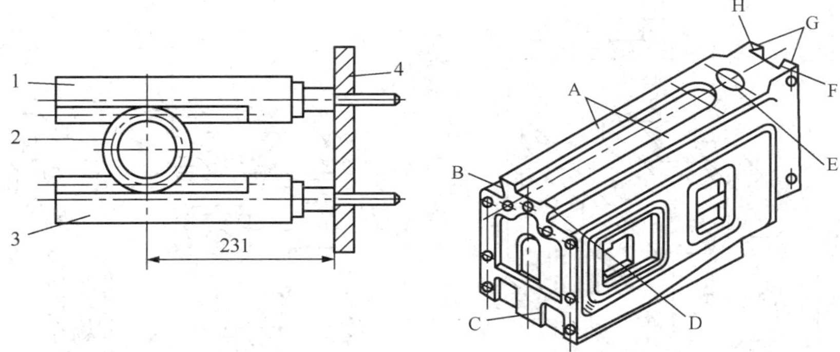

图 4.13　床身导轨结构示意图

1、3—齿条轴；2—齿轮；4—孔盘

3）燕尾导轨面 F、G、H 结合悬梁修理进行配刮。

4）采用磨削工艺，各表面的表面粗糙度值应小于 $R_a0.8\mu m$。采用刮削工艺，各表面的接触点在 25mm×25mm 内为 6～8 点。

任务实施

4.3.3　升降台与床鞍、床身的装配

升降台的修理一般采用磨削或刮削的方法，与床鞍或床身相配时，再进行配刮。图 4.14所示为导轨对主轴回转轴线垂直度检测示意图，图 4.15 所示为升降台结构示意图，要求修磨后的升降台导轨面 C 的平面度小于 0.01mm；导轨面 F 与 H 的垂直度允差在全长为 0.02mm；直线度允差为 0.02mm/1000mm；导轨面 G、H 与 C 的平行度允差在全长上为 0.02mm，并只允许中凹。图 4.16 所示为升降台与床鞍下滑板的配刮示意图。

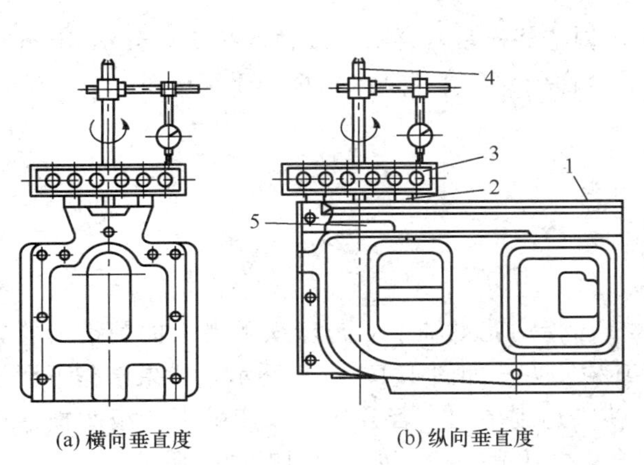

图 4.14　导轨对主轴回转轴线垂直度检测

1—床身导轨；2—等高垫铁；3—平行平尺；4—锥柄检验棒；5—主轴孔

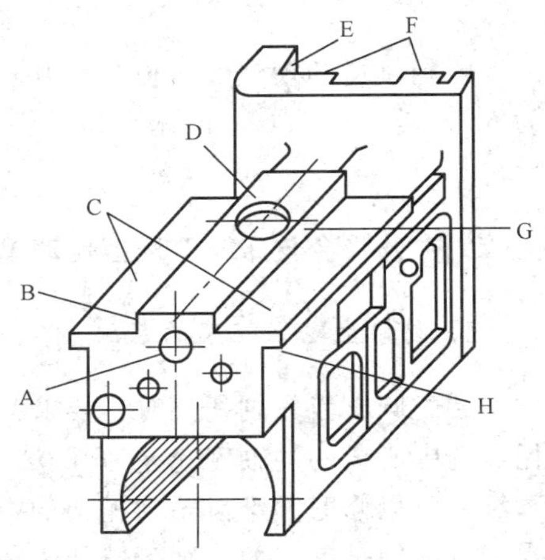

图 4.15　升降台结构

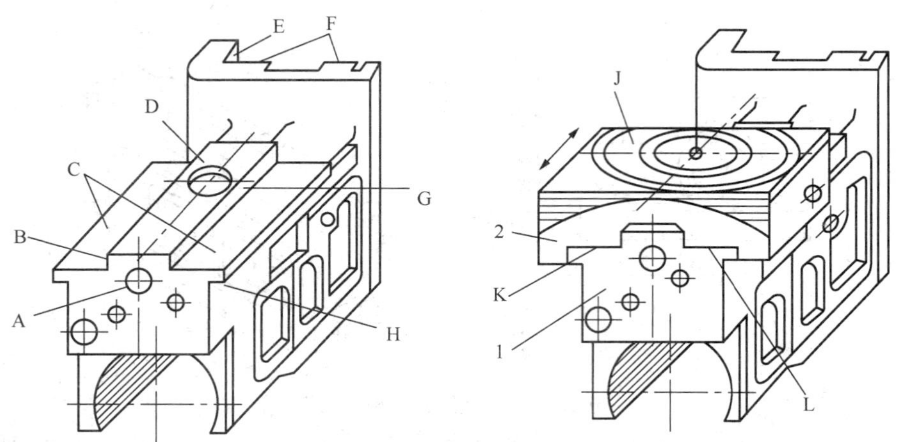

图 4.16　升降台与床鞍下滑板的配刮

1—升降台；2—床鞍下滑板

1. 升降台与床鞍下滑板的装配

1）以升降台修磨后的导轨面为基准，刮研下滑板导轨面 K，如图 4.14 所示，接触点在 25mm×25mm 内为 6～8 点。

2）刮研下滑板表面 J 与 K 的平行度在全长上达 0.02mm，接触点在 25mm×25mm 内为 6～8 点。

3）刮研床鞍下滑板导轨面 L 与 J 的平行度，纵向误差小于 0.01mm/300mm，横向误差小于 0.015mm/300mm。接触点在 25mm×25mm 内为 6～8 点。

4）刮好的楔体与压板装在床鞍下滑板上，调整好修刮松紧程度。用塞尺检查楔铁及压板与导轨面的密合程度，用 0.03mm 塞尺检查，两端插入深度应小于 20mm。

2. 升降台与床身的装配

将粗刮过的楔铁及压板装在升降台上，调整好松紧，再刮至接触点在 25mm×25mm 内为 6～8 点。用 0.04mm 塞尺检查导轨面的密合程度，塞尺插入深度小于 20mm。

4.3.4 升降台与床鞍下滑板传动零件的组装

1. 圆锥齿轮副托架的装配

装配圆锥齿轮副托架时，要求升降台横向传动花键轴中心与床鞍下滑板的圆锥齿轮副托架的中心线的同轴度允差为 0.02mm，其检测方法如图 4.17（a）所示。如果床鞍下滑板下沉，可以修磨圆锥齿轮副托架的端面，使之达到要求；若升降台或床鞍下滑板磨损造成水平方向同轴度超差，则可镗削床鞍上的孔，并镶套补偿，如图 4.17（b）所示。

2. 横向进给螺母支架孔的修复

升降台上面的床鞍横向手动或机动是通过横向丝杠带动横向进给螺母座使工作台横向

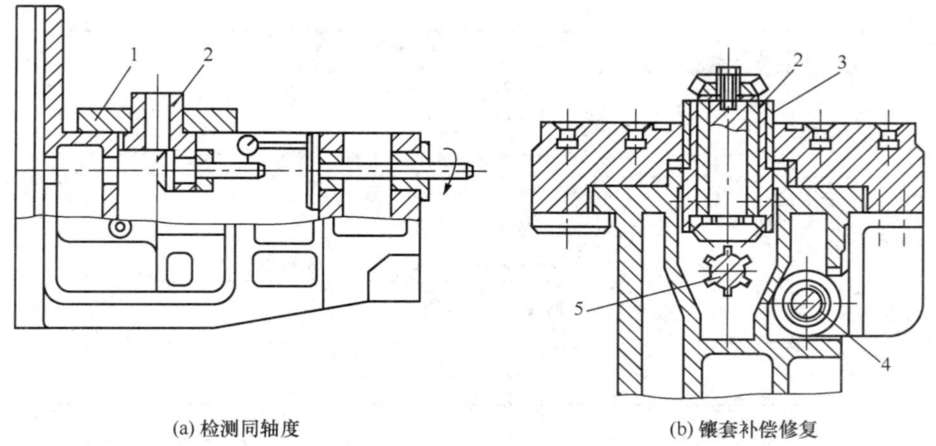

(a) 检测同轴度　　(b) 镶套补偿修复

图 4.17 升降台与床鞍下滑板传动零件的组装

1—下滑板承；2—圆锥齿轮副托架；3—套；4—螺母座；5—花键轴

移动的。由于床鞍的下沉，螺母孔的中心线产生同轴度偏差，装配中必须对其加以修正。

巩固训练

4.3.5 变速操纵机构的调整

为避免组装操纵机构时错位，拆卸选速盘轴上的锥齿轮 12、13 的啮合位置时要做标记。拆卸齿条轴中的销子时，每对销子长短不同，不能装错，否则将会影响齿条轴脱开孔盘的时间和拨动齿轮的正常次序。另一种方法是在拆卸之前，把选速盘转到 30r/min 的位置上，按拆卸位置进行装配；装配好后扳动手柄 8 使孔盘定位，并应保证齿轮 3 的中心至孔盘端面的距离为 231mm，如图 4.13 所示。若尺寸不符，说明齿条轴啮合位置不正确。此时应使齿条轴顶紧孔盘 4，重新装入齿轮 2，然后检查齿轮 2 的中心至孔盘端面的距离是否达到要求，再检查各转速位置是否正确无误。

当变速操纵手柄 8 回到原位并合上定位槽后，如发现齿条轴上的拨叉来回窜动或滑移齿轮错位时，可拆出该组齿条轴之间的齿轮 3，用力将齿条轴顶紧孔盘端面，再装入齿轮 3。

任务评价

任务评分表见表 4.3。

表 4.3 卧式铣床变速箱部件的装配与维修评分表

序号	项目	配分	考核标准	得分
1	升降台与床鞍、床身的装配	30	1) 工量具使用正确，否则一次扣 5 分； 2) 装配方法正确，否则扣 10 分； 3) 能够达到装配精度要求，否则扣 20 分	

续表

序号	项目	配分	考核标准	得分
2	升降台与床鞍下滑板传动零件的组装	30	1) 工量具使用正确，否则一次扣 5 分； 2) 装配方法正确，否则扣 10 分； 3) 能够达到装配精度要求，否则扣 20 分	
3	变速操纵机构的调整	40	1) 工具使用正确，否则一次扣 5 分； 2) 拆装方法正确，否则扣 10 分； 3) 调整方法正确且能达到精度要求，否则扣 20 分	
4	安全文明操作		违反安全文明操作规程酌情扣 10～20 分	
5	定额时间 90min		每超时 10min 扣 5 分；超 20min 不得分	

知识拓展：悬梁和床身顶面燕尾导轨的装配

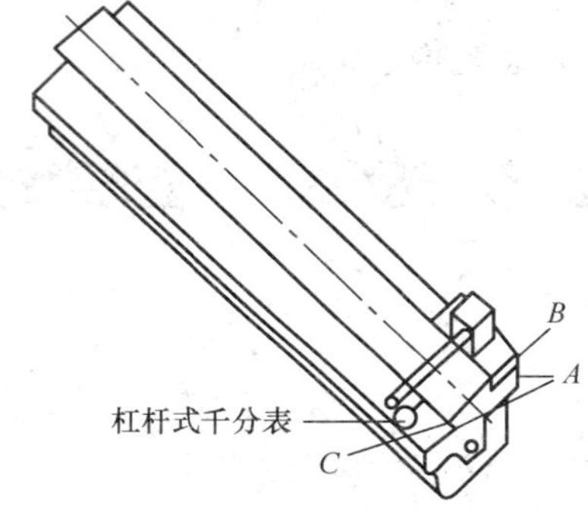

图 4.18 悬梁导轨的精度检测

悬梁的修理工作应与床身顶面燕尾导轨一起进行。可先磨或刮削悬梁导轨，达到精度后与床身顶面燕尾导轨配刮，最后进行装配。

将悬梁翻转，使导轨面朝上，对导轨面磨或刮削修理，保证表面 A 的直线度允差为 0.015mm/1000mm，并使表面 B 与 C 的平行度允差为 0.03mm/400mm，接触点在 25mm×25mm 内为 6～8 点，检测方法如图 4.18 所示。以悬梁导轨面为基准，刮削床身顶面燕尾导轨配刮面的接触点在 25mm×25mm 内为 6～8 点，与主轴中心线的平行度允差为 0.025mm/300mm。

任务小结

本任务介绍了铣床主传动变速箱部件维修的相关知识，通过本任的学习，要熟悉 X62 型卧式铣床主传动变速箱的结构，掌握其维修和调整技能。

复习与思考

1. 主变速操纵机构有哪些部分组成？如何实现变速？
2. 对床身导轨的维修有哪些要求？
3. 简述升降台与床鞍下滑板的装配过程。
4. 圆锥齿轮副托架装配时，如果床鞍下滑板下沉应如何解决？
5. 调整变速操纵机构时，若齿轮中心至孔盘端面的距离尺寸不符，是什么原因？应如何调整？

任务 4.4　进给变速箱及升降台部件的调整与维修

工作任务

X62 型卧式铣床的进给变速箱出现故障，需要维修。

工作场景

一体化教室，多媒体教学设备；机电设备维修实训室，X62 型卧式铣床，刀口尺、塞尺，机油，红丹粉，毛巾，机修用工作台等。

知识目标

1. 熟悉 X62 铣床进给箱内安全离合器和摩擦离合器的工作原理。
2. 熟悉进给变速操纵机构的工作原理。

能力目标

1. 能对 X62 铣床进给变速箱进行维修。
2. 会对 X62 铣床进给操纵机构进行维修与调整。

相关知识

进给变速箱的展开图如图 4.19 所示。从进给电动机传给轴Ⅺ的运动有进给传动路线和

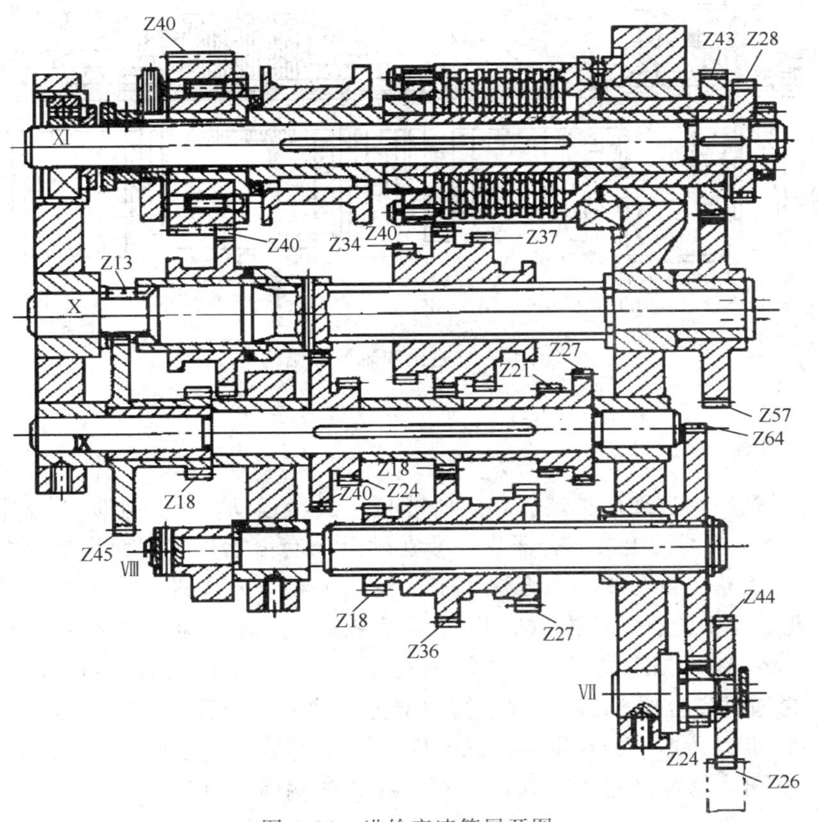

图 4.19　进给变速箱展开图

快速移动路线。进给传动路线是：经轴Ⅷ上的三联齿轮、轴Ⅹ上的三联齿轮块和曲回机构传到轴Ⅺ上，可得到纵向、横向和垂直 3 个方向各 18 级进给量。进给运动和快速移动均由轴Ⅺ右端 $Z=28$ 齿轮向外输出。

提　示

快速移动路线是：由右侧壁外的 4 个齿轮直接传到轴Ⅺ上。

4.4.1 轴Ⅺ的结构

图 4.20 是进给箱中轴Ⅺ的结构图，齿轮 1（$Z=40$）是进给传动的齿轮，运动经安全离合器 4 和牙嵌式离合器 M2 传给轴Ⅺ。齿轮 2 是快速移动的传动齿轮，运动经片式摩擦离合器 M6 传给轴Ⅺ。轴Ⅺ的运动由齿轮 3 传出。牙嵌式离合器 M2 是经常接合的，只有接通片式摩擦离合器时它才脱开。

提　示

工作台的进给运动和快速运动是互锁的。

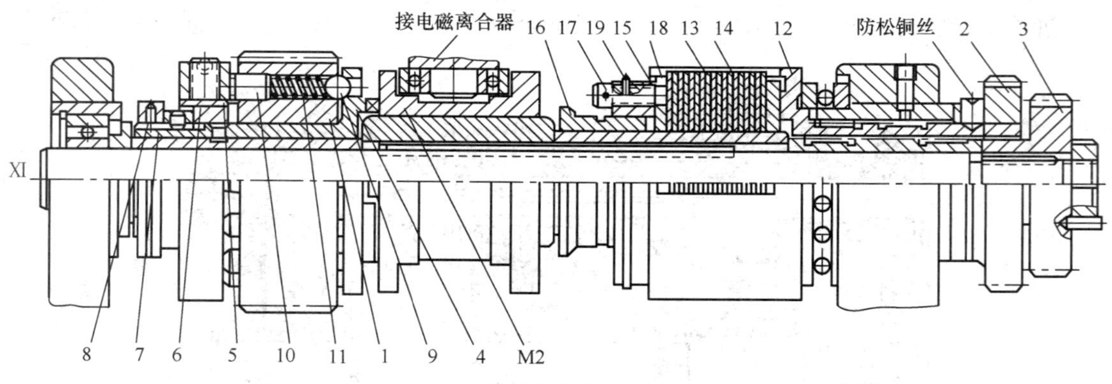

图 4.20　进给箱轴Ⅺ的结构

1. 安全离合器

安全离合器是一种过载保护装置，它既能接通进给运动，又用作防止机件过载。如图 4.20 所示，安全离合器的半边离合器 4 空套在轴Ⅺ的套筒上，其端面齿爪与离合器 M2 的端面齿爪结合。齿轮 1 空套在半离合器 4 上。齿轮 1 和半离合器 4 在等半径圆周上，等分地钻有 12 个孔，孔中装有圆柱销 10、弹簧 11 和钢球 9，圆柱销 10 左端紧靠在螺母 5 的端面上，弹簧 11 将钢球 9 压紧在半离合器 4 的孔上。故齿轮 1 传入的运动，可通过钢球传给半离合器 4，再通过离合器 M2、花键套筒和键传给轴Ⅺ，最后由齿轮 3 传出。当机床超载或发生故障时，半离合器上的孔坑对钢球的反作用力增大，当其轴向分力大于弹簧压力时，钢球便从孔中滑出，这样齿轮 1 带动钢球在半离合器端面上打滑，半离合器不转，进给运动中断，防止了机件的损坏。安全离合器所传递的扭矩大小可用圆柱销 10 左端的螺母 5 调

整。调整时，先旋松螺母 5 上的紧定螺钉 6，旋转螺母 5，调整弹簧 11 对钢球 9 的压力即可调整安全离合器传递扭矩的大小。调整后，拧紧紧定螺钉 6，防止调整螺母 5 松动。

2. 片式摩擦离合器

片式摩擦离合器用来接通工作台纵向、横向、垂直的快速移动。离合器的外壳 12 用滚针支承在箱体压套上，齿轮 2 用键与离合器外壳连接。离合器的内摩擦片 14 装在用键与轴Ⅺ连接的花键上，外摩擦片 13 空套在花键套上，其外圆上的凸缘卡在外壳槽内。用来接通片式摩擦离合器的滑套 16 上装有调整螺母 15。接通快速移动时，牙嵌式离合器 M2 在电磁铁和杠杆的作用下与安全离合器 4 脱开，同时推动滑套 16 及滑套上的螺母 15 右移，螺母 15 端面通过环 18 压紧内外摩擦片，使片式摩擦离合器接通，工作台快速移动。

片式离合器内外片之间的间隙由螺母 15 调整。调整时应先打开钢丝圈 19，再将螺钉 17 从环 18 的孔中拧出（环 18 圆周均布 8 个孔），然后转动螺母 15，就可调整内外片之间的间隙，总间隙不应小于 2～3mm。调整后，将螺钉再拧进环 18 的孔中，并装好钢丝。螺钉 17、环 18 和钢丝 19 是调整螺母 15 的防松装置。

4.4.2 进给变速操纵机构的工作原理

图 4.21 为进给变速操纵机构的示意图，利用三个拨叉把轴Ⅷ上和轴Ⅹ上的三联齿轮，各拨到三个不同的啮合位置，并把轴Ⅹ上的离合器拨在二个适当的位置，就可以获得 18 种速度。

提　示

其工作原理与主轴变速时完全相同，只是在具体构造上有些差异。

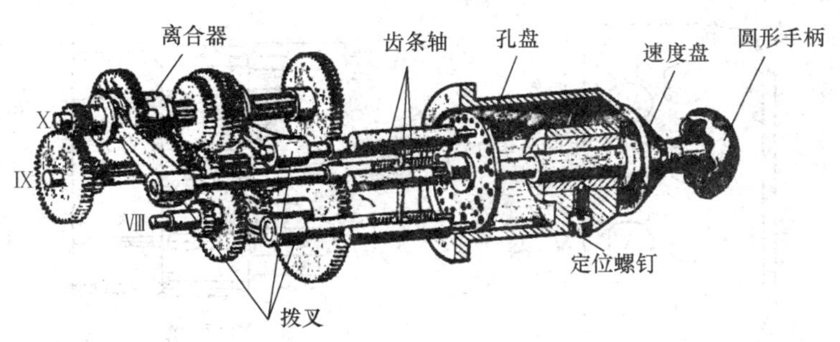

图 4.21　进给变速操纵机构

操纵箱前端有一个速度盘及一个菌形转换手柄，盘上标有 18 种进给量。变速时先把转换手柄拉出，转动速度盘，当转到所需进给量的数值与箭头对准时，变速孔盘也转动相应位置。最后将手柄先快速后慢速推回原位，孔盘就推动拨叉，拨叉拨动齿轮和离合器，从而实现了预选的进给量。

当转换手柄拉出到孔盘与齿杆销脱离后，或将手柄推入到孔盘与齿杆销接触之前，均会触动点动开关，使进给电动机瞬时通电，电动机带动变速箱内各齿轮运动，以利滑移齿轮顺利地进入啮合状态。

任务实施

4.4.3 进给变速箱的维修

1）工作台快速移动由轴Ⅺ直接输入，转速较高，所以容易损坏，修理时，此轴通常进行更换。牙嵌式离合工作时频繁啮合，端面很容易磨损碰毛。修理时，可更换或用振动堆焊的方法进行修复。

2）检查摩擦片的平面有无烧伤，平面度允差是否在 0.1mm 内，若超差，可更换或修磨平面。

3）在装配轴Ⅺ上安全离合器时，应先调整螺母 8，使离合器 4 的端面与齿轮 1 的端面之间保持 0.4～0.6mm 的间隙，然后调整螺母 5，弹簧压力以 160～200N·m 为宜。

4）进给变速箱装配后，应进行严格的清洗。并检查柱塞润滑油泵，保证油路畅通。

5）进给变速操纵机构安装在进给箱上之前，应先把菌形手柄向前拉到极限位置，以利于安装进给箱。装配完毕，将手柄推回原始位置，此时齿轮位置应同指针指的数相符。如遇错位，应根据进给变速箱展开图检查齿轮位置，如确认无误，则可通过调整其相应的齿条轴与齿轮的啮合位置予以解决。调整时，为使变速器装配顺利，可用以下两种方法进行。一种方法如图 4.22 所示，把各齿条轴按图示伸出位置装配，此时的进给量 s=750mm/min。另一种方法是把转盘转到进给量 s=750mm/min 位置上，拆去堵塞，转动齿轮，使各齿条轴顶紧孔盘，再装入转动齿轮和堵塞，然后检查 18 种进给量，位置要准确可靠，动作灵活。

6）进给变速箱与升降台组装时，要保证电动机轴的 Z=26 齿轮与轴Ⅶ的 Z=44 齿轮的啮合间隙，啮合间隙的大小可以调整进给变速箱与升降台结合面的垫片厚度。

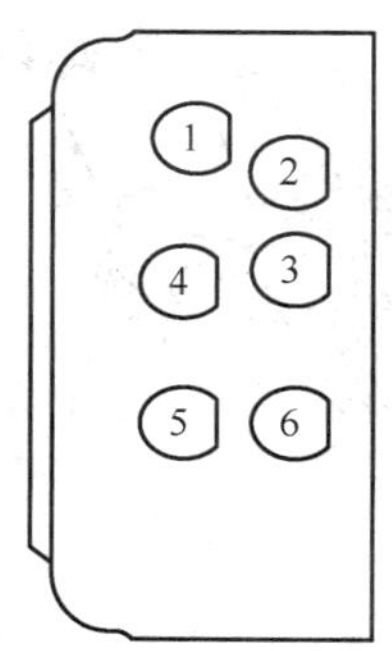

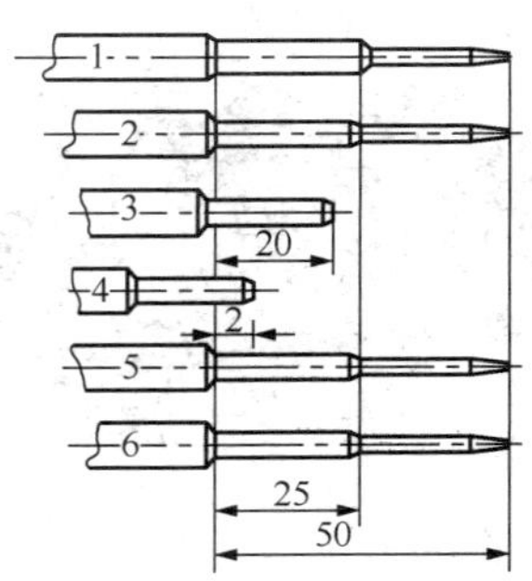

图 4.22　齿条轴位置

巩固训练

4.4.4 进给操纵机构的维修与调整

进给操纵机构有五种工作状态，即快速运动、横向（前、后）进给、升降（上、下）运动。其结构原理如图 4.23 所示，当上、下扳动操纵手柄使鼓轮回转时，由于鼓轮表面

的锥坑作用，推动杠杆机构，使轴Ⅹ离合器 Ms 脱开、轴Ⅷ离合器 Mr 结合，工作台作升降运动，操纵手柄前、后扳动，鼓轮作轴向移动，推动杠杆机构，使轴Ⅷ离合器 Mr 脱开，轴Ⅹ离合器 Ms 结合，拖板作横向进给。在鼓轮回转或作轴向移动的同时，压下顶杆机构，启动限位开关，控制进给电动机的正反转，操纵手柄位置同升降台的运动方向一致。

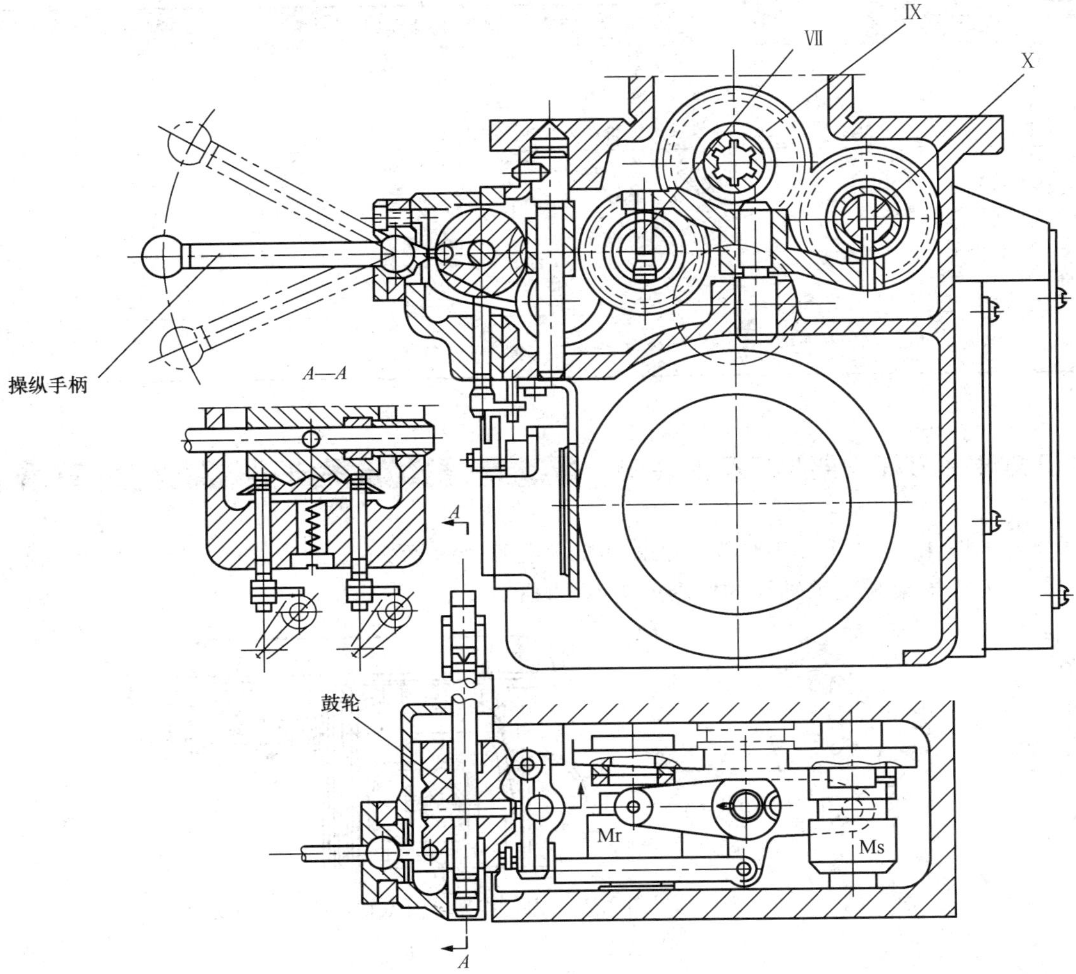

图 4.23　升降台进给操纵机构

升降台进给操纵机构中的鼓轮，由于表面硬度较高，一般不易磨损，因此只需清洗干净即可。如有局部严重磨损，可采用堆焊法修复。装配时，应注意调整杠杆机构的螺钉销及带孔螺钉，保证离合器正确的开合距离，以消除离合器的轴向位移。避免工作台因进给负载而产生离合器脱开，使进给中断现象。扳动操纵手柄时，进给电动机应立即启动，否则应调节触动行程开关的顶杆。

任务评价

任务评分表见表 4.4。

表 4.4　进给变速箱和进给操纵机构的维修与调整评分表

序号	项目	配分	考核标准	得分
1	进给变速箱的维修	50	1）工量具使用正确，否则一次扣 5 分； 2）维修方法正确，否则扣 20 分； 3）能够达到精度要求，否则扣 10 分	
2	进给操纵机构的维修与调整	50	1）工量具使用正确，否则一次扣 5 分； 2）维修与调整方法正确，否则扣 20 分； 3）能够达到精度要求，否则扣 10 分	
3	安全文明操作		违反安全文明操作规程酌情扣 10～20 分	
4	定额时间 90min		每超时 10min 扣 5 分；超 20min 不得分	

知识拓展：刀杆支架与悬梁的装配

1）如图 4.24 所示，刀杆支架表面 1 的平行度及表面 2、3 的直线度可经过配刮获得。

2）刀杆支架与主轴轴线的同轴度为 0.03/300mm（图 4.25）。

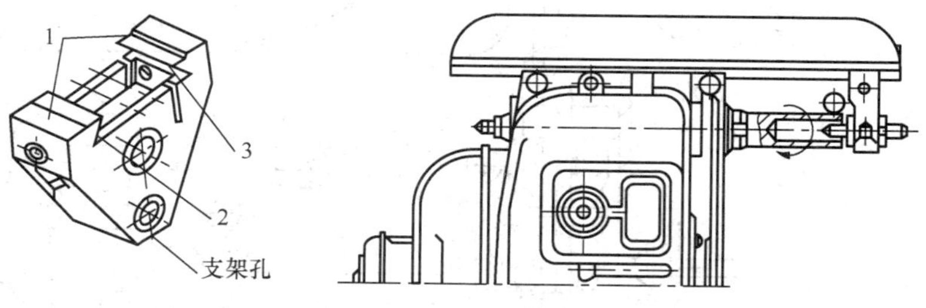

图 4.24　刀杆支架　　图 4.25　刀杆支架孔对主轴轴线的同轴度测量

通常铣床刀杆支架有圆柱形和圆锥形两种类型，为了保证上述精度，支架孔须经过镗孔修复。

任务小结

本任务介绍了 X62 型卧式万能升降台铣床进给变速箱与升降台的相关知识。通过学习，能够熟悉 X62 铣床进给箱内安全离合器和摩擦离合器的工作原理，掌握进给箱内相关零部件的结构，并能对其进行维修与调整。

复习与思考

1. 简述进给变速箱内的进给传动路线和快速移动路线。
2. 当机床超载或发生故障时，安全离合器如何起到安全作用?
3. 如何调整片式摩擦离合器的间隙?
4. 如何安装并调整进给变速操纵机构?
5. 简述进给变速操纵机构的工作原理?

任务 4.5 X62W 卧式铣床电气控制线路的维修

工作任务

一台 X62W 卧式铣床电气控制线路出现故障，无法正常工作，需要维修。

工作场景

一体化教室，多媒体教学设备；机电设备维修实训室，X62W 卧式铣床，电工维修常用工具，X62W 卧式铣床电气控制线路图，万用表、兆欧表、钳形电流表，电工维修工作台等。

知识目标

1. 了解铣床的电力拖动特点及控制要求。
2. 掌握 X62W 卧式铣床电气控制线路的构成。

能力目标

1. 能对 X62W 卧式铣床电气控制线路进行正确分析。
2. 会对 X62W 卧式铣床电气控制线路出现的故障进行检修。

相关知识

本任务是以 X62W 型卧式万能铣床为例，分析铣床对电气传动的要求、电气控制线路的构成、工作原理及其安装、调试与维修。

4.5.1 X62W 型卧式万能铣床电力拖动的特点及控制要求

该铣床共用 3 台异步电动机拖动，它们分别是主轴电动机 M1、进给电动机 M2 和冷却泵电动机 M3。

1）铣床加工有顺铣和逆铣两种加工方式，所以要求主轴电动机能正反转，但考虑到正反转操作并不频繁，因此在铣床床身下侧电器箱上设置一个组合开关，来改变电源相序实现主轴电动机的正反转。由于主轴传动系统中装有避免振动的惯性轮，使主轴停车困难，故主轴电动机采用电磁离合器制动以实现准确停车。

2）铣床的工作台要求有前后、左右、上下 6 个方向的进给运动和快速移动，所以也要求进给电动机能正反转，并通过操纵手柄和机械离合器相配合来实现。进给的快速移动是通过电磁铁和机械挂挡来完成。

提　示

为了扩大其加工能力，在工作台上可加装圆形工作台，圆形工作台的回转运动是由进给电动机经传动机械驱动的。

3）根据加工工艺的要求，该铣床应具有以下电气联锁措施：

① 为防止刀具和铣床的损坏，要求只有主轴旋转后才允许有进给运动和进给方向的快

速移动。

② 为了减小加工工件表面的粗糙度，只有进给停止后主轴才能停止或同时停止。该铣床在电气上采用了主轴和进给同时停止方式，但由于主轴运动的惯性很大，实际上就保证了进给运动先停止，主轴运动后停止的要求。

③ 6 个方向的进给运动中同时只能有一种运动产生，该铣床采用了机械操纵手柄和位置开关相配合的方式来实现 6 个方向的联锁。

4）主轴运动和进给运动采用变速盘来进行速度选择，为保证变速齿轮进入良好啮合状态，两种运动都要求变速后作瞬时点动。

5）当主轴电动机或冷却泵电动机过载时，进给运动必须立即停止，以免损坏刀具和铣床。

6）要求有冷却系统、照明设备及各种保护措施。

任务实施

4.5.2 X62W 型卧式万能铣床电气控制线路分析

X62W 型卧式万能铣床电气控制线路如图 4.26 所示，该线路分为主电路、控制电路和照明电路三部分。

1. 主电路分析

主电路共有三台电动机，M1 为主轴电动机，拖动主轴带动铣刀进行铣削加工，SA3 作为 M1 的换向开关；M2 是进给电动机，通过操纵手柄和机械离合器的配合拖动工作台前后、左右、上下 6 个方向的进给运动和快速移动，其正反转由接触 KM3、KM4 来实现；M3 为冷却泵电动机，供应切削液，且当 M1 启动后 M3 才能启动，用手动开关 QS2 控制；3 台电动机共用熔断器 FU1 作短路保护，3 台电动机分别用热继电器 FR1、FR2、FR3 作过载保护。

2. 控制电路分析

控制电路的电源由控制变压器 TC 输出 110V 电压提供。

（1）主轴电动机 M1 的控制

为了方便操作，主轴电动机 M1 采用两地控制方式，一组安装在工作台上；另一组安装在床身上。SB1 和 SB2 是两组启动按钮并接在一起，SB5 和 SB6 是两组停止按钮串接在一起。KM1 是主轴电动机 M1 的启动接触器，YC1 是主轴制动用的电磁离合器，SQ1 是主轴变速时瞬时点动的位置开关。主轴电动机是经弹性联轴器和变速机构的齿轮传动链来实现传动的，可使主轴具有 18 级不同的转速（30～1500r/min）。

1）主轴电动机 M1 的启动。启动前，应首先选择主轴的转速，然后合上电源开关 QS1，再把主轴换向开关 SA3（2 区）扳到所需要的转向。SA3 的位置及动作说明见表 4.5 所示。按下启动按钮 SB1 或 SB2，接触器 KM1 线圈得电，KM1 主触头和自锁触头闭合，主轴电动机 M1 启动运转，KM1 常开辅助触头（9—10）闭合，为工作台进给电路提供了电源。

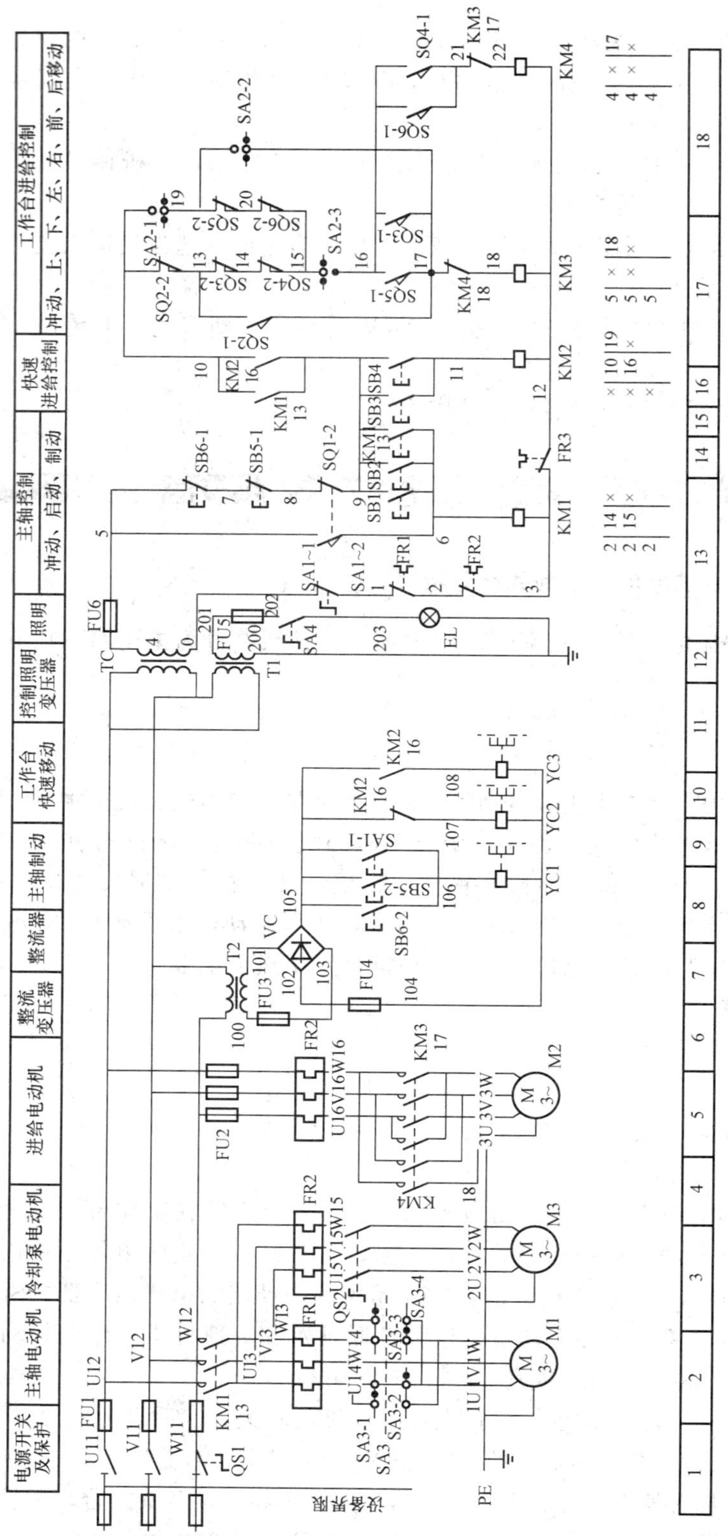

图 4.26 X62W 型万能铣床电路图

表 4.5　主轴换向开关 SA3 的位置及动作说明

位置	正转	停止	反转
SA3－1	－	－	＋
SA3－2	＋	－	－
SA3－3	＋	－	－
SA3－4	－	－	＋

2）主轴电动机 M1 的制动。当铣削完毕，需要主轴电动机 M1 停止时，按下停止按钮 SB5 或 SB6，SB5－1 或 SB6－1 常闭触头（13 区）分断，接触器 KM1 线圈失电，KM1 触头复位，电动机 M1 断电惯性运转，SB5－2 或 SB6－2 常开触头（8 区）闭合，接通电磁离合器 YC1，主轴电动机 M1 制动停转。

3）主轴换向铣刀控制。M1 停转后并不处于制动状态，主轴仍可自由转动。在主轴更换铣刀时，为避免主轴转动，造成更换困难，应将主轴制动。方法是将转换开关 SA1 扳向换刀位置，这时常开触头 SA1－1（8 区）闭合，电磁离合器 YC1 线圈得电，主轴处于制动状态以方便换刀；同时常闭触头 SA1－2（13 区）断开，切断了控制电路，铣床无法运行，保证了人身安全。

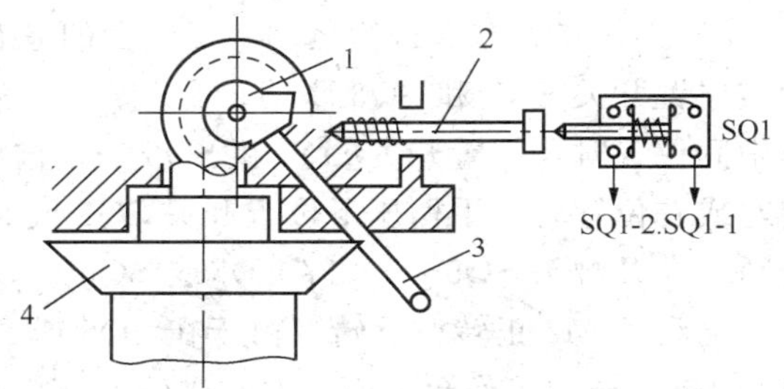

图 4.27　主轴变速的冲动控制示意图

1—凸轮；2—弹簧杆；3—变速手柄；4—变速盘

4）主轴变速时的瞬时点动（冲动控制）。主轴变速操纵箱装在床身左侧窗口上，主轴变速由一个变速手柄和一个变速盘来实现。主轴变速时的冲动控制，是利用变速手柄与冲动位置开关 SQ1 通过机械上的联动机构进行控制的，如图 4.27 所示。变速时，先把变速手柄 3 压下，使手柄的榫块从定位槽中脱出，然后向外拉动手柄使榫块落入第二道槽内，使齿轮组脱离啮合。转动变速盘 4 选定所需转速后，把手柄 3 推回原位，使榫块重新落进槽内，使齿轮组重新啮合（这时已改变了传动比）。变速时为了使齿轮容易啮合，掀动手柄复位时电动机 M1 会产生一冲动。在手柄 3 推进时，手柄上装的凸轮 1 将弹簧杆 2 推动一下又返回，这时弹簧杆 2 推动一下位置开关 SQ1（13 区），使 SQ1 常闭触头 SQ1－2 先分断，常开触头 SQ1－1 后闭合，接触器 KM1 瞬时得电动作，电动机 M1 瞬时启动；紧接着凸轮 1 放开弹簧杆 2，位置开关 SQ1 触头复位，接触器 KM1 断电释放，电动机 M1 断电。此时电动机 M1 因未制动而惯性旋转，使齿轮系统抖动，在抖动时刻，将变速手柄 3 先快后慢地推进去，齿轮便顺利地啮合。当瞬时点动过程中齿轮系统没有实现良好啮合时，可以重复上述过程直至啮合为止。

注　意

变速前应先停车。

（2）进给电动机 M2 的控制

工作台的进给运动在主轴启动后方可进行。工作台的进给可在 3 个坐标的 6 个方向运动，即工作台在回转盘上的左右运动；工作台与回转盘一起在溜板上和溜板一起前后运动；升降台在床身的垂直导轨上作上下运动。这些进给运动是通过两个操纵手柄和机械联动机构控制相应的位置开关，使进给电动机 M2 正转或反转来实现的，并且 6 个方向的运动是联锁的，不能同时接通。

1）圆形工作台的控制。为了扩大铣床的加工范，可在铣床工作台上安装附件圆形工作台，进行对圆弧或凸轮的铣削加工。转换开关 SA2 就是用来控制圆形工作台的。当需要圆工作台工作时，将 SA2 扳到接通位置，这时触头 SA－1 和 SA2－3（17 区）断开，触头 SA2－2（18 区）闭合，电流经 10－13－14－15－20－19－17－18 路径，使接触器 KM3 得电，电动机 M2 启动，通过一根专用轴带动圆形工作台作旋转运动。当不需要圆形工作台旋转时，转换开关 SA2 扳到断开位置，这时触头 SA2－1 和 SA2－3 闭合，触头 SA2－2 断开，以保证工作台在 6 个方向的进给运动，因为圆形工作台的旋转运动和 6 个方向的进给运动也是联锁。

2）工作台的左右进给运动。工作台的左右进给运动由左右进给操作手柄控制。操作手柄与位置开关 SQ5 和 SQ6 联动，有左、中、右三个位置，其控制关系见表 4.6。当手柄扳向中间位置时，位置开关 SQ5 和 SQ6 均未被压合，进给控制电路处于断开状态；当手柄扳向左或右位置时，手柄压下位置开关 SQ5 或 SQ6，使常闭触头 SQ5－2 或 SQ6－2（17 区）分断，常开触头 SQ5－1（17 区）或 SQ6－1（18 区）闭合，接触器 KM3 或 KM4 得电动作，电动机 M2 正转或反转。由于在 SQ5 或 SQ6 被压合的同时，通过机械机构已将电动机 M2 的传动链与工作台下面的左右进给丝杠搭合，所以电动机 M2 的正转或反转就拖动工作台向左或向右运动。当工作台向左或向右进给到极限位置时，由于工作台两端各装有一块限位挡铁，所以挡铁碰撞手柄连杆使手柄自动复位到中间位置，位置开关 SQ5 或 SQ6 复位，电动机的传动链与左右丝杠脱离，电动机 M2 停转，工作台停止了进给，实现了左右运动的终端保护。

表 4.6　工作台左右进给手柄位置及其控制关系

手柄位置	位置开关动作	接触器动作	电动机 M2 转向	传动链搭合丝杠	工作台运动方向
左	SQ5	KM3	正转	左右进给丝杠	向左
中	—	—	停止	—	停止
右	SQ6	KM4	反转	左右进给丝杠	向右

3）工作台的上下和前后进给。工作台的上下和前后运动是由一个手柄控制的。该手柄与位置开关 SQ3 和 SQ4 联动，有上、下、前、后、中 5 个位置，其控制关系见表 4.7。当手柄扳至中间位置时，位置开关 SQ3 和 SQ4 均未被压合，工作台无任何进给运动；当手柄扳至下或前位置时，手柄压下位置开关 SQ3 使常闭触头 SQ3－2（17 区）分断，常开触头 SQ3－1（17 区）闭合，接触器 KM3 得电动作，电动机 M2 正转，带动着工作台向下或向前运动；当手柄扳向上或后时，手柄压下位置开关 SQ4，使常闭触头 SQ4－2（17 区）分断，常开触头 SQ4－1（18 区）闭合，接触器 KM4 得电动作，电动机 M2 反转，带动着工作台向上或向后运动。这里，为什么进给电动机 M2 只有正反两个转向，而工作台却能够在四方向进给呢？这是因为当手柄扳向不同的位置时，通过机械机构将电动机 M2 的传动链与不同的进给丝杠相搭合的缘故。当手柄扳向下或上时，手柄在压下位置开关 SQ3 或

SQ4 的同时，通过机械机构将电动机 M2 的传动链与升降台上下进给丝杠搭合，当 M2 得电正转或反转时，就带动着升降台向下或向上运动；同理，当手柄扳向前或后时，手柄在压下位置开关 SQ3 或 SQ4 的同时，又通过机械机构将电动机 M2 的传动链与溜板下面的前后进给丝杠搭合，当 M2 得电正转或反转时，就又带着溜板向前或向后运动。和左右进给一样，当工作台在上、下、前、后四个方向的任何一方向进给到极限位置时，挡铁都会碰撞手柄连杆，使手柄自动复位到中间位置，位置开关 SQ3 或 SQ4 复位，上下丝杠或前后丝杠与电动机传动链脱离，电动机和工作台就停止了运动。

表 4.7　工作台上、下、中、前、后进给手柄位置及其控制关系

手柄位置	位置开关动作	接触器动作	电动机 M2 转向	传动链搭合丝杠	工作台运动方向
上	SQ4	KM4	反转	上下进给丝杠	向上
下	SQ3	KM3	正转	上下进给丝杠	向下
中	—	—	停止	—	停止
前	SQ3	DM3	正转	前后进给丝杠	向前
后	SQ4	KM4	反转	前后进给丝杠	向后

由以下分析可见，两个操作手柄被置定于某一方向后，只能压下四个位置开关 SQ3、SQ4、SQ5、SQ6 中的一个开关，接通电动机 M2 正转或反转电路，同时通过机械机构将电动机的传动链与三根丝杠（左右丝杠、上下丝杠、前后丝杠）中的一根（只能一根）丝杠相搭合，拖动工作台沿着选定的进给方向，而不会沿着其他方向运动。

4）左右进给手柄与上下进给手柄的联锁控制。在两个手柄中，进行其中一个进给方向上的操作，即当一个操作手柄被置定在某一进给方向后，另一个操作手柄必须置于中间位置，否则将无法实现任何进给运动，这是因为在控制电路中对两者实行了联锁保护。如当把左右进给手柄扳向左时，若又将另一进给手柄扳到向下进给方向，则位置开关 SQ5 和 SQ3 均被压下，触头 SQ5－2 和构－2 均分断，断开了接触器 KM3 和 KM4 的通路，电动机 M2 只能停转，保证了操作安全。

5）进给变速时的瞬时点动。和主轴变速时一样，进给变速时，为使齿轮进入良好的啮合状态，也要进行变速后的瞬时点动。进给变速时，必须先把进给操纵手柄放在中间位置，然后将进给变速盘（在升降台前面）向外拉出，使进给齿轮松开，转动变速盘选定进给速度后，再将变速盘向里推回原位，齿轮便重新啮合。在推进的过程中，挡块压下位置开关 SQ2（17 区），使触头 SQ2－2 分断，SQ2－1 闭合，接触器 KM3 经 10－19－20－15－14－13－17－18 路径得电动作，电动机 M2 启动；但随着变速盘复位，位置开关 SQ2 跟着复位，使 KM3 断电释放，M2 失电停转。这样使电动机 M2 瞬时点动一下，齿轮系统产生一次抖动，齿轮便顺利啮合了。

6）工作台的快速移动控制。为了提高劳动生产率，减少生产辅助工时，在不进行铣削加工时，可使工作台快速移动。6 个进给方向的快速移动是通过两个进给操作手柄和快速移动按钮配合实现的。

安装好工件后，扳动进给操作手柄选定进给方向，按下快速移动　按钮 SB3 或 SB4（两地控制），接触器 KM2 得电，KM2 常闭触头（9 区）分断，电磁离合器 YC2 失电，将齿轮传动链与进给丝杠分离；KM2 两对常开触头闭合，一对使电磁离合器 YC3 得电，将电动机 M2 与进给丝杠直接搭合；另一对使接触器 KM3 或 KM4 得电动作，电动机 M2 得电正转或反转，带动工作台沿选定的方向快速移动。由于工作台的快速移动采用的是点动控制，故松开 SQ3 或 SQ4，快速移动停止。

(3) 冷却泵及照明电路的控制

主轴电动机 M1 和冷却泵电动机 M3 采用的是顺序控制，即只有在主轴电动机 M1 启动后冷却泵电动机 M3 才能启动。冷却泵电动机 M3 由组合开关 QS2 控制。

铣床照明由变压器 T1 供给 24V 的安全电压，由开关 SA4 控制。熔断器 FU5 作照明电路的短路保护。

巩固训练

4.5.3 X62W 型卧式万能铣床电气控制线路的维修

1. 电气线路故障分析与维修

(1) 主轴电动机 M1 不能启动

这种故障分析和前面有关的故障分析类似，首先检查各开关是否处于正常工作位置，然后检查三相电源、熔断器、热继电器的常闭触头、两地启停按钮以及接触器 KM1 的位置，看有无电器损坏、接线脱落、接触不良、线圈断路等现象。另外，还应检查主轴变速冲动开关 SQ1，因为由于开关位置移动甚至撞坏，或常闭触头 SQ1－2 接触器不良而引起线路的故障也不少见。

(2) 工作台各个方向都不能进给

铣床工作台的进给运动是通过进给电动机 M2 的正反转配合机械传动来实现的。若各个方向都不能进给，多是因为进给电动机 M2 不能启动所引起的。维修故障时，首先检查圆工作台的控制开关 SA2 是否在“断开”位置。若没有问题，接着检查控制主轴电动机的接触器 KM1 是否已经吸合动作。因为只有接触器 KM1 吸合后，控制进给电动机 M2 的接触器 KM3、KM4 才能得电。如果接触器 KM1 不能得电，则表明控制回路电源有故障，可检测控制变压器 TC 一次侧、二次侧线圈和电源电压是否正常，熔断器是否熔断。待电压正常，接触器 KM1 吸合，主轴旋转后，若各个方向仍无进给运动，可扳动进给手柄至各个运动方向，观察其相关的接触器是否吸合，若吸合，则表明故障发生在主回路和进给电动机上，常见的故障有接触器主触头接触不良、主触头脱落、机械卡死、电动机接线脱落和电动机绕组断路等。除此以外，由于经常扳动操作手柄，开关受到冲击，使位置开关 SQ2－2 在复位时不能闭合接通，或接触不良，也会使工作台没有进给。

(3) 工作台能向左、右进给，不能向前、后、上、下进给

铣床控制工作台各个方向的开关是互相联锁的，使之只一个方向的运动。因此这种故障的原因可能是控制左右进给的位置开关 SQ5 或 SQ6 由于经常被压合，使螺钉松动、开关移位、触头接触不良、开关机构卡住等，使线路断开或开关不能复位闭合，电路 19－20 或 15－20 断开。这样当操作台向前、后、上、下运动时，位置开关 SQ3－2 或 SQ4－2 也被压开，断开了进给接触器 KM3、KM4 的通路，造成工作台只能左、右运动，而不能前、后、上、下运动。

维修故障时，用万用表欧姆挡测量 SQ5－2 或 SQ6－2 接触导通情况，查找故障部位，修理或更换元件，就可排除故障，注意在测量 SQ5－2 或 SQ6－2 的接通情况时，应操纵前后上下进给手柄，使 SQ3－2 或 SQ4－2 断开，否则通过 11－10－13－14－15－20－19 的导通，会误认为 SQ5－2 或 SQ6－2 接触良好。

（4）工作台能向前、后、上、下进给，不能向左、右进给

出现这种故障的原因及排除方法可参照上例说明分析，不过故障元件可能是位置开关的常闭触头 SQ3－2 或 SQ4－2。

（5）工作台不能快速移动，主轴制动失灵

这种故障往往是电磁离合器工作不正常所致。首先应检查接线有无松脱，整流变压器 T2、熔断器 FU3、FU6 的工作是否正常，整流器中的 4 个整流二极管是否损坏。若有二极管损坏，将导致输出直流电压偏低，吸力不够。其次，电磁离合器线圈是用环氧树脂粘合在电磁离合器的套筒内，散热条件差，易发热而烧毁。另外，由于离合器的动摩擦片和静摩擦片经常摩擦，因此它们是易损件，维修时应重视。

（6）变速时不能冲动控制

这种故障多数是由于冲动位置开关 SQ1 或 SQ2 经常受到频繁冲击，使开关位置改变（压下上开关），甚至开关底座被撞坏或接触不良，使线路断开，从而造成主轴电动机 M1 或进给电动机 M2 不能瞬时点动。出现这种故障，维修或更换开关，并调整好开关的动作距离，即可恢复冲动控制。

2. 维修步骤及要求

1）熟悉卧式铣床电气控制线路的工作原理。

2）熟悉铣床电器元件的安装位置、走线情况以及操作手柄处于不同位置时，位置开关的工作状态及运动部件的工作情况。

3）教师在铣床上人为设置故障点，并示范维修，边分析边检查，直至故障排除。

4）教师指导学生从故障现象进行分析，采取正确的步骤进行维修。

注　意

1）根据故障现象，先在电路图上用虚线正确标出故障电路的最小范围。然后采用正确的检查排除故障方法，在规定时间内查出并排除故障。

2）排除故障的过程中，不得采用更换电器元件、借用触头或改动线路的方法修复故障点。

3）维修时严禁扩大故障范围或产生新的故障，不得损坏电器元件或设备。

3. 维修时的注意事项

1）维修前要认真阅读电路图，熟练掌握各个控制环节的原理及作用。并认真仔细地观察教师的示范维修。

2）由于该类铣床的电气控制与机械结构的配合十分密切，因此，在出现故障时，应首先判明是机械故障还是电气故障。

3）修复故障使铣床恢复正常时，要注意消除产生故障的根本原因，以避免频繁发生相

同的故障。

4）停电要验电。带电维修时，必须有教师在现场监护，以确保用电安全。同时要做好训练记录。

5）工具和仪表使用要正确。

任务评价

任务评分表见表 4.8。

表 4.8 X62 卧式铣床电气控制线路的维修评分表

序号	项目	配分	考核标准	得分
1	故障分析	30	1）维修思路不正确，扣 5～10 分； 2）标错故障电路范围，每个扣 15 分	
2	铣床故障排除	70	1）停电不验电，扣 5 分； 2）工具及仪表使用不当，每次扣 5 分； 3）排除故障的顺序不对，扣 5～10 分； 4）不能查出故障，每个扣 35 分； 5）查出故障点但不能排除，每个扣 25 分； 6）产生新的故障或扩大故障范围时，若不能排除每个扣 35 分，能排除一个扣 15 分； 7）损坏电动机扣 70 分； 8）损坏电器元件或排故方法不正确，每只（次）扣 5～20 分	
3	安全文明操作		违反安全文明操作规程酌情扣 10～20 分	
4	定额时间 60min		每超时 5min 扣 5 分；超 10min 不得分	

知识拓展：Z3040 摇臂钻床的电气控制线路介绍

如图 4.28 所示，Z3040 摇臂钻床主电路共有 5 台电动机，其中 M1 为主电动机、M2 为升降电动机、M3 为液压泵电动机、M4 为冷却泵电动机。

1. 主回路

主回路和控制回路的电源均由自动空气开关 QS1 引入，自动空气开关 QS2 能使摇臂的升降及各夹紧运动与主轴运动分解，以方便维护和调试。

主电动机只有一个旋转方向，故只用了一个交流接触器 KM1，而摇臂升降电动机和液压泵电动机要求正反转，故分别采用两个接触器 KM2、KM3 和 KM4、KM5。冷却泵电动机采用自动开关 QS3 进行人工控制。FR1、FR2 分别为主电动机和液压电动机的过载保护用热继电器。摇臂升降电动机 M2 和冷却泵电动机 M4，由于短时工作，因而不设过载保护。

2. 控制回路

控制回路（图 4.29）接在自动空气开关 QS2 后面，电压为 220V。将自动空气开关 QS1 和 QS2 拨到接通状态，电源指示灯 EL1 亮，表示主回路和控制回路有电，可以进行工作。

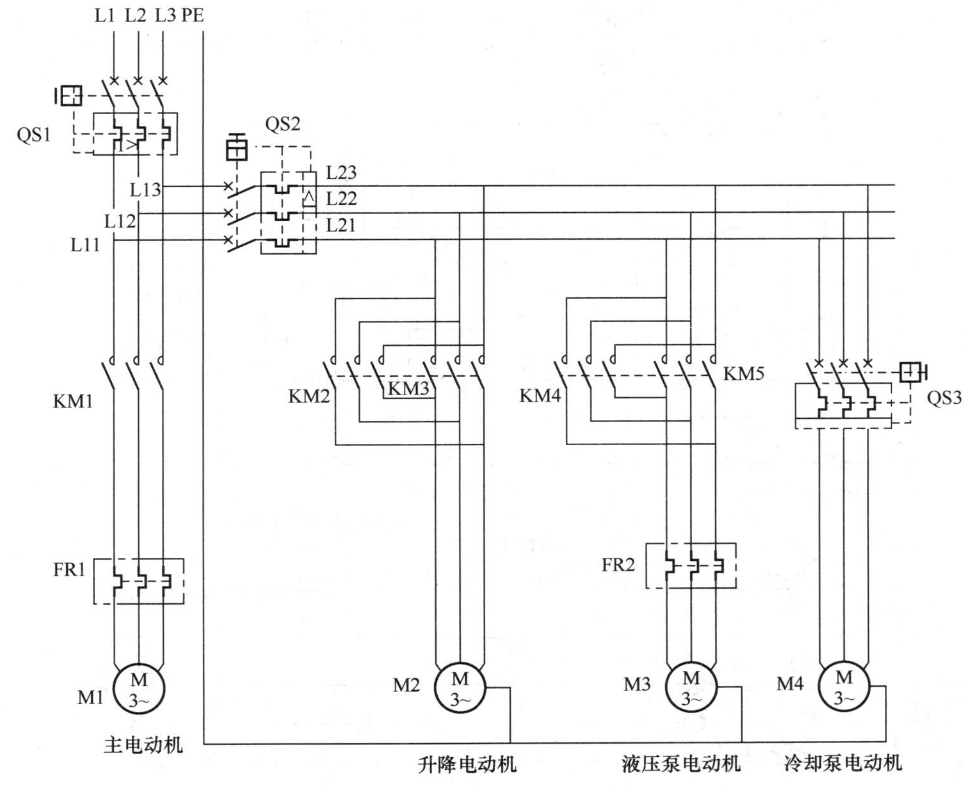

图 4.28　Z3040 摇臂钻床控制线路

按下总启动按钮 SB1，中间继电器 KA1 得电，通过自锁触点（1－3）控制回路得电，完成准备工作。

（1）主轴电动机的控制

按下按钮 SB3，接触器 KM1 得电，主轴电动机转动，同时主轴运行指示灯 EL4 点亮。主轴电动机的停止，由按钮 SB4 来实现。当主轴电动机或液压泵电动机过载时，通过 FR1 或 FR2 使 KM1 或 KM4、KM5 失电，使主轴电动机或液压泵电动机停下来。

（2）摇臂的升降控制

摇臂的上升与下降，属短时的调整工作，因此采用点动工作方式。KM4 得电，液压泵电动机 M3 起动供给压力油，经分配阀进入摇臂松开油腔，推动活塞使摇臂松开。同时活塞杆通过弹簧片使限位开关 QS3 的常闭触点（15－29）断开，KM4 失电，液压泵电动机停止，而 SQ3 的常开触点（15－17）闭合，接触器 KM2 得电，摇臂升降电动机拖动摇臂上升。

如果摇臂没有松开，SQ3 的常开触点不能闭合，摇臂升降电动机不能转动，这样就保

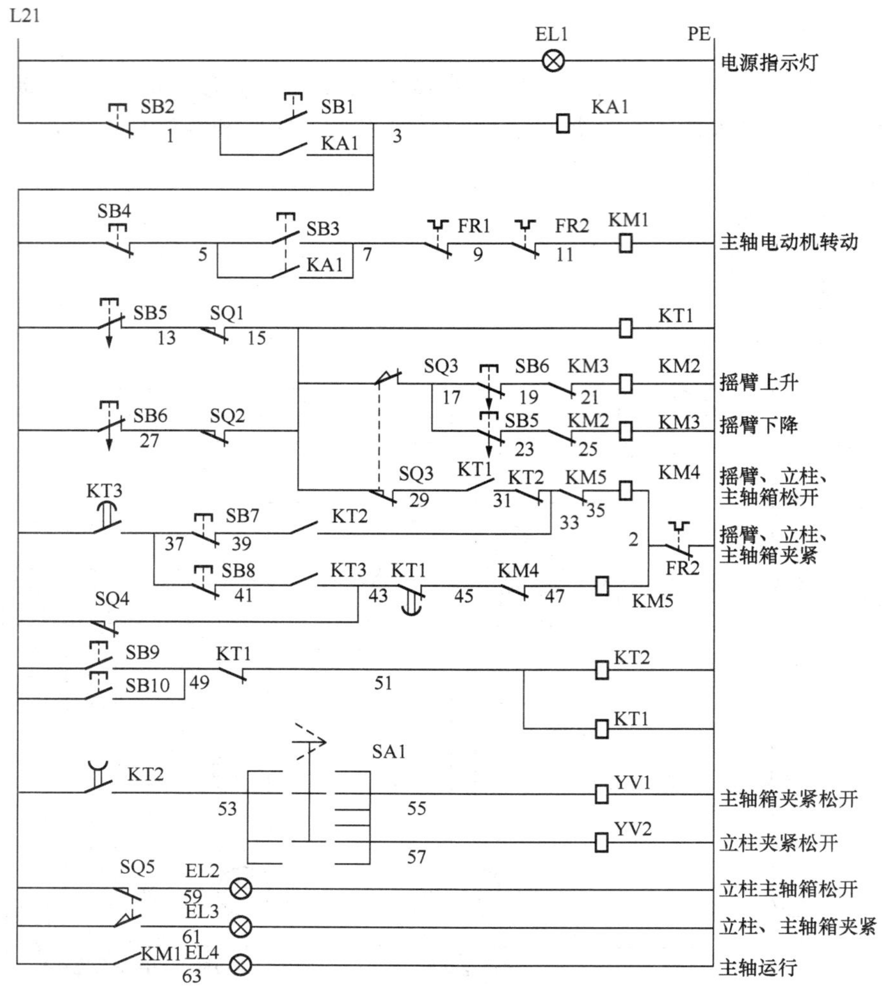

图 4.29　Z3040 摇臂钻床控制回路

证了只有在摇臂可靠松开后才使摇臂上升或下降。

当摇臂上升到所需位置时，松开按钮 SB5，KT1 和 KT2 失电。电动机 M2 停转，摇臂上升停止。经过时间继电器 KT1 的延时整定值（1－3s）后，断电延时闭合的常闭触点(3－43)闭合，KM5 得电，M3 反转，使压力油经分配阀进入摇臂的夹紧油腔，夹紧摇臂。同时活塞杆通过弹簧片使限位开关 SQ4 的常闭触点（3－43）断开，KM5 失电，M3 停转，完成了摇臂的松开—上升—夹紧的过程。

摇臂下降是通过按钮 SB6 来实现的，其运动过程为摇臂松开—下降—夹紧。

控制摇臂的上升和下降实质是控制电动机 M2 的正转和反转，控制接触器 KM2 与 KM3 不能同时动作，否则会引起电源短路。因此，在摇臂上升和下降的控制线路中加入了按钮互锁和触点互锁。

行程开关 SQ1 和 SQ2 是作为摇臂上升与下降的极限位置保护用的。

（3）立柱和主轴箱的松开与夹紧控制

用来使立柱和主轴箱松开与夹紧的压力油是由电动机 M3 拖动的液压泵提供的。控制主轴箱的松开与夹紧所用的压力油，需经电磁阀 YV1 进入主轴箱油腔，而控制立柱松开与夹紧用压力油则经电磁阀 YV2 进入立柱油腔。

立柱和主轴箱的松开与夹紧控制，可分别进行，也可 SB10 同时进行，由组合开关 SA1 和按钮 SB9 实现。SA1 有三个位置，拨到左边时，触点（53－57）接通，YV2 得电，可进行立柱的夹紧或放松；拨到右边时，触点（53－55）接通，YV1 得电，可进行主油箱的夹紧或放松；拨到中间位置，二者可同时进行。SB7 为立柱和主轴箱的松开控制按钮，SQ8 为夹紧控制按钮。

任务小结

本任务以 X62W 卧式铣床电气控制线路为例，分析了铣床电力拖动的特点及控制要求，介绍了电气控制线路的分析方法和铣床常见电气控制线路的故障及维修。

复习与思考

1. X62W 万能铣床电气控制线路具有哪些电气联锁措施？
2. 安装在 X62W 万能铣床的工作台上的工件可以在哪些方向上调整或进给？
3. 参考图 4.26 及图 4.27，简述 X62W 万能铣床主轴变速冲动的控制过程。
4. 参考图 4.26，简述 X62W 万能铣床主轴制动的控制过程。
5. 参考图 4.26，简述 X62W 万能铣床工作台快速移动的控制过程。
6. 如果 X62W 万能铣床的工作台能左右进给，但不能前后、上下进给，试分析故障原因。

任务 4.6　卧式铣床的精度检验

工作任务

X62 型卧式铣床维修完毕需进行精度检验。

工作场景

一体化教室，多媒体教学设备；机电设备维修实训室，X62 型卧式铣床，45 圆钢、HT200，圆柱铣刀、端面铣刀，刀口尺、千分尺、角度尺、塞尺，机油、煤油、毛巾、机修用工作台等。

知识目标

1. 了解卧式铣床空运转试验前的准备工作。
2. 熟悉卧式铣床的各项精度检验。

能力目标

1. 能对卧式铣床进行各项精度检验。
2. 会对卧式铣床的常见故障进行排除。

相关知识

卧式铣床经维修装配后，需进行各项精度检验（试车验收），主要包括空运转试验、负载试验、工作精度检验和几何精度检验。

卧式铣床空运转试验前的准备工作主要有以下个几方面：

1）将机床置于自然水平，不用螺栓固定。

2）检查各油路，并用煤油清洗，使油路畅通。

3）用手柄操纵所有移动装置在全程上移动，应无阻滞、轻便灵活。

4）在摇动手轮或手柄，特别是起动电动机进给时，工作台各方向的夹紧手柄应松开。

5）检查电动机旋转方向和限位装置。

任务实施

4.6.1 空运转试验

1）空运动试验从低速开始，逐级加速，各级转速的运转时间不少于 2min，最高转速运转时间不少于 30min，主轴承达到稳定温度时不低于 60℃。

2）起动进给电动机，进行逐级进给运动及快速试验，各级进给量的运转时间不大于 2min，最大进给量运转达到温度时，轴承温度应不低于 50℃。

3）所有转速的运转中，各工作机构应平稳，无冲击、振动和周期性噪声。

4）机床运转时，各润滑点应有连续和足够的油液。各轴承盖、油管接头均不得漏油。

5）检查电气设备的工作情况，包括电动机起动、停止、反向、制动和调速的平稳性等。

4.6.2 负载试验

机床负载试验的目的是考核机床运动系统能否承受标准规定的最大允差切削规范，也可根据机床实际使用要求取最大切削规范的 2/3。一般选择下述项目中的一项进行切削试验。

1. 切削钢的试验

切削材料为正火 210～220HBS 的 45 钢。

1）圆柱铣刀：ϕ100mm，Z=14；切削用量：a_e=50mm，a_p=3mm，n=750r/min，f=750mm/min。

2）端面铣刀：ϕ100mm，Z=14；切削用量：a_e=100mm，a_p=5mm，n=37.5r/min，f=190mm/min。

2. 切削铸铁试验

切削材料为 180～220HBS 的 HT200。

1）圆柱铣刀：ϕ90mm，Z=18；切削用量：a_e=100mm，a_p=11mm，n=47.5r/min，f=118mm/min。

2）端面铣刀：ϕ200mm，Z=16；切削用量：a_e=100mm，a_p=9mm，n=60r/min，f=300mm/min。

4.6.3 工作精度检验

机床工作精度检验应在机床空运转试验和负载试验之后，并确认机床所有机构均处于正常状态，按照 GB 3933－83 卧式升降台铣床精度标准、检验方法进行。

切削试件材料为铸铁，试件的形状尺寸如图 4.30 所示，用圆柱铣刀进行铣削加工，铣刀直径小于 60mm。铣削加工前，应对试件底面先进行精加工，在一次安装中，用工作台纵向机动、升降台机动和床鞍横向手动铣削工件 A、B、C 三个表面。用工作台纵向机动和升降台手动铣削 D 面，接刀处重叠 5～10mm。试件应安装于工作台纵向中心线上，使试件长度相等地分布在工作台中心线的两边。铣削后应达到的精度为：表面 B 的平行度允差为 0.03mm；表面 A 和 B、表面 C 和 B 的垂直度允差为 0.02mm，表面 A、B、C 和 D 的垂直度允差为 0.03mm；表面 D 的平面度允差为 0.02mm；各加工表面的表面粗糙度值为 R_a1.6μm。

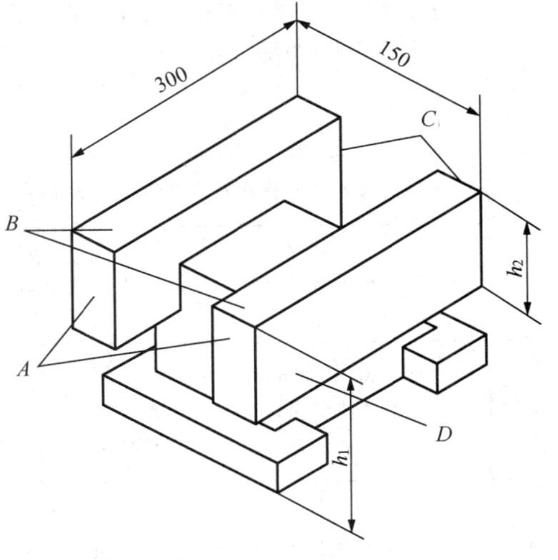

图 4.30　试件

4.6.4 几何精度检验

机床的几何精度可按照 GB3933—83 卧式升降台铣床精度标准、检验方法进行。如果机床已修过多次，有些项目达不到精度标准，则可根据加工工艺要求选择项目检验验收。

巩固训练

4.6.5 铣床常见故障及排除方法

常见故障及排除方法见表 4.9。

表 4.9　铣床常见故障及排除方法

序号	故障内容	产生原因	排除方法
1	主轴变速箱的操纵手柄自动脱落	操纵手柄内的弹簧松弛	更换弹簧或弹簧尾端加一垫圈
2	主轴变速箱变速手柄扳不动或不灵活	1）扇形齿轮与齿条啮合不良； 2）拨叉移动轴弯曲或咬死； 3）齿条轴未对准孔盖	1）调整啮合间隙； 2）校直、修光或调换； 3）先变换其他各级转速或左右转动变速盘。调整星轮的定位器弹簧，使定位可靠
3	主轴变速齿轮不易啮合或有打击声	1）主轴电动机的点动线路接触点失灵； 2）微动开关闭合时间过长	1）检查电气线路，调整点动小轴的尾端螺钉，达到点动接触要求； 2）调整微动开关的位置
4	主轴制动不良	揿下停止按钮，主轴不能立即停止或产生反转现象	检查控制继电器，进行检修或更换
5	进给箱工作时安全离合器发响，电动机正转，离合器不转，反转正常	锁紧摩擦片间隙的调节螺母防松装置失灵，定位销脱出，由于惯性，调节螺母转动，使摩擦片间的间隙减小，摩擦离合器同时动作	按进给箱轴Ⅺ的结构参照调整要求进行修复
6	进给箱工作时摩擦片发热冒烟	摩擦片的总间隙过小	将摩擦片总间隙调整到 2～3mm
7	开始铣削时进给箱有破裂声	安全离合器调整得太松	调整离合器的传递扭矩在 160～200N·m 左右
8	升降台在揿下快速行程按钮时，接触点虽接通，但没有快速行程	1）摩擦片间的总间隙太大； 2）牙嵌离合器的行程不足 6mm	1）调整摩擦片总间隙至 2～3mm； 2）调整快速行程电磁铁的行程
9	升降台快速牵引电磁铁烧坏	电磁铁安装歪斜，铁芯未拉到位，叉形杆的弹簧太硬，而使负荷过载	检查电磁铁的安装位置是否垂直，调整铁芯的行程，消除间隙，调整弹簧压力

续表

序号	故障内容	产生原因	排除方法
10	扳动纵向行程手柄时工作台无进给运动	1）进给箱上的操作手柄不在中间位置； 2）升降及横向进给机构中的联锁式接触点没有闭锁	1）把操纵手柄扳到中间位置； 2）调整进给机构中凸轮下的终点开关上的销子
11	工作台横向移动手柄太重	横向进给传动的丝杆与螺母同轴度超差	调整横向移动的螺母座，调整螺母与丝杆同轴度在 0.02mm
12	工作台横向或垂直进给时有带动纵向移动的现象	纵向进给的拨叉与离合器之间的距离过小	调整拨叉与离合器之间的轴向配合间隙或增加离合器脱开时的距离
13	工作台快速进给脱不开	电磁铁的磁性过大或慢速复位的弹簧力不够	清洗摩擦片因摩擦产生的粉末或调整弹簧压力
14	工作台纵向进给空返程量太大	1）工作台纵向丝杆与螺母之间的轴向间隙太大； 2）丝杆两端轴承的间隙太大	1）将螺母间隙调整小； 2）调整丝杆螺母使丝杆的轴向间隙在 0.01～0.03mm 之间
15	铣削时振动较大	1）主轴的全跳动太大； 2）工作台松动	1）调整主轴承的径向和轴向间隙； 2）调整工作台的导轨与塞铁的间隙在 0.02～0.03mm

任务评价

任务评分表见表 4.10。

表 4.10 铣床精度检验与故障排除评分表

序号	项目	配分	考核标准	得分
1	铣床精度检验	50	1）检验工量具准备齐全，少一样扣 5 分； 2）工量具使用正确，否则一次扣 5 分； 3）检验方法正确，否则扣 20 分	
2	铣床故障排除	50	1）工量具使用正确，否则一次扣 5 分； 2）检查方法合理，否则扣 10 分； 3）故障排除正确，否则扣 20 分	
3	安全文明操作		违反安全文明操作规程酌情扣 10～20 分	

课外阅读材料

高速切削加工技术

高速切削加工技术是21世纪的一种先进制造技术，有着强大的生命力和广阔的应用前景。它是集高效、优质、低耗于一身的先进制造技术。其切削速度、进给速度相对于传统的切削加工，以级数级提高，切削机理也发生了根本的变化。与传统切削加工相比，高速切削加工发生了本质性的飞跃，其单位功率的金属切除率提高了30%～40%，切削力降低了30%，刀具的切削寿命提高了70%，留于工件的切削热大幅度降低，低阶切削振动几乎消失。

随着切削速度的提高，单位时间毛坯材料的去除率增加，切削时间减少，加工效率提高，从而缩短了产品的制造周期，提高了产品的市场竞争力。同时，高速切削加工的小量快进使切削力减少，切屑的高速排除，减少了工件的切削力和热应力变形，提高了刚性差和薄壁零件切削加工的可能性。由于切削力的降低，转速的提高使切削系统的工作频率远离机床的低阶固有频率，降低了表面粗糙度。

随着高速切削加工技术的应用范围扩大，对新型刀具材料的研究、刀具设计结构的改进、数控刀具路径新策略的产生、高速切削机床的研究和切削条件的改善等也提出了很高的要求。

任务小结

本任务重点讲解了卧式万能升降台铣床维修装配后的精度检验。通过学习，要求熟悉卧式铣床的各项精度检验方法，能够按照精度要求进行精度检验；能够正确分析卧式铣床的故障原因并加以维修。

复习与思考

1. 卧式铣床空运转试验前应做哪些准备工作？
2. 简述空运转试验的内容。
3. 机床负载试验的目的是什么？
4. 主轴变速箱的操纵手柄自动脱落是什么原因？如何维修？
5. 工作台快速进给脱不开是什么原因？如何维修？

项 目 5

M1432A型万能外圆磨床的维修

磨床广泛应用于零件的精加工，尤其是淬硬钢件和高硬度特殊材料的精加工。近年来，随着科学技术的不断发展，对机器零件的精度和表面粗糙度要求越来越高，各种高硬度新型材料越来越多，磨削加工占的比例越来越大。目前，在工业发达国家，磨床在金属切削机床中的构成已达到30%以上。

为了适应磨削加工表面、结构形状和尺寸大小不同的各种工件的需要，以及满足不同的生产批量的要求，磨床的种类很多，主要有外圆磨床、内圆磨床、平面磨床、工具磨床以及各种专用磨床等。M1432A型外圆磨床是其中应用较为普遍的一种磨床。

任务 5.1　M1432A 型万能外圆磨床简介

工作任务

1. 对 M1432A 型万能外圆磨床传动系统进行分析。
2. 对 M1432A 型万能外圆磨床进行简单操作。

工作场景

一体化教室，多媒体教学设备；机电设备维修实训室，M1432A 型万能外圆磨床、机油、油枪、毛巾、机修用工作台等。

知识目标

1. 了解 M1432A 型万能外圆磨床的功用及主要技术参数。
2. 熟悉 M1432A 型万能外圆磨床的结构及各部分的作用。
3. 掌握 M1432A 型万能外圆磨床传动系统的分析方法。

能力目标

1. 能对 M1432A 型万能外圆磨床主运动传动路线进行正确分析。
2. 会对 M1432A 型万能外圆磨床进行简单操作。

相关知识

M1432A 型万能外圆磨床主要用于磨削圆柱形或圆锥形的外圆及内孔，也能磨削阶梯轴的轴肩和端平面。这种磨床属于普通精度级，通用性较大，而且自动化程度不高，磨削效率不高，所以主要适用于工具车间、机修车间和单件、小批量生产的车间。

5.1.1　M1432A 型万能外圆磨床的主要部件及功用

图 5.1 所示为 M1432A 型万能外圆磨床的外形图。其主要组成部件如下：

1. 床身

床身是磨床的基础支承件，用以支承机床的各部件，使它们在工作时保持准确的相对位置。床身上面有纵向导轨和横向导轨，分别为磨床工作台 9 和砂轮架 7 的移动导向。

2. 头架

头架主轴可与卡盘连接或安装顶尖，用以装夹工件。头架主轴由头架上的电动机经带传动、头架内变速机构带动回转，实现工件的圆周进给。头架可绕垂直轴线逆时针回转 90°。

3. 砂轮架

砂轮架用以支承砂轮主轴，可沿床身横向导轨移动，实现砂轮的径向（横向）进给。砂轮的径向进给量可以通过手轮 3 手动调节。安装于主轴的砂轮同一独立的电动机通过带传动使其回转。砂轮架可绕垂直轴线回转－30°～＋30°。

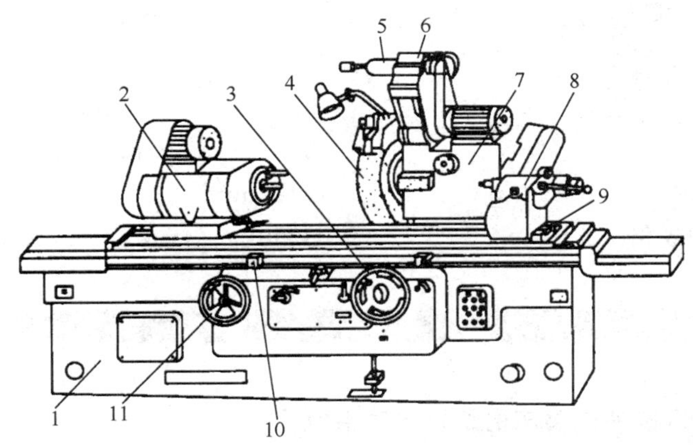

图5.1　M1432A型万能外圆磨床

1—床身；2—头架；3—横向进给手轮；4—砂轮；5—内圆磨具；6—内圆磨头；7—砂轮架；8—尾座；9—工作台；10—挡块；11—纵向进给手轮

4. 内圆磨具

内圆磨具5用来磨削内圆。它由专门的电动机经带带动其主轴高速回转，实现内圆磨削的主运动。

5. 工作台

工作台9由上、下两层组成，可沿床身横向导轨移动，上层可绕下层中心轴线在水平面内顺（逆）时针小角度的回转，以便磨削小锥角的长锥体工件。工作台上层用以安装头架和尾座，工作台下层连同上层一起沿床身纵向导轨移动，实现工件的纵向进给。纵向进给可通过手轮11手动调节。工作台的纵向进给运动由床身内的液压传动装置驱动。

6. 尾座

尾座8套筒内安装尾顶尖，用以支承工件的另一端。后端装有弹簧，利用可调节的弹簧顶紧工件，也可以在长工件受磨削热影响而伸长或弯曲变形的情况下便于工件装卸。

5.1.2　M1432A型万能外圆磨床的主要技术参数

外圆磨削直径	8～320mm
外圆最大磨削长度（3种规格）	1000、1500、2000mm，3000/125mm
内孔磨削直径	30～100mm
内孔最大磨削长度	125mm
磨削工件最大质量	150kg
砂轮尺寸	ϕ400mm×50mm×ϕ203mm
砂轮转速	1670r/min
内圆砂轮转速	10 000r/min、15000r/min
头架主轴转速（6级）	25r/min、50r/min、80r/min、112r/min、160r/min、224r/min

工作台纵向移动速度（液压无级调速）	0.051～4m/min
机床外形尺寸（3 种规格）	
长度	3200mm、4200mm、5200mm
宽度	1500～1800mm
高度	1420mm
机床重量（3 种规格）	3200kg、4500kg、5800kg

任务实施

5.1.3 M1432A 型万能外圆磨床的机械传动系统

M1432A 型万能外圆磨床的传动原理如图 5.2 所示。该机床的运动是由机械和液压联合传动，除了工作台的纵向往复，砂轮架的快速进退和周期自动进给，尾座顶尖套筒的退回是液压系统外，其他均为机械传动。其机械传动系统如图 5.3 所示。

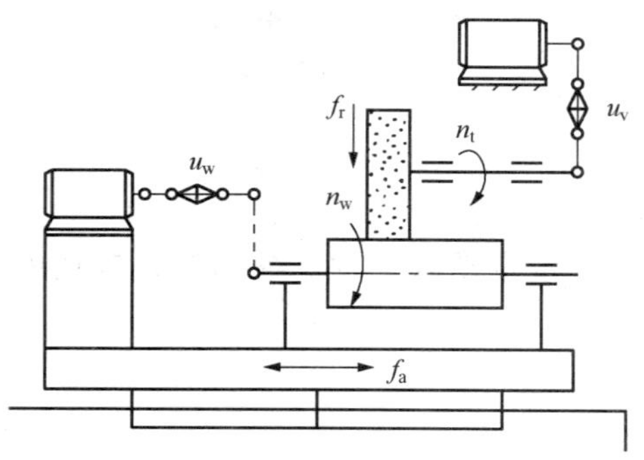

图 5.2 M1432A 型万能外圆磨床的传动原理图

1. 外圆磨具的旋转运动

外圆磨床的砂轮主轴由功率 4kW、转速为 1440r/min 电动机经 4 根三角带直接传动，使砂轮主轴的转速达到 1670r/min。

2. 内圆磨具的旋转运动

内圆磨削砂轮主轴由功率 1.1kW、转速为 2840r/min 电动机经平带直接传动，更换带轮可得到两种转速。

内圆磨具装在支架上，为了保证工作安全，内圆砂轮电动机的启动与内圆磨具支架位置有联锁作用，只有当支架翻到工作位置时，电动机才能启动。这时，外圆砂轮架快速进退手柄在原位上自动锁住，不能快速移动。

3. 工件的旋转运动

工件的旋转运动是磨床的圆周进给运动。工件的转动是由功率 0.5kW、转速为 2840r/min 电动机经过塔轮、三角带和拨盘带动旋转的。由于电动机是双速，并用三级塔轮变速，所以工件可得到六种不同的转速，其传动路线如下：

$$\text{电动机}\ (n=2840\text{r/min})-\left\{\begin{array}{l}\dfrac{48}{164}\\[2ex]\dfrac{111}{109}\\[2ex]\dfrac{130}{90}\end{array}\right\}-61/184-68/177-\text{拨盘}$$

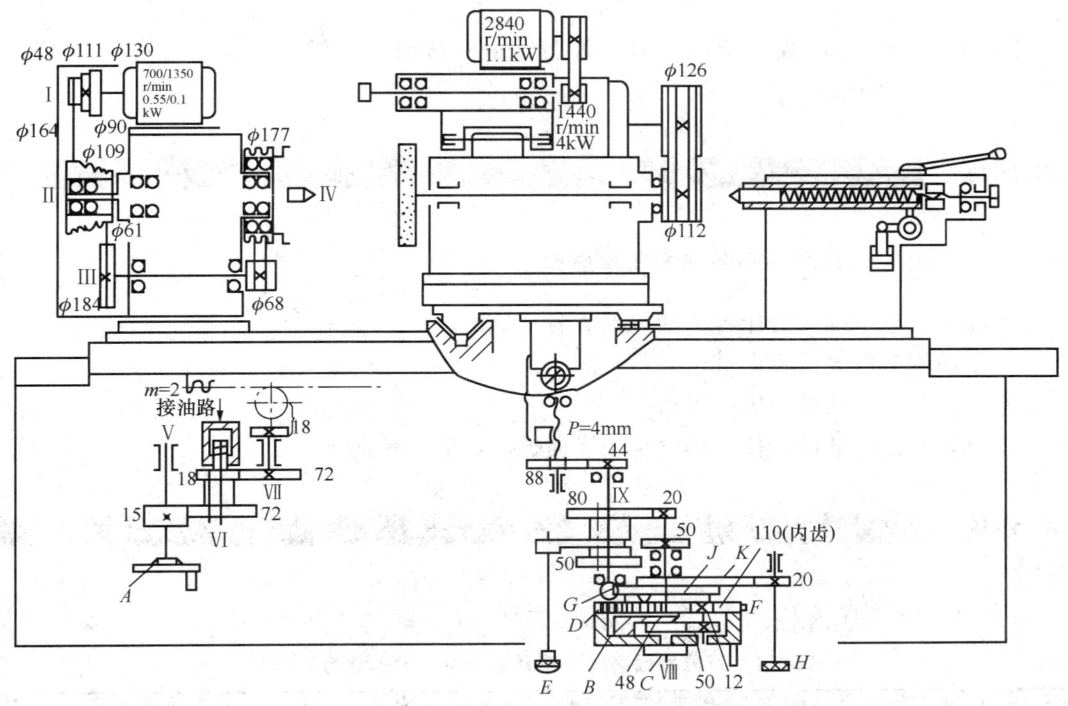

图 5.3　M1432A 机械传动系统图

4. 工作台的手动纵向移动

工作台的纵向移动在磨削时通常是由液动操纵的，但在进行调整或手动磨削时也可由手轮 A 进行操纵。

为避免工作台纵向运动时带动手轮 A 快速转动碰伤操作人员，采用了联锁装置。轴Ⅵ的小油缸和液压系统相通，工作台运动时压力油推动轴Ⅵ的双联齿轮移动，使齿轮 Z18 和 Z72 脱开。因此，液压驱动工作台纵向运动时手轮 A 并不转动。

5. 砂轮架的横向手动进给运动

砂轮架的横向进给运动可用手轮 B 实现，也可由进给油缸的柱塞 G 驱动，实现周期的自动进给。传动路线如下：

$$\left.\begin{matrix}\text{手轮 B（手动进给）}\\ \text{进给油缸柱塞 G（自动进给）}\end{matrix}\right\}—Ⅷ\left\{\begin{matrix}\dfrac{50}{50}\ \text{（粗进给）}\\ \dfrac{20}{80}\ \text{（细进给）}\end{matrix}\right\}—Ⅸ—\frac{44}{88}—\text{横向进给丝杠}\ (t=4)$$

粗进给时，手轮转一周，砂轮架的横向移动距离为

$$1\times\frac{50}{50}\times\frac{44}{88}\times4=2\text{mm}$$

细进给时，手轮转一周，砂轮架的横向移动距离为

$$1\times\frac{20}{80}\times\frac{44}{88}\times4=0.5\text{mm}$$

手轮 D 上分为 200 格，所以，刻度盘上每格的横向进给量为：粗进给时为 0.01mm，细进给时为 0.0025mm。

巩固训练

5.1.4 M1432A 型万能外圆磨床的简单操作

1）断电状态下操纵磨床各手柄，熟悉各手柄的功用。

2）手动调节砂轮的径向进给。

3）手轮调节工作台的纵向进给。

4）机动空运转磨床，使工作台自动纵向进给，砂轮径向进给。

任务评价

任务评分表见表 5.1。

表 5.1　万能外圆磨床传动系统分析与操作练习评分表

序号	项目	配分	考核标准	得分
1	传动系统分析	40	对照传动系统图能够正确写出传动结构式，错一处或漏一处扣 10 分	
2	认识万能外圆磨床	20	1）准确说出各开关、手轮名称及作用，错一处扣 5 分 2）准确说出各部件名称及作用，错一处扣 5 分	
3	万能外圆磨床操作	30	1）熟练用手轮移动磨床工作台，使工作台实现纵向进给，根据情况酌情扣分 2）熟练用手轮移动磨砂，使其实现径向进给，根据情况酌情扣分 3）熟练机动空运转磨削，根据情况酌情扣分	
4	维护保养	10	能够按照要求对磨床进行正确维护与保养，一项达不到要求扣 2 分	
5	安全文明操作		违反安全文明操作规程酌情扣 10～20 分	
6	定额时间 40min		每超时 5min 扣 5 分；超 10min 不得分	

知识拓展：无心外圆磨床简介

无心外圆磨床是一种生产率很高的精加工机床。无心外圆磨床进行磨削时，工件不是支承在顶尖上或夹持在卡盘中，而直接置于砂轮和导轮之间的托板上，以工件自身外圆为定位基准，其中心略高于砂轮和导轮的中心连线。磨削时，导轮转速 n_t 与砂轮转速 n_0 相比较低，由于工件与导轮（通常用橡胶黏合剂做的，磨粒较粗）之间的摩擦较大，所以工件以接近于导轮转速回转（n_w）。从而在砂轮与工件间形成很大的速度差，据此产生磨削作用。改变导轮的转速，便可以调整工件的圆周进给速度。

如图 5.4 所示为无心外圆磨床外观简图。由床身、砂轮架、砂轮修整器、导轮修整器、座架和支座等主要部件组成。

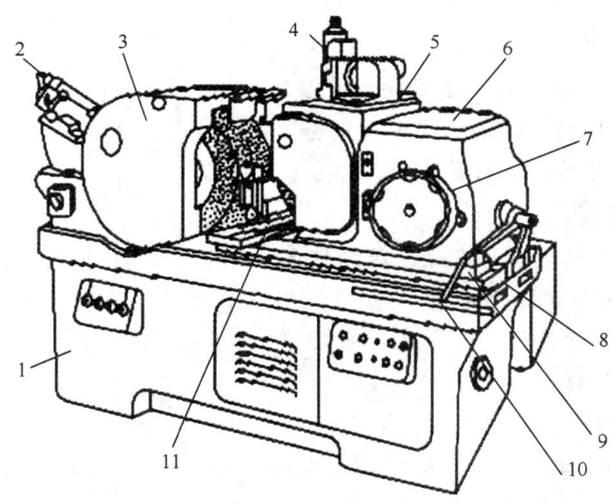

图 5.4　无心外圆磨床

1—床身；2—砂轮修整器；3—砂轮架；4—导轮修整器；5—转动体；6—座架；7—微量进给手柄；8—回转底座；9—滑板；10—快速进给手柄；11—支座

无心磨床所磨削的工件，尺寸精度和几何精度都较高，且有很高的生产率。如果配备自动上下料机构，很容易实现单机自动化，适用于大批量生产。

任务小结

本任务介绍了 M1432A 型万能外圆磨床的结构、主要技术参数和传动原理。通过学习，掌握 M1432A 型万能外圆磨床传动路线的分析方法，熟悉其结构，会对其简单操作，为外圆磨床各部件的后续维修打下基础。

复习与思考

1. 磨床有哪几种？
2. M1432A 型万能外圆磨床有什么特点？
3. M1432A 型万能外圆磨床有哪几部分组成？
4. 请对照传动系统图写出砂轮架横向手动进给的传动结构式。

任务 5.2 M1432A 型万能外圆磨床机械部分的维修

工作任务

1. 对 M1432A 型万能外圆磨床主轴部件进行维修。
2. 对横向进给机构进行调整。
3. 对砂轮进行静平衡。

工作场景

一体化教室，多媒体教学设备；机电设备维修实训室，M1432A 型万能外圆磨床，机械设备维修常用工具，平衡架、平衡心轴、平衡块，水平仪、平行铁，红丹粉，千分尺，塞尺，研磨棒、研磨剂，机油，油枪，毛巾，机修用工作台等。

知识目标

1. 了解外圆磨床头架和尾架的结构。
2. 熟悉短三瓦滑动轴承的结构。
3. 熟悉横向进给机构的结构。
4. 掌握主轴部件的装配维修与调整工艺。

能力目标

1. 能对横向进给机构的间隙进行调整。
2. 会对砂轮进行静平衡。

相关知识

5.2.1 “短三瓦”滑动轴承的结构

砂轮架中的砂轮主轴及其支承部分直接影响加工质量，应具有高的回转精度、刚度、抗振性及耐磨性，是砂轮架部件中的关键部分。

“短三瓦”型的滑动轴承，又叫“短三瓦”自动调位轴承，它由三块扇形轴瓦组成。图 5.5所示为 M1432A 型万能外圆磨床砂轮主轴 5 的前（左）、后（右）轴承 3 和 7 采用这种轴承作径向支承。轴瓦 23 的材料为铸铁基体内浇 ZQPb 铅青铜，轴瓦背面与壳体 4 不接触，而是支承在可调节的球头螺钉 22 上。球头螺钉的球部和轴瓦背面的凹坑经过配研，接触面积不少于 80%，保证有良好的接触刚度，同时使轴瓦能灵活地绕支承摆动，可消除因工作表面的同轴度误差和主轴的弹性变形所引起的边侧压力对工作精度的影响。由于轴瓦与球头螺钉采用配研，因此装配时须配对对号入座。轴瓦支承中心（轴瓦背面的凹坑中心）的位置在轴向处于轴瓦正中，在周向则稍微偏离中间一些距离，当主轴旋转时，轴瓦自动摆动到一定平衡位置，使其内表面与主轴轴颈间形成理想的楔形缝隙，于是在轴颈周围产生三个独立的压力油膜（或称油楔），使主轴悬浮在三个轴瓦中间，如图 5.6 所示。由于轴瓦背面支承凹坑位置的不对称，因此轴瓦应按主轴的规定转向装配，并且主轴只能作单向旋转工作，不能反转，反转则不能形成压力油楔。轴承的间隙可通过球头螺钉 22 进行调

整，一般情况下轴瓦和轴颈之间的间隙可调整在 0.015～0.025mm 之间，因轴颈周围始终有均匀分布的油膜压力作用着，主轴的轴线飘移量可控制在 0.002mm 左右，故主轴有较高的旋转精度。

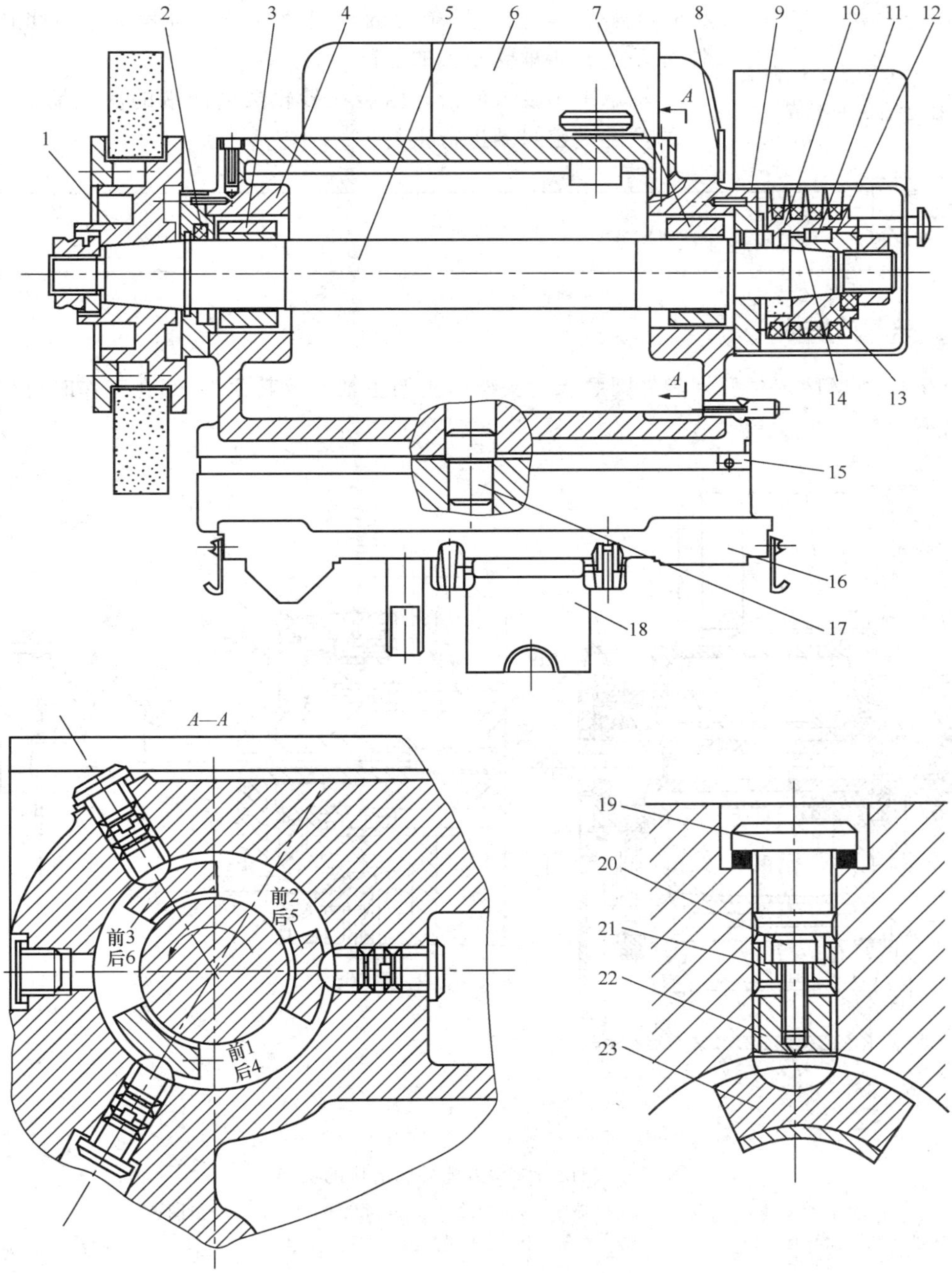

图 5.5　M1432A 型万能外圆磨床砂轮架

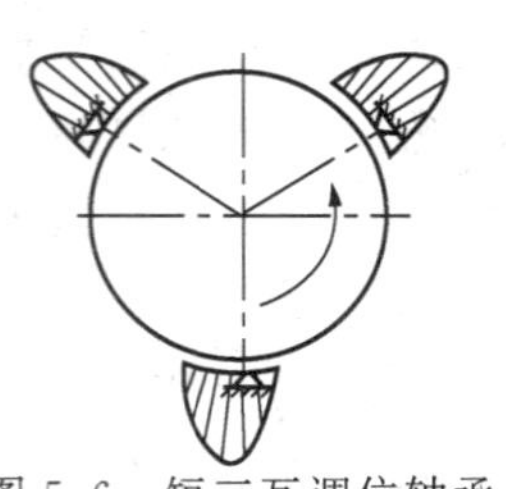
图 5.6　短三瓦调位轴承独立油楔的形成

主轴的轴向定位由止推环 8 和推力球轴承 10 实现。主轴后（右）端的轴肩端面支承在装入右端盖 9 中的止推环 8 上，以承受向后的轴向磨削力。向前的轴向力则由主轴经皮带轮 13，再通过螺钉 12、弹簧 11、销钉 14（共 6 个）和推力球轴承 10，端盖 9 传至体壳 4，由于这条力的传递路线中具有弹簧，因此其支承刚性差，不能承受较大的磨削力。

轴承采用浸入润滑，由装在砂轮架体两端的法兰端盖 2 和 9 中的皮碗式密封圈进行密封。

提　示

推力球轴承的间隙由弹簧自动消除。

5.2.2 头架的结构

图 5.7 为 M1432A 型万能外圆磨床的头架。头架主轴 8 及其顶尖 10 在工作时可以转动也可以不转。

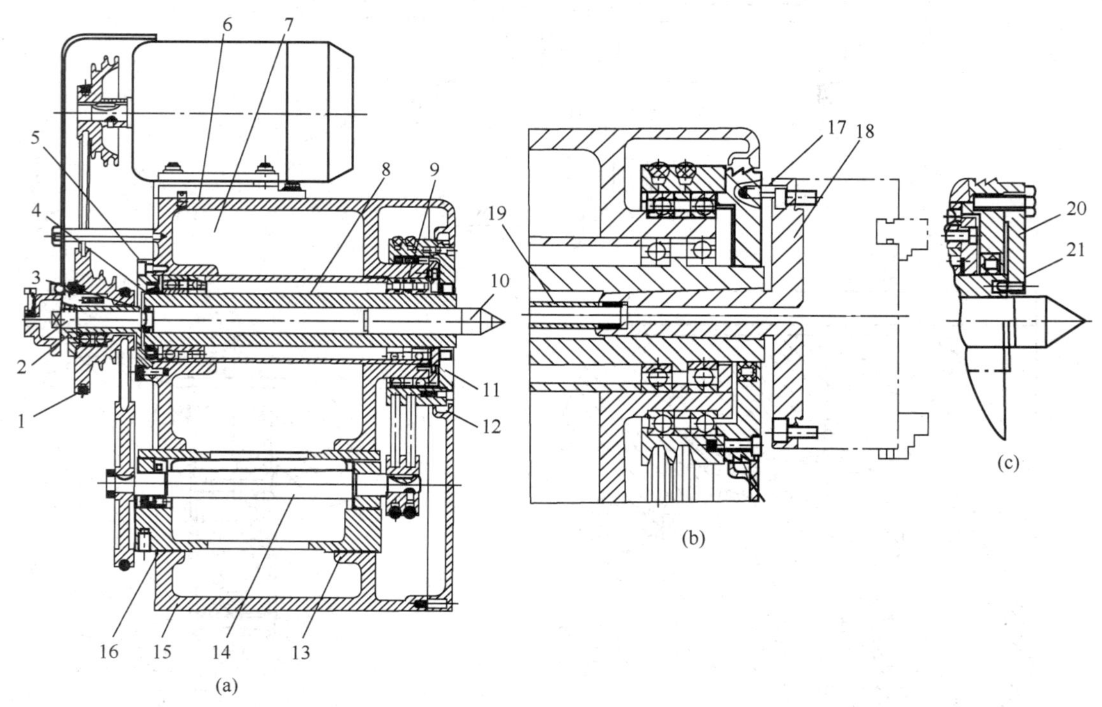

图 5.7　M1432A 型万能外圆磨床的头架

1、12—三角带轮；2—螺杆；3—摩擦圈；4—法兰；5—补偿垫圈；6、7、9—垫圈；10—顶尖；11—拨盘；13—偏心套；14—中间轴；15—头架壳体；16—螺孔；17—拨杆；18—法兰盘；19—拉杆；20—拨块

当工件如图 5.7（a）支承在磨床前后两顶尖上时，装在拨盘 11 上的拨杆带动工件的夹头，使工件转动。此时，头架主轴及其顶尖是固定不转的。头架主轴和顶尖固定不转，有助于提高工件的旋转精度及主轴部件的刚度。

提　示

使头架主轴不转的方法是：拧紧螺杆 2，将摩擦圈 3 与主轴后端顶紧即可。

当用三爪或四爪卡盘如图 5.7（b）所示夹持工件时，可在主轴锥孔中装上法兰盘 18，并用平杆 19 拉紧。卡盘由拨盘上的拨杆 17 带动旋转，此时主轴及顶尖都转动。

当磨床需要如图 5.7（c）自磨顶尖时，先在拨盘上装好拨块 20，通过销子 21 带动主轴及其顶尖旋转。

头架主轴在工作时直接支持着工件，因此，头架主轴及其轴承具有较高的回转精度，刚度及抗振性。它采用四个 D 级精度的向心推力球轴承，并在装配时保证有一定的预紧力，以提高轴承的回转精度。预紧力是通过配磨垫圈 6、7、9 和补偿垫圈 5 的厚度来获得的。

为防止因采用带传动而使主轴弯曲变形，三角带轮 1 和 12 均采用卸荷装置。三角带轮 1 用两个滚动轴承安装在法兰 4 上，而三角带轮 12 则用两个滚动轴承安装在头架壳体 15 上。

注　意

为了调整头架主轴与中间轴 14 之间的三角带张紧力，可利用带螺纹的铁棒，旋入螺孔 16 后转动偏心套 13。

5.2.3 尾架的结构

图 5.8 为 M1432A 型万能外圆磨床的尾架。尾架的顶尖（后顶尖）用来与头架主轴顶尖（前顶尖）一起，顶紧紧和支承工件。因此，要求尾架具有足够的刚度和精度。

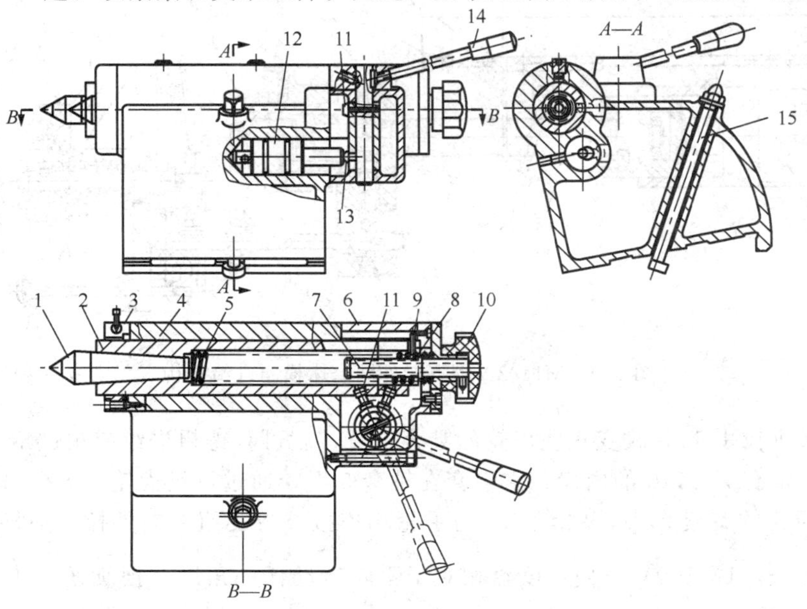

图 5.8　M1432A 型万能外圆磨床尾架

1—顶尖；2—套筒；3—密封盖；4—尾架壳体；5—弹簧；6—壳体；7—螺杆；8—螺母；9—销子；10—手轮；11、13—拨杆；14—手柄；15—L 形螺钉顶尖 1 装在套筒 2 的锥孔中，套筒与尾架壳体 4 的孔配合十分精密，间隙约 0.005～0.01mm。在弹簧 5 的作用下，将套筒和顶尖始终向外顶出。

注　意

顶紧力的调整方法：转动手轮 10 使螺杆 7 旋转，螺母 8 由于销子 9 嵌在壳体 6 长槽中而受到限制，只能作向左或向右移动，于是改变了弹簧 5 的预紧力，对工件的顶紧力也就得到了改变。

依靠弹簧来顶紧工件，可使糜磨削过程中，不会因工件热胀而使预紧力增大，从而防止了顶尖的过度磨损和顶弯工件所造成的磨削精度降低。

尾架套筒的退回可以后动也可以液动。手动时，顺时针转动手柄 14，通过拨杆 11 而带动套筒退回。液动时，用脚踏下踏板，使压力油进入液压缸，推动活塞 12 向左移动，迫使拨杆 13 摆动，然后通过拨杆 11 带动套筒退回。

5.2.4 横向进给机构

磨床的横向进给机构用于实现砂轮的横向进给和快速进退。它是控制磨削时直径尺寸的精度的，所以要求在作横向进给时，进给量要精确；在作快速进退时，到达终点位置后应能准确定位。

图 5.9 为外圆磨床的横向进给机构。用手转动手轮 1 使轴 7 旋转，通过一对双联齿轮 8 和 12 将运动传给轴 13，再经过一对齿轮 14 和 23 使丝杆 16 旋转，最后通过固定在砂轮架上的半螺母 15，带动砂轮架 21 沿磨床滚动导轨 22 作横向移动。采用滚动导轨可减少进给时摩擦阻力，以提高横向进给精度，但抗振性稍差。

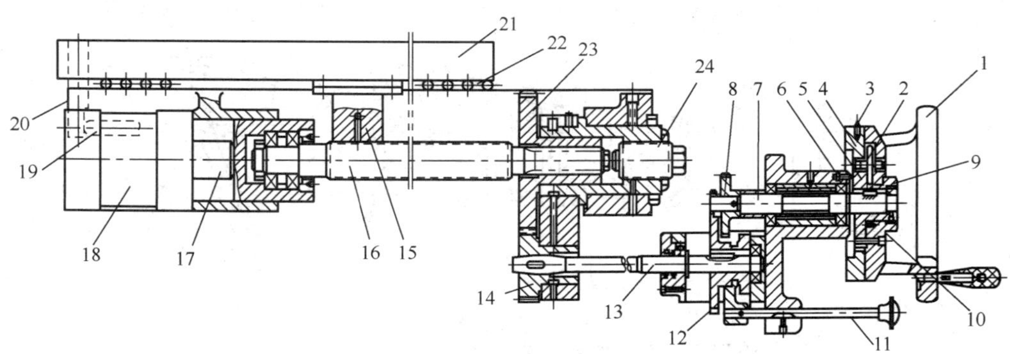

图 5.9　M1432A 型万能外圆磨床横向进给机构

拉出或推进拉手 11，改变双联齿轮的啮合位置，就可获得粗进给或精进给。

刻度盘 4 带有 $Z=110$ 的内齿，它空套在轴套 5 上，通过行星齿轮 2（$Z=12$、$Z=50$），带有 $Z=48$ 齿轮的旋钮 9，以及销子 10 与手轮相连接。将旋钮 9 向外拉出后转动，通过两对啮合齿轮（$\frac{48}{50}$，12/110）可使刻度盘相对于手轮转动任一角度。把旋钮 9 推入，销子 10 插入旋钮上 21 个孔中的任何一个时，旋钮和刻度盘均被固定在手轮上，而不能相对于手轮转动。

砂轮架的快速进退由快速进退液压缸 18 传动。丝杆 16 的右端与齿轮 23 为花键连接，

故丝杆可在花键孔中轴向滑动。当压力油进入液压缸，推动活塞左右移动时，活塞杆 17 便带动丝杆，半螺母和砂轮架作快速进退。丝杆的右端装有淬硬的定位头，当砂轮架快速前进至终点时，定位头顶紧在定位螺钉 24 的头部，而起到定位作用。

任务实施

5.2.5 主轴部件的装配维修与调整

1. 轴瓦的维修

按精度要求，支承球头螺钉球部与轴瓦支承凹坑的配合接触率≥80%，表面粗糙度≤R_a0.2μm，当达不到要求时，须进行对研修整。轴瓦内表面与配合轴颈的配合接触率≥90%，表面粗糙度≤R_a0.2μm，当达不到要求时，须进行研磨修整。研磨的工艺要点为：研磨棒材料可用巴氏合金或 45 号钢，研磨棒直径要大于配合主轴轴颈 0.02～0.03mm；粗研时可用 W20 以下氧化铬研磨剂，精研时可用 W14 以下的氧化铬研磨剂。

注　意

研磨时研磨棒的旋向应与轴瓦上标注的箭头方向一致，即相对主轴与轴瓦的旋向一致。

2. 主轴与轴承的装配与调整

1）轴承零件的装配位置：各球头螺钉要与配研轴瓦配对安装，前后各轴瓦要按编号对号入座，如图 5.5 所示，轴瓦上的箭头方向要与主轴工作旋向一致。

2）由于各轴瓦都支承在可调的球头螺钉上，为控制前后轴承的同轴度，可采用定心工艺套进行装配控制，如图 5.10 所示。装配方法是：先装入下面的 4 块轴瓦（第 1、2、4、5 号）及 6 只球头螺钉，在体壳 4 的两边各装入一只工艺套，然后装入主轴和上面 2 块轴瓦（第 3、6 号）。定心工艺套内、外圆配合松紧，可根据主轴定心精度要求的高低确定，其配合间隙一般不大于 0.02mm。

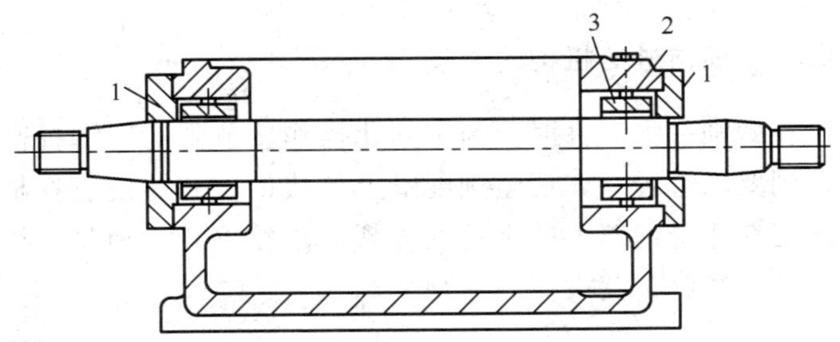

图 5.10　主轴与轴瓦同轴度的调整

1—定心工艺套；2—球面支承螺钉；3—轴瓦

3）根据工艺套已定的主轴中心位置，先调整、紧固好下面 4 块轴瓦，能用手自如转动主轴或工艺套，然后精调上面二块轴瓦，查看工艺套是否转动自如，以判定主轴、轴瓦与休壳孔的同轴度是否良好，否则应重调，然后拆去工艺套。

4）装上止推环 8 和后端盖 9。精调第 3、6 号轴瓦直至获得所要求的前后轴承间隙，间隙调整的具体方法是：旋转球头螺钉 22，直至主轴不能用手转动，但支紧力不可过度。然后旋入通孔螺钉 21，碰到球头螺钉后倒旋退回 4～5 圈，使两螺钉相距 4～5mm。再旋入锁紧螺钉 20，用力拧紧，这时锁紧螺钉便将球头螺钉 22 拉回一些，使轴与轴承之间出现所需要的间隙，并将三个零件互相锁紧。

注　意

调整时前后轴承同时交替进行，前轴承间隙应略小于后轴承，以保证工作精度。

间隙一般可调整在 0.005～0.0015mm 范围内，其判别检查方法是：首先在主轴上加注润滑油（调整时不加润滑油），用手扳动主轴应可转动，用 100～150N 的力抬动主轴端，用指示表检查，主轴上下抬动要小于 0.01mm。

5.2.6　丝杆与螺母间隙的消除

为保证砂轮每次快速前进至终点的重复定位精度，以及磨削时横向进给量的准确性，必须消除丝杆与半螺母之间的间隙。为此，在快速进退液压缸旁边另有一个柱塞式闸缸 25，如图 5.11 所示。磨床工作时，闸缸始终接通压力油，使柱塞 19 一直顶紧在固定于砂轮架上的挡块 20 上，而且此力 P 的方向与磨削径向力 P_r 一致，使半螺母与丝杆的螺纹始终紧靠在一个侧面上，消除了螺纹之间间隙的影响。

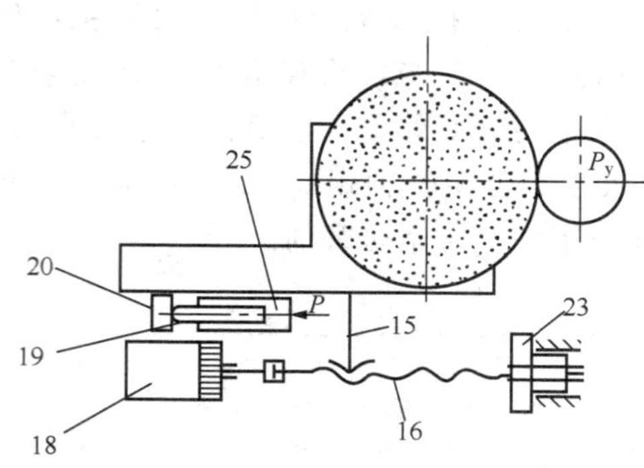

图 5.11　丝杆螺母间隙的消除

巩固训练

5.2.7　横向进给机构的调整

在磨削一批工件时，为了简化操作、节省时间、提高生产效率，一般在试磨第一个工件达到要求直径后，调整刻度盘上挡块的位置，使它在横向进给磨削至所需直径时，正好与固定在床身前罩上的定位块相碰，进给停止。但是，当砂轮磨损或修正后，由挡块控制的工件直径就会变大。

注　意

必须调整砂轮架的行程终点位置，也就是调整刻度盘上挡块的位置。

如图 5.9 所示，具体的调整方法是：拔出旋钮 9，使它与手轮 1 上的销子脱开，顺时针方向转动旋钮 9，经齿轮副$\frac{48}{50}$带动齿轮 Z12 旋转，Z12 与刻度盘 4 的内齿轮 Z110 相啮合，于是使刻度盘 4 和挡块 20 一起逆时针方向转动。刻度盘应转过的格数，根据砂轮直径减小所引起的工件尺寸变化量确定。调整好后，将旋钮 9 的销孔推入手轮 1 的销子上，使旋钮 9 和手轮 1 成为一体。

由于旋钮 9 上周向均布 21 个销孔，而手轮 1 每转过 1 转的横向进给量为 2mm 或

0.5mm，所以旋钮每转过一个孔距，砂轮架的附加横向进给量为 0.01mm 或 0.0025mm。

5.2.8 砂轮的静平衡

为了保证砂轮主轴运转平稳，装在主轴上的零件都必须经仔细平衡。否则，当旋转件旋转时，因有不平衡量而产生离心力，其大小与不平衡量大小、不平衡量偏心距离及转速成正比。其方向随旋转而周期性变化，使旋转中心无法固定，引起机械振动，从而使机器工作精度降低，零件寿命缩短、噪声增大，甚至发生破坏性安全事故。

零件或部件的转速愈高、重量愈大、直径愈大、长径比（零件长度和直径之比）愈大以及机器的工作精度愈高，则平衡的精度也应愈高。

零件或部件的平衡有两种，一种是静平衡，一种是动平衡。对于长径比很小的零件，只进行静平衡就可以了；对于长径比很大的旋转零件或部件，除了要进行静平衡外，还要进行动平衡。

提　示

消除零件或部件在径向位置上的偏重是静平衡；消除零件或部件在轴向位置上的偏重是动平衡。

动平衡试验是在零件或部件旋转时进行的。平衡需要在平衡机上进行，在动平衡前要先进行静平衡。由于砂轮长径比较小，所以只需进行静平衡即可。

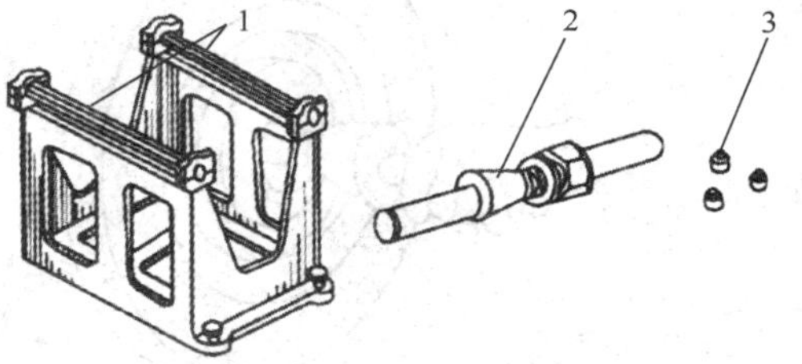

图 5.12 静平衡砂轮用的工具

1—平衡架；2—平衡心轴；3—平衡块

1. 静平衡砂轮所用的工具

1）静平衡砂轮所用的工具主要有平衡架、平衡心轴和平衡块，如图 5.12 所示。

2）平衡架由导轨和支架组成，支架底部有三个调整螺钉 3，是用来调整导轨的水平位置，调整时需用水平仪和平行铁配合进行。

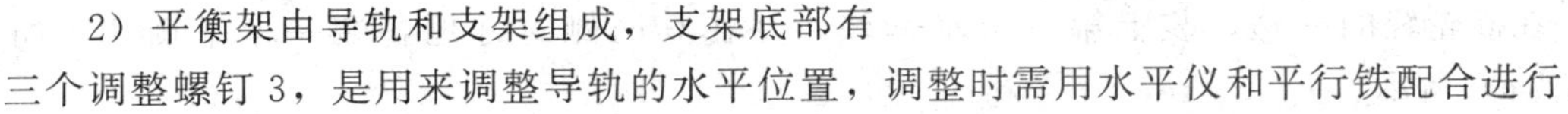

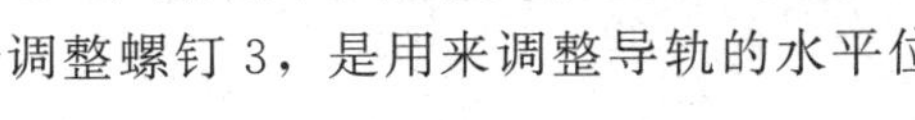

2. 操作步骤

1）擦净平衡架导轨表面，在平衡导轨上放两块等高的平行铁，并将分度值为 0.02/1000mm 的水平仪放在平行铁上，如图 5.13 所示；调整平衡架右端两螺钉，使水平仪上的水准器气泡处于中间位置，此时平衡架导轨横向处于水平位置。

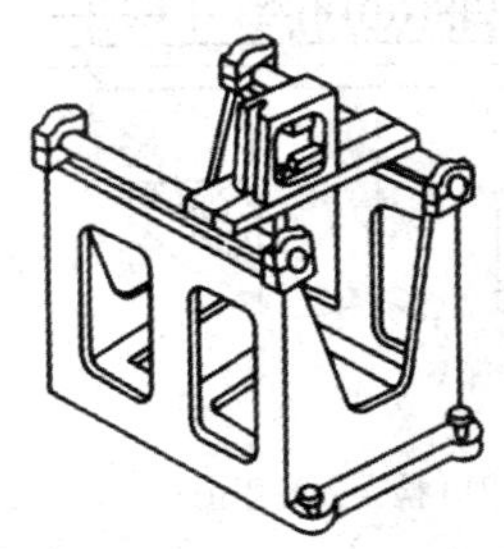

图 5.13 平衡架导轨横向处于水平

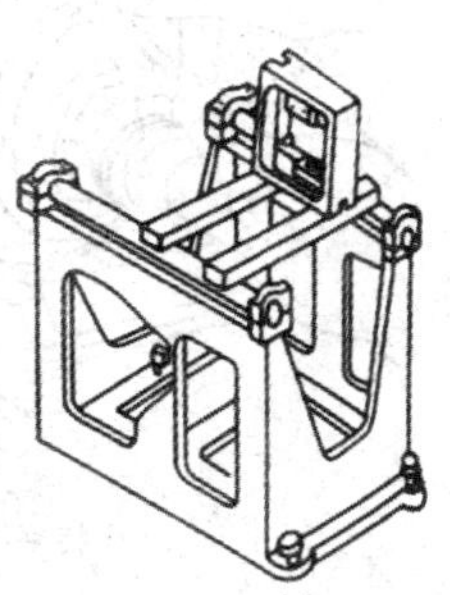

图 5.14 平衡架导轨纵向处于水平

2）将水平仪转 90 度安装，调整平衡架左端螺钉，使平衡架导轨纵向处于水平位置，如图 5.14 所示。

3）反复调整平衡架的横向和纵向水平位置，使水平仪在横向和纵向的读数在一格刻度值之内。

4）擦净平衡心轴圆锥表面和砂轮法兰盘内锥孔表面，将平衡心轴装入砂轮法兰盘内锥孔中，如图 5.15 所示，用着色法检查其接触面积，要求大于 75%，若接触不良，应检查出其原因，并进行修整。

5）将平衡心轴连同砂轮一起放在平衡架导轨上，并使平衡心轴的轴线与导轨的轴线相垂直。

6）用手轻推砂轮，使其在导轨上缓慢转动；如果砂轮不平衡，则砂轮会在导轨上来回摆动，当摆动停止时，重心必处在砂轮的下方位置，此时在上方对应位置处作一标记，如图 5.16 所示。

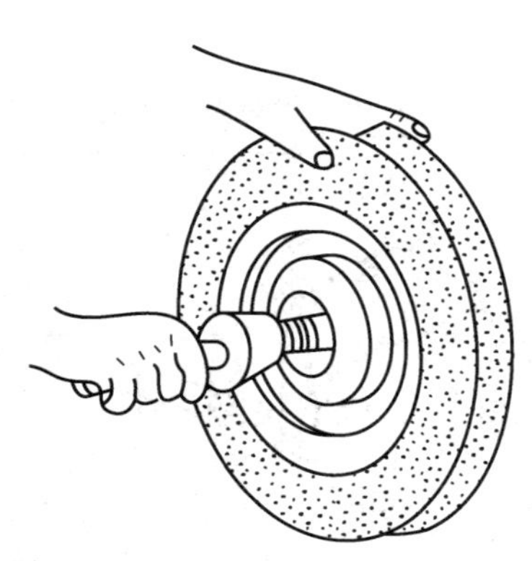

图 5.15 平衡心轴与砂轮装配

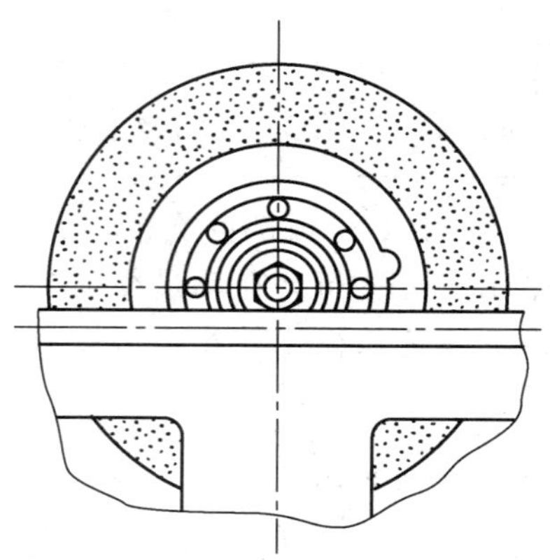

图 5.16 在上方对应位置作标记

7）在砂轮轻的一边，装上第一个平衡块，并在其两侧对称地各装一个平衡块，如图 5.17（a）所示。

8）将砂轮转过 90 度，使原来轻点处转到水平位置，检查砂轮是否平衡，如果不平衡，

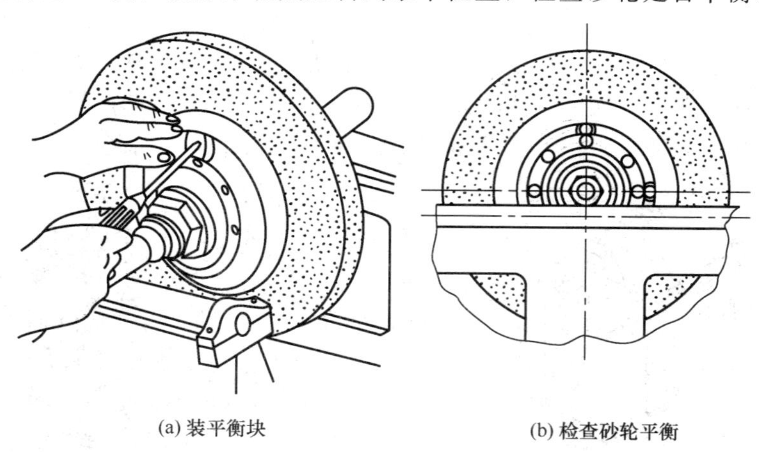

(a) 装平衡块

(b) 检查砂轮平衡

图 5.17 装平衡块并检查砂轮平衡

则可同时移动两侧对称平衡块，向砂轮轻的一边移动，直至平衡为止；如果砂轮平衡量较大，则需再加上平衡块，如图 5.17（b）所示。

9）用手轻轻拨动砂轮，使砂轮缓慢滚动，如果在任何位置都能使砂轮处于静止状态，则说明砂轮已经平衡。

10）拧紧各平衡块上的坚固螺钉。

注　意

1）平衡前先检查平衡架导轨面的质量，应无明显凹坑、锈斑等缺陷。

2）应先调整平衡架导轨的横向水平，然后调整平衡架导轨的纵向不平，调整后重复一次。

3）平衡时一般使砂轮达到 8 个对应点平衡即可。

4）平衡时，要防止砂轮从平衡架上滚落下来。

5）新安装的砂轮经修整后，原来已平衡状态遭到破坏，需拆下砂轮再作第二次平衡。

任务评价

任务评分表见表 5.2。

表 5.2　外圆磨床机械部分维修评分表

序号	项目	配分	考核标准	得分
1	主轴与轴承的装配与调整	40	1）工卡量具准备齐全，少一样扣 5 分 2）工卡量具使用正确，错一次扣 5 分 3）装配与调整方法正确，酌情扣分 4）间隙调整准确，否则扣 15 分	
2	横向进给机构的调整	20	1）工卡量具准备齐全，少一样扣 5 分 2）工卡量具使用正确，错一次扣 5 分 3）调整方法正确，酌情扣分 4）间隙调整准确，否则扣 5 分	
3	砂轮的静平衡	40	1）工卡量具准备齐全，少一样扣 5 分 2）工卡量具使用正确，错一次扣 5 分 3）调整方法正确，酌情扣分 4）平衡性能达到技术要求，否则扣 20 分	
5	安全文明操作		违反安全文明操作规程酌情扣 10～20 分	
6	定额时间 90min		每超时 10min 扣 5 分；超 20min 不得分	

知识拓展：动平衡简介

转子虽然已在静平衡架上进行很好的静平衡工作，但在旋转时，由 m 和 G 分别产生的离心力 F，可能不在同一直线上，仍会形成一个不平衡力偶 $M=Fr$，给机件带来不利影响。

因此，对于长径比较大或转速较高的旋转件，通常要进行动动平衡试验。

1. 动平衡原理

动平衡不仅要平衡离心力，而且还要平衡离心力所组成的力矩。动平衡的力学原理如图5.18所示。

假设转子存在两个不平衡量 T_1 和 T_2，当转子旋转时，产生离心力分别为 P 和 Q。P 在 B_1 平面内，Q 在 B_2 平面内，P 和 Q 都垂直于轴线。为平衡这两个力，在转子上选择两个与轴线垂直的径向截面Ⅰ和Ⅱ作为动平衡的校正面，利用力的平移原理将 P 和 Q 沿 B_1 和 B_2 平面，分别分解到Ⅰ和Ⅱ这两个校正平面上。

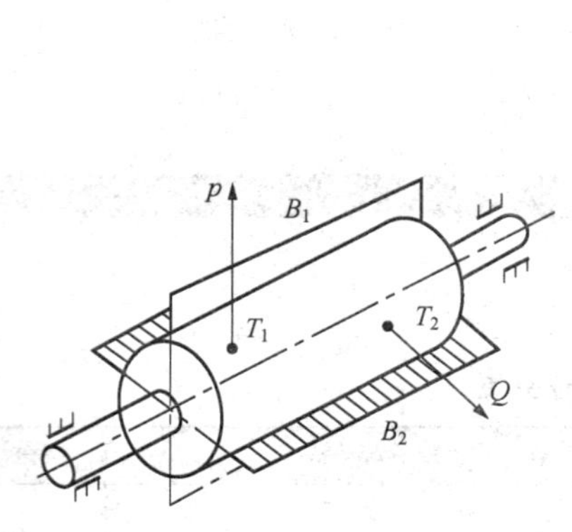

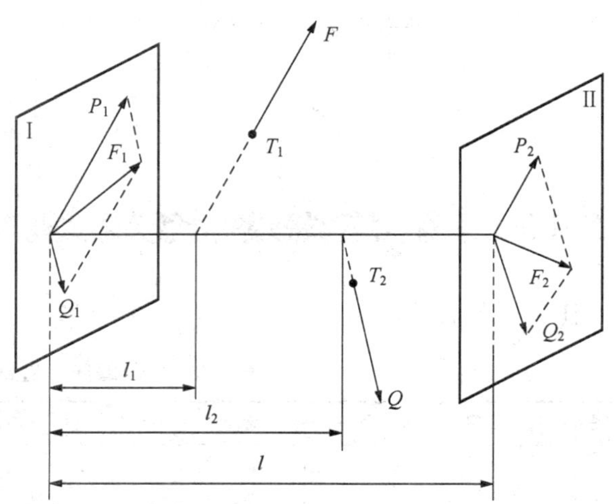

图5.18 动平衡的力学原理

根据力的平移原理，它们应满足以下方程：

$$P = P_1 + P_2$$
$$P_1 l_1 = P_2 (l - l_1)$$

解该方程组得：

$$P_1 = (1 - l_1/l)P$$
$$P_2 = l_1/lP$$

同理：

$$Q = Q_1 + Q_2$$
$$Q_1 l_2 = Q_2 (l - l_2)$$

解得：

$$Q_1 = (1 - l_2/l)Q$$
$$Q_2 = l_2/lQ$$

在Ⅰ平面将 P_1、Q_1 合成 F_1，在Ⅱ平面将 P_2、Q_2 合成 F_2。显然 F_1 和 F_2 与这 P 和 Q 是等效的。如果在 F_1 和 F_2 两力的对面各加一相应的平衡重量，使它们产生的离心力分别为 $-F_1$ 和 $-F_2$，那么，转子就被动平衡了。

把被平衡转子按其工作状态安装在动平衡机的轴承中，转子旋转时由于不平衡量产生离心力造成动平衡机轴承振动，通过仪器测量轴承振动值，便可确定在校正平面上需要增减量的大小和位置。

2. 硬支承动平衡机的组成

通用动平衡机分为硬支承动平衡机和软支承平衡机两种。硬支承平衡机即其平衡转速远低于参振系统共振频率的动平衡机。常用的有 YYW－100、YYW－300……YYW－1000 等多种，下面以 YYW－300 型动平衡机为例说明其组成。

提　示

YYW－300 中的数字 300 表示能平衡的最大工件的重量为 300kg。

如图 5.19 所示，YYW－300 型动平衡机主要由床身 1，车头箱 2，万向联轴节 7，左、右摆架 8、9，电测箱 4 等部件组成。主轴 6 由车头箱 2 内的双速电动机经双级塔轮三角带驱动旋转，支承在左右摆架上的工件，则由主轴经万向联轴节 7 直接带动旋转。由于工件不平衡产生的离心力，迫使摆架振动，通过传感器将振动讯号转换成电讯号，输入电测箱。另一方面，在车头主轴尾端用联轴节连接有一小型基准电压发电机 3，它发出与工件转速同频率的，并和主轴上的刻度盘 5 的零位保持相对相位的，互成 90°的两组基准电流输入电测箱。由左右传感器输入的不平衡信号，基准发电机输入的信号，经电测箱运算放大后，送入左右两个光点矢量瓦特表，以显示出左右两个校正平面上的不平衡量的大小和相位。

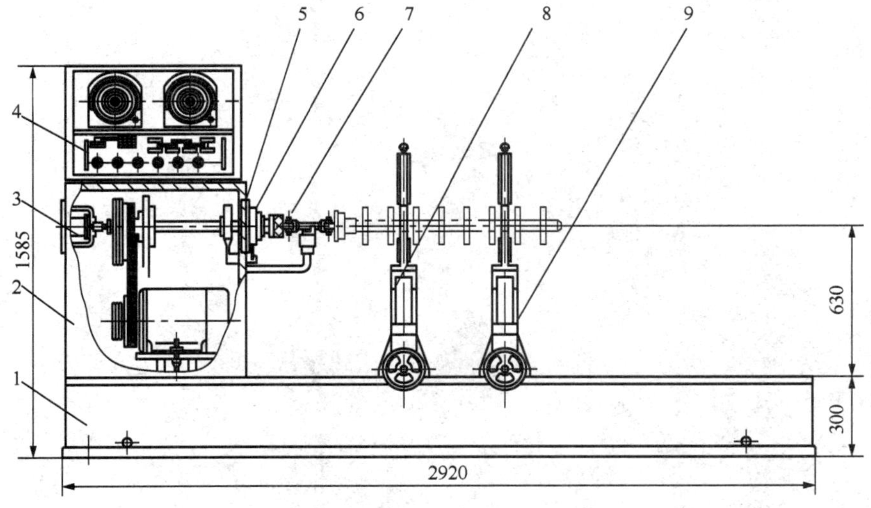

图 5.19　YYW－300 型动平衡机

任务小结

本任务介绍了 M1432A 型万能外圆磨床主要机械部件的装配与维修工艺。通过学习，提高阅读装配图或说明书的能力，熟悉各机械部分的结构，掌握配合件的装配技术要求和部件的总体要求，掌握装配、调整的方法和步骤，使其达到技术要求。

复习与思考

1. 为什么主轴有较高的旋转精度?
2. 主轴的轴向定位靠什么实现?
3. 如何调整尾架预紧力的大小?
4. 磨床横向进给机构的作用是什么?
5. 如何消除丝杆与螺母间的间隙?
6. 如何调整横向进给机构?
7. 简述静平衡的操作步骤。

任务 5.3　M1432A 型万能外圆磨床液压系统的维修

工作任务

对 M1432A 型万能外圆磨床液压系统进行分析，并排除常见故障。

工作场景

一体化教室，多媒体教学设备；机电设备维修实训室，M1432A 型万能外圆磨床，液压系统图纸，液压实验台，机械设备维修常用工具，秒表、塞尺、红丹粉、整形锉、液压油、研磨棒、研磨剂、毛巾、机修用工作台等。

知识目标

1. 了解 M1432A 型万能外圆磨床液压系统的特点。
2. 熟悉 HYY21/3P—25T 型快跳式液压操纵箱的特点。
3. 熟悉各种典型液压元件在系统中的作用。
4. 掌握分析液压系统的步骤和方法。

能力目标

1. 会阅读液压系统图。
2. 能对 M1432A 型万能外圆磨床液压系统进行正确分析。
3. 能对 M1432A 型万能外圆磨床液压系统常见故障进行分析并排除。

相关知识

液压传动相对于机械传动来说是一门新兴的技术，它有比机械传动更多的优点，如可以实现无级变速，传动平稳，操纵、控制方便省力，易于实现过载保护，易于实现系列化、标准化、通用化等。近年来，液压传动被广泛地应用于机电设备中，可以预见，随着传感技术、微电子技术的发展，液压传动技术的发展前景将更加广阔。

5.3.1 M1432A 型万能外圆磨床液压系统的特点

1）由于磨床的磨削力小，进给速度不高，故采用低压齿轮泵供油。

2）采用了把先导阀、换向阀和开停阀做成一个共同阀体内的液压操纵箱式结构，即 HYY21/3P—25T 型快跳式液压操纵箱。显著缩小了液压元件的总体积，缩短了阀间通道长度，减少了油管和管接头数目，结构紧凑，操纵方便，极大改善了液压系统的工作性能。

3）由于磨削负载变化小，且要求低速稳定性好，加工精度高，故采用了回油节流调速回路，防止空气渗入液压系统。

4）工作台采用活塞杆固定式双出杆液压缸，保证了左、右两个方向速度一致，减少了机床的占地面积。

5）设置了抖动阀，能使先导阀实现快跳，工作台能在很短距离内高频抖动，有利于保证切入式磨削和阶梯轴（孔）的加工质量。

6）换向阀具有一次快跳、慢速移动、二次快跳的油路结构，从而可使工作台获得很高的换向精度。

5.3.2 HYY21/3P—25T 型快跳式液压操纵箱的特点

1. 工作台慢速运动时换向迅速

该操纵箱在结构上使先导阀的台肩边与阀体上相应的控制边做成边对边（即零开口）的形式，如图5.20所示。同时，在控制换向阀换向的两条控制油路上（图中8和9）并接了抖动阀28、29。因此，工作台在慢速运动时，只要工作台上的挡铁拨动拨杆使先导阀稍稍越过中位，控制油路6和8（工作台左行）或7和9（工作台右行）刚刚打开，换向阀作第一次快跳，工作台停止运动，与此同时，先导阀在抖动阀的作用下也迅速快跳到位，使主回油路和控制油路的通路完全打开，这样就不出现工作台和先导阀停止运动的情况，因而克服了由于主回油路和控制油路不畅通所造成的工作台换向迟缓、停留时间过长及换向后主运动速度降低等现象。

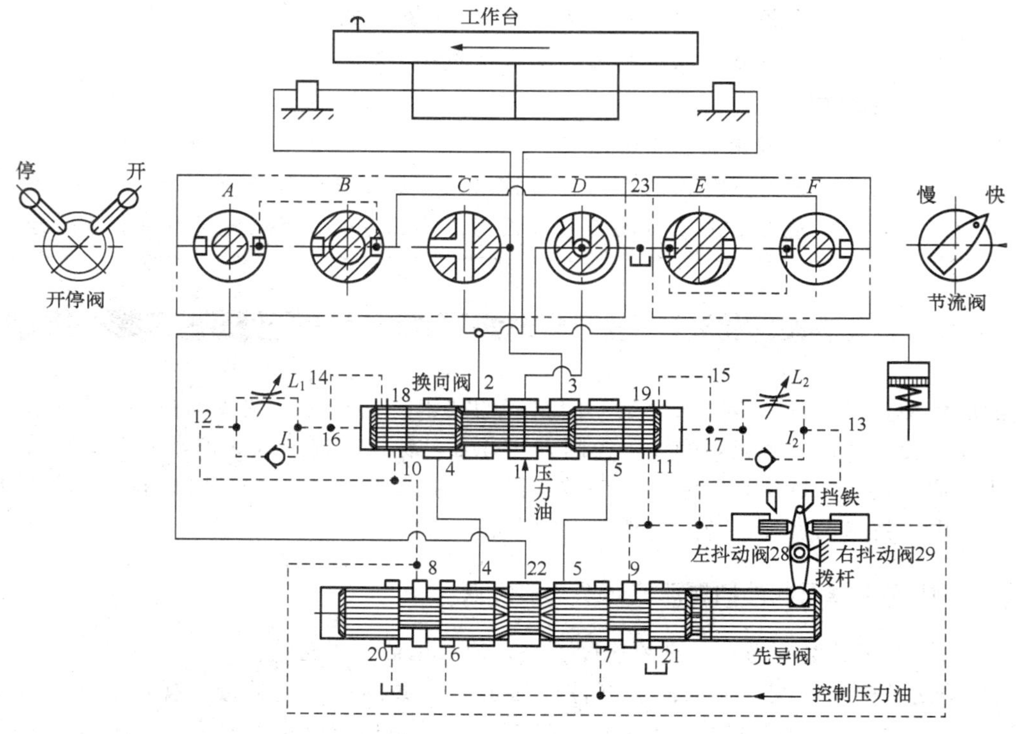

图5.20 HYY21/3P—25T型快跳式液压操纵箱

2. 提高了换精度

工作台换向，若不用抖动阀，工作台的制动分为两步：一是先导阀制动锥逐渐关小主回油路，工作台降速；二是换向阀快跳，使液压缸两腔互通压力油，工作台停止运动。而装有抖动阀后，当先导阀的控制油口切换时，先导阀和换向阀几乎同时快跳，完成工作台的预制动和终制动，当主回油路通道由先导阀关闭时，工作台制动完毕。于是工作台在两端的停留位置即由先导阀快跳位置来决定，因此提高了工作台的换向精度。

3. 手摇移动台面对刀准确

在磨削阶梯轴和不通孔时，常常需要手摇移动工作台来进行对刀，由于先导阀进行快跳的同时工作台的运动便停止，所以当工件和砂轮的位置对准后，调整挡铁借助于先导阀开始快跳时的位置（手柄近乎垂直位置）来进行准确对刀。

4. 切入磨削时使工作台抖动，改善了工件表面的质量，提高了磨削效率

当把工作台上两个挡铁间的距离调整得很近，甚至夹紧换向拨杆。开机后，换向拨杆和先导阀在抖动阀的作用下，进行左、右快跳，换向阀阀芯也同时作左、右快跳（此时停留节流器开口调至最大），使工作台液压缸两腔的压力油迅速交替变换，工作台便可作短距离（小于 1mm）频繁（100～150 次/分）地往复运动。图 5.20 表示先导阀芯处于中间位置，当挡铁一拨动换向拨杆，工作台便立即换向。

5.3.3 M1432A 型万能外圆磨床液压系统分析

M1432A 型万能外圆磨床液压系统如图 5.21 所示。该液压系统由工作台直线往复运动及抖动系统、砂轮架横向快速进退系统、砂轮架进给系统、尾架顶尖松开系统和润滑系统等组成，包括换向回路、调速回路、减压回路、调压回路等基本回路。

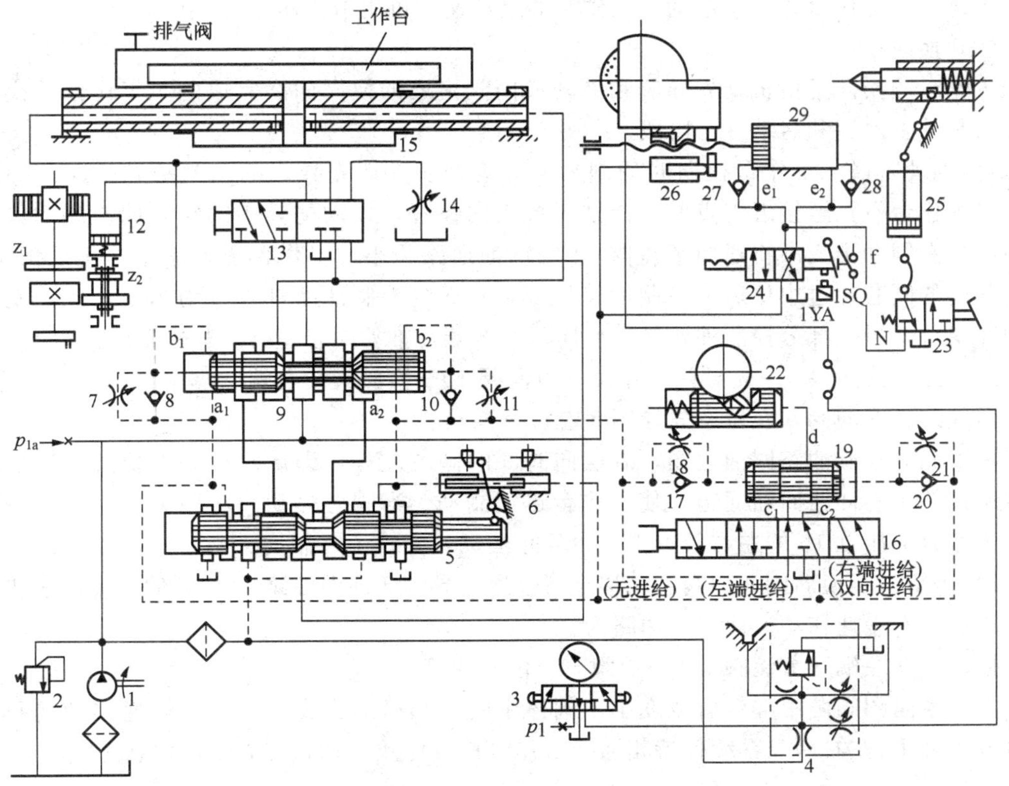

图 5.21 M1432A 型万能外圆磨床液压系统

1. 工作台部分

工作台的纵向往复运动由 HYY21/3P—25T 型快跳式液压操纵箱控制，该箱由开停阀 13、先导阀 5、换向阀 9 和抖动阀 6 等组成，用来实现工作台纵向直线往复运动的开停、调速、换向、端点停留及抖动等动作。

（1）工作台直线往复运动

将开停阀 13 打开，使其右位接入系统。在图 5.21 所示状态下，先导阀 5 和换向阀 9 的阀芯都处于右端，油液进入液压缸 15 的右腔，推动工作台向右运动。其油路如下。

进油路：液压泵 1→换向阀 9 右位→工作台液压缸 15 右腔。

回油路：工作台液压缸 15 左腔→换向阀 9 右位→先导阀 5 右位→开停阀 13 右位→节流阀 14→油箱。

当工作台右行至预定位置时，挡铁拨动换向杠杆，将先导阀 5 的阀芯推至左端，控制油路切换，使换向阀 9 换向，主油路切换，工作台换向左行。其油路如下：

进油路：液压泵 1→换向阀 9 左位→工作台液压缸 15 左腔。

回油路：工作台液压缸 15 右腔→换向阀 9 左位→先导阀 5 左位→开停阀 13 右位→节流阀 14→油箱。

工作台左行至终点，又自动换向右行，如此不断往复，直到转动开停阀 13，使其左位接入系统时，工作台才停止运动。工作台的运动速度可由节流阀 14 调节。

（2）换向

工作台的换向是由机动先导阀和液动换向阀组成的换向回路完成的。工作台的换向过程分为制动、停留和启动三个阶段。

1）制动阶段。工作台换向时的制动可分为两步，即先导阀的预制动和换向阀的终制动。当工作台右行至接近终点时，挡铁碰撞换向拨杆，拨动先导阀的阀芯向左移动，先导阀中段的右制动锥逐渐将通向节流阀 14 的回油通路关小，工作台逐渐减速，实现预制动。当先导阀的阀芯超过中位后，控制油路切换，一部分控制油液进入抖动阀 6 左腔，使控制阀阀芯快跳，另一部分控制油液进入换向阀 9 右端，推动阀芯左行。其控制油路为：

进油路：液压泵 1→先导阀 5 左位→单向阀 10→换向阀 9 右端。

回油路：换向阀 9 左位→先导阀 5 左位→油箱。

由于此时控制油路回油通畅，故换向阀 9 的阀芯左移，即出现第一次快跳，其右部制动锥迅速关小主油路回油通道，使工作台迅速制动。当阀芯移动一定距离后，压力油同时进入工作台液压缸 15 的左右腔，工作台停止运动，实现了终制动。

2）停留。当换向阀 9 的阀芯左移至将直通先导阀 5 的回油路 a_1 切断后，第一次快跳结束，阀芯向左慢速移动。此时回油路为：

换向阀 9 左端→节流阀 7→先导阀 5 左位→油箱。

由于换向阀阀芯中部台肩宽度小于阀体中间沉割槽的宽度，在阀芯慢速移动期间，工作台液压缸 15 左右两腔继续保持相通，工作台仍然停止不动，即处于停留状态。

提　示

通过节流阀 7 调节换向阀 9 阀芯的移动速度，即可调整工作台在换向时的停留时间。

3）启动。当换向阀 9 的阀芯慢速左行至其左部环形槽将油路 a_1、b_1 接通后，换向阀左端的控制油液回油通畅，阀芯快速左移，即第二次快跳。控制油液回油路改为：

换向阀 9 左端→油路 b_1→换向阀 9 阀芯左部环形槽→油路 a_1→先导阀 5 左位→油箱。主油路被迅速切换，工作台快速反向启动，全部换向过程结束。

提 示

预制动是为了使工作台减速，避免换向冲击。换向阀 9 的阀芯第一次快跳是为了缩短制动时间、提高换向定位精度；第二次快跳是为了缩短工作台的启动时间，保证启动速度。

（3）工作台的抖动

当磨削长度与砂轮宽度相近的较短表面时，为了提高磨削效率、降低工件表面粗糙度和提高砂轮耐用度，工作台作短距离（1～3mm）、高频率（100～150 次/min）的往复运动，即为抖动。

将工作台挡铁之间的距离调到很小，这时先导阀拨杆处于垂直位置，先导阀控制的主回油通道和控制油液通道处于左右开闭的极限状态，只要挡铁推动拨杆向左或向右偏移，控制油路就迅速接通，利用抖动缸先导阀换向过程迅速完成；同时将节流阀 7 和 11 调到最大开度，使先导阀快跳的同时换向阀也快跳到终端，没有换向停留，实现高速换向。如此反复，工作台即快速抖动。

（4）工作台液动和手动的互锁

为了避免工作台利用液压传动作往复运动时带动手轮快速旋转而伤人，要求工作台液压驱动时，手摇机构应脱开，只有在开停阀处于“停”的位置时，才能用手摇轮来摇动工作台移动。当开停阀处于“开”的状态时，其右位接入系统，压力油进入互锁 12 上腔，推动活塞使齿轮 Z_1、Z_2 脱开啮合，工作台移动时不能带动手轮旋转；当开停阀处于“停”的位置时，其左位接入系统，互锁缸 12 的上腔接通油箱，活塞在弹簧作用下向上移动，使齿轮 Z_1、Z_2 啮合，此时工作台液压缸 15 左右两腔连通，液动停止，即可通过手摇机构操纵工作台移动。这样就实现了工作台液动与手动的互锁。

2. 砂轮架部分

（1）砂轮架快速进退

为了节约辅助时间，提高生产率，要求磨削开始时砂轮应快速趋近工件，测量和装卸工件时又要求砂轮架快速退回。

将砂轮架快动阀 24 的右位接入系统，压力油进入快动缸 29 的右腔，砂轮架快速前进。其油路如下。

进油路：液压泵 1→快动阀 24 右位→单向阀 28（油路 e_2）→快动缸 29 右腔。

回油路：快动缸 29 左腔→油路 e_1→快动阀 24 右位→油箱。

扳动快动阀 24 的手柄，使阀的左位接入系统，则压力油进入快动缸 29 的左腔，砂轮架快速退回。

快动阀处于快进位置时，手柄使行程开关 1SQ 接通，头架电动机、冷却泵启动；砂轮架快退时，行程开关断开，头架电动机和冷却泵自动停止，以便测量。

为了防止砂轮架在快速运动终点处产生冲击，快动缸 29 两端设置了缓冲装置。

在进行内圆磨削时，内圆磨具放下的同时，将微动开关压下，使电磁铁 1YA 通电吸合，将快动阀 24 锁定在快进位置上，手柄无法扳动，避免了误动作而引起砂轮架快退，确保工作安全。

（2）砂轮架周期进给

砂轮架的周期进给，是在工作台往复运动行程终了、工作台换向之前进行的。由进给缸 22 通过其活塞上的棘爪棘轮、齿轮、丝杠螺母等传动副来实现。周期进给分为双向进给、左端进给、右端进给和无进给四种方式，由选择阀 19 控制。

在图 5.21 所示的状态下，选择阀处于双向进给状态，工作台向右运动。当工作台右行至终点时，挡铁拨动换向拨杆，先导阀 5 将控制油路切换，部分控制压力油进入进给缸 22 的右腔，推动活塞左移，使砂轮架在工件的右端进给一次。此时控制油液的进油路为：

液压泵 1→先导阀 5 左位→选择阀 16→油路 c_1→进给阀 19→油路 d→进给缸 22 右腔。

部分控制油液同时经节流阀 18 进入进给阀 19 左端，推动其阀芯移动，当阀芯移至将油路 c_1 封闭时，砂轮架横向进给结束，油路 c_2 与 d 接通后，进给缸 22 右腔的油液与油箱相通，活塞在弹簧作用下回到右端，为下次进给作准备。其回油路为：

进给缸 22 右腔→油路 d→进给阀 19→油路 c_2→选择阀 16→先导阀 5 左位→油箱。

同理，当工作台在左端换向时，控制油液经油路 c_2、d 进入进给缸 22 右腔，使砂轮架在工件左端又进给一次，实现双向进给。

提　示

由于液压进给系统进给量不均匀，在精磨时不能满足微量进给的要求，有的磨床取消了砂轮架横向自动进给系统，采用了手动进给。

3. 尾架顶尖的液动退回

尾架顶尖平时靠弹簧力顶在工件上，依靠液动退回。当砂轮架处于快退位置时，踏下脚踏板，使尾架阀 23 的右位接入系统，液压泵输出的压力油经快动阀 24 左位、尾架阀 23 右位进入尾架缸 25 下腔，使活塞上移，通过杠杆机构使顶尖向右退回。松开脚踏板后，尾架阀 23 左位接入系统，尾架缸 25 下腔与油箱接通，尾架顶尖在弹簧力作用下顶出，将工件夹紧，同时使尾架缸的活塞复位。

为了确保工作安全，尾架顶尖必须在砂轮架快退时才能松开。在砂轮架快进时，油路 f 与油箱相通，动力来源被切断，即使误踏脚踏板，尾架顶尖也不会松开。

4. 其他

（1）润滑

磨床工作压力较低，一般不另设润滑系统，而是将液压泵输出的压力油经减压阀或细长孔阻尼后送至润滑部位。在 M1432A 型万能外圆磨床液压系统中，液压泵输出的部分油液进入润滑稳定器 4，由固定节流器降压后，经可调节流阀分别流入 V 型导轨、平导轨、砂轮架丝杠、螺母副等处进行润滑。润滑油的压力由稳定器中的溢流阀调节。

（2）压力测量

系统各点压力，可通过压力表开关 3 由压力表测量。当压力表开关左位接入系统时，

测量的是主油路压力；右位接入系统时，测量的为润滑系统压力；中位接入系统时，压力表与油箱相通，不测压力。

任务实施

5.3.4 M1432A 型外圆磨床常见故障分析与排除

1. 工作台往复运动速度相差较大的原因分析与排除

将工作台挡铁调整好位置（一般 1 米左右距离），用秒表测定工作台向左或向右运动所需的时间，要求相差不能超过 10%。否则，应查找原因并进行分析排除。

（1）原因分析

1）液压缸两端密封件松紧程度不一致，使工作台两端液压缸两端泄漏量不等，活塞杆与密封件之间的摩擦力不等，导致一端产生较大泄漏。

2）液压缸一端油管损坏、接口套破裂、接头螺母未拧紧、密封件损伤等原因，导致一端产生较大泄漏。

3）放气阀阀芯与阀体孔的配合间隙较大，产生泄漏。

4）放气阀在工作台正常工作时没有关闭。

（2）故障排除

1）液压缸两端密封件的松紧程度应相同，若不同应根据工作台的往复运动速度进行调整。一般将速度较快的一端密封盖螺钉逐步拧紧，再进行测试。

2）若油管或密封件损坏应进行更换。

3）更换换气阀或根据阀体孔径配阀芯。若 O 型密封圈太松，则进行更换。

4）工作台快速运动往返数次后，已排除液压系统中的空气。在放完气后转入正常工作时，应关闭放气阀。

2. 工作台换向时产生冲击

（1）原因分析

1）换向阀阀芯与阀体孔配合间隙太大，快跳结束太慢。

2）换向阀两端的单向阀封油不良。

3）重新配制或修复的换向阀或先导阀，其制动锥角太大，使换向时液流速度变化太快，引起液压冲击。

4）液压系统中进入大量空气，用放气阀无法排除，引起工作台产生冲击。

5）液压缸活塞杆的两端紧固螺母松动，在液压缸换向时，活塞杆与固定在床身上的支架产生冲撞。

6）换向节流阀没有调好，或因节流阀的紧固螺母松动，使节流阀位置变动。

（2）故障排除

1）研磨换向阀阀孔，根据阀孔尺寸重新配制阀芯，要求配合间隙控制在 0.008～0.012mm 之间。

2）修研单向阀阀座，更换钢球。装入钢球后，用钢棒插入孔内顶住钢球，再用手锤敲击钢棒，使钢球与阀座紧密接触，以保证密封。

3）适当减小单向阀或换向阀的制动锥角，或增加制动锥长度，使换向时液流变化较慢，防止产生液压冲击。

4）清洗并检查放气阀，若放气阀工作正常，则需检查放气管是否被压扁而不能排气，更换已损坏的放气管。

5）适当拧紧活塞杆两端的螺母，并拧紧双螺母防松装置。起动工作台，观察液压缸换向时活塞杆是否撞击支架，否则，应进行调整。

6）应重新调整节流阀，使工作台换向平稳后再紧固节流阀的紧固螺母。

3. 工作台运行时爬行

（1）原因分析

1）系统中存在空气，出现空穴现象。

2）系统压力不足。

3）活塞杆弯曲或活塞杆与活塞不同轴。

4）活塞杆密封圈压得太紧。

5）导轨润滑不良。

6）液压缸的安装精度较低。

7）机床导轨有显著磨损或变形。

8）缸体孔锈蚀或拉毛。

（2）故障排除

1）排除空气，排除空穴现象产生的根源。

2）调整、修理或更换液压泵与溢流阀。

3）修理或更换活塞与活塞杆。

4）调整密封圈的压紧力。

5）调整润滑油量或更换具有防爬行性能的 L－HG 液压油。

6）调整液压缸轴线与导轨的平行度。

7）修刮导轨面，重新调整液压缸。

8）镗磨缸体孔，单配活塞。

4. 工作台换向精度低

（1）原因分析

1）先导阀阀芯制造精度低

2）先导阀阀体孔拉毛、磨损。

3）导轨润滑油太多。

4）系统中存在空气，出现空穴现象。

（2）故障排除

1）根据技术要求和阀孔尺寸配制阀芯

2）拉毛，磨损轻时，可研磨阀体孔配制阀芯；严重时，应镗磨阀体孔配制阀芯。

3）调节润滑油量。

4）排除空气，排除空穴现象产生的根源。

5. 工作台端点停留不稳定

（1）原因分析

1）主换向阀两端单向阀密封不良，导致停留时间短或无停留。

2）主换向阀两端节流阀阀芯与阀体孔配合间隙太大，导致停留时间短。

3）油液黏度大、黏度指数低。

4）油液氧化变质，时常引起主换向阀两端节流阀堵塞。

（2）故障排除

1）若钢球有缺陷应更换；若阀座有缺陷，应通过研磨与钢球密合；如有污物粘在密封面上应去除污物。

2）研磨阀孔、配制阀芯，保证配合间隙 0.008～0.012mm。

3）更换黏度低、黏度指数高的油液。

4）过滤油液或更换油液。

6. 砂轮架快进时缓冲时间长

（1）原因分析

1）系统压力不足。

2）快动缸活塞缓冲节流槽太短。

3）快动缸活塞与缸体孔配合间隙太小。

（2）故障排除

1）提高系统压力。

2）用整形锉修整三角节流槽的长度。

3）修磨活塞保证配合间隙在 0.02～0.04mm。

巩固训练

1）对照 M1432A 型万能外圆磨床液压系统图自行分析工作台的直线往复运动、换向、工作台的抖动、工作台液动和手动的互锁。

2）对照 M1432A 型万能外圆磨床液压系统图自行分析砂轮架快速进退、砂轮架周期进给。

3）教师在液压实验台或外圆磨床上设置液压系统故障，学生分析原因并加以排除。

任务评价

任务评分表见表 5.3。

表 5.3 外圆磨床液压系统维修评分表

序号	项目	配分	考核标准	得分
1	工作台部分分析	30	1）分析思路正确，否则扣 20 分； 2）书写无误，错漏一处扣 5 分	

续表

序号	项目	配分	考核标准	得分
2	砂轮架部分分析	30	1）分析思路正确，否则扣 20 分； 2）书写无误，错漏一处扣 5 分	
3	液压系统故障排除	40	1）分析思路正确，否则扣 30 分； 2）正确排除故障，否则每次扣 10 分	
5	安全文明操作		违反安全文明操作规程酌情扣 10～20 分	
6	定额时间 60min		每超时 5min 扣 5 分；超 10min 不得分	

知识拓展：液压设备的保养

1. 日常使用保养

1）开机前，检查油箱内油位。加油时，按照设备说明书规定或根据设备性能要求和有关手册选用适当牌号的液压油。

2）按设计规定和工作要求，合理地调节液压系统的工作压力、速度。不能在无压力表的情况下工作、调压。

3）开机前，检查所有主要元件及电磁铁是否处于规定原始状态。

4）停机 4 小时以上再开机，应先让液压泵空转 5min 以上，再带压力工作。

5）工作中经常注意系统工作情况，观察工作压力、速度、电压、电表读数，并按时记录。

6）注意油液温度。工作温度控制在 35～55℃比较适宜，若发现温度突然升高，要立刻检查原因，予以排除。

7）经常检查管接头、法兰盘等部件，以防松动。

8）保持液压设备的清洁，防止外来污染物进入油箱及系统。

9）当液压系统某部位产生故障时，要及时检修，不要勉强运行，以免造成事故。

2. 定期保养

1）定期紧固管接头和各处连接螺钉。

2）定期更换密封件。

3）定期清洗或更换液压元件。

4）定期清洗油箱、管道。

5）定期清洗或更换滤芯。

6）定期检查润滑元件、润滑管路。

7）定期检查蓄能器、加热器和冷却器工作性能。

8）定期过滤或更换油液。

任务小结

本任务通过 M1432A 型万能外圆磨床液压传动系统的分析，介绍了液压系统的特点，液压传动系统的分析方法和步骤，以及 M1432A 型万能外圆磨床液压传动系统的常见故障和排除方法。对其他机床液压传动系统的分析、液压故障的排除与维修并有一定的指导作用。

复习与思考

1. M1432A 型万能外圆磨床液压系统有哪些特点？
2. HYY21/3P—25T 型快跳式液压操纵箱有何特点？
3. M1432A 型万能外圆磨床液压系统有哪几部分组成？包括哪几个基本回路？
4. M1432A 型万能外圆磨床换向时工作台的制动分哪几步？如何实现？
5. M1432A 型万能外圆磨床工作台的液压驱动与手摇操纵是如何实现互锁的？
6. 工作台往复运动速度相差较大是什么原因？如何排除？
7. 工作台运行时爬行是什么原因？如何排除？

任务 5.4 M1432A 型万能外圆磨床电气控制线路的维修

工作任务

一台 M1432A 型万能外圆磨床电气控制线路出现故障，无法正常工作，需要维修。

工作场景

一体化教室，多媒体教学设备；机电设备维修实训室，M1432A 型万能外圆磨床、电工维修常用工具、M1432A 型万能外圆磨床电气控制线路图、万用表、兆欧表、钳形电流表，电工维修工作台等。

知识目标

1. 了解外圆磨床的电力拖动特点及控制要求。
2. 掌握 M1432A 型万能外圆磨床电气控制线路的构成。

能力目标

1. 能对 M1432A 型万能外圆磨床电气控制线路进行正确分析。
2. 会对 M1432A 型万能外圆磨床电气控制线路出现的故障进行检修。

相关知识

本任务是以 M1432A 型万能外圆磨床为例，分析磨床对电气传动的要求、电气控制线路的构成、工作原理及其安装、调试与维修。

5.4.1 M1432A 型万能外圆磨床电力拖动的特点及控制要求

该磨床共用 5 台电动机拖动，它们分别是油泵电动机 M1、头架电动机 M2、内圆砂轮电动机 M3、外圆砂轮电动机 M4 和冷却泵电动机 M5。

1. 砂轮的旋转运动

内圆砂轮主轴由内圆砂轮电动机 M3 经传动带直接驱动，外圆砂轮主轴由外圆砂轮电动机 M4 经三角带直接传动，两台电动机之间有联锁。

2. 头架带动工件的旋转运动

头架带动工件的旋转运动是通过安装在头架上的头架电动机（双速）M2 经塔轮式传动带传动，再经两组 V 形带传动的。

3. 工作台的纵向往复运动

工作台的纵向往复运动是采用液压传动，而液压泵是由油泵电动机 M1 拖动的。要求只有油泵电动机 M1 启动后，其他电动机才能启动。

4. 切削液的供给

冷却泵电动机 M5 拖动冷却泵旋转供给砂轮和工件冷却液。

任务实施

5.4.2 M1432A 型万能外圆磨床电气控制线路分析

M1432A 型万能外圆磨床电气控制线路如图 5.22 所示，该线路分为主电路、控制电路和照明电路三部分。

1. 主电路分析

主电路共有五台电动机，M1 为油泵电动机，由接触器 KM1 控制，向液压传动系统供给压力油，其过载保护由继电器 FR1 来实现；M2 是头架电动机，由接触器 KM2、KM3 实现低速和高速控制，带动工件旋转，热继电器 FR2 作为其过载保护，M1 和 M2 共用熔断器 FU2 作为短路保护；M3（M4）是内（外）圆砂轮电动机，由接触器 KM4（KM5）控制，过载保护由热继电器 FR3（FR4）来实现；M5 是冷却泵电动机，由接触器 KM6 来控制，由热继电器 FU5 来实现过载保护，它和 M3 共用熔断器 FU3 作为短路保护。

三相交流电源通过转换开关 QS1 引入，5 台电动机共用一组熔断器 FU1 作短路保护。

2. 控制电路分析

控制电路的电源由 TC 的二次侧输出 110V 电压提供。首先应合上 QS1。

（1）油泵电动机 M1 的控制

按下起动按钮 SB2，接触器 KM1 得电吸合并自锁（13 区），其主触头闭合，电动机 M1 起动。按下停止按钮 SB1，KM1 失电释放，其主触头分断，电动机 M1 停转。

除了接触器 KM1 之外，其余的接触器和电磁铁所需的电源都从接触器 KM1 的自锁触头（13 区）后面引出，所以，只有当液压泵电动机 M1 起动后，其余的电动机才能起动。

（2）头架电动机 M2 的控制

SA1 是转速转换开关，分“低”、“停”、“高”三挡位置。如将 SA1 扳在“低”挡的位置，按液压泵电动机 M1 的起动按钮 SB2，接触器 KM1 得电吸合并自锁，液压泵电动机 M1 起动；砂轮架快速引进向工件接近时，压住行程开关 SQ1，接触器 KM2 得电吸合，它的主触头将头架电动机 M2 的绕组结成三角形，电动机以低速运转。同理，若将 SA1 扳在“高”挡的位置，砂轮架引进时压住行程开关 SQ1，接触器 KM3 得电吸合，它的主触头将头架电动以 M2 的绕组结成双星形，电动机以高速运转。接触器 KM2 和 KM3 的动断辅助触头作联锁用，防止两接触器同时动作使电源短路。

SB3 是点动按钮，便于对工件进行校正和调试。

磨削完毕，砂轮退回原处，行程开关 SQ1 复位分断，电动机 M2 自动停止转动。

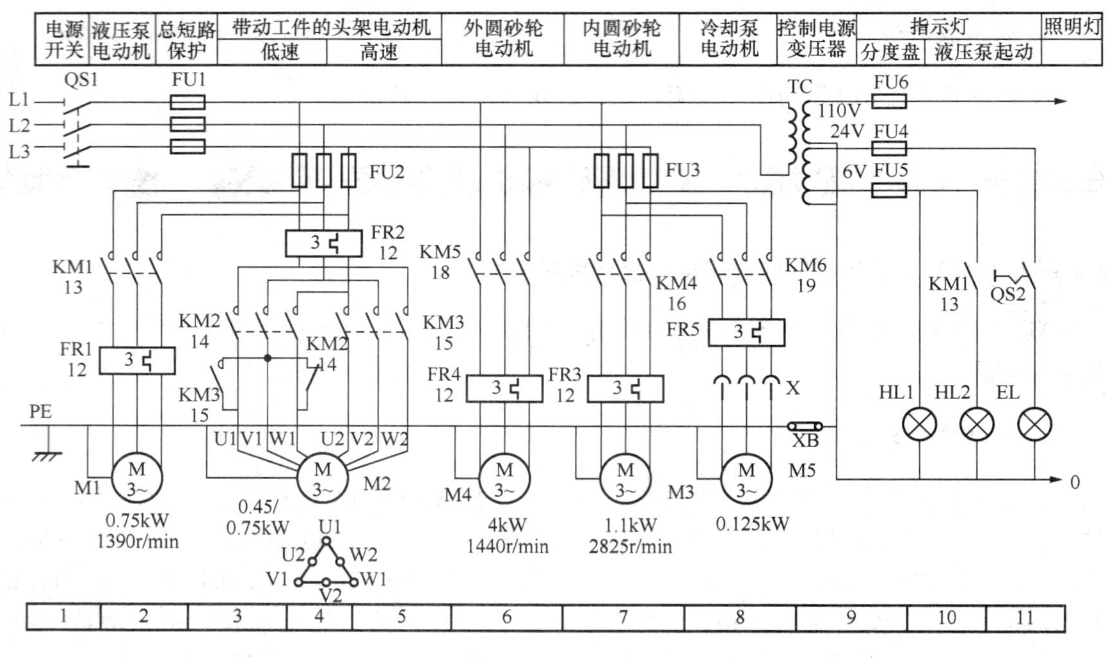

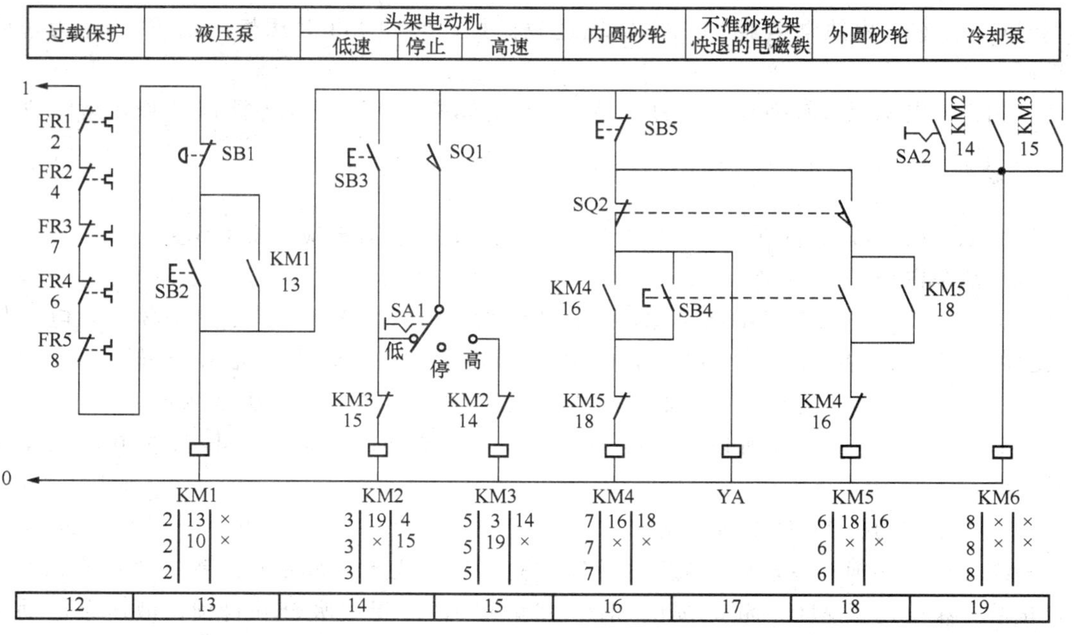

图 5.22　M1432A 万能外圆磨床电气原理图

(3) 内外圆砂轮机 M3 和 M4 的控制

机床上的外圆砂轮和内圆砂轮分别由电动机 M3 和 M4 传动。控制原理如图 5.23 所示。

内圆砂轮电动机 M3 由接触器 KM4 的主触头接通电源，外圆砂轮电动机 M4 由接触器 KM5 的主触头接通电源。内外圆砂轮电动机不能同时起动，由行程开关 SQ2 对它们

进行联锁。当进行外圆磨削时，把砂轮架上的内圆磨具往上翻，它的后侧面压住行程开关 SQ2，如图 5.24 所示，SQ2 的动断触头分断，动合触头闭合，按下起动按钮 SB4，接触器 KM5 得电吸合并自锁，外圆砂轮电动机 M4 起动。若进行内圆磨削，将内圆磨具翻下，原被内圆磨具压下的行程开关 SQ2 复位，它的动合触头恢复分断，动断触头闭合，按下起动按钮 SB4，接触器 KM4 得电吸合，使内圆砂轮电动机 M3 起动。内圆磨削时，砂轮架是不允许快速退回的，因为此时内圆磨头在工件的内孔，砂轮架若快速移动易造成损坏磨头及使工件报废等严重事故。为此，把内圆磨削与砂轮架的快速退回联锁。当内圆磨具翻下时，由于行程开关 SQ2 复位，其动断触头闭合，使电磁铁 YA 线圈得电，衔铁被吸下，砂轮架快速进退的操纵手柄锁住液压回路，使砂轮架不能快速退回。

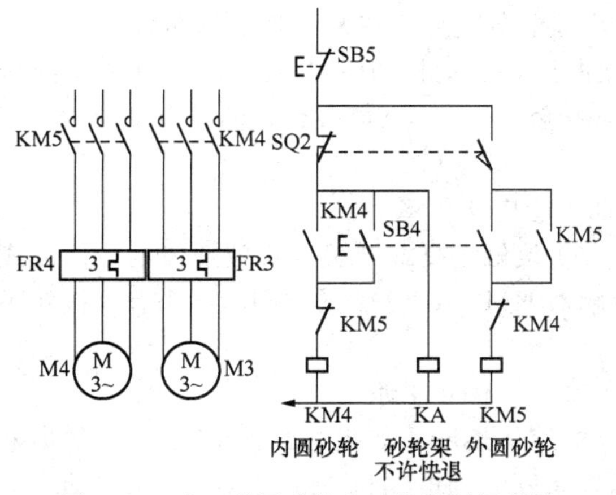

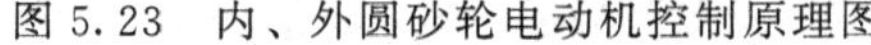
图 5.23　内、外圆砂轮电动机控制原理图

图 5.24　内圆磨具

接触器 KM4 和 KM5 的动合辅助触头作为电路的自锁，其动断辅助触头作为联锁保护。SB5 是电动机 M3 和 M4 的停止按钮。

（4）冷却泵电动机的控制

当接触器 KM2 或 KM3 吸合，使头架电动机 M2 起动的同时，KM2 或 KM3 的动合辅助触头闭合，接触器 KM6 得电吸合，冷却泵电动机 M5 自动起动。

修整砂轮时，不需要起动头架电动机 M2，但要起动冷却泵电动机 M5，因此，备有转换开关 SA2，在修整砂轮时用来开、停冷却泵电动机。

提　示

X 是接通冷却泵电动机的电源插座，插头插入和拔下必须在电源断开下进行。

3. 照明及指示电路分析

控制变压器 TC 将 380V 的交流电压降为 24V 的安全电压供给照明电路，6V 的电压供给指示电路。照明灯 EL 由开关 QS2 控制，熔断器 FU4 作短路保护。HL1 为刻度照明灯，HL2 为油泵指示灯，指示电路由熔断器 FU5 作短路保护。

巩固训练

5.4.3 M1432A型万能外圆磨床电气控制线路的维修

1. 电气线路故障分析与维修

(1) 5台电动机都不能启动

遇到这种故障应首先检查熔断器FU1、FU4、FU5及FU8的熔体是否熔断，若正常，再分别检查5台电动机所属的热继电器中是否有过载而动作脱扣的，因为只要其中一台电动机过载，相应的热继电器脱扣就会使整个控制电路的电源被切断。若是这种情况，应查明这台电动机过载的原因并予以排除，待热继电器复位或修复更换后即可恢复正常。除上述情况之外，再检查KM1线圈是否脱落或断路，启动按钮SB2和停止按钮SB1的接线是否脱落或接触不良等，因这些故障都会造成接触器KM1不能吸合，油泵电动机M1不能启动，其余4台电动机也因此不能启动。

(2) 头架电动机的一挡能启动，另一挡不能启动

这种故障的主要原因是转速选择开关SA1接触不良或开关已失效造成的，修复或更换开关SA1即可排除故障。否则，应检查接触器KM3或KM2的线圈、触头有无接触不良或断路现象。

(3) 其中两台电动机M1和M2或M3和M5不能启动

故障的主要原因是熔断器FU2或FU3的熔体熔断。如果熔断器FU2的熔体熔断，将造成电动机M1和M2不能启动；如果FU3熔断，则电动机M3和M5不能启动。同时还应检查相应接触器的主触头接触是否良好。

2. 维修步骤及要求

1) 熟悉万能外圆磨床电气控制线路的工作原理。

2) 熟悉磨床电器元件的安装位置、走线情况以及操作手柄处于不同位置时，位置开关的工作状态及运动部件的工作情况。

3) 教师在磨床上人为设置故障点，并示范维修，边分析边检查，直至故障排除。

4) 教师指导学生从故障现象进行分析，采取正确的步骤进行维修。

任务评价

任务评分表见表5.4。

表5.4 M1432A万能外圆磨床电气控制线路维修评分表

序号	项目	配分	考核标准	得分
1	故障分析	30	1) 维修思路不正确，扣5～10分； 2) 标错故障电路范围，每个扣15分	

续表

序号	项目	配分	考核标准	得分
2	排除故障	70	1）停电不验电，扣 5 分； 2）工具及仪表使用不当，每次扣 5 分； 3）排除故障的顺序不对，扣 5～10 分； 4）不能查出故障，每个扣 35 分； 5）查出故障点但不能排除，每个扣 25 分； 6）产生新的故障或扩大故障范围时，若不能排除，每个扣 35 分，能排除每个扣 15 分； 7）损坏电动机扣 70 分； 8）损坏电器元件或排故方法不正确，每只（次）扣 5～20 分	
3	安全文明操作		违反安全文明操作规程酌情扣 10～20 分	
4	定额时间 60min		每超时 5min 扣 5 分；超 10min 不得分	

知识拓展：M7130 型平面磨床控制线路分析

如图 5.25 所示，该线路分为主电路、控制电路、电磁吸合电路和照明电路四部分。

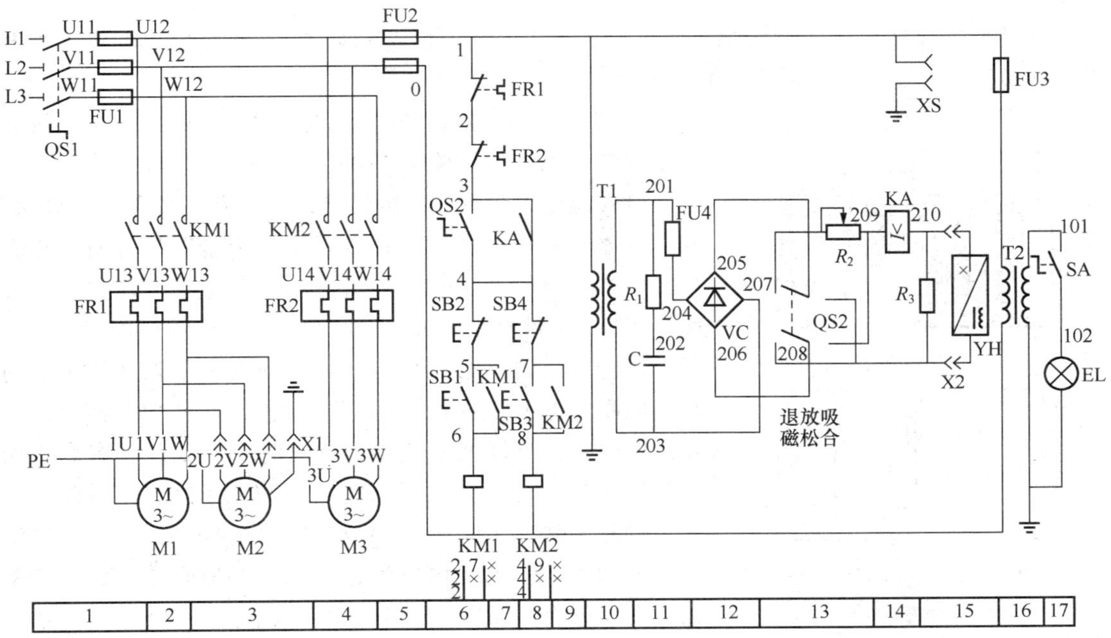

图 5.25　M7130 型平面磨床电路图

1. 主电路分析

QS1为电源开关。主电路中有三台电动机，M1为砂轮电动机，M2为冷却电动机，M3为液压泵电动机，它们共用一组熔断器FU1作为短路保护。砂轮电动机M1用接触器KM1控制，用热继电器FR1进行过载保护；由于冷却泵箱和床身是分装的，所以冷却泵电动机M2通过接插器X1和砂轮电动机M1的电源线相连，并和M1在主电路实现顺序控制。冷却泵电动机的容量较小，没有单独设置过载保护；液压泵电动机M3由接触器KM2控制，由热继电器FR2作过载保护。

2. 控制电路分析

控制电路采用交流380V电压供电，由熔断器FU2作短路保护。

在电动机的控制电路中，串接着转换开关QS2的常开触头（6区）和欠电流继电器KA的常开触头（8区），因此，三台电动机启动的必要条件是使QS2或KA的常开触头闭合。欠电流继电器KA的线圈串接在电磁吸盘YH的工作回路中，所以当电磁吸盘得电工作时，欠电流继电器KA线圈得电吸合，接通砂轮电动机M1和液压泵电动机M3的控制电路，这样就保证了加工工件被YH吸住的情况下，砂轮和工作台才能进行磨削加工，保证了安全。

砂轮电动机M1和液压泵电动机M3都采用了接触器自锁正转控制线路，SB1、SB3分别是它们的启动按钮，SB2、SB4分别是它们的停止按钮。

3. 电磁吸盘电路分析

电磁吸盘YH是用来固定加工工件的一种夹具，它的结构如图5.26所示。电磁吸盘电路包括整流电路、控制电路和保护电路三部分。

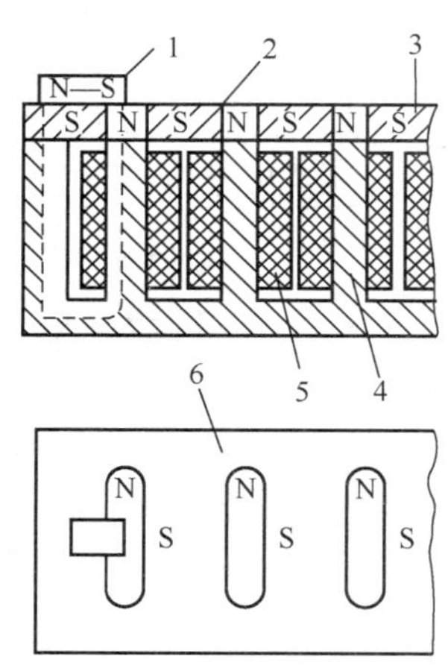

图5.26　电磁吸盘结构

1—工件；2—非磁性材料；3—工作台；4—芯体；5—线圈；6—盖板

整流变压器T1将220V的交流电压降为145V，然后经桥式整流器VC后输出110V直流电压。

QS2是电磁吸盘YH的转换开关，有“吸合”、“放松”和“退磁”三个位置。当QS2扳至“吸合”位置时，触头（205—208）和（206—209）闭合，110V直流电压接入电磁吸盘YH，工件被牢牢吸住。此时，欠电流继电器KA线圈得电吸合，KA的常开触头闭合，接通砂轮和液压泵电动的控制电路。待工件加工完毕，先把QS2扳至“放松”位置，切断电磁吸盘YH的直流电源。此时由于工件具有剩磁而不能取下，因此，必须进行退磁。将QS扳到“退磁”位置，这时，触头（205—207）和（206—208）闭合，电磁吸盘YH通入较小的反向电流进行退磁。退磁结束，将QS2扳回到“放松”位置，即可将工件取下。

如果有些工件不易退磁，可将附件退磁器的插头插入插座XS，使工件在交变磁场的作用下进行退磁。

若将工件夹在工作台上，而不需要电磁吸盘时，则应将电磁吸盘YH的X2插头从插座

上拔下，同时将转换开关 QS2 扳到“退磁”位置，这时，接在控制电路中 QS2 的常开触头（3—4）闭合，接通电动机的控制电路。

电磁吸盘的保护是由放大电阻 R_3 和欠电流继电器 KA 组成。电阻 R_3 是电磁吸盘的放电电阻。因为电磁吸盘的电感很大，尖电磁吸盘从“吸合”状态转变为“放松”状态的瞬间，线圈两端将产生很大的自感电动势，易使线圈或其他电器由于过电压而损坏。电阻 R_3 的作用是在电磁吸盘断电瞬间给线圈提供放电通路，吸收线圈释放的磁场能量。欠电流继电器 KA 用以防止电磁吸盘断电工件脱出发生事故。

电阻 R_1 与电容器 C 的作用是防止电磁吸盘回路交流侧的电压。熔断器 FU4 为电磁吸盘提供短路保护。

4. 照明电路分析

照明变压器 T2 将 380V 的交流电压降为 36V 的安全电压供给照明电路。EL 为照明灯，一端接地，另一端由开关 SA 控制。熔断器 FU3 作照明电路的短路保护。

课外阅读材料

液压站 The hydraulic pressure stands

液压站又称为液压泵站，它是由液压泵、驱动电动机、油箱、溢流阀等构成的液压源装置。按驱动装置要求的流向、压力和流量供油，适用于驱动装置与液压站分离的各种机械上，将液压站与驱动装置（油缸或马达）用油管相连，液压系统即可实现各种规定的动作。

液压站的工作原理是电机带动油泵旋转，泵从油泵中吸油后打油，将机械能转化为液压油的压力能，液压油通过集成块（或阀组合）被液压阀实现了方向、压力、流量调节后经外接管路传输到液压机械的油缸或油马达中，从而控制了液动机方向的变换、力量的大小及速度的快慢，推动各种液压机械做功。

液压站主要以液压缸的结构形式、泵的安装位置和冷却方式来划分。按液压缸的结构形式可分为活塞式、柱塞式、伸缩式、摆动式四种；按泵的安装位置可分为上置立式、泵装置立式和旁置式三种；按冷却方式可分为自然冷却和靠油箱本身与空气热交换冷却两种。

任务小结

本任务以 M1432A 型万能外圆磨床电气控制线路为例，分析了磨床电力拖动的特点及控制要求，介绍了电气控制线路的分析方法和磨床常见电气控制线路的故障及维修。

复习与思考

1. M1432A 型万能外圆磨床共有几台电动机控制？

2. 参考图3.22所示的M1432A型万能外圆磨床电路图，分析头架电动机M2的控制过程。

3. M1432A型万能外圆磨床中，内圆磨削和外圆磨削是如何实现联锁的？

4. M1432A型万能外圆磨床中，电磁铁YA的作用是什么？

5. M1432A型万能外圆磨床的头架电动机能高速启动但不能低速启动，试分析其故障原因。

6. M1432A型万能外圆磨床中的5台电动机都不能启动，试分析其故障原因。

项 目 6

数控机床的维修

数控机床的种类很多，主要有数控车床、数控镗铣机床、数控刨床、数控磨床、数控钻床、加工中心等，目前国内主流系统有 FANUC、SIEMENS、FAGOR、HEIDENHAIN、Mitsubishi Motors、广数、华中、大森、凯恩蒂等品牌型号，根据不同的加工功能分为经济型数控机床、普通型数控机床、全功能型数控机床和虚拟并联机床等。其中，应用最普遍的是经济型数控机床。本项目以 FANUC 和 SIEMENS 典型数控机床各主要部件和电气控制线路的维修为例，介绍其维修工艺特点和故障维修排除方法。

任务 6.1　数控系统故障诊断与维修

工作任务

某卧式数控车床，采用 SINUMERIK8 系统，带 EXE 光栅测量装置。运行中出现“号电缆断线或与地短路”报警，同时伴有“信号丢失号”报警。正确诊断排除上述数控系统故障。

工作场景

一体化教室，多媒体教学设备；数控系统维修实训室，SIEMENS 802C CKA6150 型卧式数控车床，SINUMERIK802C 数控系统、机床维修常用电讯工具、机修工具、万用表、逻辑笔，机床电气原理图、机床使用说明书、SIEMENS 802C 简明安装调试手册，毛巾、清洁剂等。

知识目标

1. 掌握各种数控系统的组成、特点、工作原理等相关知识。
2. 掌握各种数控系统进行基本安装。
3. 掌握各种数控系统进行测试。
4. 熟悉各种数控系统的故障现象，能对各种数控系统故障进行诊断与维修。

能力目标

能够掌握诊断排除方法，会排除 SIEMENS 和 FANUC 数控系统一般故障。

相关知识

6.1.1 SIEMENS 和 FANUC 数控系统的组成

SIEMENS 和 FANUC 数控系统都是采用数控技术实现数控机床的数字控制。它主要由计算机数控装置（CNC）、数控加工程序输入/输出装置、主轴单元、伺服单元、驱动装置、可编程控制器（PLC）及电气逻辑控制装置、辅助装置、测量装置组成（图 6.1）。

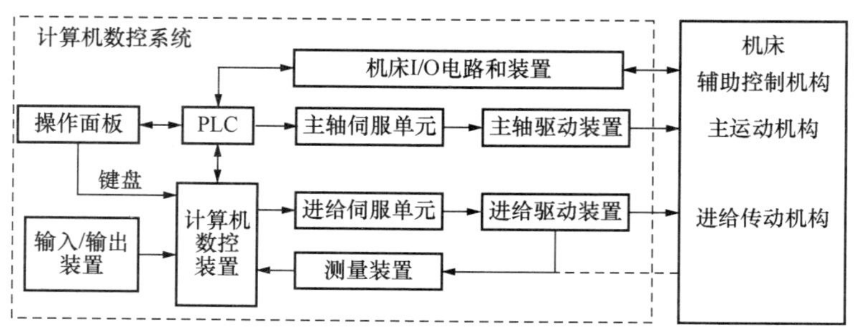

图 6.1　计算机数控系统组成框图

CNC 装置是计算机数控系统的核心，它包括微处理器 CPU、存储器、局部总线、外围逻辑电路以及与 CNC 系统其他组成部分联系的接口及相应控制软件。CNC 装置根据输入的加工程序进行运动轨迹处理和机床输入/输出处理，然后输出控制命令到相应的执行部件，如伺服单元，驱动装置和 PLC 等使其进行规定的，有序的动作。CNC 装置输出的信号有各坐标轴的进给速度，进给方向和位移指令，还有主轴的变速，换向和启停信号，选择和交换刀具的指令，控制冷却液，润滑油启停，工件和机床部件松开、夹紧，分度工作台转位辅助指令信号等。这个过程是由 CNC 装置内的硬件和软件协调完成的。图 6.2 所示分别为 FANUC 0i 和西门子 802S 数控装置。

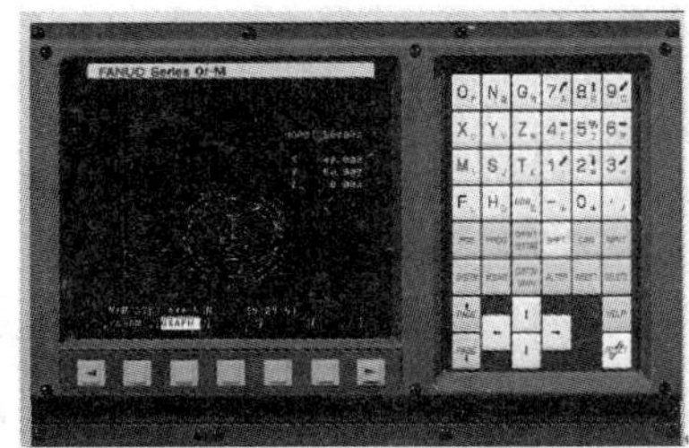

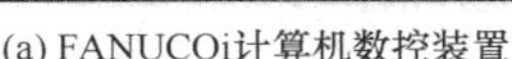

(a) FANUCOi计算机数控装置

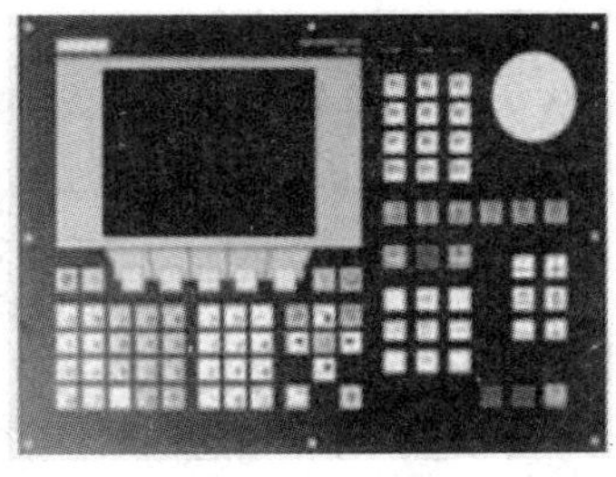

(b) 西门子802S计算机数控装置

图 6.2 两种 CNC 装置

6.1.2 SIEMENS 和 FANUC 数控系统的故障诊断

数控系统显示的不正常，可以分为完全无显示和显示不正常两种情况。当系统电源、系统的其他部分工作正常时，系统无显示的原因，在大多数的情况下是由于硬件原因引起，而显示混乱或显示不正常，一般来说是由于系统软件引起的。系统不同，引起的原因也不相同，要根据实际情况进行分析研究。常见故障排除方法见表 6.1。

表 6.1 电系统显示类常见故障排除方法

故障现象	故障原因	排除方法
运行或操作中出现死机或重新启动	1）参数设置错误或参数设置不当所引起； 2）同时运行了系统以外的其他内存驻留程序正从软盘或网络调用较大的程序或者从已损坏的软盘上调用程序，都有可能造成系统的死机。这时应该中断零件程序的调用； 3）系统文件受到破坏或者感染了病毒； 4）电源功率不够； 5）系统元器件受到损害	1）正确设置参数； 2）停止部分正在运行或调用的程序； 3）用杀毒软件检查软件系统清除病毒或者重新安装系统软件进行修复； 4）确认电源的负载能力是否符合系统要求
统上电后画屏或乱码：	1）系统文件被破坏； 2）系统内存不足； 3）外部干扰	1）修复系统文件或重装系统； 2）对系统进行整理，删除一些不必要的垃圾； 3）增加一些防干扰的措施

续表

故障现象	故障原因	排除方法
系统上电后，NC电源指示灯亮但是屏幕无显示或黑屏	1）显示模块损坏； 2）显示模块电源不良或没有接通； 3）显示屏由于电压过高被烧坏； 4）系统显示屏亮度调节调节过暗	1）更换显示模块； 2）对电源进行修复； 3）更换显示屏； 4）对亮度进行重新调整
主轴有转速但CRT速度无显示	1）主轴编码器损坏； 2）主轴编码器电缆脱落或断线系统参数设置不对； 3）编码器反馈的接口不对或者没有选择主轴控制的有关功能	1）更换主轴编码器； 2）重新焊接电缆； 3）正确设置系统参数
主轴实际转速与所发指令不符	1）主轴编码器每转脉冲数设置错误（确认主轴编码器每转脉冲数是否设置正确）； 2）PLC程序错误（检查PLC程序中主轴速度和D/A输出部分的程序）； 3）速度控制信号电缆连接错误	1）正确设置主轴编码器的每转脉冲数； 2）改写PLC的程序，重新调试； 3）重新焊接电缆
系统上电后，屏幕显示高亮但没有内容	1）系统显示屏亮度调节调节过亮； 2）系统文件被破坏或者感染了病毒显示控制板出现故障	1）对亮度进行重新调整； 2）用杀毒软件检查软件系统清除病毒或者重新安装系统软件进行修复； 3）更换显示控制板
系统上电后，屏幕显示暗淡但是可以正常操作，系统运行正常	1）系统显示屏亮度调节调节过暗； 2）显示控制板出现故障	1）对亮度进行重新调整； 2）更换显示器或显示器的灯管； 3）更换显示控制板
主轴转动时显示屏上没有主轴转速显示或转进给是主轴转动但进给轴不动	1）主轴位置编码器与主轴连接的齿形皮带断裂； 2）主轴位置编码器连接电缆断线； 3）主轴位置编码器的连接插头接触不良； 4）主轴位置编码器损坏	1）更换皮带； 2）找出断线点，重新焊接或更换电缆； 3）重新将连接插头插紧； 4）更换损坏的主轴位置编码器

任务实施

6.1.3 数控系统报警维修

故障现象：数控车床，采用SIEMENS802C系统，带光栅测量装置。运行中出现“0

号电缆断线或与地短路”报警，同时伴有“信号丢失号”报警。

操作步骤：

1. 询问操作者出现故障前的状况

1）机床操作步骤是否错误；

2）机床是否出现异声、异味等。

2. 查看机床现场状况进行故障分析

1）电气方面：

查看主轴控制电路有无断路现象；

检查 0 号电缆是否断线或接地短路；

检查（信号漏读）检查信号源是否错误；

检查有无传输系统（光源和光学系统）实际信号；

2）机械方面：

查看机械机构是否损坏；

检查光栅尺表面有无油污；

检查光栅尺是否损坏；

3）参数方面：无参数故障。

经过现场查看与分析，机床在参数方面无故障，主要是由于 0 号电缆线虚接导致接地短路和光栅尺表面有油污导致，为电气和机械故障。

3. 进行故障排除

1）打开数控机床电气防护门。

2）查找 0 号电缆线，找到虚接线头发现已和地线短接。

3）将 0 号电缆线头重新正确焊接。

4）将光栅尺拆除，发现存在油污导致测量偏差。

5）清洗光栅尺，重新安装。

6）安装完毕后关闭数控机床电气防护门重新上电试车，机床运行正常，故障排除。

4. 清理工具、机床并记录

故障排除后进行打扫机床，清理维修工具；并做好故障排除记录。

注 意

在系统电路板上有供测量电路电压和波形的检测端子，以便在调试和维修时确定该部分电路工作是否正常。但在检测该部分电路时应熟悉电路原理及电路的逻辑关系。在逻辑关系不熟的情况下，可用两块一样的电路板对比进行检测，从而发现电路板的故障所在。

巩固训练

6.1.4 维修实例

实例 1

故障现象：一数控系统，工作后系统经常死机，停电后经常丢失机床参数和程序。

故障分析：经分析和诊断，出现该故障的原因一般有如下几点：电池不良；系统存储器出错；软件本身不稳定。根据如上分析，逐条进行检查：首先用万用表直接测量系统断电存储用电池，发现电池没有问题；测量主板上的电池电压，发现时有时无，进一步检查发现当用手按着主板一侧测量时电压正确，松开手是电压不正确，因此初步诊断为接触不良所知；拆下该主板，仔细检查发现该主板已经弯曲变形，校正后重新试验，故障排除。

实例 2

故障现象：一台数控车床配 FANUC0-TD 系统，在调试中时常出现 CRT 闪烁、发亮，没有字符出现的现象。

故障分析：我们发现造成的原因主要有：

1）CRT 亮度与灰度旋钮在运输过程中出现震动。

2）系统在出厂时没有经过初始化调整。

3）系统的主板和存储板有质量问题。

解决办法可按如下步骤进行：首先，调整 CRT 的亮度和灰度旋钮，如果没有反应，请将系统进行初始化一次，同时按 RST 键和 DEL 键，进行系统启动，如果 CRT 仍没有正常显示，则需要更换系统的主板或存储板。

实例 3

故障现象：一台日本 H500/50 卧式加工中心，开机时屏幕一片黑，操作面板上的 NC 电源开关已按下，红、绿灯都亮，查看电柜中开关和主要部分无异常，关机后重开，故障一样。

故障分析：经查，故障是由多处损坏造成的，在更换了显示器，显示控制板后屏幕出现了显示，使机床能进入其他的故障维修。

任务评价

1）SIEMENS 和 FANUC 数控系统的故障检查、诊断、排故步骤、记录各占 20 分。

2）理论知识占 20 分。

3）要求学生独立完成工作任务，明确自己完成的怎样，进行自我评价，互评，教师评价相结合，给出每个同学完成本工作任务的成绩。

知识拓展：西门子 SINUMERIK 802S/C 数控系统的接线

SIEMENS 802S 系列系统包括 802S/Se/Sbase line、802C/Ce/Cbase line、802D 等型号，它是西门子公司 20 世纪 90 年代才开发的集 CNC、PLC 于一体的经济型控制系统。系统价格比较高，比较适合于经济型、普及型车、铣、磨床的控制，近年来在国产经济型，普及型数空机床上有较大量的使用。SIEMENS 802 系列数控系统的共同特点是结构简单、体积小、可靠性高；此外系统软件功能也比较强。

SIEMENS 802S、802C 系列是 SIEMENS 公司专为简易数控机床开发的经济型体统，两种系统的区别是：802S/Se/Sbase line 系列采用步进电动机驱动；802C/Ce/Cbase line 系列采用数字式交流伺服驱动系统。

SIEMENS 802S、802C 系列系统的 CNC 结构完全相同，可以进行 3 轴控制/3 轴联动；系统带有±10V 的主轴模拟量输出接口，可以配具有模拟量输入功能的主轴驱动系统。SINUMERIK 802S base line CNC 控制器与步进驱动 STEPDRIVE C/C+和步进电机的连接，SINUMERIK 802C base line CNC 控制器与伺服驱动 SIMODRIVE611U 和 1FK7 伺服电机的连接，SINUMERIK 802C base line CNC 控制器与伺服驱动 SIMODRIVE base line 和 1FK7 伺服电机的连接。

1. 电源端子

X1，系统工作电源为直流 24V，接线端子为 X1，见表 6.2。

表 6.2　系统工作电源（X1）

端子号	信号名	说　明	端子号	信号名	说　明
1	PE	保护地	3	P24	直流 24V
2	M	0V			

2. 通讯接口

RS232—X2，在使用外部 PC/PG 与西门子 SINUMERIK 802S/C base line 进行数据通讯（WINPCIN）或编写 PLC 程序时，使用 RS232 接口。

3. 编码器接口

X3—X6，编码器接口 X3，X3 和 X5 为 SUB－D15 芯孔插座，仅用于 SINUMERIK 802C base line。编码器接口 X6 也是 SUB－D15 芯孔插座，在 802C base line 中作为编码器 4 接口，在 802S base line 中作为主轴编码器接口使用。见表 6.3。

4. 驱动器接口

X7，驱动器接口 X7 为 SUB-D50 芯针插座，SINUMERIK 802S base line 与 SINUMERIK 802C base line 中 X7 接口的引脚分配不一样。见表 6.4 和表 6.5。

表 6.3 X3 引脚分配（X4/X5/X6 相同）

引脚	信号	说明	引脚	信号	说明
1	n. c.		9	M	电压输出
2	n. c.		10	Z	输入信号
3	n. c.		11	Z _ N	输入信号
4	P5EXT	电压输出	12	B _ N	输入信号
5	n. c.		13	B	输入信号
6	P5EXT	电压输出	14	A _ N	输入信号
7	M	电压输出	15	A	输入信号
8	n. c.				

表 6.4 SINUMERIK 802S base line 中的驱动器接口 X7 引脚分配

引脚	信号	说明	引脚	信号	说明	引脚	信号	说明
1	n. c.		18	ENABLE1	0	35	n. c.	
2	n. c.		19	ENABLE1 _ N	0	36	n. c.	
3	n. c.		20	ENABLE2	0	37	A04	A
4	AGND4	A0	21	ENABLE2 _ N	0	38	PULS1 _ N	0
5	PULS1	0	22	M	V0	39	DIR1 _ N	0
6	DIR1	0	23	M	V0	40	PULS2	0
7	PULS2 _ N	0	24	M	V0	41	DIR2	0
8	DIR2 _ N	0	25	M	V0	42	PULS3 _ N	0
9	PULS3	0	26	ENABLE3	0	43	DIR3 _ N	0
10	DIR3	0	27	ENABLE3 _ N	0	44	PULS4	0
11	PULS4 _ N	0	28	ENABLE4	0	45	DIR4	0
12	DIR4 _ N	0	29	ENABLE4 _ N	0	46	n. c.	
13	n. c.		30	n. c.		47	n. c.	
14	n. c.		31	n. c.		48	n. c.	
15	n. c.		32	n. c.		49	n. c.	
16	n. c.		33	n. c.		50	SE4. 2	K
17	SE4. 1	K	34	n. c.				

表 6.5 SINUMERIK 802C base line 中的驱动器接口 X7 引脚分配

引脚	信号	说明	引脚	信号	说明	引脚	信号	说明
1	A01		18	n. c.	0	34	AGND1	
2	AGND2		19	n. c.	0	35	A02	
3	A03		20	n. c.	0	36	AGND3	
4	AGND4	A0	21	n. c.	0	37	A04	A0
5	n. c.	0	22	M	V0	38	n. c.	0
6	n. c.	0	23	M	V0	39	n. c.	0
7	n. c.	0	24	M	V0	40	n. c.	0
8	n. c.	0	25	M	V0	41	n. c.	0
9	n. c.	0	26	n. c.	0	42	n. c.	0
10	n. c.	0	27	n. c.	0	43	n. c.	0
11	n. c.	0	28	n. c.	0	44	n. c.	0
12	n. c.	0	29	n. c.	0	45	n. c.	0
13	n. c.		30	n. c.		46	n. c.	
14	SE1. 1		31	n. c.		47	SE1. 2*	
15	SE2. 1		32	n. c.		48	SE2. 2*	
16	SE31		33	n. c.		49	SE3. 2*	
17	SE4. 1	K				50	SE4. 2*	K

* SE1. 1/1. 2—SE3. 1/3. 2：指伺服轴 X/Y/Z 使能；SE4. 1/4. 2：指伺服主轴使能。

5. 手轮接口

X10，通过手轮接口 X10 可以在外部连接两个手轮。X10 有 10 个接线端子，引脚见表 6.6。

表 6.6 X10 引脚分配

引脚	信号	说明	引脚	信号	说明
1	A1+	手轮 1 A 相+	6	GND	地
2	A1−	手轮 1 A 相−	7	A2+	手轮 2 A 相+
3	B1+	手轮 1 B 相+	8	A2−	手轮 2 A 相−
4	B1−	手轮 1 B 相−	9	B2+	手轮 2 B 相+
5	P5V	+ 5Vdc	10	B2−	手轮 2 B 相−

6. 高速输入接口

X20，通过高速输入接口 X20 可以连接 3 个接近开关，仅用于 SINUMERIK 802S base line。其引脚分配见表 6.7。

表 6.7 X20 引脚分配

引脚	信号	说明	引脚	信号	说明
1	RDY1	使能 2.1*	6	HI _	
2	RDY2	使能 2.2*	7	HI _	
3	HI _	X 轴参考点脉冲	8	HI _	
4	HI _	Y 轴参考点脉冲	9	N. C.	
5	HI _	Z 轴参考点脉冲	10	M	24V 地

* 指 NC READY 继电器的两个使能触点。

7. 数字输入/输出接口

X100—X105，X200 和 X201，共有 48 个数字输入和 16 数字输出接线端子。其输入接口 X100—X105 引脚分配见表 6.8，16 个输出接口 X200 和 X201 引脚分配见表 6.9。

表 6.8 X100—X105 引脚分配

引脚序号	信号说明	X100 地址	X101 地址	X102 地址	X103 地址	X104 地址	X105 地址
1	空						
2	输入	I0. 0	I1. 0	I2. 0	I3. 0	I4. 0	I5. 0
3	输入	I0. 1	I1. 1	I2. 1	I3. 1	I4. 1	I5. 1
4	输入	I0. 2	I1. 2	I2. 2	I3. 2	I4. 2	I5. 2
5	输入	I0. 3	I1. 3	I2. 3	I3. 3	I4. 3	I5. 3
6	输入	I0. 4	I1. 4	I2. 4	I3. 4	I4. 4	I5. 4
7	输入	I0. 5	I1. 5	I2. 5	I3. 5	I4. 5	I5. 5
8	输入	I0. 6	I1. 6	I2. 6	I3. 6	I4. 6	I5. 6
9	输入	I0. 7	I1. 7	I2. 7	I3. 7	I4. 7	I5. 7
10	M24						

表 6.9 X200/X201 引脚分配

引脚序号	信号说明	X200 地址	X201 地址
1	L+		
2	输出	Q0. 0	Q1. 0
3	输出	Q0. 1	Q1. 1
4	输出	Q0. 2	Q1. 2
5	输出	Q0. 3	Q1. 3
6	输出	Q0. 4	Q1. 4
7	输出	Q0. 5	Q1. 5
8	输出	Q0. 6	Q1. 6
9	输出	Q0. 7	Q 1. 7
10	M24		

任务小结

本任务的重点是 SIEMENS802CBL 数控机床 CNC 控制器系统结构原理以及控制工作原理；能够按顺序正确连接 CNC 控制器与各个输入/输出装置；能根据机床数控系统报警或故障现象，进行系统连接故障诊断与维修。

复习与思考

1. 数控机床故障诊断的方法有哪些？

2. 数控系统的干扰有哪些？应采取什么措施来消除？

3. “接地”的作用是什么？在数控机床中有哪些“接地”？

4. 在加工过程中，CRT 上显示 64 号报警，随即系统死机。64 号报警为＋24V 直流电源报警，问怎样来解决这一问题？

5. 简述 FANUC、SIEMENS 数控系统的特点。

任务6.2　数控机床回参考点故障诊断与维修

工作任务

某数控机床系统开机回不了参考点、回参考点不到位，要求进行故障诊断并排除。

工作场景

一体化教室，多媒体教学设备；数控系统维修实训室，SIEMENS 802C CKA6150 型卧式数控车床，SINUMERIK802C 数控系统、接近开关（PNP型）、机床维修常用电讯工具、机修工具、万用表、示波器、数字转速表、相序表、逻辑笔、伺服系统、机床用工作台，机床电气原理图、机床使用说明书、SIEMENS 802C 简明安装调试手册，毛巾、清洁剂等。

知识目标

1. 了解数控机床回参考点相关概念。
2. 熟悉数控机床回参考点故障诊断方法。
3. 掌握具有排除数控机床回参考点故障的能力。

能力目标

会进行数控机床回参考点故障的诊断及排除。

相关知识

6.2.1 数控机床回参考点方式在机床使用中的应用

1. 数控机床回参考点的分类

按机床检测元件检测原点信号方式的不同，返回机床参考点的方法有两种，即栅点法和磁开关法。在栅点法中，检测器随着电机一转信号同时产生一个栅点或一个零位脉冲，在机械本体上安装一个减速挡块及一个减速开关，当减速撞块压下减速开关时，伺服电机减速到接近原点速度运行。当减速撞块离开减速开关时，即释放开关后，数控系统检测到的第一个栅点或零位信号即为原点。在磁开关法中，在机械本体上安装磁铁及磁感应原点开关或者接近开关，当磁感应开关或接近开关检测到原点信号后，伺服电机立即停止运行，该停止点被认作原点。

栅点法的特点是如果接近原点速度小于某一特定值，则伺服电机总是停止于同一点，也就是说，在进行回原点操作后，机床原点的保持性好。磁开关法的特点是软件及硬件简单，但原点位置随着伺服电机速度的变化而成比例的漂移，即原点不确定，目前，大多数机床采用栅点法。

栅点法中，按照检测元件的不同分为以绝对脉冲编码器方式归零和以增量脉冲编码器方式归零。在使用绝对脉冲编码器作为测量反馈元气件的系统中，机床调试时第一次开机后，通过参数设置配合机床回零操作调整到合适的参考点后，只要绝对编码器的后备电池

有效，此后每次开机，不必进行回参考点操作。在使用增量脉冲编码器的系统中，回参考点有两种方式，一种是开机后在参考点回零模式下直接回零，另一种在存储器模式下，第一次开机手动回原点，以后均可用 G 代码方式回零。

回参考点的方式一般可以分为如下几种：

1）手动回原点时，回原点轴先以参数设置的快速移动的速度向原点方向移动，当减速挡块压下原点减速开关时，回零轴减速到系统参数设置较慢的参考点定位速度，继续向前移动，当减速开关被释放后，数控系统开始检测编码器的栅点或零脉冲，当系统检测到第一个栅点或领脉冲后，电机马上停止转动，当前位置即为机床零点。

2）回原点轴先以参数设置的快速移动的速度向原点方向移动，当减速挡块压下原点减速开关时，回零轴减速到系统参数设置较慢的参考点定位速度，轴向相反方向移动，当减速开关被释放后，数控系统开始检测编码器的栅点或零脉冲，当系统检测到第一个栅点或领脉冲后，电机马上停止转动，当前位置即为机床零点。

3）回原点轴先以参数设置的快速移动的速度向原点方向移动，当减速挡块压下原点减速开关时，回零轴减速到系统参数设置较慢的参考点定位速度，轴向相反方向移动，当减速开关被释放后，回零轴再次反向，当减速开关再次被压下后，数控系统开始检测编码器的栅点或零脉冲，当系统检测到第一个栅点或领脉冲后，电机马上停止转动，当前位置即为机床零点。

4）回原点轴接到回零信号后，就在当前位置以一个较慢的速度向固定的方向进行移动，同时数控系统开始检测编码器的栅点或零脉冲，当系统检测到第一个栅点或领脉冲后，电机马上停止转动，当前位置即为机床零点。

2. 系统返参考点之后的功能实现

SINUMERIK 802S/C base line 系统的很多功能都建立在参考点的基础上，如自动方式和 MDA 方式只有在机床返回参考点之后才能进行操作；反向间隙补偿和丝杠螺距误差补偿也只能在返回参考点之后才生效。因此，系统在正常工作之前首先要回参考点。

1）坐标系才能准确。

2）反向间隙生效。

3）螺距补偿才有意义。

4）软极限生效。

5）加工程序才能运行。

数控系统中，用系统参数 MD：20700（REFP _ NC _ START _ LOCK）未回参考点 NC 启动禁止（即 RE）来防止系统未回参考点就直接进行其他操作。

3. 回零过程

减速开关之前回零过程如下：

1）选择回零方式。

2）按照回零方向，按正向或反向键。

3）轴移动寻找回零减速开关。

4）找到回零减速开关后，轴减速并停止。

5）轴反向移动，退出回零减速开关。

6）退出回零减速开关后，轴继续移动安退出方向寻找编码器零脉冲。

7）找编码器零脉冲后，轴移动到零点偏置的位置，轴停止，NC显示参考点坐标值和回零标志。

4. 回参考点方式

回参考点方式分有减速开关和无减速开关两种。

(1) 有减速开关

根据接近开关信号/零脉冲的位置，可以分为两种情况。其中BERO指接近开关信号，适用于SINUMRERIK 802S base line；脉冲指编码器信号的零脉冲，适用于SINUMRERIK 802C base line。

1）接近开关信号/零脉冲在减速开关之前。MD34050：REFP _ SEARCH _ MARKER _ REVERS＝0，遇到减速开关后，反向寻找接近开关信号/零脉冲信号，如图6.3所示。

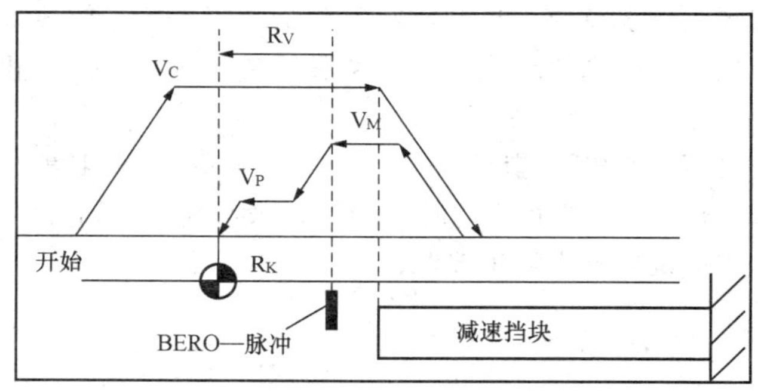

图6.3 有减速开关回参考点方式1

2）接近开关信号/零脉冲在减速开关之后。MD34050：REFP_SEARCH_MARKER_REVERS＝1，遇到减速开关后，同向寻找接近开关信号/零脉冲信号，如图6.4所示。

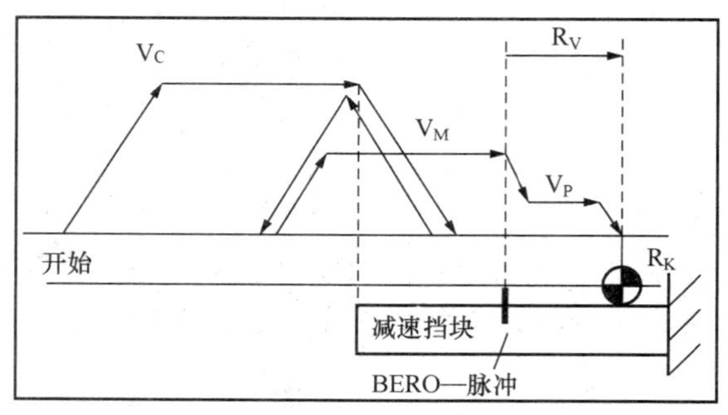

图6.4 有减速开关回参考点方式2

(2) 无减速开关

无减速开关回参考点方式见图6.5。

图中：

V_C—寻找减速档块速度，由MD34020（REFP_VELO_SEARCH_CAM）设定。

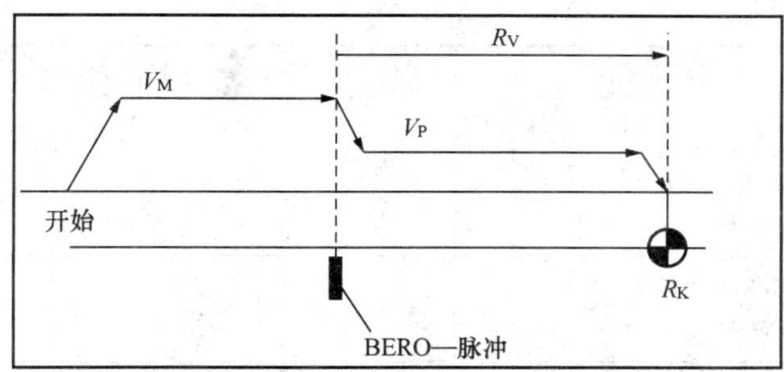

图 6.5　无减速开关回参考点方式

V_M—寻找接近开关信号/零脉冲速度，由 MD34040（REFP _ VELO _ SEARCH _ MARKER）设定。

V_P—参考点定位速度，由 MD34070（REFP_VELO_POS）设定。

R_V—参考点偏移，由 MD34080（REFP_MOVE_DIST）设定。

R_K—参考点坐标，由 MD34100（REFP_SET_POS [0]）设定。

5. 进给轴相关参数

进给轴相关参数说明如表 6.10。

表 6.10　进给轴相关参数

	轴参数号	参数名	单位	轴	输入值	参数定义
反馈和编码器参数	30130	CTRLOUT _ TYPE	—	X，Y，Z	1	模拟给定输出到轴控接口
	30240	ENC _ TYPE	—	X，Y，Z	2	TTL 编码器
	34200	ENC _ REF _ MODE	—	X，Y，Z	1	电机编码器参考点零脉冲
	31020*	ENC _ RESOL	IPR	X，Y，Z		编码器每转脉冲数
机械参数	31030	LEADSCREW _ PITCH	mm	X，Y，Z		丝杠螺距
	31050	DRIVE _ AX _ RATIO _ DENUM [0...5]	—	X，Y，Z		减速箱电机端齿轮齿数
	31060	DRIVE _ AX _ RATIO _ NOMERA [0...5]	—	X，Y，Z		减速箱丝杠端齿轮齿数
速度参数	32000	MAX _ AX _ VELO	mm/min	X，Y，Z		最大轴速度 G00
	32010	JOG _ VELO _ RAPID	mm/min	X，Y，Z		点动快速
	32020	JOG _ VELO	mm/Min	X，Y，Z		点动速度
	32260	RATED _ VELO	RPM	X，Y，Z		电机额定转速
	36200	AX _ VELO _ LIMIT	mm/min	X，Y，Z		坐标速度极限

续表

	轴参数号	参数名	单位	轴	输入值	参数定义
回参考点速度设定	34000	REFP_CAM_IS_ACTIVE	—	X，Y，Z	1	减速开关生效
	34010	REFP_CAM_DIR_IS_MINUS	—	X，Y，Z	0/1	减速开关方向：0—正；1—负
	34020	REFP_VELO_SEARCH_CAM	mm/min	X，Y，Z	2000	寻找减速开关速度
	34040	REFP_VELO_SEARCH_MARKER	mm/min	X，Y，Z	300	寻找零脉冲速度
	34050	REFP_SEARCH_MARKER_REVERSE	—	X，Y，Z	0/1	零脉冲位置在：0—开关外；1—开关内
	34060	REFP_MAX_MARKER_DIST	mm	X，Y，Z		寻找接近开关的最大距离
	34070	REFP_VELO_POS	mm/min	X，Y，Z	2000	参考点定位速度
	34080	REFP_MOVE_DIST	mm	X，Y，Z	0	零脉冲后的移动距离（带方向）
	34100	REFP_SET_POS	mm	X，Y，Z	0	参考点位置值
软极限	36100	POS_LIMIT_MINUS	mm	X，Y，Z		轴负向软限位值
	36110	POS_LIMIT_PLUS	mm	X，Y，Z		轴正向软限位值

* 该参数为 611U 的 WSG 接口引出的编码器信号脉冲数，等于电机的极对数×1024，根据电机编码器型号来确定。

如：电机 1FK6060—6AF71—1Sxx，为 6 极电机，极对数为 3；
电机 1FK6101—8AF71—1Sxx，为 8 极电机，极对数为 4；
电机 1FK7060—5AF71—1Txx，为 2 极电机，极对数为 1；
电机 1FK7060—5AF71—1Sxx，为 8 极电机，极对数为 4。

6.2.2 回参考点常见故障现象及分析

常见故障现象及分析见表 6.11

表 6.11 回参考点常见故障现象及分析

故障现象	故障原因		排除方法
机床回原点后原点漂移或参考点发生整螺距偏移的故障	参考点发生单个螺距偏移	1）是因为减速开关与减速撞块安装不合理，使减速信号与零脉冲信号相隔距离过近； 2）机械安装不到位	1）调整减速开关或者是撞快的位置使机床轴开始减速的位置大概处在一个栅距或一个螺距的中间位置； 2）调整机械部分
	参考点发生多个螺距偏移	1）参考点减速信号不良引起的故障； 2）减速挡块固定不良引起寻找零脉冲的初始点发生了漂移； 3）零脉冲不良引起	1）检查减速信号是否有效，接触是否良好； 2）重新固定减速挡块； 3）对码盘进行清洗

续表

故障现象	故障原因	排除方法
系统开机回不了参考点、回参考点不到位	1）系统参数设置错误； 2）零脉冲不良引起的故障，回零时找不到零脉冲； 3）减速开关损坏或者短路； 4）数控系统控制检测放大的线路板出错； 5）导轨平行/导轨与压板面平行/导轨与丝杠的平行度超差； 6）当采用全闭环控制时光栅尺进了油污	1）重新设置系统参数； 2）对编码器进行清洗或者更换； 3）维修或更换； 4）更换线路板； 5）重新调整平行度； 6）清洗光栅尺
找不到零点或回参考点时超程	1）回参考点位置调整不当引起的故障，减速挡块距离限位开关行程过短； 2）零脉冲不良引起的故障，回零时找不到零脉冲； 3）减速开关损坏或者短路； 4）数控系统控制检测放大的线路板出错； 5）导轨平行/导轨与压板面平行/导轨与丝杠的平行度超差； 6）当采用全闭环控制时光栅尺进了油污	1）调整减速挡块的位置； 2）对编码器进行清洗或者更换； 3）维修或更换； 4）更换线路板； 5）重新调整平行度； 6）清洗光栅尺
回参考点的位置随机性变化	1）干扰； 2）编码器的供电电压过低； 3）电机与丝杠的联轴节松动； 4）电动机扭矩过低或由于伺服调节不良，引起跟踪误差过大； 5）零脉冲不良引起的故障； 6）滚珠丝杠间隙增大	1）找到并消除干扰； 2）改善供电电源； 3）紧固联轴节； 4）调节伺服参数，改变其运动特性； 5）对编码器进行清洗或者更换； 6）修磨滚珠丝杆螺母调整垫片，重调间隙
攻丝时或车螺纹时出现乱扣	1）零脉冲不良引起的故障； 2）时钟不同步出现的故障； 主轴部分没有调试好，如主轴转速不稳； 跳动过大或因为主轴过载能力太差，加工时因受力使主轴转速发生太大的变化	1）对编码器进行清洗或者更换； 2）更换主板或更改程序； 3）重新调试主轴
主轴定向不能够完成，不能够进行镗孔，换刀等动	1）脉冲编码器出现问题； 2）机械部分出现问题； 3）PLC 调试不良，定向过程没有处理好	1）维修或更换编码器； 2）调整机械部分； 3）重新调试 PLC

任务实施

6.2.3 数控机床回参考点故障维修

故障现象：某数控机床系统开机回不了参考点、回参考点不到位。

操作步骤：

(1) 询问操作者出现故障前的状况

1) 机床操作步骤是否错误。

2) 机床是否出现异声、异味等

(2) 查看机床现场状况进行故障分析。

1) 电气方面：查看系统电源电路有无断路现象；检查编码器的零脉冲信号传输是否不良；检查减速开关是否损坏或者短路；检查数控系统控制检测放大的线路板是否损坏；检查电源模块接触不良或损坏。

2) 机械方面：查看机床机械有无形变等现象；检查导轨是否水平；检查导轨与压板面的平行度是否达标；检查导轨与丝杠的平行度是否达标；检查光栅尺是否存在油污。

3) 参数方面：查看系统参数有无设置错误现象。检查系统参数有无设置错误；经过现场查看与分析，机床在机械与参数方面无故障，主要是由于回零电路中的减速开关短路导致，为电气故障。

(3) 进行故障排除

1) 打开数控机床电气防护门。

2) 通电情况下手动减速开关按钮，查看系统有无显示报警。

3) 发现无报警，使用万用表测量减速开关外部电路无问题。

4) 拆开减速开关，发现减速开关中进水造成短路。

5) 更换减速开关中损坏的相关触点。

6) 安装完毕后关闭数控机床电气防护门重新上电，上述现象消失，机床正常运行，故障排除。

(4) 清理工具、机床并记录

故障排除后进行打扫机床，清理维修工具；并做好故障排除记录。

巩固训练

6.2.4 维修实例

实例1

故障现象：某机床在回零时，发现机床回零的实际位置出现每次都不一样，漂移一个栅点或者是一个螺距的位置，并且是时好时坏。

故障分析：如果每次漂移只限于一个栅点或螺距，这种情况有可能是因为减速开关与减速撞块安装不合理，机床轴开始减速时的位置距离光栅尺或脉冲编码器的零点太近，由于机床的加减速或惯量不同，机床轴在运行时过冲的距离不同从而使机床轴所找的零点位置发生了变化。改变减速开关与减速撞块的相对位置，使机床轴开始减速的位置大概处在一个栅距或一个螺距的中间位置；设置机床零点的偏移量，并适当减小机床的回零速度或减小机床的快移速度的加减速时间常数。

实例 2

故障现象：一台数控车床，X、Z 轴使用半闭环控制，在用户中运行半年后发现 Z 轴每次回参考点，总有 2、3mm 的误差，而且误差没有规律。

故障分析：调整控制系统参数后现象仍没消失，更换伺服电机后现象依然存在，后来仔细检查发现是丝杠末端没有备紧，经过螺母备紧后现象消失。

实例 3

故障现象：某机床在回零时，有减速过程，但是找不到零点。

故障分析：机床轴回零时有减速过程，说明减速信号已经到达系统，证明减速开关极其相关电气没有问题，问题可能出在了编码器上，用示波器测量编码器的波形，的确找不到零脉冲，可以确定时编码器出现了问题，将编码器拆开，观察里面是否有灰尘或者油污，将编码器檫拭干净，再次用示波器测量，如发现零脉冲，则问题解决，否则可以更换编码器或则进行修理。注意：此类问题较多，如全闭环中使用的光栅尺，如果长时间不进行清洗，光栅尺的零点标记被灰尘或者油污遮住，就有可能出现类似的问题。

实例 4

故障现象：某机床在回零时，Y 轴回零不成功，报超程错误。

故障分析：首先观察轴回零的状态，选者回零方式，让 X 轴先回零，结果能够正确回零，再选者 Y 轴回零，观察到 Y 轴在回零的时候，压到减速开关后 Y 轴并不进行减速动作，而是越过减速开关，直至压到限位开关机床超程，直接将限位开关按下后，观察机床 PLC 的输入状态，发现 Y 轴的减速信号并没有到达系统，可以初步判断有可能是机床的减速开关或者时 Y 轴的回零输入线路出现了问题，然后用万用表进行逐步测量，最终确定为减速开关的焊接点出现了脱落。用烙铁将脱落的线头焊接好，故障即可以排除。

任务评价

1）数控机床回参考点应用的故障检查、诊断、排故步骤、记录各占 20 分。

2）理论知识占 20 分。

3）要求学生独立完成工作任务，明确自已完成的怎样，进行自我评价，互评，教师评价相结合，给出每个同学完成本工作任务的成绩。

知识拓展：位置检测元件介绍

位置检测元件是闭环（半闭环、闭环、混合闭环）进给伺服系统中重要的组成部分，它检测机床工作台的位移、伺服电动机转子的角位移和速度。将信号反馈到伺服驱动装置或数控装置，和预先给定的理想值相比较，得到的差值用于实现位置闭环控制和速度闭环控制。数控机床回参考点仅仅是其中一种重要的应用。

图 6.6 光电编码器

光电编码器利用光电原理把机械角位移变换成电脉冲信号，是数控机床最常用的位置检测元件。光电编码器按输出信号与对应位置的关系，通常分为增量式光电编码器、绝对式光电编码器和混合式光电编码器（图 6.6）。

任务小结

本任务的重点是数控机床回参考点的步骤及设置，SINUMERIK 802C base line 系统的很多功能都建立在参考点的基础上，比如，自动方式和 MDA 方式只有在机床返回参考点后才能进行操作；反向间隙补偿和丝杠螺距误差补偿也只有在返回参考点后才生效。因此，系统在正常工作之前首先要回参考点。

复习与思考

1. 某数控机床采用方式三回参考点，*X* 轴在回参考点时，*X* 轴运动但找不到参考点，至碰到限位开关，CRT 显示报警 “X AXIS AT MAX TRAVE”。根据故障现象，判断故障原因？

2. 数控机床回参考点的方法有哪些？在回参考点的操作中会出现哪些故障？采取的措施是什么？

3. 通过测量 *X* 轴的移动距离与 CRT 显示的 *X* 轴坐标值进行比较，目的是什么？

4. 某数控机床，当 *X* 轴以 GOO 方式快速移动时，出现床身异常振动，改用 G01 方式运行，振动强度减弱，用点动方式运行时，故障消失，再用快速移动方式运行，*X* 轴正常移动一小段距离后又出现强烈振动，但 CRT 无报警显示。根据上述故障情况描述，1）分析故障产生的原因；2）选择合适的诊断方法，确定故障的部位。

任务 6.3　数控机床主轴驱动系统故障诊断与维修

工作任务

某配套 SIEMENS 的加工中心，在机床换刀时，出现主轴定位不准，要求排除此故障。

工作场景

一体化教室，多媒体教学设备；数控系统维修实训室，SIEMENS 802C CKA6150 型卧式数控车床，SINUMERIK802C 数控系统、主轴编码器、机床维修常用电讯工具、机修工具、万用表、逻辑笔、变频器、三相交流异步电动机，机床电气原理图、机床使用说明书、SIEMENS 802C 简明安装调试手册，毛巾、清洁剂等。

知识目标

1. 了解数控机床主轴驱动系统相关概念。
2. 掌握数控机床主轴驱动系统故障诊断方法。
3. 掌握具备排除数控机床主轴驱动系统故障的能力。

能力目标

能诊断、排除数控机床主轴驱动系统的故障。

相关知识

6.3.1　数控机床的主轴传动系统

数控机床的主轴系统和进给系统有很大的差别。根据机床主传动的工作特点，早期的机床主轴传动全部采用三相异步电动机加上多级变速箱的结构。随着技术的不断发展，机床结构有了很大的改进，从而对主轴系统提出了新的要求，而且因用途而异。

为了满足量大面广的前两类数控机床的需要，对主轴传动提出了下述要求：主传动电动机应有 2.2～250kW 的功率范围；要有大的无级调速范围，如能在 1∶100～1000 范围内进行恒转矩调速和 1∶10 的恒功率调速；要求主传动有四象限的驱动能力；为了满足螺纹车削，要求主轴能与进给实行同步控制；在加工中心上为了自动换刀，要求主轴能进行高精度定向停位控制，甚至要求主轴具有角度分度控制功能等。

主轴传动和进给传动一样，经历了从普通三相异步电动机传动到直流主轴传动，而随着微处理器技术和大功率晶体管技术的进展，现在又进入了交流主轴伺服系统的时代，目前已很少见到在数控机床上有使用直流主轴伺服系统了。但是国内生产的交流主轴伺服系统的产品尚很少见，大多采用进口产品。

交流伺服电动机有永磁式同步电动机和笼型异步电动机两种结构形式，而且绝大多数采用永磁式同步电动机的结构形式。而交流主轴电动机的情况则不同，交流主轴电动机均采用异步电动机的结构形式，这是因为，一方面受永磁体的限制，当电动机容量做得很大时，电动机成本会很高，对数控机床来讲无法接受采用；另一方面，数控机床的主轴传动系统不必像进给伺服系统那样要求如此高的性能，采用成本低的异步电动机进行矢量闭环控制，完全可以满足数控机床主轴的要求。但对交流主轴电动机性能要求又与普通异步电动机不同，要求交流主轴电动机的输出特性曲线（输出功率与转速关系）是在基本速度以下时为恒转矩区域，而在基本速度以上时为恒功率区域。

交流主轴控制单元与进给系统一样，也有模拟式和数字式两种，SIEMENS 802C 主轴控制单元即为数字式的。

1. 主轴性能

由 NC 控制的模拟量主轴根据不同的机床类型有可能具有如下的功能：

1）预置主轴方向（M3，M4）。

2）预置主轴转速（S）。

3）主轴无定向准停（M5）。

4）主轴定位（SPOS=）（要求位置控制主轴）。

5）齿轮级转换（M40—M45）。

6）切削螺纹/攻丝（G33，G331，G332，G63）。

7）旋转进给（G95）。

8）恒定切削速度（G96）。

9）可编程的主轴转速极限（G25，G26，LIMS=）。

10）在主轴或电机上可以安装位置测量编码器。

11）可以监控主轴转速的极大和极小值。

12）主轴暂停旋转（G4 S）。

如果采用的不是模拟量主轴，而是“级联”主轴，则主轴转速（S）不是通过程序预置，而是通过机床上的手动操作（减速箱）进行控制。这样，也就不能编程设置转速极限。通过程序可以对主轴旋转方向（M3，M4）、主轴无定向停止（M5）和攻丝（G63）进行设定。如果主轴上还有一个位置编码器，则主轴还具备以下功能：

1）切削螺纹/攻丝（G33）。

2）旋转进给（G95）。

对于级联主轴，不能通过设定机床数据给主轴输出给定值，此时，MD：CTRLOUT_TYPE=0。

2. 主轴电机的调速性能

在数控系统中，常用的主轴电机有直流主轴电动机和交流主轴电动机两种。

（1）直流主轴电动机

在数控机床的主轴驱动中，直流主轴电动机通常采用晶闸管直流调速。

直流调速装置是一个电枢可逆逻辑无环流双闭环控制系统。该装置用于将直流电供给他激直流电动机的电枢和磁场。该装置借助于电枢可逆在四个象限内运行。电动机的调速范围分为两个区域，低于额定转速采用恒力矩方式调速，高于额定转速采用弱磁方式升速。

直流电机主要有定子、转子组成。定子部分由机座、磁极组成。转子部分有时称为电枢，由铁心、绕组、换向器组成。在换向器上通入直流电源后，它将对电枢产生一个逆时针方向的转矩，这个转矩称电磁转矩，在电磁转矩作用下，电枢旋转。从特性曲线看出，转矩升高，转速略有下降，如图 6.7 所示。

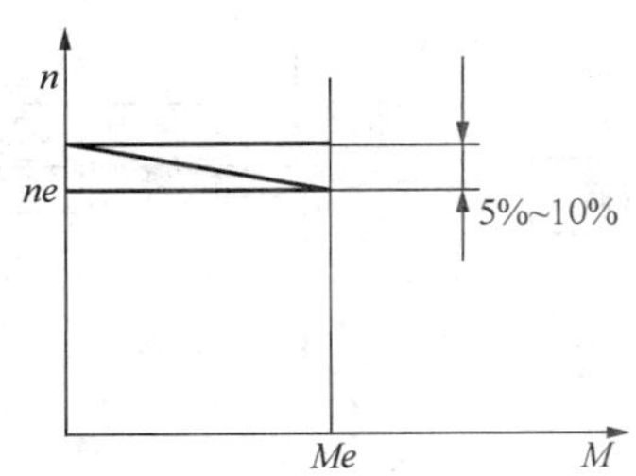

图 6.7　直流电机特性曲线

（2）交流主轴电动机

随着交流调速技术的发展，数控主轴驱动大多采用变频器控制交流主轴电动机。变频器的控制方式从最初的电压矢量控制、磁通矢量控制，已经发展为直接转矩控制；变频器件由逆变器到脉宽调制（PWM）技术，又由正弦 PWM 技术发展到随机 PWM 技术，电流谐波小，电压利用率高、效率高，转矩脉动及噪声强度大幅度削弱；功率器件由 GTO、GTR、IGBT 发展到 IPM。

6.3.2 变频器的使用

1．安装

（1）检查

检查变频器在运输过程中有可能出现的各种损伤；检查 iS5 变频器的名签，确认是否为正确可以使用的变频器。

（2）确认安装地点的环境条件

环境温度不能低于 14°F（－10℃）并且不能超过 104°F（40℃），相对湿度不能超过 90%（无结露），高度不能超过 3300 英尺（1000m）。不能把变频器安装在阳光直射的地方，产生剧烈振动的物体应该远离变频器。

（3）安装 iS5

变频器必须竖直安装在与相邻设备有足够空间的地方水平方向距离大于 2″（50mm），垂直方向距离大于 6″（150mm）。

（4）其他

变频器不能放在高温高压、振动大、灰尘多的地方，另外，安装时还需要使用螺钉进行固定。

2．变频器的基本配线

变频器的基本配线如图 6.8 所示。各符号的含义如表 6.12 所示。

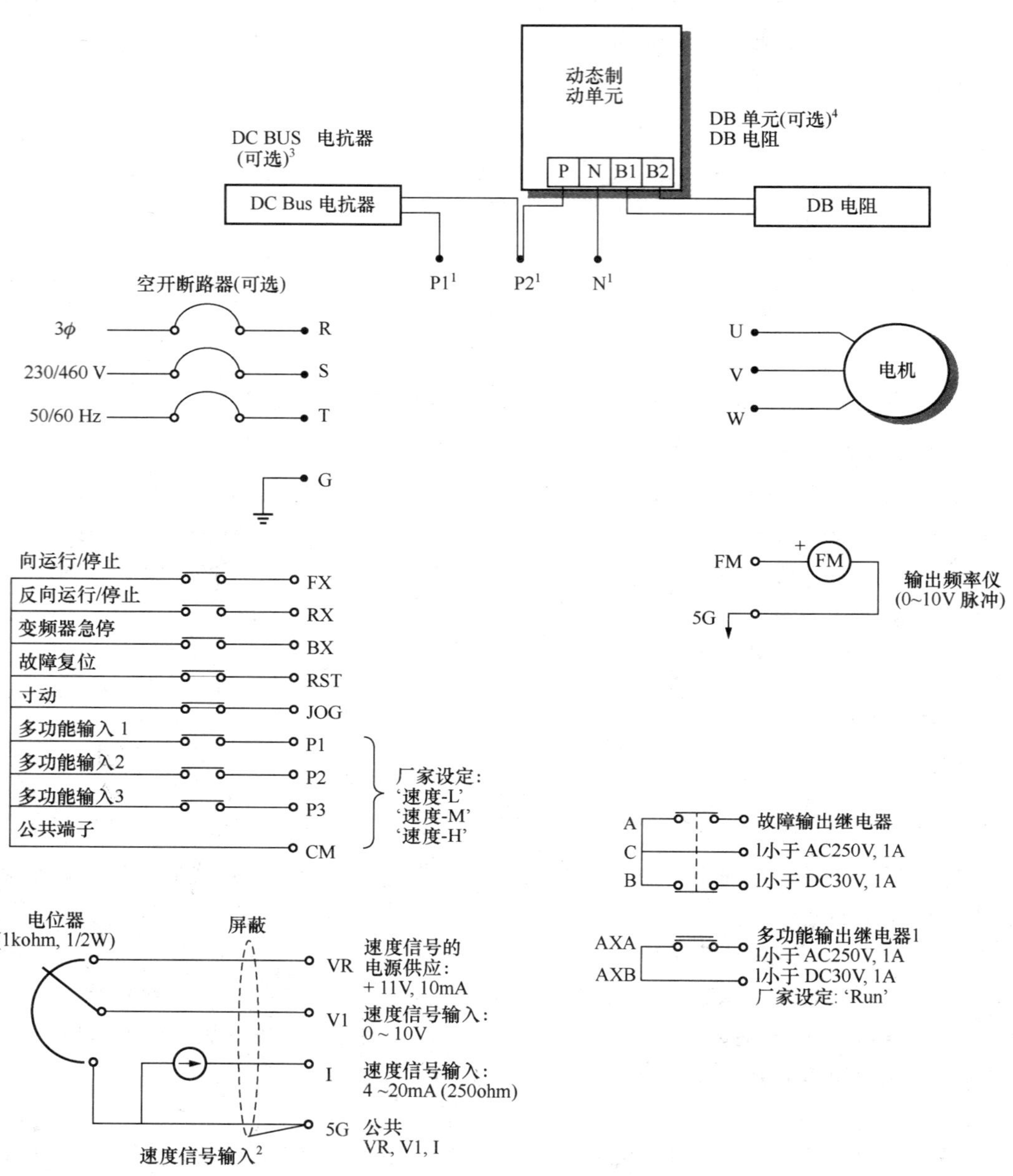

注释) ● 显示主要电路端子 o 显示控制信号端子
1)根据模型名称的不同，端子的构造不同。请参阅'1.7 电源端子'。
2)模拟速度命令可以由电压，电流或者是它们同时设定。
3)当安装DC 电抗器时，必须去掉在P1和 P2之间的公共汇流排。
4)1～10 HP变频器在电路板上内置制动电路。制动电阻仅内置在1～5 HP 变频器中。15～30 HP 变频器需要可选的制动单元和电阻来动态制动。

图 6.8　变频器的基本配线图

表 6.12　变频器配线符号说明

符　号	功　能
R S T	交流电压输入端子 （3 相，200～230V 交流（2 单元）或 380～460V 交流（4 单元））
G	大地
P	正端直流总线端子 DB 单元（P-P5）连接端子 （当要求完成制动（>30%ED），连接 DB 单元。）
P1 P2	外部直流电抗器（P1-P2）和 DB 单元（P2-P5）连接端子
N	负端直流总线端子 DB 单元（N-N5）连接端子
B1 B2	动态制动电阻（B1-B2）连接端子
U V W	连接电机的 3-相电源输出端子 （3 相，200～230V 交流（2 单元）或 380～460V 交流（4 单元））

3. 数控机床主轴系统的常见故障及排除方法

故障及排除方法见表 6.13～表 6.22。

表 6.13　主轴速度不正常或不稳定故障及排除

可能原因	检查步骤	排除措施
电动机负载过重		重新考虑负载条件，减轻负载
速度指令电压不良或错误	测量从数控装置主轴接口输出过来的信号	确保主轴控制信号正常
D/A 变换器故障		
反馈线断线或不良	测量反馈信号	确保接线正确
反馈装置损坏		更换反馈装置
电动机故障，如：励磁丧失等	采用交换法，可以判断是否出了故障	更换电动机
驱动器故障		更换驱动器
误差放大器故障		
印刷线路板太脏	打开驱动器，定期给电路板作出清洁	保持电路板的清洁或更换放大器

表 6.14　主轴电机速度达到一定值就上不去的故障及排除

可能原因	检查步骤	排除措施
晶闸管整流部分太脏，造成直流母线电压过低或绝缘性能降低		清洁好晶闸管，保持内部电路板的清洁
电动机磁体不正常，输出电压不正常	用万用表测量历次电压	更换磁体或更换电动机
控制板的励磁回路故障	最好用交换法测试控制板	更换控制板

表 6.15 主轴过流报警排除措施

可能原因	检查步骤	排除措施
驱动器电流极限设定错误	检查设定参数	依照参数说明书，设置好参数
主轴负载过大，或机械故障	检查是否机械卡住，在停机状态下用手盘主轴，应该非常灵活	确保主轴无机械异常，如果负载过大，重新考虑机床负载条件
长时间切削条件恶劣	—	调整切削参数，改善切削条件
检查直流主轴电机的线圈电阻不正常，换向器太脏	检查直流主轴电机的线圈电阻是否正常，换向器是否太脏	确保电阻正常，用干燥的压缩空气吹干净
动力线连接不牢固	检查动力线是否连接牢固	拧紧动力线
励磁线连接不牢固	检查励磁线连接是否不牢固	拧紧励磁线
驱动器的控制励磁电源存在故障	也就是检查励磁电压是否正常	—
电动机故障，如：电枢线圈内部存在局部短路	采用交换法，可判断出它们是否有故障	更换电动机
驱动器故障如：同步触发脉冲不正确		更换驱动器

表 6.16 主轴过热报警及排除

可能原因	检查步骤	排除措施
长期负载过大，电动机太热	用手触摸电动机，感觉是否发热厉害，如果温度很烫手，等冷却后再开机，看是否仍有报警	改善切削条件，调整切削参数，降低负载
电动机或反馈线断线或短路	用万用表测量其输出端子，是否接通状况良好	确保连线正确
电动机故障	采用交换法，确定电动机是否有故障	更换电动机

表 6.17 电动机不转的故障及排除

可能原因	检查步骤	排除措施
机械卡死	在不通电的情况下，机械轴应该能自由活动	消除机械故障，减轻负载
负载特别大	在负载特别重的外界情况下	重新考虑机床负载能力
机械连接脱落，如高/低档齿轮切换用的力和齿啮合不良	检查机械连接情况	重新调整机械连接

续表

可能原因	检查步骤	排除措施
控制信号为满足主轴旋转的条件，如转向信号、速度给定电压为输入	通过 PLC 状态监测功能，查看主轴正/反转信号时否送出，主轴速度给定指令是否给出	从数控系统端找出故障，确保各指令正常
电动机动力线不良	用万用表测量各连线端子的接通情况	确保各连接线正常
电机励磁线短线		
R、S、T 线不正常		
碳刷不好或严重磨损	检查直流主轴电机的碳刷是否正常，是否接触不好	更换好的碳刷
电动机励磁回路或主回路组织不正常	检查励磁回路是否有阻值，或者阻值很大？	如果没阻值或阻值很大，更换电动机
驱动器印制线路板表面太脏以致内部电路接触不良	在不通电的情况下，打开驱动器保护盖子，清洁印制线路板	保持驱动器的清洁，有良好的工作环境
触发脉冲电路故障，晶闸管无触发脉冲产生	属驱动器故障，采用交换法判断是否有故障	更换驱动器
控制板故障	用交换法判断是否控制板故障	更换控制板

表 6.18 主轴定向不停止的故障及排除

可能原因	检查步骤	排除措施
主轴没接收到编码器信号	编码器故障，没有输出零位信号	更换编码器
	反馈回路故障，没有传入到系统	消除反馈信号传输中的断路
磁性传感器故障	如果采用此行传感器定位，检查相关的指示灯是否点亮	如果没亮，有故障，更换磁性传感器
定向板上的继电器损坏	如果主轴停在准停位，仍有报警，则说明定向板上的继电器损坏	更换相应继电器

表 6.19 主轴不能转动，且无任何报警显示的故障及排除

可能原因	检查步骤	排除措施
机械负载过大	查看机械负载	尽量减轻机械负载
主轴与电动机连接皮带过松	在停机的状态下，查看皮带的松紧程度	调整皮带
主轴中的拉杆未拉紧夹持刀具的拉钉（在车床上就是卡盘未夹紧工件）	有的机床会设置敏感元件的反馈信号，检查次反馈信号是否到位	重新装夹好刀具或工件
系统处在急停状态	检查主轴单元的主交流接触器是否吸合	更具实际情况下，松开急停
机械准备好信号断路		排查机械准好信号电路

续表

<table>
<tr><th>可能原因</th><th>检查步骤</th><th>排除措施</th></tr>
<tr><td>主轴动力线断线</td><td rowspan="2">用万用表测量动力线电压</td><td rowspan="2">确保电源输入正常</td></tr>
<tr><td>电源缺相</td></tr>
<tr><td>正反转信号同时输入</td><td>利用PLC监查功能查看相应信号</td><td>—</td></tr>
<tr><td>无正反转信号</td><td>通过PLC监视画面，观察正反转指示信号是否发出</td><td rowspan="2">一般为数控装置的输出有问题，排查系统的主轴信号输出端子</td></tr>
<tr><td>没有速度控制信号输出</td><td>测量输出的信号是否正常</td></tr>
<tr><td>使能信号没有接通</td><td>通过CRT观察I/O状态，分析机床PLC梯形图（或流程图），以确定主轴的启动条件，如润滑、冷却等是否满足</td><td>检查外部启动的条件是否符合</td></tr>
<tr><td>主轴驱动装置故障</td><td rowspan="2">有条件的话，利用交换法，确定是否有故障</td><td>更换主轴驱动装置</td></tr>
<tr><td>主轴电动机故障</td><td>更换电动机</td></tr>
</table>

表6.20 主轴振动或噪声过大的故障及排除

<table>
<tr><th>故障部位</th><th>可能原因</th><th>检查步骤</th><th>排除措施</th></tr>
<tr><td rowspan="4">电气部分故障</td><td>系统电源缺相、相序不正确或电压不正常</td><td>测量输入的系统电源</td><td>确保电源正确</td></tr>
<tr><td>反馈不正确</td><td>测量反馈信号</td><td>确保接线正确，且反馈装置正常</td></tr>
<tr><td>驱动器异常，如：增益调整电路或颤动调整电路的调整不当</td><td>—</td><td>根据参数说明书，设置好相关参数</td></tr>
<tr><td>三相输入的相序不对</td><td>用万用表测量输入电源</td><td>确保电源正确</td></tr>
<tr><td rowspan="12">机械部分故障</td><td>主轴负荷过大</td><td>—</td><td>重新考虑负载条件，减轻负载</td></tr>
<tr><td rowspan="3">润滑不良</td><td>是否缺润滑油</td><td>加注润滑油</td></tr>
<tr><td>是否润滑电路或电机故障</td><td>检修润滑电路</td></tr>
<tr><td>是否润滑漏油</td><td>更换润滑导油管</td></tr>
<tr><td>主轴与主轴电动机的连接皮带过紧</td><td>在停机的情况下，检查皮带松紧程度</td><td>调整皮带的连接</td></tr>
<tr><td>轴承故障、主轴和主轴电动机之间离合器故障</td><td>目测，可判断这个机械连接是否正常</td><td>调整轴承</td></tr>
<tr><td>轴承拉毛或损坏</td><td rowspan="2">可拆开相关机械结构后目测</td><td>更换轴承</td></tr>
<tr><td>齿轮有严重损伤</td><td>更换齿轮</td></tr>
<tr><td>主轴部件上动平衡不好（最高速度向下时发生次此故障）</td><td>当主轴电机最高速度时，关掉电源，惯性运转时是否仍有声音</td><td>校核主轴部件上的动平衡条件，调整机械部分</td></tr>
<tr><td>轴承预紧力不够或预紧螺钉松动</td><td rowspan="2">—</td><td>调紧预紧螺钉</td></tr>
<tr><td>游隙过大或齿轮啮合间隙过大</td><td>调整机床间隙</td></tr>
</table>

表 6.21　主轴不能进行变速的故障及排除

可能原因	检查步骤	排除措施
CNC 参数设置不当	检查有关主轴的参数	依照参数说明书，正确设置参数
加工程序编程错误	检查加工程序	正确使用控制主轴的 M03、M04，S 指令
D/A 转换电路故障	用交换法判断是否有故障	更换相应电路板
主轴驱动器速度模拟量输入电路故障	测量相应信号，是否有输出且是否正常	更换指令发送口或更换数控装置

表 6.22　主轴不能正常工作的故障及排除

可能原因	检查步骤	排除措施
松紧刀检测不到位	利用系统诊断画面中可观测 PLC 的 I/O 状态，查看松紧刀位信号是否到位	确认拉刀机构工作正常
	检查拉刀机构：包括液压、气压压力；松紧刀接近开关和电磁阀	
主轴齿轮挡位未到达	利用系统诊断画面中可观测 PLC 的 I/O 状态的主轴挡位是否到达	确认挡位已到达
切削过载	—	按切削规范正确使用机床
刀库机械手不在规定位置	利用系统诊断画面中可观测 PLC 的 I/O 状态的机械手或刀库到位信号是否到达	确实机械手或刀库能正常退回规定位
斗笠式刀库没有退回规定位		
主轴电机、模块出错	用交换法，检测相应模块是否故障	更换有故障的部分
主机机械部分损坏	最好不要上电	修机械部分

任务实施

6.3.3 数控机床主轴故障维修

故障现象：某加工中心在机床换刀时出现主轴定位不准的故障。

操作步骤：

1）仔细检查机床的定位动作，发现机床在主轴转速小于 10r/min，主轴定位位置正确，但在主轴转速大于 10r/min 时，定位点在不同的速度下都不一致。

2）通过系统的信号诊断参数，检查主轴编码器信号输入，发现该机床的主轴零位脉冲输入信号在一转内有多个，引起了定位点的混乱。

3）检查 CNC 与主轴编码器的连接，发现机床出厂时，主轴编码器的连接电缆线未按照规定的要求使用双绞屏蔽线，当机床环境发生变化后，由于线路的干扰，引起了主轴零位脉冲的混乱；重新使用双绞屏蔽线连接后，故障消除，机床恢复正常工作。

4）故障排除后进行打扫机床，清理维修工具；并做好故障排除记录。

注 意

定期调整主轴驱动带的松紧程度，防止因带打滑造成的丢转现象；检查主轴润滑的恒温油箱、调节温度范围，及时补充油量，并清洗过滤器；主轴中刀具夹紧装置长时间使用后，会产生间隙，影响刀具的夹紧，需及时调整液压缸活塞的位移量。

巩固训练

6.3.4 维修实例

实例 1

某配置 FANUC15 型直流主轴驱动的数控仿型铣床，主轴在启动后，运转过程中声音沉闷；当主轴制动时，CRT 显示“FEED HOLD”（进给保持），主轴驱动装置的“过电流”报警指示灯亮。

分析与处理过程：为了判别主轴过电流报警产生的原因，维修时首先脱开了主轴与主轴间的连接，检查机械传动系统，未发现异常，因此排除了机械上的原因。

接着又测量、检查了的绕组、对地电阻及的连接情况，在对换向器及电刷进行检查时，发现部分电刷已达使用极限，换向器表面有严重的烧熔痕迹。

针对以上问题，维修时首先更换了同型号的电刷；并拆开，对换向器的表面进行了修磨处理，完成了对的维修。

重新安装后再进行试车，当时故障消失；但在第二天开机时，又再次出现上述故障，并且在机床通电约 30min 之后，故障就自动消失。

根据以上现象，由于排除了机械传动系统、主轴、连接方面的原因，故而可以判定故障原因在主轴驱动器上。

对照主轴伺服驱动系统的原理图，重点针对电流反馈环节的有关线路，进行了分析检查；对电路板中有可能虚焊的部位进行了重新焊接，对全部接插件进行了表面处理，但故障现象仍然不变。

由于维修现场无驱动器备件，不可能进行驱动器的电路板互换处理，为了确定故障的大致部位，针对机床通电约 30min 后，故障可以自动消失这一特点，维修时采用局部升温的方法。通过吹风机在距电路板 8～10cm 处，对电路板的每一部分进行了局部升温，结果发现当对触发线路升温后，主轴运转可以马上恢复正常。由此分析，初步判定故障部位在驱动器的触发线路上。

通过示波器观察触发部分线路的输出波形，发现其中的一片集成电路在常温下无触发脉冲发生，引起整流回路 U 相的 4 只晶闸管（正组和反组各 2 只）的触发脉冲消失；更换此芯片后故障排除。

维修完成后，进一步分析故障原因，在主轴驱动器工作时，三相全控桥整流主回路，有一相无触发脉冲，导致直流母线整流电压波形脉动变大，谐波分量提高，产生换向困难，运行声音沉闷。

当主轴制动时，由于驱动器采用的是回馈制动，控制线路首先要关断正组的触发脉冲，并触发反组的晶闸管，使其逆变。逆变时同样由于缺一相触发脉冲，使能量不能及时回馈电网，因此产生过流，驱动器产生过流报警，保护电路动作。

实例 2

一台配套某系统的立式加工中心，主轴在低速时（低于 120r/min）时，S 指令无效，主轴固定以 120r/min 转速运转。

分析与处理过程：由于主轴在低速时固定以 120r/min 转速运转，可能的原因是主轴驱动器有 120r/min 的转速模拟量输入，或是主轴驱动器控制电路存在不良。

为了判定故障原因，检查 CNC 内部 S 代码信号状态，发现它与 S 指令值一一对应；但测量主轴驱动器的数模转换输出（测两端 CH2），发现即使是在 S 为 0 时，D/A 转换器虽然无数字输入信号，但其输出仍然为 0.5V 左右的电压。

由于本机床的最高转速为 2250r/min，对照下表看出，当 D/A 转换器输出 0.5V 左右时，转速应为 120r/min 左右，因此可以判定故障原因是 D/A 转换器（型号：DAC80）损坏引起的。

更换同型号的集成电路后，机床恢复正常。

指令、电压、转速对应表，见表 6.23。

表 6.23　指令、电压、转速对应表

二进制转速指令	S 模拟输出/V	转速/（r/min）	二进制转速指令	S 模拟输出/V	转速/（r/min）
0000 0000 0000	0	0	0000 1011 0110	0.444	100
0000 0101 1011	0.222	50	1111 1111 1111	9.999	2250

任务评价

1）数控机床主轴部件的故障检查、诊断、排故步骤、记录各占 20 分。

2）理论知识占 20 分。

3）要求学生独立完成工作任务，明确自己完成的怎样，进行自我评价，互评，教师评价相结合，给出每个同学完成本工作任务的成绩。

知识拓展：数控机床对主轴传动的要求

机床主轴的工作运动通常是旋转运动，不像进给驱动需要丝杠或其他直线运动装置作往复运动。数控机床通常通过主轴的回转与进给轴的进给实现刀具与工件的快速的相对切削运动。在 20 世纪 60～70 年代，数控机床的主轴一般采用三相感应电动机配上多级齿轮变速箱实现有级变速的驱动方式。随着刀具技术、生产技术、加工工艺以及生产效率的不断发展，上述传统的主轴驱动已不能满足生产的需要。现代数控机床对主轴传动提出了更高的要求：

1. 调速范围宽并实现无级调速

为保证加工时选用合适的切削用量，以获得最佳的生产率、加工精度和表面质量。特别对于具有自动换刀功能的数控加工中心，为适应各种刀具、工序和各种材料的加工要求，对主轴的调速范围要求更高，要求主轴能在较宽的转速范围内根据数控系统的指令自动实现无级调速，并减少中间传动环节，简化主轴箱。

目前主轴驱动装置的恒转矩调速范围已可达 1∶100，恒功率调速范围也可达 1∶30，一般过载 1.5 倍时可持续工作达到 30min。

主轴变速分为有级变速、无级变速和分段无级变速三种形式，其中有级变速仅用于经济型数控机床，大多数数控机床均采用无级变速或分段无级变速。在无级变速中，变频调速主轴一般用于普及型数控机床，交流伺服主轴则用于中、高档数控机床。

2. 恒功率范围要宽

主轴在全速范围内均能提供切削所需功率，并尽可能在全速范围内提供主轴电动机的最大功率。由于主轴电动机与驱动装置的限制，主轴在低速段均为恒转矩输出。为满足数控机床低速、强力切削的需要，常采用分级无级变速的方法（即在低速段采用机械减速装置），以扩大输出转矩。

3. 具有4象限驱动能力

要求主轴在正、反向转动时均可进行自动加、减速控制，并且加、减速时间要短。目前一般伺服主轴可以在1秒内从静止加速到 6000r/min。

4. 具有位置控制能力

即进给功能（C轴功能）和定向功能（准停功能），以满足加工中心自动换刀、刚性攻丝、螺纹切削以及车削中心的某些加工工艺的需要。

5. 具有较高的精度与刚度，传动平稳，噪声低

数控机床加工精度的提高与主轴系统的精度密切相关。为了提高传动件的制造精度与刚度，采用齿轮传动时齿轮齿面应采用高频感应加热淬火工艺以增加耐磨性。最后一级一般用斜齿轮传动，使传动平稳。采用带传动时应采用齿型带。应采用精度高的轴承及合理的支撑跨距，以提高主轴的组件的刚性。在结构允许的条件下，应适当增加齿轮宽度，提高齿轮的重叠系数。变速滑移齿轮一般都用花键传动，采用内径定心。侧面定心的花键对降低噪声更为有利，因为这种定心方式传动间隙小，接触面大，但加工需要专门的刀具和花键磨床。

6. 良好的抗振性和热稳定性

数控机床加工时，可能由于持续切削、加工余量不均匀、运动部件不平衡以及切削过程中的自振等原因引起冲击力和交变力，使主轴产生振动，影响加工精度和表面粗糙度，严重时甚至可能损坏刀具和主轴系统中的零件，使其无法工作。主轴系统的发热使其中的

零部件产生热变形，降低传动效率，影响零部件之间的相对位置精度和运动精度，从而造成加工误差。因此，主轴组件要有较高的固有频率，较好的动平衡，且要保持合适的配合间隙，并要进行循环润滑。

任务小结

本任务的重点是了解 SIEMENS 802CBL 数控机床无级变速主传动系统的特点；了解小型断路器、变频器、三相异步电动机铭牌及使用方法；熟练掌握 SIEMENS 802CBL 数控机车主传动系统零部件拆装的操作方法、SIEMENS 变频器的接线和主轴电气系统的接线，能针对出现的数控机车主轴系统的电气及机械故障进行分析判断并进行维修，能根据数控系统报警或故障现象，对 SIEMENS 802CBL 进给驱动系统进行故障诊断与维修。

复习与思考

1. 数控机床主轴控制的故障有哪些？
2. 当主传动链出现主轴噪声故障时，分析故障原因并提出排除方法？
3. 试述变频器的概念？
4. 主轴电机有何特点？
5. 三相电极的工作原理？
6. 主轴组件是数控机床的关键部件，在性能上有何要求？如何满足？

任务6.4 数控机床进给伺服系统故障诊断与维修

工作任务

某伺服电动机过热报警，可能原因有哪些。

工作场景

一体化教室，多媒体教学设备；数控系统维修实训室，SIEMENS 802C CKA6150型卧式数控车床，SINUMERIK802C数控系统、接近开关（PNP型）、机床维修常用电讯工具、机修工具、万用表、逻辑笔、伺服驱动器、伺服电机、机床用工作台，机床电气原理图、机床使用说明书、SIEMENS 802C简明安装调试手册，毛巾、清洁剂等。

知识目标

1. 了解数控机床进给伺服系统的相关概念。
2. 掌握数控机床进给伺服系统故障诊断方法。
3. 掌握具备排除数控机床进给伺服系统故障的能力。

能力目标

能诊断、排除数控机床进给伺服系统故障。

相关知识

6.4.1 611U电源模块简介

SOMIDRIVE 611U是用于联动而且具有高动态响应的运动控制系统，是一种模块化晶体管脉冲变频器，可以实现多轴以及组合驱动解决方案。其电源馈电模块可以提供最大120kW的总功率，如图6.9所示。

1. SIMODRIVE 611U伺服驱动器的连接

SINUMERIK 802C base line与SIMODRIVE 611U配合使用，电缆连接方式及面板接口定义如图6.10所示。

2. SINUMERIK 802C base line连接电缆

SINUMERIK 802C base line连接SIMODRIVE 611U伺服驱动，分为速度给定值电缆、电机编码器电缆、位置反馈电缆和电机动力电缆。

1）速度给定值电缆。连接CNC控制器X7接口到SIMODRIVE 611U的X451/X452接口（图6.11）。

2）电机编码器电缆。连接1FK7电机到SIMODRIVE 611U的X411/X412接口(图6.12)。

3）位置反馈电缆。连接CNC的X3、X4、X5、X6到SIMODRIVE 611U的X461/X462接口（图6.13）。

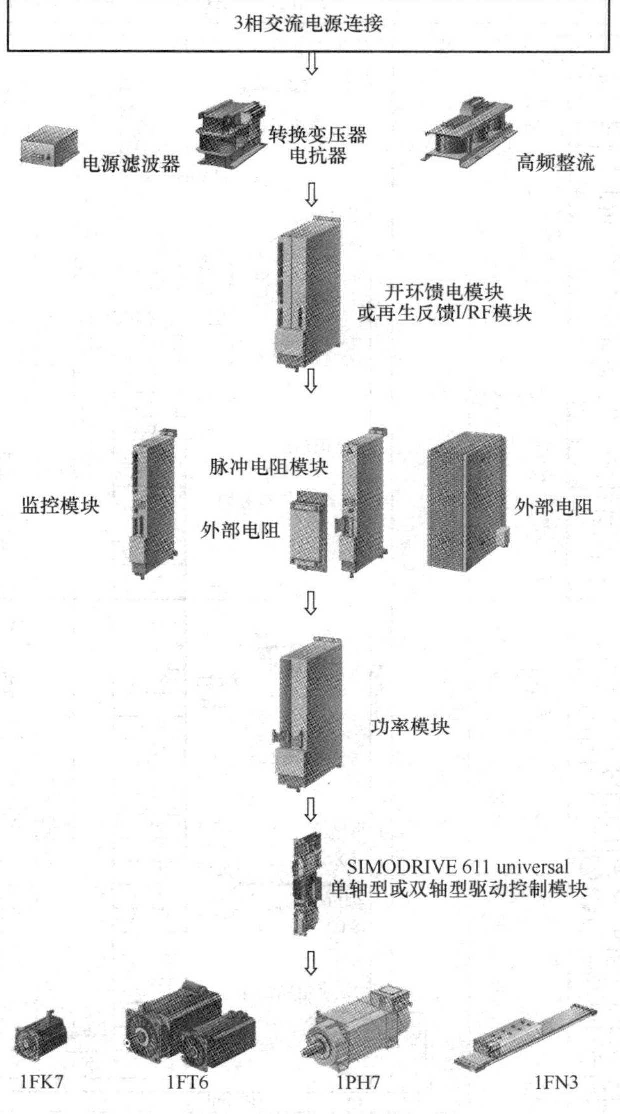

图6.9　611U电源模块

4）电机动力电缆。连接1FK7电机的动力接口到SIMODRIVE 611U的功率模块A1/A2的U2、V2、W2接线端子（图6.14）。

另外，电源模块各端子要求如下：

1）PLC程序对电源模块的使能端子T48、T63和T64进行控制。端子T72和T52的状态也对使能端子的控制产生互锁。系统中所集成PLC实用应用程序已经对电源模块的各控制端子进行控制。

2）电源模块的控制端子的接通断开按下列时序控制，各端子接通与断开的延时时间大约为50～100ms。

① 上电时端子T48与T9接通，直流母线开始充电，延时后T63与T9接通，最后T64和T9接通；

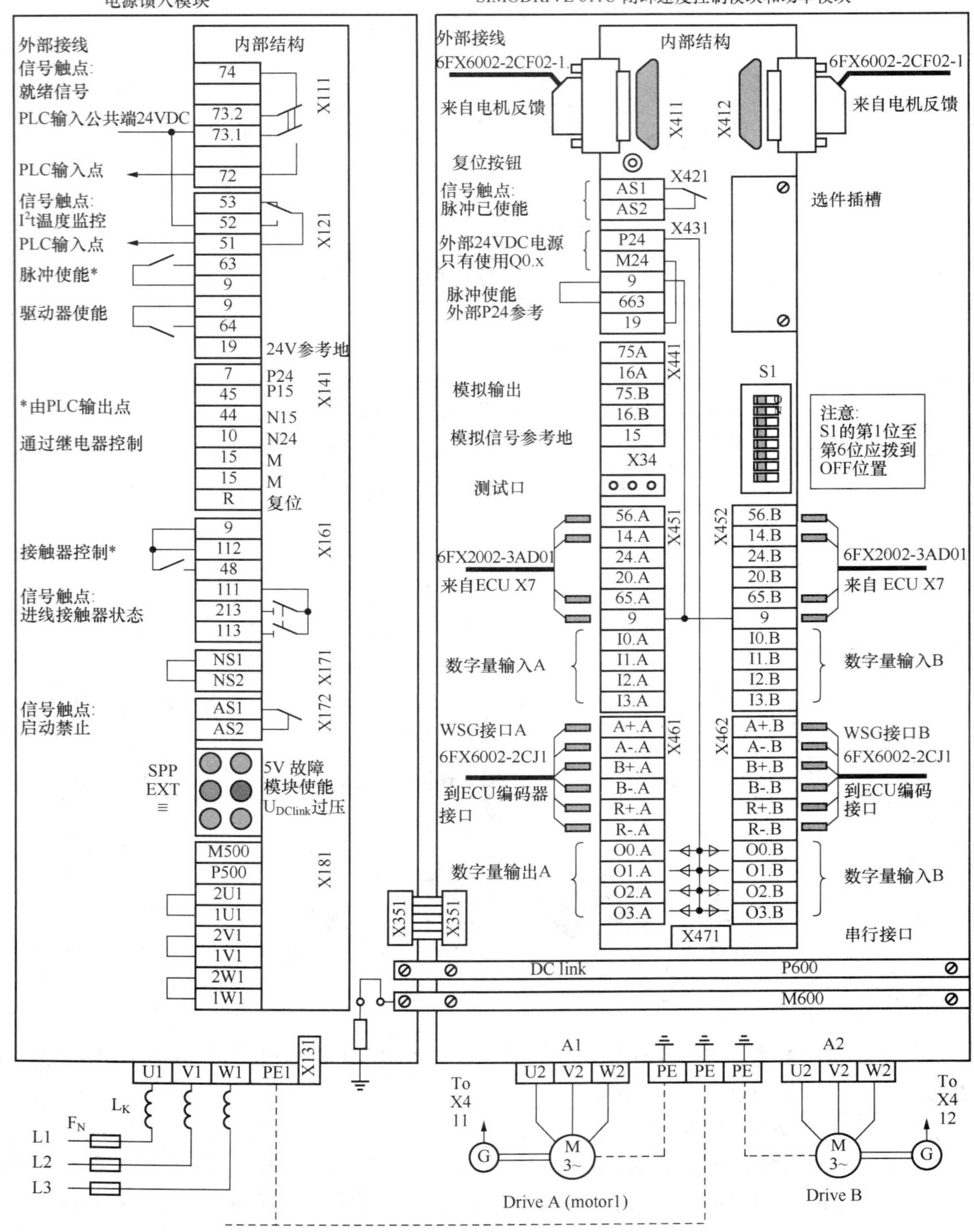

图 6.10 SIMODRIVE 611U 驱动系统连接

② 关电时端子 T64 与 T9 断开，延时后（主轴和进给轴停止）T63 与 T9 断开，最后 T48 与 T9 断开。只有在 T48 断开之后才能切断总电源。源模块指示灯含义如图 6.15 所示。

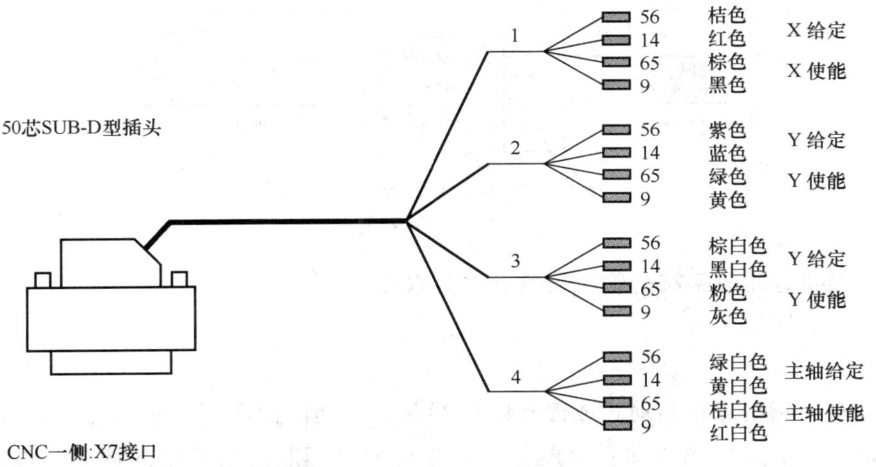

50芯SUB-D型插头

1: 56 桔色, 14 红色 — X 给定; 65 棕色, 9 黑色 — X 使能

2: 56 紫色, 14 蓝色 — Y 给定; 65 绿色, 9 黄色 — Y 使能

3: 56 棕白色, 14 黑白色 — Y 给定; 65 粉色, 9 灰色 — Y 使能

4: 56 绿白色, 14 黄白色 — 主轴给定; 65 桔白色, 9 红白色 — 主轴使能

CNC一侧:X7接口

图 6.11 速度给定值电缆

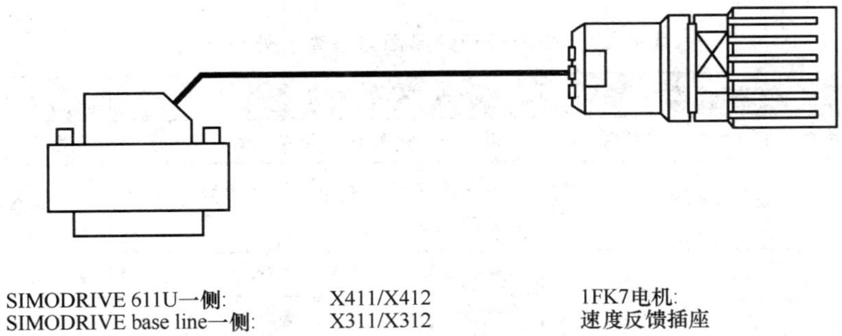

SIMODRIVE 611U一侧: X411/X412
SIMODRIVE base line一侧: X311/X312

1FK7电机:
速度反馈插座

图 6.12 电机编码器电缆

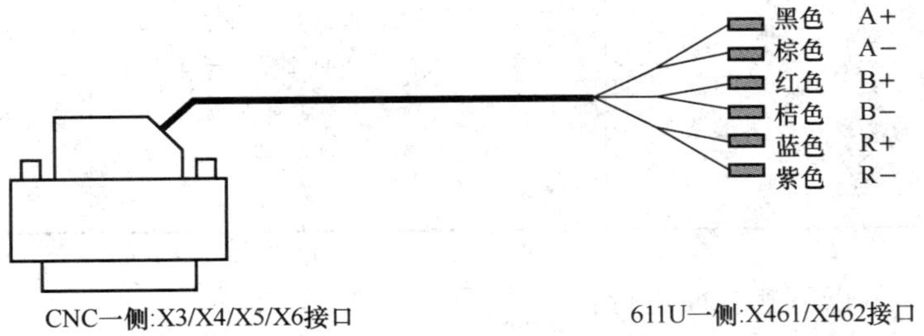

黑色 A+
棕色 A−
红色 B+
桔色 B−
蓝色 R+
紫色 R−

CNC一侧:X3/X4/X5/X6接口

611U一侧:X461/X462接口

图 6.13 位置反馈电缆

功率模块插头

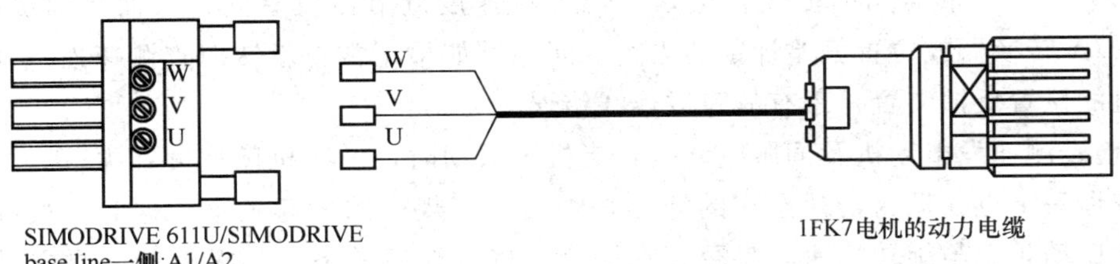

SIMODRIVE 611U/SIMODRIVE
base line一侧:A1/A2

1FK7电机的动力电缆

图 6.14 电机动力电缆

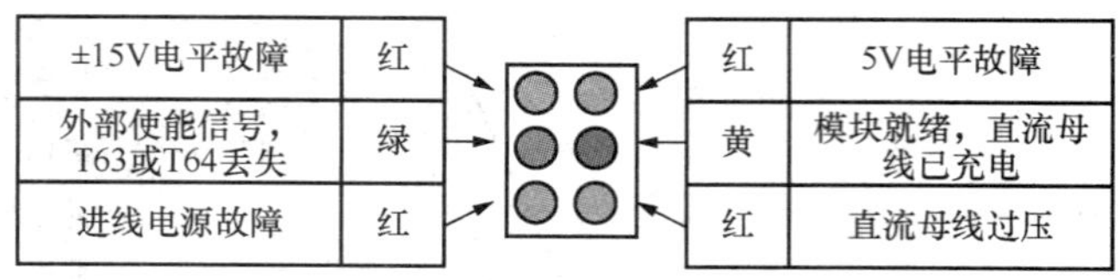

图 6.15 电源模块指示灯含义图

6.4.2 数控机床主轴系统的常见故障及排除方法

1．机床振动

机床振动是指机床在移动式或停止时的振荡、运动时的爬行、正常加工过程中的运动不稳等。故障可能是机械传动系统的原因，亦可能是伺服进给系统的调整与设定不当等。开停机时振荡的故障原因、检查和处理方法见表 6.24。

表 6.24 机床振动的原因与检查、处理方法

项目	故障原因	检查步骤	措施
1	位置控制系统参数设定错误	对照系统参数说明检查原因	设定正确的参数
2	速度控制单元设定错误	对照速度控制单元说明或根据机床厂提供的设定单检查设定	正确设定速度控制单元
3	反馈装置出错	反馈装置本身是否有故障	更换反馈装置
		反馈装置连线是否正确	正确连接反馈线
4	电动机本身有故障	用替换法，检查是否电动机有故障	如有故障，更换电动机
5	振动周期与进给速度成正比 故障原因：机床、检测器、不良，插不精度差或检测增益设定太高	若插补精度差，振动周期可能为位置检测器信号周期的 1 或 2 倍；若为连续振动，可能是检测增益设定太高。 检查与振动周期同步的部分，并找到不良部分	更换或维修不良部分，调整或检测增益 —

故障查找主要从以下几方面进行：

1）首先检查输给速度调节器的信号，即给定信号：此给定信号是由位置偏差计数器出来经 D/A 转换器转换的模拟量 VCMD 送入速度调节器的，应查一下这个信号是否有振动分量，如它只有一个周期的振动信号，可以确认速度调节器没有问题，而是前级的问题，即应向 D/A 转换器或位置偏差计数器去查找问题。如果正常，就转向查测速发电动机或伺服电动机的位置反馈装置是否有故障或连线错误。

2）检查测速发电动机及伺服电动机：当机床振动时，说明机床速度在振荡，当然反馈回来的波形一定也在振荡，观察它的波形是否出现有规律的大起大落。这时，最好能测一下机床的振动频率与旋转的速度是否存在一个准确的比例关系，如振动频率是电动机转速的四倍频率，这是就应考虑电动机或发电动机有故障。

因振动频率与电动机转速成一定比例，首先要检查电动机有无故障，如果没有问题，就再检查反馈装置连线是否正确。

3）位置控制系统或速度控制单元上的设定错误：如系统或位置环的放大倍数（检测倍率）过大，最大轴速度，最大指令值等设置错误。

4）速度调节器故障如采用上述方法还不能完全消除振动，甚至无任何改善，就应考虑速度调节器本身的问题，应更换速度调节器板或换下后彻底检测各处波形。

5）检查振动频率与进给速度的关系：如二者成比例，除机床共振原因外，多数是因为 CNC 系统插补精度太差或位置检测增益太高引起的，须进行插补调整和检测增益的调整。如果与进给速度无关，可能原因有：速度控制单元的设定与机床不匹配，速度控制单元调整不好，该轴的速度环增益太大，或是速度控制单元的印制线路板不良。

例如，一台配套某数控系统的龙门加工中心，在启动完成、进入可操作状态后，*X* 轴只要一运动即出现高频震荡，产生尖叫，系统无任何报警。

分析与处理过程：在故障出现后，观察 *X* 轴拖板，发现实际拖板振动位移很小；但触摸输出轴，可感觉到转子在以很小的幅度、极高的频率振动；且振动的噪声就来自 *X* 轴伺服。

考虑到振动无论是在运动中还是静止时均发生，与运动速度无关，故基本上可以排除测速发电动机、位置反馈编码器等硬件损坏的可能性。

分析可能的原因是 CNC 中与伺服驱动有关的参数设定、调整不当引起的；且由于机床振动频率很高，因此时间常数较小的电流环引起振动的可能性较大。

由于 FANUC 15MA 数控系统采用的是数字伺服，伺服参数的调整可以直接通过系统进行，维修时调出伺服调整参数页面，并与机床随机资料中提供的参数表对照，发现参数 PARM1852、PARM1825 与提供值不符，设定值见下：

参数号	正常值	实际设定值
1852	1000	3414
1825	2000	2770

将上述参数重新修改后，振动现象消失，机床恢复正常工作。

① 工作过程中，振动或爬行。引起此故障的通常原因及常规处理见表 6.25。

表 6.25　工作过程中，振动或爬行故障的原因及排除综述

可能原因	排除方法	措　施
负载过重	重新考虑此机床所能承受的负载	减轻负载，让机床工作在额定负载以内
机械传动系统不良	依次察看机械传动链	保持良好的机械润滑，并排除传动故障
位置环增益过高	查看相关参数	重新调整伺服参数
伺服不良	通过交换法，一般可快速排除	更换伺服驱动器

例如，一台配套某系统的加工中心，进给加工过程中，发现 *X* 轴有振动现象。

分析与处理过程：加工过程中坐标轴出现振动、爬行现象与多种原因有关，故障可能是机械传动系统的原因，亦可能是伺服进给系统的调整与设定不当等。

为了判定故障原因，将机床操作方式置于手动方式，用手摇脉冲发生器控制 *X* 轴进给，发现 *X* 轴仍有振动现象。在此方式下，通过较长时间的移动后，*X* 轴速度单元上 OVC 报警灯亮。证明 *X* 轴伺服驱动器发生了过电流报警，根据以上现象，分析可能的原因如下：

a. 负载过重。

b. 机械传动系统不良。

c. 位置环增益过高。

d. 伺服不良。

维修时通过互换法，确认故障原因出在直流伺服上。卸下 X 轴，经检查发现 6 个电刷中有 2 个的弹簧已经烧断，造成了电枢电流不平衡，使输出转矩不平衡。另外，发现的轴承亦有损坏，故而引起 X 轴的振动与过电流。

更换轴承与电刷后，机床恢复正常。

② 工作台移动到某处时出现缓慢的正反向摆动。机床经过长期使用，机床与伺服驱动系统之间的配合可能会产生部分改变，一旦匹配不良，可能引起伺服系统的局部振动。

6）运动失控（即飞车）。可能的原因见表 6.26。

表 6.26　机床失控的原因与检查、处理方法

项目	故障原因	检查步骤	措　施
1	位置检测、速度检测信号不良	检查连线，检查位置、速度环是否为正反馈	改正连线
2	位置编码器故障	可以用交换法	重新进行正确的连接
3	主板、速度控制单元故障	用排除法确定次模块有故障	更换印制电路板

2. 机床定位精度或加工精度差

机床定位精度或加工精度差可分为定位超调、单脉冲进给精度差、定位点精度不好、圆弧插补加工的圆度差等情况。其故障的原因、检查和处理方法见表 6.27。

表 6.27　机床定位精度和加工精度差的原因与检查、处理方法

项目		故障原因	检查步骤	措　施
超调	1	加/减速时间设定过小	检测起、制动电流是否已经饱和	延长加/减速时间设定
	2	与机床的连接部分刚性差或连接不牢固	检查故障是否可以通过减小位置环增益改善	减小位置环增益或提高机床的刚性
单脉冲精度差	1	需要根据不同情况进行故障分析	检查定位时位置跟随误差是否正确	若正确，见第 2 项，否则第 3 项
	2	机械传动系统存在爬行或松动	检查机械部件的安装精度与定位精度	调整机床机械传动系统
	3	伺服系统的增益不足	调整速度控制单元扮傻姑娘的相应旋钮，提高速度环增益	提高位置环、速度环增益
定位精度不良	1	需根据不同情况进行故障分析	检查定位是位置跟随误差是否正确	若正确，见第 2 项，否则第 3 项
	2	机械传动系统存在爬行或松动	检查机械部件的安装精度与定位精度	调整机床机械传动系统
	3	位置控制单元不良	更换位置控制单元板（主板）	更换不良板
	4	位置检测器件（编码器、光栅）不良	检测位置检测器件（编码器、光栅）	更换不良位置检测期间（编码器、光栅）
	5	速度控制单元控制板不良	—	维修、更换不良板

续表

项目		故障原因	检查步骤	措施
圆弧插补加工的圆度差	1	需根据不同情况进行故障分析	测量不圆度，检查周向上是否变形，45°方向上是否成椭圆	若轴向变形，则见第 2 项，若 45°方向上成椭圆，则见第 3 项
	2	机床反向间隙大、定位精度差	测量各轴的定位精度与反向间隙	调整机床，进行定位精度、反向间隙的补偿
	3	位置环增益设定不当	调整控制单元，使同样的进给速度下各插补轴的位置跟随误差的差值在±1%以内	调整位置环增益以消除各轴间的增益差
	4	各插补轴的检测增益设定不良	在项目 3 调整后，在 45°上成椭圆	调整检测增益
	5	感应同步器或旋转变压器的接口板调整不良	检查接口板的调整	重新调整接口板
	6	丝杠间隙或传动系统间隙	测量、重新调整间隙	调整间隙或改变间隙补偿值

当圆弧插补出现 45°方向上的椭圆时，可以通过调整伺服进给轴的位置增益进行调整。坐标轴的位置增益由下式计算：

$$k_v = \frac{16.67V}{e_{ss}}$$

式中，V——进给速度，mm/min；

e_{ss}——位置跟随误差，0.001mm；

k_v——位置增益，1/S。

位置跟随误差可以通过数控系统的诊断参数检查。位置跟随误差则在速度控制单元上有相应的电位器来调节。注意，参与圆弧插补的两轴的位置跟随误差的差值必须控制在 1%以内。

3. 位置跟随误差超差报警

伺服轴运动超过位置允差范围时，数控系统就会产生位置误差过大的报警，包括跟随误差、轮廓误差和定位误差等。主要原因及排除见表 6.28。

表 6.28 位置跟随误差超差报警的原因及处理

故障原因	检查步骤	措施
伺服过载或有故障	查看伺服驱动器相应的报警指示灯	减轻负载，让机床工作在额定负载以内
动力线或反馈线连接错误	检查连线	正确连接电动机与反馈装置的连接线
伺服变压器过热	查看相应的工作条件和状态	观察散热风扇是否工作正常，作好散热措施
保护熔断器熔断		
输入电源电压太低	用万用表测量输入电压	确保输入电压正常
伺服驱动器与 CNC 间的信号电缆连接不良	检查信号电缆的连接，分别测量电缆信号线各引脚的通断	确保信号电缆传输正常
干扰	检查屏蔽线	处理好地线以及屏蔽层

续表

故障原因	检查步骤	措　施
参数设置不当	检查设置位置跟随误差的参数，如：伺服系统增益设置不当，位置偏差值设定错误或过小	依参数说明书正确设置参数
速度控制单元故障	都可以用同型号的备用电路板来测试现在的电路板是否有故障	如果确认故障，更换相应电路板或驱动器
系统主板的位置控制部分故障		
编码器反馈不良	用手转动电动机，看反馈的数值是否相符	如果确认不良，更换编码器
机械传动系统有故障	如：进给传动链累计误差过大或机械结构连接不好而造成的传动间隙过大	排除机械故障，确保工作正常

4. 超程

当进给运动超过由软件设定的软限位或由限位开关决定的硬限位时，就会发生超程报警，一般会在CRT上显示报警内容，根据数控系统说明书，即可排除故障，解除超程。具体情况见表6.29。

表6.29　超程故障的原因及排除

故障现象	可能原因	排除措施
系统出错，提示某轴硬件超程	零件太大，不适合在此机床上加工	重新考虑加工次零件的条件
	伺服的超程回路短路	此次检验超程回路，避免超程信号的误输入
系统报警，提示某轴软超程	程序错误	重新编制程序
	刀具起点位置有误	重新对刀

5. 超过速度控制范围

一般CRT上有超速的提示，速度控制单元超速的原因及排除见表6.30。

表6.30　超速的报警及处理

故障原因	检查步骤	排除措施
测速反馈连接错误	用万用表测量各端子极性	按相应端子连接好反馈线
检测信号不正确或无速度与位置检测信号	检查联轴器、与工作台的连接是否良好	正确连接工作台与联轴器之间的连接
速度控制单元参数设定不当或设置过低	检查相应参数是否不当，如加减速捷速时间常数设置过小	重新设置参数
位置控制板发生故障	检查来自F/V转速的速度反馈信号为输入到速度控制单元工作是否正常	更换位置控制板或驱动器

6. 过载

当进给运动的负载过大、频繁正、反向运动以及进给传动链润滑状态不良时，均会引起过载的故障。一般会在CRT上显示伺服电动机过载、过热或过流等报警信息。同时，在强电柜中的进给驱动单元上，用指示灯或数码管提示驱动单元过载、过电流等信息。具体故障原因及排除见表6.31。

表 6.31 过载故障的可能原因及排除

故障原因	检查步骤	排除措施
机床负荷异常	用检查电动机电流来判断	需要变更切削条件，减轻机床负荷
参数设定错误	检查设置电动机过载的参数是否正确	依参数说明书，正确设置参数
起动扭矩超过最大扭矩	目测启动或带有负载情况下的工作状况	采用减电流启动的方式，或直接采用启动扭矩小的驱动系统
负载有冲击现象		改善切削条件，减少冲击
频繁正、反向运动	目测工作过程中是否有频繁正、反向	编制数控加工程序时，尽量不要有这种现象
进给传动链润滑状态不良	听工作时的声音，观察工作状态	做好机床的润滑，确保润滑的电动机工作正常并且润滑油足够
电动机或编码器等反馈装置配线异常	检查其连接的通断情况或是否有信号线接反的状况	确保电动机和位置反馈装置配线正常
编码器有故障	测量编码器等的反馈信号是否正常	更换编码器等反馈装置
驱动器有故障	用更换法，判断驱动器是否有故障	更换驱动器

7. 窜动

在进给时出现窜动现象，其可能原因及排除见表6.32。

表 6.32 进给过程中窜动的可能原因和排除

故障原因	检查步骤	排除措施
位置反馈信号不稳定	测量反馈信号是否均匀与稳定	确保反馈信号正常、稳定
位置控制信号不稳定	在驱动电动机端测量位置控制信号是否稳定	确保位置控制信号正常稳定
位置控制信号受到干扰	测试其位置控制信号是否有噪声	做好屏蔽处理
接线端子接触不良	检查紧固的螺钉是否松动等	紧固好螺钉，同时检查其接线是否正常
如果窜动发生在正、反向运动的瞬间	机械传动系统不良，如反向间隙过大	进行机械的调整，排除机械故障
	伺服系统增益过大	依参数说明书，正确设置参数

8. 发生在起动加速段或低速进给时的爬行

一般是由于进给传动链的润滑状态不良、伺服系统增益过低及外加负载过大等因素所致。尤其要注意的是，伺服和滚珠丝杠连接用的联轴器，由于连接松动或联轴器本身的缺陷，如裂纹等，造成滚珠丝杠转动或伺服的转动不同步，从而使进给忽快忽慢，产生爬行现象。其可能原因及排除见表6.33。

表6.33 爬行现象的可能原因及排除

故障原因	检查步骤	排除措施
进给传动链的润滑状态不良	听工作时的声音，观察工作状态	做好机床的润滑，确保润滑的电动机工作正常并且润滑油足够
伺服系统增益过低	检查伺服的增益参数	依参数说明书正确设置相应参数
外加负载过大	校核工作负载是否过大	改善切削条件，重新考虑切削负载
联轴器的机械传动有故障	可目测联轴器的外形	更换联轴器

9. 伺服电动机不转

数控系统至进给驱动单元除了速度与位置控制信号外，还会有控制信号，也叫使能信号或伺服允许信号，一般为DC+24V继电器线圈电压。造成伺服电动机不转的可能原因及排除见表6.34。

表6.34 伺服电动机不转的故障

故障原因	检查步骤	排除措施
速度、位置控制信号未输出	测量数控装置的指令输出端子的信号是否正常	确保控制信号已正常输出
使能信号是否接通	通过CRT观察I/O状态，分析机床PLC梯形图（或流程图），以确定进给轴的启动条件，如润滑、冷却等是否满足	确保使能的条件都能具备，并且使能正常
制动电磁阀是否释放	如果伺服电动机本身带有制动电磁阀，应检查阀是否释放，确认是因为控制信号没到位或是电磁阀有故障	确保制动电磁阀能正常工作
进给驱动单元故障	用交换法，可判断出相应单元是否有故障	更换伺服驱动单元
伺服电动机故障		更换伺服电动机

10. 定位超调

定位超调也叫位置“过冲”现象。其可能原因及排除措施见表6.35。

表 6.35 位置“过冲”故障及排除

故障原因	检查步骤	排除措施
加减速时间设定不当	依次检查数控装置或伺服驱动器上的这几个参数的设置是否与说明书要求相同	依照参数说明书，正确设置个参数
位置环比例增益设置不当		
速度环比例增益设置不当		
速度环积分时间设置不当		

11. 回参考点故障

回参考点故障一般分为找不到参考点和找不准参考点两类，前一类故障一般是回参考点减速开关产生的信号或零位脉冲信号失效，可以通过检查脉冲编码器零标志位或光栅尺零标志位是否有故障。后一类故障时参考点开关挡块位置设置不当引起的，需要重新调整挡块位置。可能原因见表 6.36。

表 6.36 回参考点故障及排除

故障原因	检查步骤	排除措施
回参考点减速开关产生的信号或零位脉冲信号失效	可以通过 PLC 观察相应点数是否有输入	确保信号正常
脉冲编码器或光栅尺硬件有故障	检验其是否有输出信号	更换反馈装置
参考点开关挡块位置设置不当	通过目测观察，挡块是否合理	合理设置调整挡块

12. 开机后电动机产生尖叫（高频振荡）

往往是 CNC 中与伺服驱动有关的参数设定、调整不当引起的。排除措施是，重新按参数说明书设置好相关参数。

13. 加工工件尺寸出现无规律变化

其可能原因与排除见表 6.37。

表 6.37 加工工件尺寸出现无规律变故障及排除

故障原因	检查步骤	排除措施
干扰	首先应排除干扰的措施	做好屏蔽及接地的处理
弹性联轴器未能锁紧	—	锁紧弹性联轴器
机械传动系统的安装、连接与精度不良	例如，机床的反向间隙过大，检查相应的机床传动精度值	调整机床，或进行反向间隙补偿与螺距温差补偿
伺服进给系统参数的设定与调整不当	检查伺服参数	正确设置参数

14. 伺服电动机开机后即自动旋转

造成此故障的可能原因及排除见表 6.38。

表 6.38　伺服电动机开机后即自动旋转故障及排除

故障原因	检查步骤	排除措施
干扰	首先应排除干扰的措施	做好屏蔽及接地的处理
位置反馈的极性错误	用万用表测量反馈端子	正确连接反馈线
由于外力使坐标轴产生了位置偏移	—	加工之前，确保无外力使机床发生移动
驱动器、测速发电动机、伺服电动机或系统位置测量回路不良	检查相应的位置反馈信号	确保信号正常
电动机故障	用交换法依次检查电动机和驱动器是否有故障	更换好的电动机
驱动器故障		更换好的驱动器

任务实施

6.4.3 数控机床伺服系统故障维修

故障现象：某伺服电动机过热报警。

原因分析：

1. 过负荷

可以通过测量电动机电流是否超过额定值来判断。

2. 电动机线圈绝缘不良

可用 500V 绝缘电阻表检查电枢线圈与机壳之间的绝缘电阻。如果在 1MΩ 以上，表示绝缘正常。

3. 电动机线圈内部短路

可卸下电动机，测电动机空载电流，如果此电流与转速成正比变化，则可判断为电动机线圈内部短路。

4. 电动机磁铁推辞

可通过快速旋转电动机时，测定电动机电枢电压是否正常。如电压低且发热，则说明电动机已退磁。应重新充磁。

5. 制动器失灵

当电动机带有制动器时，如电动机过热则应检查制动器动作是否灵活。

注　意

定期检查、调整丝杠螺纹副的轴向间隙，保证反向传动精度和轴向刚度；定期检查丝杠与床身的连接是否有松动；丝杠防护装置有损坏要及时更换，以防灰尘或切屑进入。

巩固训练

6.4.4 维修实例

实例 1

与 X 轴使能相关的接口信号见表 6.39。

表 6.39　X 轴使能接口信号

符　号	定　义	备　注
V38 000 002.1	伺服使能	送到坐标轴的信号（可读/可写）
V38 000 004.3	进给停止	

1）系统驱动使能 Q0.1 上电，如果是上升沿驱动，则 V38000002.1 置位；如果是下降沿驱动，则 V38000004.3 复位；

2）系统脉冲使能 Q0.2 上电，如果是下降沿驱动，则 V38000002.1 复位。

PLC 程序编制如图 6.16 所示。

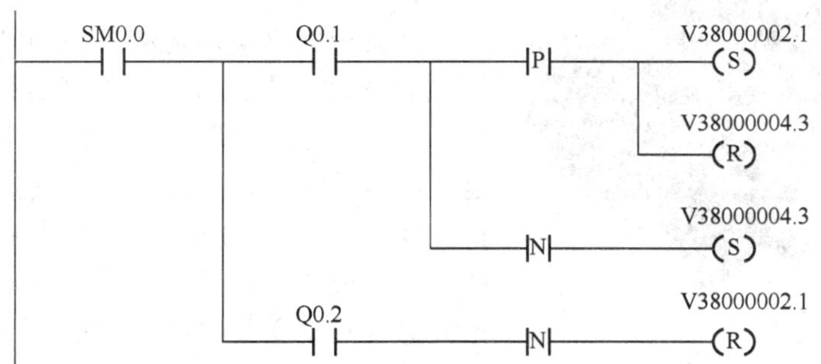

图 6.16　X 轴使能 PLC 控制程序

实例 2

1）X 轴回零碰到减速开关减速，说明回零开关无故障；

2）碰到减速开关之后一直前行与极限开关相撞，可能存在三种情况：

① 没找到编码器零点，可能硬件线路故障——短路或是断路，可以采用示波器或逻辑

测试笔进行排查。

② 没找到编码器零点之前已经撞上极限开关，可能硬极限位置不对，回零开关太长或减速开关距离极限开关太近。可以重新调整极限开关的安装位置。

3）零脉冲后位移 Rv 设置太大或反向。需要重新设置 MD：34080。

任务评价

1）数控机床进给伺服系统的故障检查、诊断、排故步骤、记录各占 20 分。

2）理论知识占 20 分。

3）要求学生独立完成工作任务，明确自已完成的怎样，进行自我评价，互评，教师评价相结合，给出每个同学完成本工作任务的成绩。

知识拓展：数控机床进给伺服系统介绍

进给驱动系统有多种分类方法，常见的是按执行元件进行分类，一般分为步进电动机进给驱动系统、直流电动机进给驱动系统和交流电动机进给驱动系统三种。

1. 步进电机进给驱动系统

步进电机驱动系统选用功率型步进电动机作为驱动元件。它主要有反应式和混合式两类。反应式价格较低，混合式价格较高，但混合式步进电动机的输出力矩大，运行频率及升降速度快，因而性能更好。为克服步进电动机低频共振的缺点，进一步提高精度，步进电动机驱动装置一般提供半步/整步选择，甚至细分功能，并得到了广泛的应用。步进驱动系统在我国经济型数控领域和老式机床改造中起到了极其重要的作用。

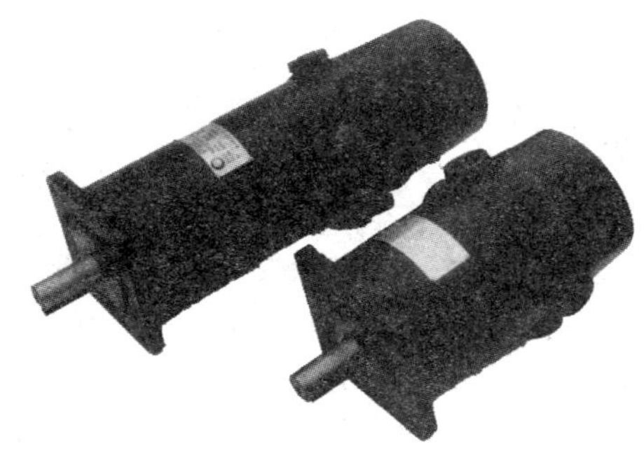

图 6.17　直流伺服电动机

2. 直流电机进给驱动系统

直流伺服驱动系统从 20 世纪 70 年代到 20 世纪 80 年代中期，在数控机床领域占据了主导地位，如图 6.17 所示。大惯量直流电动机具有良好的宽调速特性，其输出转矩大，过载能力强。由于电动机自身惯量较大，与机床传动部件的惯量相当，因此，所构成的闭环系统安装在机床上，几乎不需再做调整（只要安装前调整好），使用十分方便。

3. 交流电机进给驱动系统

由于直流伺服电动机使用机械（电刷、换向器）换向，因此存在许多缺点。而直流伺服电动机优良的调速特性正是通过机械换向得到的，因而这些缺点无法克服。多年来，人们一直试图用交流电动机代替直流电动机，其困难在于交流电动机很难达到直流电动机的调速性能。进入 20 世纪 80 年代以后，由于交流伺服电动机的材料、结构以及控制理论与方法的突破性进展，以及微电子技术和功率半导体器件的发展，使交流驱动装置发展很快，

目前已逐渐取代了直流伺服电动机。交流伺服电动机与直流伺服电动机相比最大的优点在于它不需要维护，制造简单，适合于在恶劣环境下工作，如图 6.18 所示。

图 6.18　交流伺服电动机及驱动器

任务小结

本任务的重点是了解 SIEMENS 802CBL 数控机床进给系统组成；掌握进给系统的结构原理及各部件的功能、原理，能够顺利阅读数控机床制造商提供的相关图纸资料、SIEMENS 802CBL 数控系统说明书、数控机床维修说明书等技术资料，能够针对出现的数控机床各进给轴系统的电气及机械故障进行分析判断并进行维修。

复习与思考

1. 简述进给伺服系统常见故障?
2. 数控机床进给伺服系统的故障有哪些?
3. 将 X 轴和 Z 轴的驱动模块进行交换，目的是什么?
4. 一台加工中心的进给驱动，其“使能”信号的条件有哪些?
5. 伺服系统位置环参数有哪些? 对位置环增益的调整主要解决伺服系统什么问题?
6. 如出现伺服电动机不转的故障，请判断故障产生的原因?

任务6.5　数控机床刀库及换刀装置故障诊断与维修

工作任务

某数控车床在换刀时出现刀架一直旋转，不能确定刀位。正确诊断、排除上述故障。

工作场景

一体化教室，多媒体教学设备；数控系统维修实训室，SIEMENS 802C CKA6150型卧式数控车床，SINUMERIK 802C数控系统、霍尔开关（PNP型）、机床维修常用电讯工具、机修工具、万用表、逻辑笔、四工位方刀架、S7-200可编程序控制器，机床电气原理图、机床使用说明书、SIEMENS 802C简明安装调试手册，毛巾、清洁剂等。

知识目标

1. 了解数控机床刀库及换刀装置相关概念。
2. 掌握数控机床刀库及换刀装置故障诊断方法。
3. 掌握具备排除数控机床刀库及换刀装置故障的能力。

能力目标

能诊断、排除数控机床刀库及换刀装置故障。

相关知识

6.5.1　数控机床刀库及换刀装置的分类

自动换刀装置目前的主要形式有回转刀架及刀库。

1. 回转刀架换刀

数控车床上用的最多的就是电动回转刀架。主要有四工位转位刀架（图6.19）、六工位转位刀架及八工位转位刀架。其主要工作原理是选刀时刀架电动机正转，刀架转位，刀位信号到达后刀架电动机反转，刀架定位压紧，如图6.20所示。

图6.19　电动四工位回转刀架

图6.20　电动回转刀架

2. 刀库

刀库是加工中心机床的关键部件之一，在加工中心机床中用来存储和运送刀具的装置，其结构主要有盘式和链式两种。盘式刀库存储容量小（30 把刀以下），如图 6.21 所示；链式刀库的存储量较大，如图 6.22 所示。

图 6.21　盘式刀库

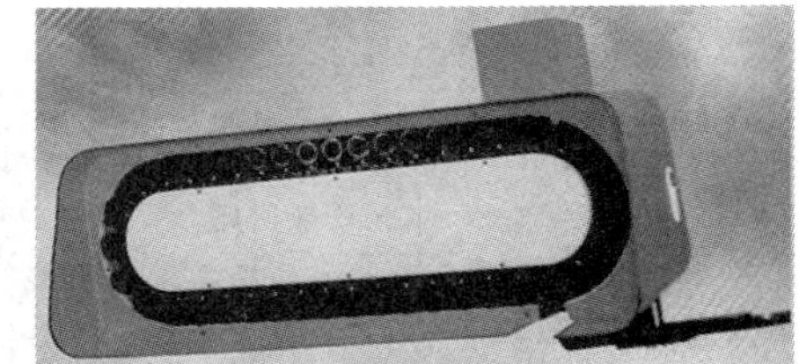

图 6.22　链式刀库

6.5.2　刀架及刀库常见故障及排除方法

普通车床刀架常见故障：换刀时刀架不转，电源相序接反（使电机正反转相反）或电源缺相（适用普通车床刀架）。

数控系统在换刀时，换刀信号已经发出，控制刀架电机的接触器也已经闭和，如果现在刀架电机不运转，有可能是因为刀架电机电源缺相，另一个原因有可能是因为刀架电机正反转信号接反，因为普通经济型车床所使用的刀架是通过刀架电机的正反转来进行选刀，并进行锁紧等动作，一般的工作顺序是刀架首先正转进行选泽刀具，刀具选者到位后，电机再进行反转，把所选择的刀具进行琐紧，整个换刀过程才结束，如果刀架电机电源的相序接反或者是所发出的正反转信号相反，那么数控系统选择刀具时所发出的刀架电机正转信号，刀架电机此时的运动状态恰好是反转锁紧，所以刀架电机就会静止不动，一直处在锁紧状态，此时将刀架电机的电源线任换两相，或者是将 PLC 的刀架输出信号相互调节一下，故障即可以消除。常见故障及排除方法见表 6.40。

表 6.40　刀架及刀库的常见故障及排除方法

故障现象	故障原因	排除方法
换刀时刀架不转	1）电源相序接反（使电机正反转相反）或电源缺相（适用普通车床刀架） 2）PLC 程序出错，换刀信号没有发出	1）将电源相序调换 2）重新调试 PLC
换刀时刀架/刀库一直旋转	1）刀位信号没有到达 2）I/O 输入输出板出错 3）检测信号的开关损坏	1）检查线路是否有误 2）维修或更换 3）维修或更换
普通刀架不能锁紧	1）刀架反转信号没有输出 2）刀架锁紧时间过短 3）机械故障	1）检查线路是否有误 2）增加锁紧时间 3）重新调整机械部分

续表

故障现象	故障原因	排除方法
刀库换刀动作不能够完成	1）松刀感应感应开关或电磁阀损坏或失灵 2）压力不足，液压系统出现问题，液压缸因液压系统压力不足或漏油而不动作，或行程不到位 3）PLC 调试出错，换刀条件不能满足 4）主轴系统出错	1）更换松刀感应开关或电磁阀 2）检查液压系统 3）重新调试 PLC，观察 PLC 的输入/输出状态 4）主轴驱动器是否报错
自动换刀时刀链运转不到位	1）液压系统出现问题，油路不畅通或液压阀出现问题 2）液压马达出现故障 3）刀库负载过重，或者有阻滞的现象 4）润滑不良	1）检查液压系统 2）检查液压马达是否正常工作 3）检查刀库装刀是否合理 4）检查润滑油路是否畅通，并重新润滑
刀具夹紧后不能松开，主轴刀柄取不下	1）松刀力不够 2）气液压伐或松拉力气缸损坏 3）拉杆行程不够或拉杆位置变动 4）7∶24 锥为自锁与非自锁的临界点 5）刀具松夹弹簧压合过紧 6）液压缸压力和行程不够	1）调整机械部分 2）维修或更换 3）调整机械部分 4）重新调整 5）调整刀具松夹弹簧 6）对液压缸进行检查
刀具不能夹紧主轴不能拉上刀柄	1）拉杆行程不够 2）松刀接近开关位置变动 3）拉杆头部损坏 4）阀未动作、卡死或者未上电 5）拉钉未拧紧或者型号选择不正确 6）蝶形弹簧位移量太小 7）刀具松夹弹簧上螺母松动	1）对拉杆进行调整 2）调整接近开关的位置 3）更换拉杆 4）检查阀是否有动作或检查是否有电输出 5）检查拉钉并更换 6）对蝶形弹簧调整 7）紧固螺母

任务实施

6.5.3 数控机床换刀装置的维修

故障现象：某数控车床在换刀时出现刀架一直旋转，不能确定刀位。

（1）询问操作者出现故障前的状况

1）机床操作步骤是否错误。

2）机床刀架是否出现异声、异味等。

（2）查看机床现场状况进行故障分析

1）电气方面：查看进给轴控制电路有无断路现象。

检查有无刀位信号；

检查 I/O 输入输出板是否出错；

检查检测信号的开关是否损坏。

2）机械方面：查看刀架机械机构是否损坏。

检查刀架机械部件是否卡死；

检查刀架机械部件是否使用不当而破损；

3）参数方面：查看刀架相关参数是否设置正确。

检查控制刀架的 CNC 参数是否改动；

检查控制刀架的 PLC 参数是否改动。

经过现场查看与分析，此机床在机械与参数方面无故障，主要是由于刀架检测信号的内嵌式霍尔元件损坏导致，为电气故障。

（3）进行故障排除

1）拆开数控机床刀架护盖。

2）使用六角扳手松开刀架检测信号的内嵌式霍尔元件部件上的固定螺丝。

3）将损坏的霍尔元件部件拆除，更换新的霍尔元件部件，重新安装固定螺丝。

4）安装数控机床刀架护盖，重新上电试车，换刀正常，故障排除。

注　意

严禁把超重、超长的刀具装入刀库，以避免机械手换刀时掉刀或刀具与工件、夹具发生碰撞；开机时，应使刀库和机械手空运行，检查各部分工作是否正常，特别是各行程开关和电磁阀能否正常动作；检查刀具在机械手上锁紧是否可靠，发现不正常应及时处理。

巩固训练

6.5.4 维修实例

实例 1

故障现象：CK6140 换刀时 3 号刀位转不到位。

分析及处理过程：一般有两种原因，第一种是电动机相位接反，但调整电动机相位线后故障不能排除。第二种是磁钢与霍尔元件高度位置不准。拆开刀架上盖，发现 3 号磁钢与霍尔元件高度位置相差距离较大，用尖嘴钳调整 3 号磁钢与霍尔元件高度与其他刀号位基本一致，重新启动系统故障排除。

实例 2

故障现象：一加工中心换刀臂平移到位后，无拔刀动作，ATC 的动作起始状态是：主轴保持要交换的旧刀，换刀臂在 B 位置，换刀臂在上部位置，刀库已将要交换的新刀具定位。

分析及处理过程：自动换刀的顺序为：换刀臂左移（B→A）→换刀臂下降（从刀库拔刀）→换刀臂右移（A→B）→换刀臂上升→换刀臂右移（B→C，抓住主轴中刀具）→主轴液

压缸下降（松刀）→换刀臂下降（从主轴拔刀）→换刀臂旋转 180°（两刀具交换位置）→换刀臂上升（装刀）→主轴液压缸上升（抓刀）→换刀臂左移（C→B）→刀库转动（找出旧刀具位置）→换刀臂左移（B→A 返回刀具给刀库）→换刀臂右移（A→B）→刀库转动（找下一把刀）。

换刀臂平移至 C 位置时，无拔刀动作，分析原因，有几种可能：

1）SQ2 无信号，所以未输出松刀电磁阀 YV2 的电压，主轴仍处于抓刀状态，换刀臂不能下移。

2）松刀接近开关 SQ4 无信号，则换刀臂升降电磁阀 YV1 状态不变，换刀臂不下降。

3）电磁阀有故障，给予信号也不动作。逐步检查，发现 SQ4 未发出信号，进一步对 SQ4 进行检查，发现感应间隙过大导致接近开关无信号输出，产生动作障碍。

实例 3

故障现象：一台加工中心，工作时 CRT 显示报警“未抓起工件报警”。但实际上抓工件的机械手已将工件抓起，却显示机械手未抓起工件报警。

分析及处理过程：查阅 PLC 图，此故障是测量感应开关发出的。经查机械手部位，机械手工作行程不到位，未完全压下感应开关引起的。随后调整机械手的夹紧力，此故障排除。

任务评价

1）数控机床刀库及换刀装置的故障检查、诊断、排故步骤、记录各占 20 分。

2）理论知识占 20 分。

3）要求学生独立完成工作任务，明确自己完成的怎样，进行自我评价，互评，教师评价相结合，给出每个同学完成本工作任务的成绩。

知识拓展：T 功能介绍

在某一加工过程中需要某一刀具，这可以由 PLC 通过 T 功能来实现。换刀时是用 T 指令直接进行，还是必须后接 M6 指令才生效，这可以通过机床数据设定。编程的 T 功能可以作为刀具号，也可以作为位置号。每个程序段可以有一个 T 指令。T0 特指以下功能：从刀架中取下当前的刀具，但并不换上新的刀具，见表 6.41。

表 6.41　T 功能接口信号

2500 PLC 变量		来自 NCK 的通用的辅助功能接口 NCK→PLC（只读）						
Byte	Bit 7	Bit 6	Bit 5	Bit 4	Bit 3	Bit 2	Bit 1	Bit 0
2500 0000								更改译码的 M 功能 0—99
2500 0001				更改 T 功能[3]				
Byte	Bit 7	Bit 6	Bit 5	Bit 4	Bit 3	Bit 2	Bit 1	Bit 0
2500 2000	T 功能（数据类型：DWORD）							

本子程序控制由霍尔元件作为位置检测的简易车床刀架。子程序的两个输出控制两个接触器实现刀架电机的正转和反转。刀架正转为寻找刀具，刀架反转为锁紧定位。

在自动或者 MDA 方式下可以通过 T 编程指令启动自动换刀，也可在手动方式下，利用手动换刀键启动换刀。一个短细的按键可以换相邻的一个刀具。在刀架转动过程中，接口信号“读入禁止”（V32000006.1），“进给保持”（V32000006.1）自动置位，见表 6.42。直到换刀结束。这样在换刀过程没有完成时，加工程序停止等待换刀结束，如图 6.23 所示。

在急停、刀架电机过载、或程序测试生效等情况下，换刀被禁止。

表 6.42　使 CNC 暂停执行加工程序的方法

3200 0006	进给修调有效	快速移动修调有效		程序界面中断		删除余程	读入使能禁止	进给使能禁止
3200 0007				NC 停止坐标及主轴	NC 停止	程序段结束 SC 停止		禁止 NC 启动

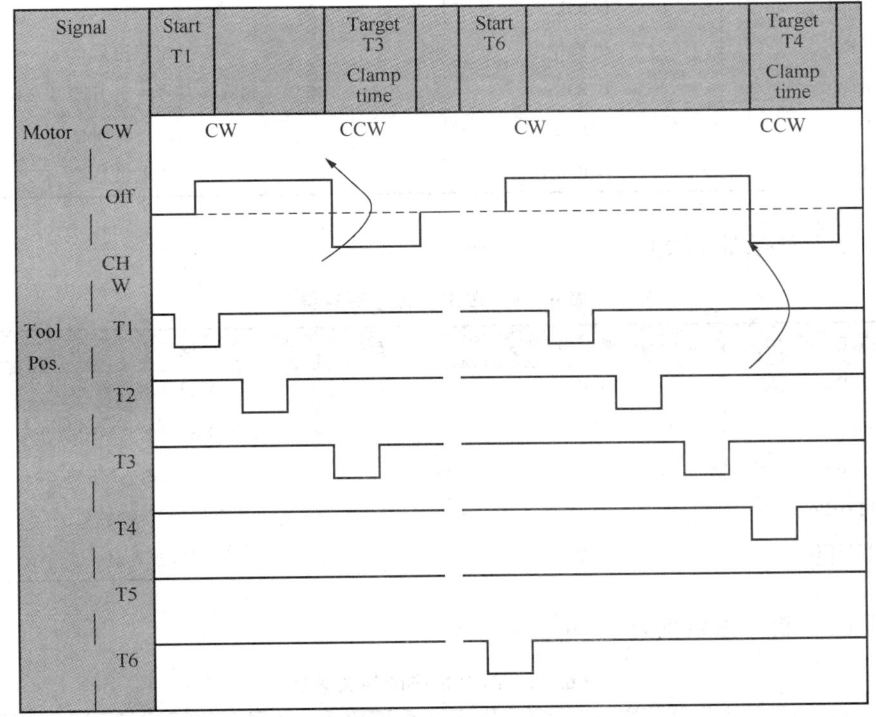

图 6.23　T 编程指令

两个报警可以由该子程序生成。

Alarm 700022-TURRET MOTOR OVERLOAD

Alarm 700023-PROGRAMMED TOOL NUM. >MAX. TURRET NUMBER

所使用的局部变量如下。

输入变量见表 6.43。

表 6.43 输入变量

变量名	类 型	说 明
Tmax	WORD	刀架刀位数（4 或 6 或 8）
C _ time	WORD	刀架锁紧（反转）时间（单位：0.1s）
M _ time	WORD	刀架监控时间（单位：0.1s）
T _ 01…T _ 01	WORD	刀架锁紧（反转）时间（单位：0.1s）
T _ key	WORD	手动换刀键（触发信号）
OVload	BOOL	刀架电机过载（NC）

输出变量见表 6.44。

表 6.44 输出变量

变量名	类 型	说 明
T _ cw	BOOL	刀架定位输出
T _ ccw	BOOL	刀架锁紧输出
T _ LED	BOOL	刀架工作状态显示
ERR1	BOOL	无刀架定位信号
ERR2	BOOL	错误：编程刀具号大于刀架刀位数
ERR3	BOOL	错误：找刀监控时间超出
ERR4	BOOL	错误：刀架电机过载

占用的标志寄存器见表 6.45。

表 6.45 占用的标志寄存器

变量名	类 型	说 明
Clamp Time	MD108	当前刀位寄存器
Status bits	MB112	见符号表 SBR _ MEM
Status bits	MB113	见符号表 SBR _ MEM
C _ TIMER	T14	刀架锁紧延时
M _ TIMER	T15	刀架监控延时

相关的 PLC 机床参数见表 6.46。

表 6.46 PLC 机床的相关参数

参 数	说 明
MD14510【20】	刀架刀位数 4/6/8
MD14510【21】	刀架监控时间（单位：0.01s 最大 200 单位）
MD14510【22】	刀架锁紧时间（单位：0.01s 最大 200 单位）

课外阅读材料：SIEMENS 系统介绍

SIEMENS 公司是生产数控系统的著名厂商，在 1964 年，西门子为其数控系统注册品牌 SINUMERIK。产品有 SINUMERIK3、8、810/820、850/880、840、802 等系列，分别介绍如下。

1. SINUMERIK8 系列

SINUMERIK 8 系列是 SIEMENS 公司 20 世纪 80 年代初期推出的 CNC 产品。该系列产品适用于各种机床，其中 8M/8ME/8ME—C/Sprint8M/Sprint8ME/Sprint8ME—C 用于钻床、镗床和加工中心，8MC/8MCE/8MCE—C 用于大型镗铣床，8T/Sprint8T 用于车床。Sprint 8 系统具有蓝图编程功能。

SINUMERIK 8 系列 CNC 系统主要由主控制模板、电源模板、存储模板、各种位置控制模板、测量接口模板、操作面板、电源模板、译码电路模板、PLC 与 CNC 接口模板（适用于外部 PLC）、PLC 与 CNC 信号传递模板（适用于集成 PLC）及系统软件模板等组成。整个 CNC 系统是一个多微处理器控制系统，所用主 CPU 为 8086，各种位置控制模板上用的 CPU 也是 8086。

SINUMERIK 8 系列 CNC 系统最多可扩展到控制 12 个坐标轴，可实现数个坐标轴联动，它带有 SIMATICS5 PLC。可编程控制器 PLC 不仅能完成刀具管理和刀具寿命监控的功能，还能进行工件监控和控制工件输送设备。

2. SINUMERIK 3 系列

该系列产品适用于各种机床的控制，有 M 型、T 型、TT 型、G 型和 N 型等。另外，3T 系统借助于转换（TRANSMIT）功能，可使一般的 CNC 车床变成一个柔性车削中心，在一台机床上可一次完成车削、镗削、铣削以及钻削加工。

SINUMERIK3 系列 CNC 系统主要由中央处理单元、存储器模块、操作面板接口、外部连接接口、PLC 中央处理单元、PLC 存储模块、编程器接口、逻辑模块及各种输入/输出模块等组成。其中央处理单元的主 CPU 为 8086，内设或外设两个 PLC。NC 和 PLC 之间设有很宽的窗口，可满足机床的各种自动加工功能的要求。这些要求包括换刀控制、数据传输控制、刀具寿命监控、刀具和工件的测量及补偿以及计算机通信功能等。通过配置软件，可使 SINUMERIK3 进入柔性制造系统。

3. SINUMERIK810/820 系列

该系列是 20 世纪 80 年代中期的产品，分为 M 型、T 型、G 型等。M 型用于镗床、铣床和加工中心，T 型用于车床，G 型用于磨床。810 和 820 在体系结构和功能上相似，一般适用于中小型机床。810 为绿色 CRT 显示，直流 24V 供电；820 为彩色显示，交流 220V 供电。

SINUMERIK810/820 由 CPU 模块、位置控制模块、系统程序存储器模块、文字图形处理模块、接口模块、I/O 模块、CRT 显示器及操作面板等组成。其中央处理单元的主 CPU 为 8086，采用通道式结构，有主通道和辅助通道。由 RS-232C 接口进行数据传输和通信联网，可使编程和操作简便，运行可靠，维修方便。操作者不但可利用软功能键在 CRT 上调用任何一种软件菜单内容并输入加工程序，还可以快速模拟程序。

20 世纪 90 年代中期，SIEMENS 公司推出了全数字式数控系统 SINUMERIK810D/DE，该系统最明显的标志就是采用 ASIC 芯片将控制和驱动集成在一块电路上。紧凑型控制单元（CCU 单元）负责处理 CNC、PLC 的通信和闭环控制任务，控制器和驱动器组成一个整体，它们之间没有接口。SINUMERIK810D/DE 采用 32 位微处理器，内装高性能的 SIMATIC S7 PLC，最多可控制 5 个进给轴（或 4 个进给轴和 1 个主轴）。CCU 单元中包括了 3 个进给轴的功率模块（也可组合成 2 个进给轴和 1 个主轴），利用这一特点，只要配置一个电源模块，就可以组成一台数控车床所需的驱动装置。

4. SINUMERIK 850/880 系列

该系列产品是 SIEMENS 公司于 20 世纪 80 年代后期推出的 CNC 产品，适用于高自动化水平的机床及柔性制造系统。该系列最多可控制 30 轴、6 个主轴，可实现 16 轴联动，有 M、T 等规格。SINUMERIK 850 和 880 在结构体系方面相似，但在功能强度上有着明显的差别。SINUMERIK 850/880 为柔性紧凑型通道结构，多微处理器 CNC 系统。其主 CPU 为 80386，除了数控用 CPU 之外，还有伺服用 CPU、通信用 CPU 及 PLC 用 CPU。上述 CPU 除通信用 CPU 外均可扩展为 2～4 个 CPU。该系统有很强的通信功能，可与计算机集成制造系统通信。SINUMERIK 840C/D 数控系统是 SIEMENS 公司 1991～1993 年开发出的数控系统，其从功能上覆盖了 850/880 系统的功能，是适应于全功能车床、铣床、加工中心及 FMS、CIMS 的数控系统。

5. SINUMERIK 802S/C/D 系列

SINUMERIK 802S 是 SIEMENS 公司在 20 世纪 90 年代中后期推出的经济型数控系统。802S 采用开环步进电动机驱动，可控制 3 个进给轴和 1 个主轴，主要用于经济型数控车床、数控铣床。在 802S 的基础上，SIEMENS 公司又推出了 SINUMERIK 802 C 和 SI—NUMERIK 802D，其中 802C 采用半闭环模拟交流伺服系统，可配接 SIMODRIVE 611 驱动装置。802D 采用数字式交流伺服系统，可控制最多 4 个数字进给轴和 1 个主轴。CNC 通过 PROFIBUS 总线与 I/O 模块和数字驱动模块（SIMODRIVE 611 nuiversal E）相连接，主轴通过模拟接口控制。SINUMERIK 802S/C/D 采用 SIMATIC S7—200PLC 指令集对系统内部的 PLC 进行编程。

任务小结

本任务的重点是了解 SIEMENS 802CBL 数控机床刀架控制的电气部分；掌握刀架系统的结构原理及各部件的功能，能够按顺序正确拆装刀架进给系统，能够针对出现的数控机床刀架系统的电气故障进行分析判断并进行维修，能根据机床数控系统报警或故障现象，进行故障诊断与维修。

复习与思考

1. 工位回转刀架的工作原理是什么？
2. 刀具交换装置有哪几种？各有什么形式？
3. 数控机床换刀 PLC 有哪些控制对象？
4. 简述霍尔开关的工作原理是什么？
5. 简述数控车床四工位方刀架换刀的动作过程。

项目 7

桥式起重机的维修

桥式起重机的用途和使用范围很广。它广泛应用于工业企业、港口车站、仓库料场、发电站等国民经济各个部门。起重机械是实现企业机械化、自动化、提高劳动生产率、减轻繁重体力劳动的重要辅助设备，并且越来越成为连续生产流程中不可缺少的专用工艺设备。

桥式起重机的使用性能除了和设计、制造、安装方面因素有关外，保养与维修是十分重要的。

任务 7.1 桥式起重机简介

工作任务

认识桥式起重机，并能进行简单操作。

工作场景

一体化教室，多媒体教学设备；实训车间、桥式起重机、桥式起重机图纸及说明书、毛巾。

知识目标

1. 了解桥式起重机的用途、分类及特点。
2. 熟悉桥式起重机的技术参数。
3. 掌握桥式起重机的型号。

能力目标

1. 能准确说出桥式起重机各手柄及按钮的名称及功用。
2. 会对桥式起重机进行简单操作。

相关知识

由于桥式起重机的外观像一条金属桥梁，所以人们称它为桥式起重机。桥式起重机俗称“天车”、“行车”。其结构如图 7.1 所示，一般由桥架 1，起升机构和小车运行机构 2，大车运行机构 3，操纵室 4，小车导电装置 5，起重机总电源导电装置 6 等组成。

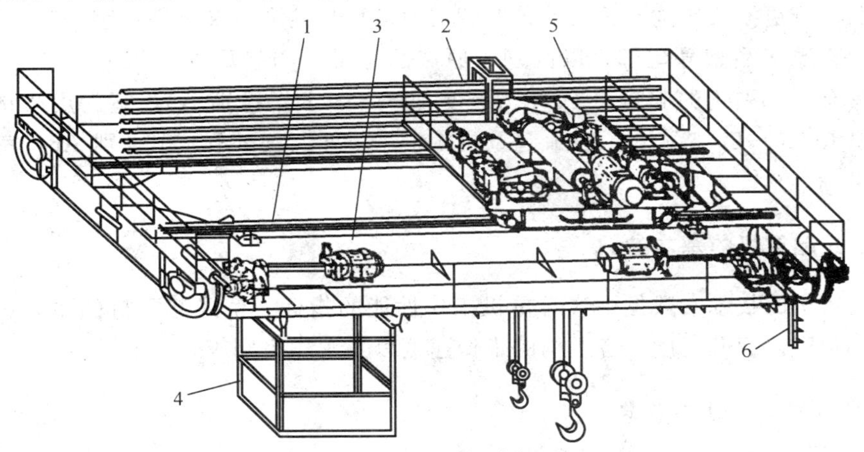

图 7.1　箱形双梁桥式起重机

1—桥架；2—小车；3—大车运行机构；4—操纵室；
5—小车导电装置；6—起重机总电源导电装置

7.1.1 桥式起重机的分类

随着工业技术的不断发展，桥式起重机的种类越来越多。根据使用吊具不同，可分为吊钩式起重机、抓斗式起重机、电磁吸盘式起重机；根据用途不同，可分为通用起重机、冶金专用桥式起重机、水电站用桥式起重机、大起升高度桥式起重机等；按主梁结构形式不同，可分为箱形结构桥式起重机、桁架结构桥式起重机、管形结构桥式起重机等。

7.1.2 桥式起重机的型号

桥式起重机的型号是表示起重机的名称、结构形式及主参数的代号。

桥式起重机型号一般由起重机的类、组、型的代号与主参数代号两部分组成，如下所示：

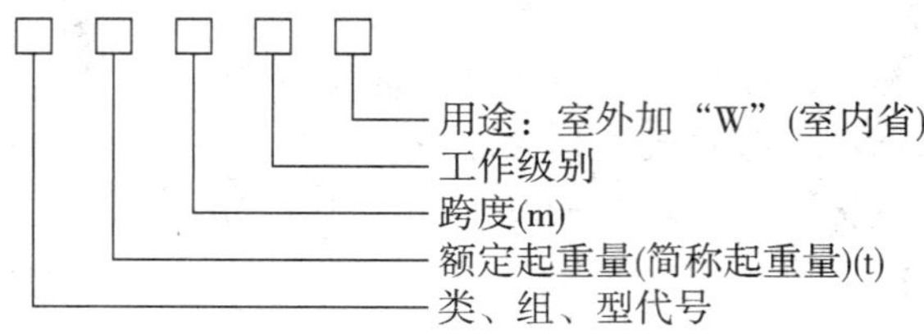

类、组、型的代号均用大写汉语拼音字母表示。该字母应是类、组、型中有代表性的汉语拼音字头，如该字母与其他代号的字母重复时，也可采用其他字母。

产品如增添特性代号时，其特性代号置于类、组、型代号与主参数代号之间，也用有代表性的汉语拼音字母表示，所用字母在各型产品标准中规定。

主参数用阿拉伯数字表示，对各型号产品参数的具体规定见附表，表中未列明主参数代号者留待该产品发展时再补充。

当产品进行更换或结构有重大改革时，其改进代号按大写汉语拼音字母A、B 、C…顺序采用，置于原产品型号尾部，以区别于原产品型号。如起重机QD20/5—19.5A5，表示起升机构具有主、副钩的起重量20/5，跨度19.5m，工作级别A5，室内用吊钩桥式起重机；起重机QZ10—22.5A6W，表示起重机10t，跨度22.5m，工作级别A6，室外用抓斗桥式起重机。

7.1.3 桥式起重机的基本参数

桥式起重机的技术参数是桥式起重机工作性能的指标。桥式起重机的主要技术参数包括起重量、跨度、起升高度、各机构的工作速度以及工作级别等。

1. 起重机的主要技术参数

(1) 起重量

起重量是指被起升重物的质量，用G表示。

1) 额定起重量。起重机所允许吊起的最大重物或物料的质量称为额定起重量，用G_n表示，单位为t。

2) 总起重量。起重机能吊起的重物或物料，连同可分吊具和长期固定在起重机上的吊具或属具（包括吊钩、滑轮组、起重钢丝绳等）的质量总和，用G_t表示。

（2）跨度和轨距

桥式起重机的大车运行轨道中心线之间的距离称为桥式起重机的跨度，用 L 表示，单位为 m。桥式起重机的小车运行轨道两条钢轨中心线之间的距离称为小车轨距，用 t 表示，单位为 m。

（3）起升高度

起升高度是指桥式起重机取物装置上下移动极限位置之间的距离，用 H 表示，单位为 m。下极限位置通常以工作场地的地面为准；上极限位置，使用吊钩时以钩口中心为准，使用抓斗时以抓斗最低点为准。

（4）工作速度

工作速度是指起重机各机构的运行速度，其中：额定起升速度是指起升机构的电动机在额定转速下，取物装置的上升速度；小车额定运行速度是指小车运行机构电动机在额定转速下的小车运行速度；大车额定运行速度是指大车运行机构的电动机在额定转速下的运行速度。各类速度用 v 表示，单位为 m/min。桥式起重机的工作速度是根据工作要求而定，一般用途的桥式起重机采用中等的工作速度，这样使驱动电动机功率不致过大；安装工作有时就要求很低的工作速度；吊运轻物时，要求提高生产效率，可取较高的工作速度；吊运重物时，要求工作平稳，作业效率不是很高，可取较低的工作速度。

（5）起重机的总质量 G

包括燃料、油液、润滑剂和水等在内的起重机各部分质量的总和，单位为 t。

2. 起重机的工作级别

随着科学技术的发展，工作级别已成为桥式起重机的一项重要的技术参数。起重机的工作级别的大小高低由两种因素决定，一是起重机的使用频繁程度，称为起重机利用等级；二是起重机承受载荷的大小，称为起重机的载荷状态。

（1）起重机的利用等级

起重机在有效寿命期间有一定的工作循环总数。工作循环总数表征起重机的利用程度，它是起重机分级的基本参数之一。工作循环总数是起重机在规定使用寿命期间所有工作循环次数的总和。

提　示

确定适当的使用寿命，要考虑经济、技术和环境因素，同时也要涉及设备老化的影响。工作循环总数与起重机的使用频率有关。

（2）起重机载荷状态

载荷状态是起重机分级的另一个基本参数，它表明起重机的主要机构——起升机构受载的轻重程度。载荷状态与两个因素有关，一是与实际起升载荷与最大载荷的比有关，二是与起升载荷与总的工作循环次数比有关。

（3）起重机工作级别

起重机的工作级别，即起重机的分级是由起重机的利用等级和起重机的载荷状态所决定的。起重机的工作级别用符号 A 表示，其工作级别分为 8 级，即 A1～A8 级。

桥式起重机的工作级别与桥式起重机的安全有着密切的关系。起重量、跨度、起升高度相同的桥式起重机，如果工作级别不同，安全系数也不同。工作级别小的桥式起重机，安全系数小；工作级别大的采用的安全系数就大。

7.1.4 桥式起重机的工作特点

1）起重机结构庞大，机构复杂，能完成一个起升运动、一个或几个水平运动。如桥式起重机能完成起升、大车运行和小车运行3个运动。

2）吊运重物各式各样，载荷是变化的。有的重物达几十吨，有的重物达几百吨；有的长几米，有的长几十米，吊运过程复杂而危险。

3）桥式起重机需要在较大的空间范围内运行，要装设轨道和车轮，活动空间较大，发生事故时影响的范围也较大。

4）作业环境复杂。从大型钢铁、冶金、石化企业，到现代化建筑工地、铁路枢纽等，都有桥式起重机在运行。

5）作业中经常需要多人配合，共同完成工作任务。这就需要统一指挥，步调一致，相互配合。所以，工作中往往存在较大的安全隐患。

任务实施

7.1.5 桥式起重机的简单操作

1）认识桥式起重机的结构，熟悉各按钮、手柄的功用。

2）断电状态下操纵起重机各手柄。

3）在教师的指导下，起动、停止起重机，吊钩起升、下降，大车运行和小车运行练习。

4）对起重机进行保养练习。

5）学习起重机的安全知识。

巩固训练

1）按照教师的分组，学生在小组长的带领下，分别进行桥式起重机的简单操作。

2）口头提问起重机各手柄及按钮的功用。

3）书面考核起重机的安全操作规程。

任务评价

任务评分表见表7.1。

表7.1　桥式起重机简介评分表

序号	项目	配分	考核标准	得分
1	认识桥式起重机	40	能够准确说出各手柄、按钮的名称及功用，错一处扣5分	

续表

序号	项目	配分	考核标准	得分
2	空运转操作练习	40	能够操作起重机，起动、停车，吊钩起升、下降，大车、小车运行自如，一项达不到要求扣 10 分	
3	维护保养	20	能够对桥式起重机进行简单保养，一项达不到要求扣 5 分	
4	安全文明操作		违反安全文明操作规程酌情扣 10～20 分	
5	定额时间 30min		每超时 5min 扣 5 分；超 10min 不得分	

知识拓展：电动葫芦起重机简介

电动葫芦起重机轻巧，机动性大，因此在施工现场、设备检修时均可使用。电动葫芦起重机的起重量一般在 2.5～50kN，最大的可达 100kN，提升速度为 4.5～10m/min，提升高度一般在 6～30m。

1. 电动葫芦的优点

1）在结构上体积小、重量轻，全机封闭便于安装。

2）全部用封闭于黄油箱中的正齿轮传动，主轴用滚动轴承，传动机构不另设离合器以减少故障。

3）不用任何控制机件，自动刹车，起重量越大，制动力也越大。

4）操作方便，用手一按按钮即可控制启闭。

5）钢丝绳利用导索夹圈，准确地卷绕在卷筒上，不论钢丝绳如何松弛，卷筒钢丝绳都不会松动、重叠、绞乱。

6）吊钩位置或钢丝绳在卷筒上卷绕圈数，由终点限制开关自动控制，安全可靠。

2. 电动葫芦的结构与工作原理

电动葫芦由电动机（制动器）、减速器、卷筒等构成。如图 7.2 所示为 CD 型电动葫芦的结构。

锥形转子电动机 8 转动时，通过弹性联轴器 7 将动力传给三级齿轮减速器 3，最后一级减速器齿轮带动卷筒 4 回转，实现卷绳、吊钩上下运动，减速器是三级齿轮机构。以 5t 葫芦为例，齿数为 68/12、42/12、45/11，总传动比为 81∶2。第三级大齿轮安装在空心轴上，主传动轴由此通过。经减速后，第三级大齿轮通过花键轴带动卷筒回转。

利用锥形转子电动机的特点，在接电时，转子在磁拉力作用下有轴向移动，利用弹簧和风扇轮构成制动器，如图 7.3 所示。

当启动时，磁拉力克服弹簧 5 推力，使与轴子同轴的风扇制动轮 3 右移，与后端盖 6 脱开松闸。

当断电时，在弹簧 5 的推动下，电动轴子左移，同时带动风扇制动轮左移，与后端盖 6 压在一起，实现制动。

电动葫芦应装上升极限位置限制器。CD 型电动葫芦采用双向限位器，在葫芦外沿卷筒布置两个停止块，当导绳器运动到极限位置与停止块相撞时，切断主回路，吊钩停止运动。

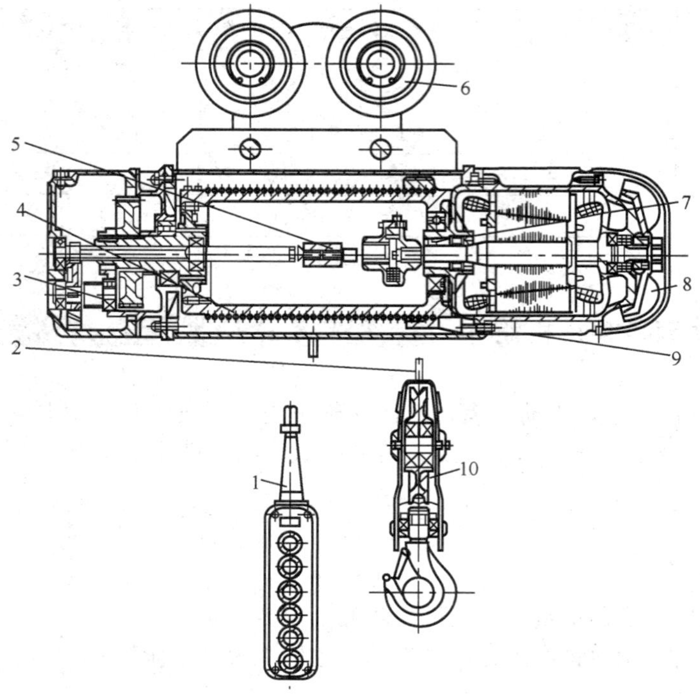

图 7.2　CD型电动葫芦的结构

1—电器装置；2—钢丝绳；3—减速器；4—卷筒；5—中间轴；
6—电动小车；7—弹性联轴器；8—锥形转子
电动机（制动器）；9—导绳器；10—吊钩

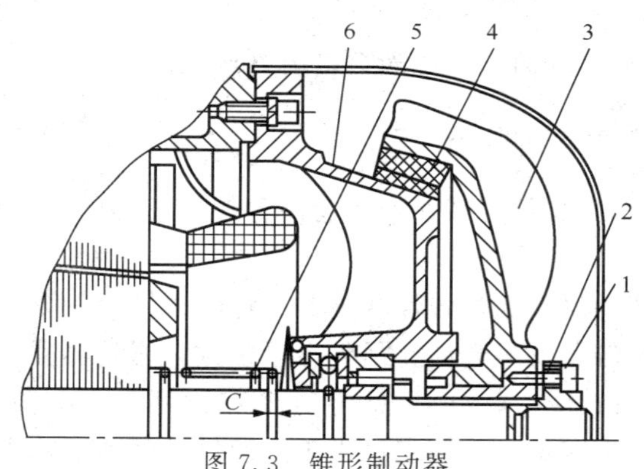

图 7.3　锥形制动器

1—轴端螺钉；2—锁紧螺母；3—风扇制动轮；
4—制动衬；5—弹簧；6—后端盖

任务小结

桥式起重机是重要的起重设备，在工业企业、港口车站、仓库料场、发电站等国民经济的各个部门被广泛应用。本任务对桥式起重机的工作特点、分类、型号及技术参数等进行了逐一介绍，为后续的维修工作打下了基础。

复习与思考

1. 桥式起重机有哪几部分组成？它有什么用途？
2. 桥式起重机分为哪几类？
3. 桥式起重机有哪些主要技术参数？
4. 解释代号：QZ10—22.5A6W、QD20/5—19.5A5、QE520/5—28.5A5。
5. 桥式起重机有什么工作特点？

任务7.2 桥式起重机桥架变形的维修

工作任务

一台桥式起重机的桥架发生变形，需要测量后根据情况进行必要的维修。

工作场景

一体化教室，多媒体教学设备；实训车间，桥式起重机，桥式起重机图纸及说明书，机械设备维修常用工具，水准仪、标尺、直尺、卷尺，弹簧、重锤、支架、钢丝、水桶、软管、钢丝绳，火焰矫正相关设备，千斤顶，毛巾等。

知识目标

1. 了解主梁变形对起重机的影响。
2. 熟悉主梁的主要技术参数。
3. 熟悉桥架变形的原因。
4. 掌握避免桥架变形的措施。

能力目标

1. 能对桥架的变形进行准确测量。
2. 会对桥架变形进行维修。

相关知识

桥式起重机金属结构变形是较为普遍的问题，桥架变形的形式主要表现为：主梁设计的上拱度值在使用中减小；产生了超过规定的旁弯；箱形梁的腹板波浪形变形超过规定值；端梁变形；桥架对角线超差。

7.2.1 桥架的结构

桥式起重机的金属结构是指桥架。桥架主要有主梁、端梁、栏杆、走台、小车轨道、操纵室等组成。如图7.4所示为双梁桥式起重机的桥架。图7.5为梁式起重机的金属结构的一种形式。

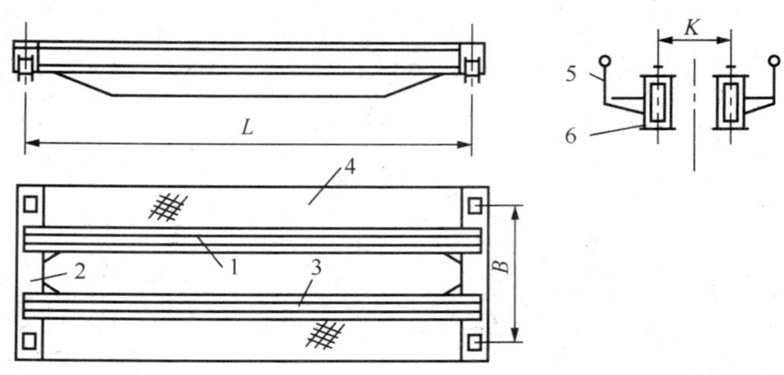

图7.4 普通箱形双梁桥架

1—主梁；2—端梁；3—轨道；4—走台；5—栏杆；6—隔板

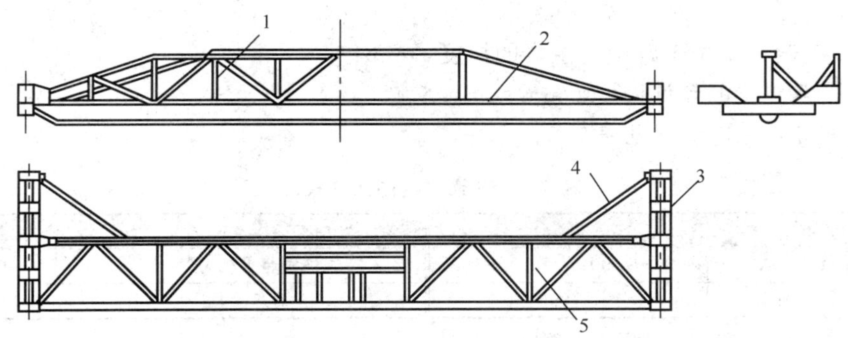

图 7.5　梁式起重机桥架

1—垂直辅助桁架；2—主梁；3—端梁；4—斜承；5—水平桁架

7.2.2　主梁的主要性能参数

1. 主梁的上拱度和下挠度

(1) 上拱度

桥架主梁的上拱度是起重机桥架结构的主要技术指标。

小车在桥架上运行，吊上重物后，必然使桥架产生下挠度变形。所以在制造主梁时，需要预制上拱度，以抵消这种变形，否则，小车在运行时总是处于“爬坡”或“下滑”等不利状态。

注　意

“爬坡”使小车运行阻力增大，甚至造成小车电动机过载而烧坏；“下滑”使小车运行不稳，影响安全作业。

根据 JB 1036—82《通用桥式起重机技术条件》规定，起重机在空载时（小车位于一端），主梁中间部位具有的上拱度为

$$F = (0.9/1000 \sim 1.4/1000)S$$

式中，F——主梁中间部位的上拱度值，mm；

S——起重机跨度，mm。

如图 7.6 所示，整个主梁沿全长的上拱曲线，应基本符合抛物线形状。跨内任意一点的上拱值，可按下式计算：

$$F_x = F[1-(2X/S)]^2$$

式中，F_x——测量点的拱度值，mm；

X——测量点距跨度中心的距离，m。

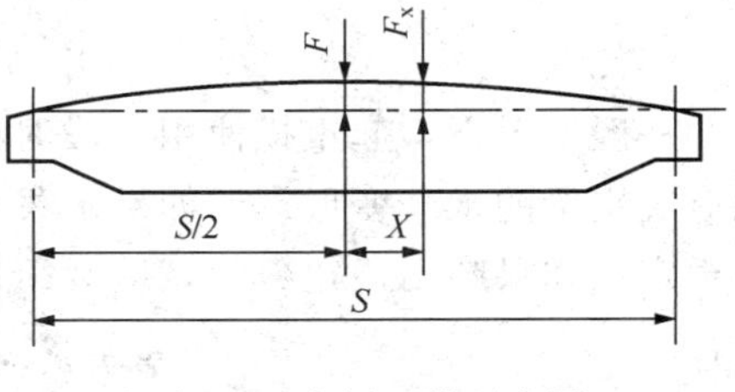

图 7.6　主梁上拱示意图

(2) 桥架主梁的允许下挠度

桥架主梁在吊重作用下会产生弹性下挠，为补偿这种下挠而制成的预拱度，会随着使用时间的增长而逐渐减少。为防止主梁迅速下挠而产生小车爬坡，规定桥架主梁必须的刚

度条件是：$F\leqslant[f]$

式中，F——满载小车位于跨中时主梁的挠度，mm；

　　$[f]$——主梁的允许挠度，mm。

桥式起重机允许挠度值见表7.2。

表7.2　主梁结构的允许挠度

结构类型	$[f]$	结构类型	$[f]$
吊车梁	$(l/500\sim l/750)\ S$	普通桥式起重机	$l/800S$
电动单梁起重机	$l/700S$	重级工作的起重机	$l/1000S$

注：S—梁或起重机的跨度；l—悬臂的有效长度。

2. 主梁的弹性变形

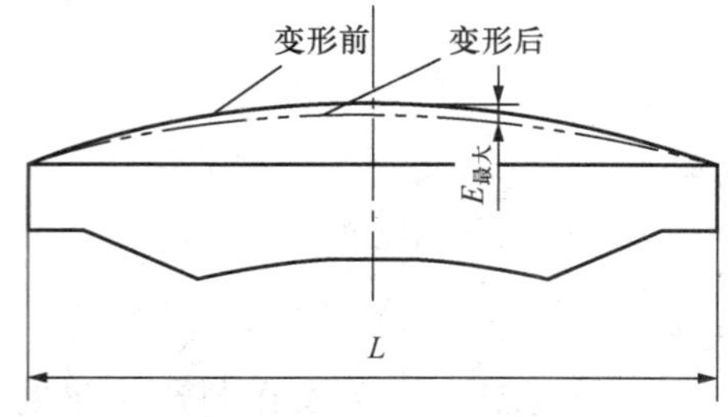

图7.7　主梁的弹性变形

起重机在吊起和卸去负荷前后，主梁挠度的变化值E称为弹性变形，如图7.7所示。

在JB1036中规定：起重机吊起额定负荷时，主梁产生的最大弹性变形不允许超过$L/700$（由吊负荷前的实际上拱度值算起），即

$$E_{最大}\leqslant L/700$$

式中，$E_{最大}$——主梁最大弹性变形的值，m；

　　L——跨度，mm。

3. 主梁的永久变形

永久变形是相对于起重机总装出厂时的主梁原始上拱而言的。永久变形有两种：一种是上拱度较原始上拱度减小，如图7.8（a）所示；另一种是出现低于水平线的下挠，如图7.8（b)所示。

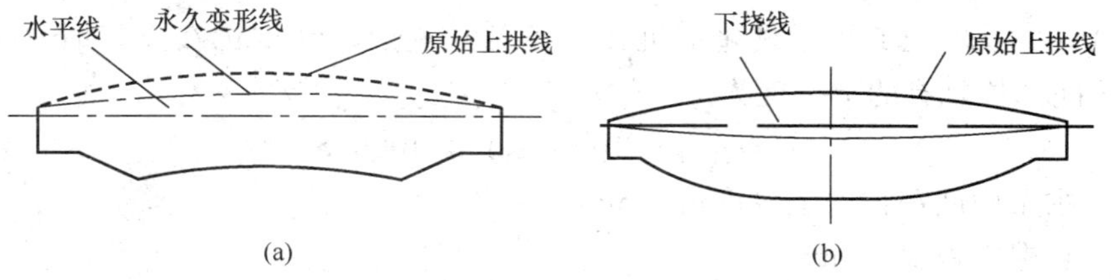

图7.8　主梁的永久变形

一般情况下，起重机使用一段时间后，由于超负荷、内应力以及热影响等原因，都可能造成主梁的永久变形。但如果永久变形值低于水平线的下挠度，其允许值不能超过表7.3的规定。如果超出规定数值，就必须进行修复，否则，容易出现事故。

表7.3　允许下挠、应修下挠界限值表

跨度L_k/m	10.5	13.5	16.5	19.5	22.5	25.5	28.5	31.5
满载允许下挠值 $(0.25\sim0.43)L_k/1000$	2.63～4.52	3.38～5.81	4.13～7.10	4.88～8.39	5.63～9.68	6.38～10.97	7.13～12.56	7.88～13.55

续表

跨度 L_k/m	10.5	13.5	16.5	19.5	22.5	25.5	28.5	31.5
满载应修下挠值 $1.5L_k/1000$	15.75	20.25	24.75	29.25	33.75	38.25	42.75	47.25
空载应修下挠值 $0.66L_k/1000$	7	9	11	13	15	17	19	21

注：表中数字适用于桥式起重机工作级别 A5 级和 A6 级。

7.2.3 桥架变形的原因

1. 主梁变形的原因

（1）制造时下料和焊接不符合要求

主梁腹板下料应按拱度下料，如果按直板下料，再通过火烤或焊接工艺获得，容易产生下挠。另外，由于焊接工艺不良或金属材料不合格也会使主梁产生下挠。

（2）超负荷吊运

超负荷吊运对起重机主梁危害最大，当超过 25%以上时，就可能一次造成主梁残余性下挠。

（3）违章吊运

违章吊运容易发生安全事故，也容易使起重机严重超负荷（如改变工作类型使用），从而使主梁下挠变形。

（4）操作不正确

钢丝绳没绷紧就快速起吊，制动器调整不当，快速下降，起重重物时制动过猛和吊运重物翻转引起冲击等，均会造成主梁下挠。

（5）腐蚀

在有腐蚀性气体或湿度大的环境中，以及露天作业的起重机，因防腐不良造成钢结构腐蚀而损坏主梁。

（6）高温的影响

钢的屈服点是随着温度升高而降低的。在高温下长期工作的起重机，由于受热辐射的作用，主梁下盖板温度超过上盖板，使主梁产生永久变形，产生残余下挠。

2. 旁弯产生的原因

（1）在使用中产生的水平弯曲

起重机在使用中，由于主梁的下挠，造成主梁向内侧产生水平弯曲。

（2）制造工艺要求的预制旁弯

为了达到主梁预制旁弯的要求，在焊接主梁上盖板与大小筋板焊缝时，施焊方向从无走台向有走台侧移动，致使主梁向走台侧产生水平弯曲。

（3）改制结构件产生水平弯曲

加宽走台和在走台外增加拉筋时，由于在主梁外侧进行气割和焊接加热，造成主梁内侧水平弯曲。

（4）由于水平惯性力的作用，引起主梁向内侧产生水平弯曲。

3. 主梁腹板波浪变形产生的原因

在腹板拼接时，由于钢板本身不平，在焊接内应力的作用下，产生了腹板的波浪变形。

4. 端梁变形的原因

1）为了增强主梁与端梁的连接刚性，有时在主梁的头部与端梁上焊接一块钢板或角钢，造成端梁向外侧弯曲。

2）大车啃轨严重，在侧向力的作用下，也会造成端梁变形。

3）主梁下挠变形引起端梁变形。

5. 对角线超差变形原因

1）制造中主梁与端梁不垂直，造成桥架对角线超差，桥架变成平行四边形。

2）两主动车轮的踏面直径磨损量不等，造成两边主动轮不同步运行，产生起重机啃轨。在侧向力的作用下，桥架产生角变形，导致对角线超差。

3）起重机发生相互碰撞，造成对角线超差变形。

7.2.4 主梁变形对起重机的影响

1. 对小车运行的影响

主梁的残余下挠，会使小车轨道产生“坡度”，小车由跨中向两端运行时就要爬坡，不仅要克服正常运行的阻力，而且要克服由于斜坡产生的爬坡附加阻力，使之运行时阻力增大。当主梁下挠值达到$L_k/500$时，小车运行阻力就增加40%，电机容易因过载而烧坏。另外，由于小车轨道存在坡度，还会出现打滑现象。

2. 对小车系统的影响

若两主梁下挠度程度不同，小车将会出现“三条腿”运行。小车架受力不均，由于主梁变形又将会引起主梁水平旁弯，因而导致小车车轮啃轨或脱轨现象。

3. 对大车运行的影响

大车运行机构如果是集中驱动，当运行机构随主梁下挠时，运行机械可能造成联轴器折齿和传动轴、联轴器被扭弯或断裂的现象。转轴的转速越高，其危害就越大。

7.2.5 避免桥架变形的措施

桥式起重的桥架变形，尤其主梁产生下挠变形后，对起重机的使用会带来许多不利影响，严重时使起重机无法工作，造成恶性事故。采取如下措施将会减少或避免主梁产生下挠变形。

1）起重机存放时应平放，下部用枕木或钢支架垫好，禁止歪斜放置或将主梁翻转放置。

2）起重机修理时，要尽量避免在主梁上盖板和走台上进行加热或焊接工作。必须在上面工作时，要切实做好防变形措施。

3）热加工车间的起重机，应避免停留在热源的上空。吊运熔化金属的起重机要加防热挡板，以免引起主梁受热变形。

4）起重机在使用时，应严格按额定起重量吊运，禁止超负荷，以防出现危险。

注　意

超负荷吊运是引起主梁下挠变形的重要原因。

5）起重机在停止工作时，禁止在吊钩上吊重物，小车应停在主梁的端部，以避免主梁受静载荷作用变形。

任务实施

7.2.6　桥架变形的测量

1. 上拱度的测量

（1）水准仪测量法

如图 7.9 所示，测量时，把水准仪架设在地面上，在主梁同侧上盖板处自由悬挂一标尺，水平仪距标尺 15～20m 为宜，下端距地面 1.5m 左右，水准仪目镜与标尺相对应即可测量主梁跨中的上拱值或下挠值（加载前后的刻度差）。

（2）钢丝测量法

如图 7.10 所示，将测量用的细钢丝一端固定在主梁的一个端部，另一端用弹簧和重锤拉紧。钢丝两端均用高度为 H 的支架支承，测出主梁上盖板到钢丝距离 h_1，钢丝重力作用产生的下挠度为 h_2，则主梁的上拱度实际值为

$$h = H - (h_1 + h_2)$$

式中，H——支架高度；

h_1——主梁跨中上盖板到钢丝的距离；

h_2——钢丝重力作用产生的下挠度。

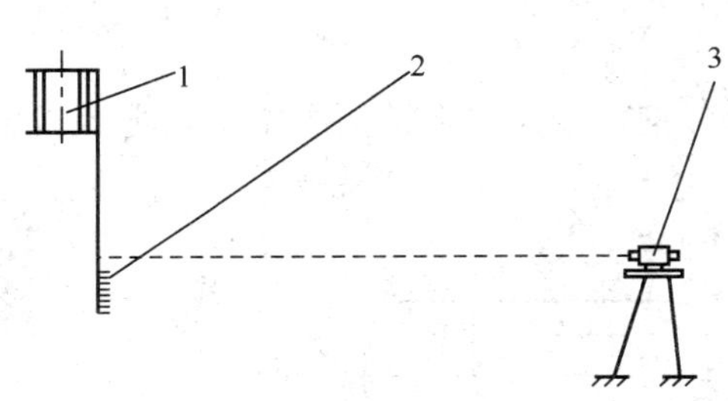

图 7.9　用钢卷尺测量大车跨度值

1—主梁；2—标尺；3—水平仪

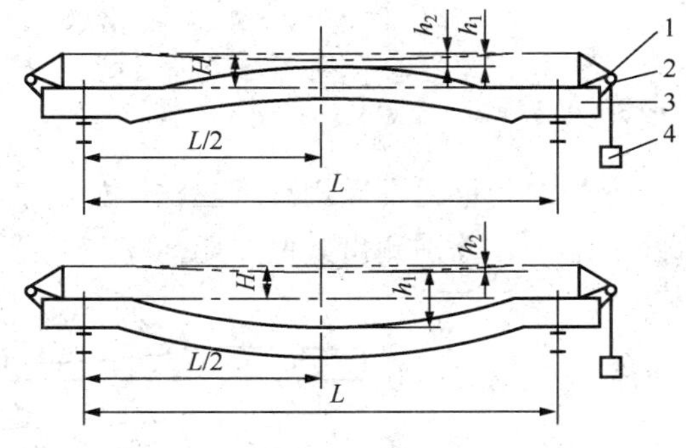

图 7.10　钢丝绳测量主梁下挠度

1—支架及滑轮；2—钢丝绳；3—主梁；4—重锤

钢丝重力作用产生的下挠度如表7.4所示。

表7.4 标准跨度采用直径0.5mm钢丝的下挠度值

跨度/m	10.5	13.5	16.5	19.5	22.5	25.5	28.5	31.5
h_2/m	1.5	2.5	3.5	4.5	6	8	10	12

提 示

当$h>0$时，表示主梁仍有上拱，h是实际上拱值；当$h=0$时，表示主梁已下挠至水平线；当$h<0$时，表示主梁已下挠至水平线以下，计算出的h值是水平线以下的下挠值。

（3）连通器测量法

如图7.11，将盛有带色水的水桶放置在桥架上最恰当的位置，水桶底部用软管相连接，沿主梁移动带有刻度的测量管测得主梁各点的水平高度，各测点的读数与跨端的读数差便是被测点的找度（挠度）值。

注 意

测量时，要排除连接软管中的空气，勿使软管受到挤压、打结、扭曲，否则，交造成较大的测量误差。

2. 波浪变形的测量

如图7.12所示，用1m长的直尺1放在腹板2的被测部位，测量腹板波浪变形的数值h_1。

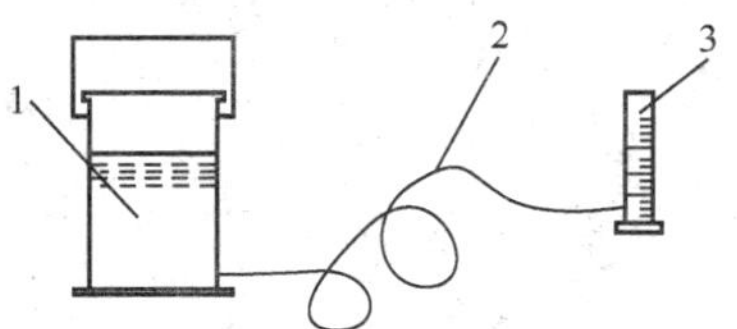

图7.11 连通器测量下挠度

1—水平尺；2—垫块；3—主梁

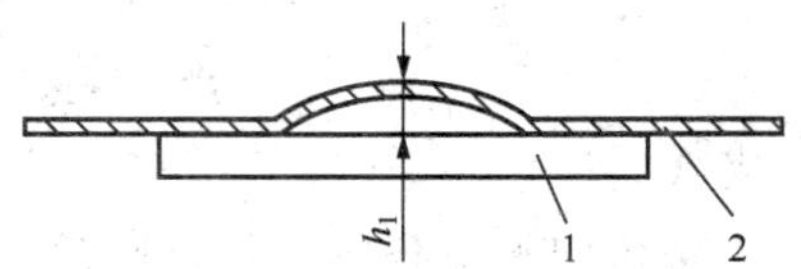

图7.12 腹板波浪变形的测量

3. 旁弯的测量

旁弯的测量通常采用拉钢丝法，如图7.13所示。钢丝1固定在被测主梁2的上盖板中心线的上方，分别测出其两点距离x_1和x_2，两数值之差的1/2即为主梁水平旁弯数值。

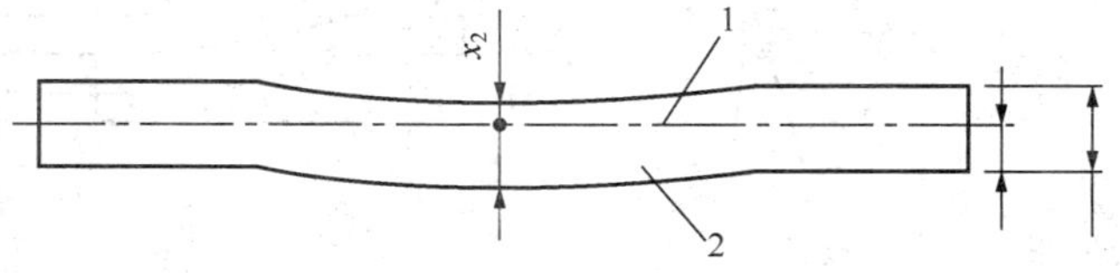

图7.13 主梁水平旁弯测量

4. 对角线的测量

桥架对角线的测量可用直角尺测量，如图 7.14所示。方法是将 4 个车轮的踏面中心线引到轨道面上，作出标记点后，移开起重机，利用轨道的 4 个点测量对角线。

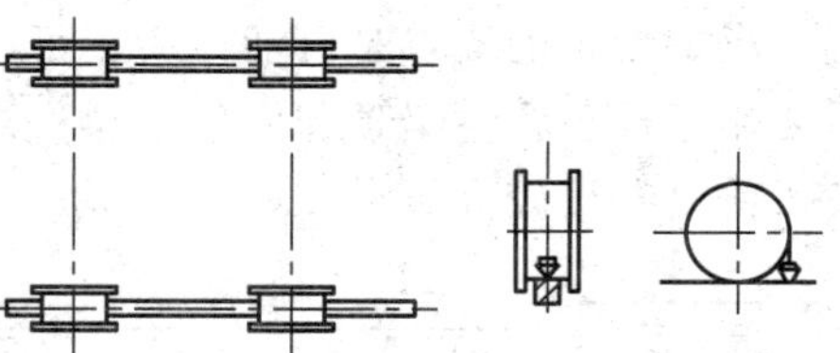

图 7.14　测量车轮对角线距离

7.2.7 桥架变形的修理

1. 预应力法

预应力法是用预应力张拉钢筋，使下挠的主梁重新获得上拱度，其工作原理如图 7.15 所示。在梁的下盖板处，根据主梁的下挠程度，安装 3～5 根经过计算的钢筋，在主梁空载时将钢筋拉紧。加在主梁上的偏心力矩，促使主梁向上弯曲，达到恢复上拱的目的。在偏心力矩作用下，起重机未起吊重物时，主梁已存在预应力，可以抵消一部分由重物重力所产生的下挠。

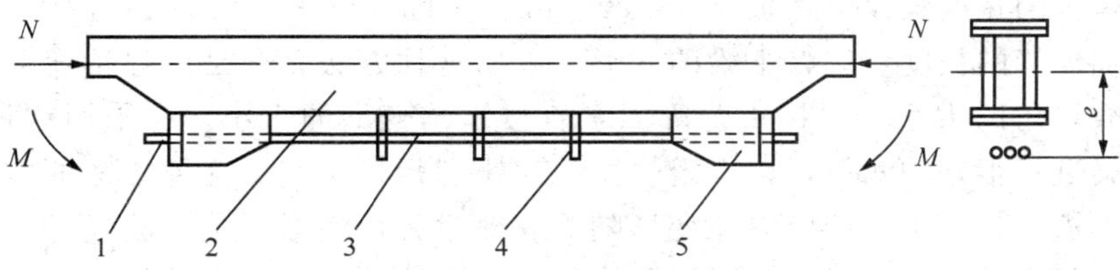

图 7.15　预应力修复主梁

1—锁紧螺母；2—主梁；3—拉筋；4—托架；5—支座

这种修复方法的优点是工艺简单，工期短。缺点是只适用于小吨位，且主梁下挠较少的起重机；对主梁的局部变形、腹板波浪超差、端梁变形等问题无法解决。

2. 钢丝绳张拉法

钢丝绳张拉法的原理和预应力法相同。在梁的两端焊支架座板，并和穿绕钢丝绳的滑轮组固接在一起。修理时只要将一端钢丝绳固定，另一端钢丝绳慢慢张紧即可。这种方法操作简单，张拉力大，操作安全。

3. 火焰矫正法

如图 7.16 所示，火焰矫正法是用氧气—乙炔火焰加热桥架的某些部位，以达到矫正主梁变形的目的。其原理为，当主梁某一局部位置加热时，该处膨胀变形，因受到周围未被加热的钢板的限制，而不能自由膨胀，就产生了压缩塑性变形现象。而热金属在冷却过程中，又会牵动它周围的冷金属互相靠近。每个加热区在冷却时产生的力，相当于在主梁中性层下作用一个偏心力矩，促使主梁恢复上拱。

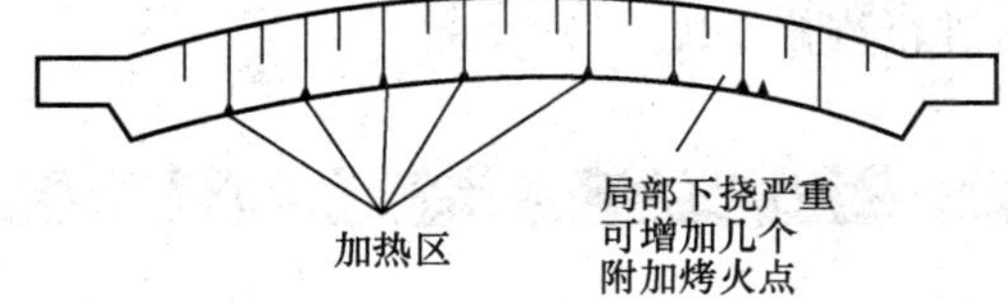

图 7.16　火焰法矫正主梁

火焰矫正的优点是灵活性大，可以矫正桥架结构的各种错综复杂的变形。缺点是操作时要用千斤顶将主梁顶起，使主梁一端的车轮离开轨道面，工艺复杂，技术要求高，工期长，修复费用较高。

提　示

矫正开始之前，应把小车开到司机室对侧跨端，采用支柱千斤顶支承在主梁的跨中位置，使一侧端梁上的车轮离开轨道面适当的高度，以增加矫正的效果。

如果两主梁下挠对称而且平滑，可以对称于跨中布置加热区，如果主梁下挠变形不规则，可以在下挠变形突出的部位多布置几个局部小加热区。

矫正端梁时，为避免矫正应力和焊接应力叠加，加热区应离开主梁。加热区位于波浪的凸起部分，不要选在凹部，这样可以在矫正端梁的同时，也部分矫直了腹板的波浪变形。

4. 主梁加下盖板法

主梁加下盖板法如图7.17所示，这种方法是在主梁下盖板之下重新焊接一块下盖板，新增加的下盖板的宽度较原下盖板宽15～20mm，每隔400～450mm钻直径60～65mm的孔，以便增加焊缝的长度，调整主梁的变形。采用这种方法完全是以焊接变形来使主梁恢复上拱度，故焊角的大小、焊接工艺等因素直接影响变形的大小。在采用这种方法以前，一定要对主梁进行很好的测量，以确定焊角的大小和焊接工艺。这种方法的实质是以焊接应力来恢复上拱度，由于焊接应力和变形随着时效过程而逐渐消失，故经过一段时间使用之后，上拱度仍会减小。所以，采用这种修复方法时，主梁上拱度的值比规定的上拱度取上极限值或比规定的上拱度略大一些。

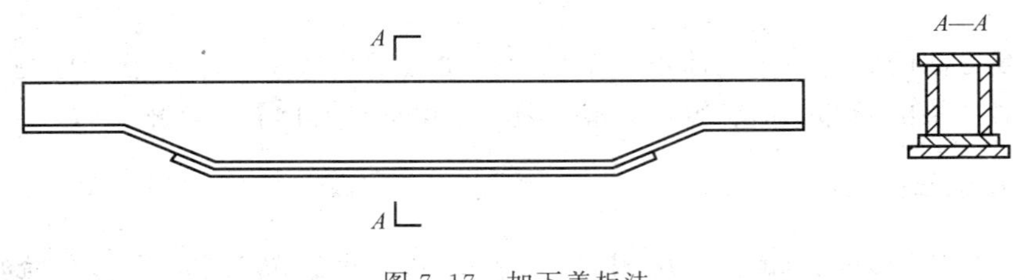

图7.17　加下盖板法

巩固训练

1）分组对变形的桥架进行测量，并做好书面记录。
2）根据测得的桥架变形情况，制定切实可行的维修方案。
3）在教师的指导下，各组分别对桥架的变形进行维修。

任务评价

任务评分表见表7.5。

表 7.5　桥式起重机桥架变形维修评分表

序号	项目	配分	考 核 标 准	得分
1	桥架变形测量	30	1）工、量具准备齐全，少或漏一种扣 5 分； 2）测量方法准确，否则扣 10 分； 3）测量数据精确，否则扣 10 分； 4）有书面记录，否则扣 5 分	
2	制定维修方案	30	1）维修方案制定科学、合理、切实可行，否则扣 20 分； 2）书写条理、清楚，否则扣 5 分	
3	桥架维修	40	1）工、量具准备齐全，少或漏一种扣 5 分； 2）维修方法正确、操作合理，否则扣 30 分； 3）小组成员分工合理，团结合作，否则扣 10 分	
4	安全文明操作		违反安全文明操作规程酌情扣 10～20 分	

知识拓展：金属结构的安全检查与报废

1. 几何形状的安全检查

主梁跨中上拱值为 $f_0=L_K/1000$，上拱曲线应是一条光滑的抛物线。距跨中 X 处的任意点的拱度值可按下式计算（图 7.18）：

$$F_X = f_0[1-(2X/L_K)^2]$$

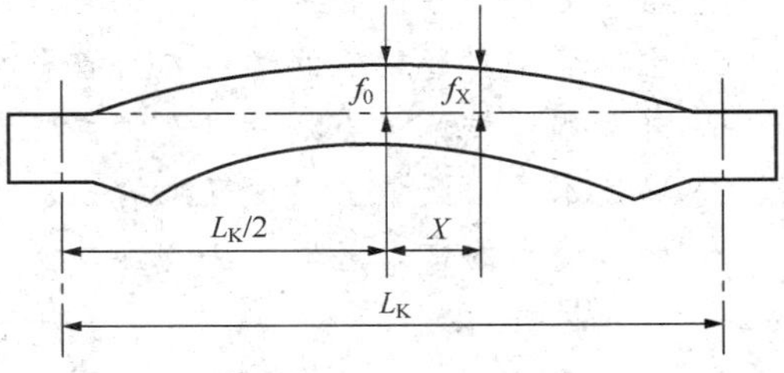

图 7.18　主梁几何形状曲线图

同时规定跨中弹性下挠值，对于手动单梁 $f\leqslant L_K/400$；对于电动单梁 $f\leqslant L_K/500$；对于电动双梁 $f\leqslant L_K/700$。此外，为了防止起重机小车在轨道上运行时发生“啃轨”现象，还规定主梁跨中的水平旁弯值不得超过跨度的 1/2000，即 $f_{水}=L_K/2000$。

2. 裂纹的安全检查

金属结构不得出现裂纹、开焊等缺陷。常出现裂纹的部位有：腹板与下盖板；主梁与走台的连接部位；主梁与端梁连接部位；桁架节点处；安装角轴承箱处。以这些部位应经常进行检查，根据受力情况采取防止裂纹继续扩展的措施，并采取加强结构或改变应力分布的措施。裂纹严重时，应更换结构件。

3. 金属结构的报废

1）主要受力构件失去了整体稳定性时，应予以报废。

2）主要受力构件发生腐蚀时，应进行检查和测量。当承载能力降低至原设计承载能力的 87%时，一般应报废。当主要受力构件断面腐蚀达原厚度的 10%时，应予以报废。

3）主要受力构件产生裂纹时，应根据受力情况和裂纹情况采取防止裂纹继续扩展的措施，并采取加强或改变应力分布的措施，或停止使用。

4）主要受力构件因产生塑性变形，使工作机构不能正常地安全运行时，一般应予以报废。

5）对于一般桥式起重机，当小车处于跨中，并且在额定负载下，主梁跨中的下挠值在水平线下达到跨度的 1/700 时，如不能修复，一般应予以报废。

任务小结

桥式起重机桥架变形是非常普遍的现象，但如果超出了一定的限度是非常危险的问题。所以在了解了桥式起重机桥架变形的原因和避免措施后，应学会对桥架进行测量，并应根据桥架的不同变形情况进行适当维修。

复习与思考

1. 桥架有哪几部分组成？桥架变形的形式主要表现有哪几种？
2. 主梁的上拱度和下挠度如何计算？
3. 什么是弹性变形？什么是永久变形？
4. 主梁变形的原因有哪些？
5. 主梁变形对起重机的哪些方面有影响？
6. 采取哪些措施将会减少或避免主梁产生下挠变形？
7. 简述水准仪测量上拱度变形的方法？
8. 桥架变形的常用修理方法有哪些？

任务 7.3　桥式起重机啃轨的维修

工作任务

一台桥式起重机发生啃轨现象，需要进行维修。

工作场景

一体化教室，多媒体教学设备；实训车间，桥式起重机，桥式起重机图纸及说明书，机械设备维修常用工具，吊线锤、细钢丝、游标卡尺、千斤顶、卷尺，机油、毛巾等。

知识目标

1. 了解起重机啃轨的现象。
2. 熟悉啃轨对起重机的影响。
3. 掌握起重机啃轨的原因。

能力目标

1. 能对桥式起重机啃轨进行检测。
2. 会对桥式起重机啃轨进行维修。

相关知识

“啃轨”又称啃道、咬道，是指起重机车轮的轮缘与轨道侧面接触，运行中产生摩擦，使起重机不能正常工作。

正常情况下，起重机的车轮轮缘与轨道之间应保持 20～30mm 的间隙，如果车身歪斜，车轮将不能在踏面中间正常运行，致使车轮轮缘与轨道挤紧，增大了它们之间的摩擦力，造成啃轨。

7.3.1 啃轨的现象

起重机“啃轨”是车轮轮缘轨道摩擦阻力增大的过程，也是车体走斜的过程。啃轨会使车和钢轨很快磨损报废，如图 7.19 所示，图（a）为车轮轮缘被啃变薄；图（b）为钢轨被啃变形。

一般可按根据以下现象来判断车轮在运行时是否发生啃轨。

1）轨道侧面有一条明亮的痕迹，严重时痕迹有毛刺。

2）车轮轮缘内侧有亮斑并有毛刺。

3）钢轨顶面有亮斑。

4）起重机或小车行走时，在短距离内轮缘与轨道间隙有明显的变化。

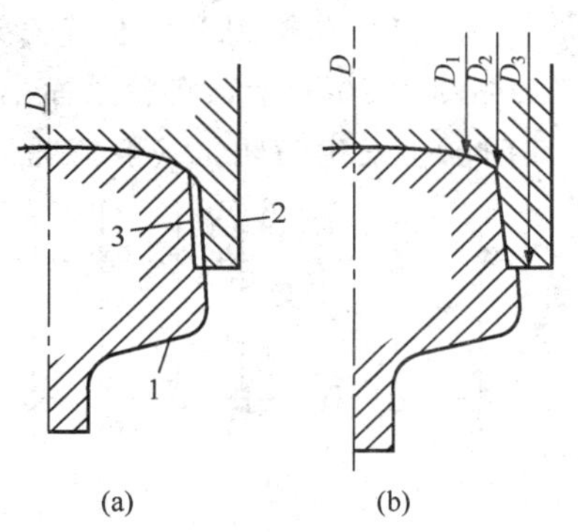

图 7.19　啃轨示意图

5）起重机或小车运行中，特别是在起动和制动时，桥架或小车架扭摆、走偏；特别严重时，会发出响亮的声音。

7.3.2 啃轨对起重机的影响

1. 降低车轮的使用寿命

正常工作的起重机，经过淬火处理的车轮，一般可以使用10年以上，而啃轨严重的车轮，只能使用1～2年甚至更短。

2. 磨损轨道

起重机车轮啃轨严重时，将会使轨道磨出台阶，甚至报废。

3. 增加运行阻力

根据测定，严重啃轨的起重机运行阻力是正常运行的1.5～3.5倍。运行阻力增加，使运行电机和传动机构超负荷工作，严重时会烧坏电动机或扭断传动轴等。

4. 损坏厂房结构

起重机啃轨产生的侧向力，使轨道产生横向位移和固定螺栓松动，啃轨还将引起起重机整机剧烈震动，损坏厂房结构。

5. 造成车轮脱轨

啃力严重，特别是当轨道接头间隙较大时，车轮可能爬到轨道顶面上去，造成起重机脱轨事故。

提　示

对于只有外侧轮缘的小车车轨，当轨距变小时，更容易造成脱轨。

7.3.3 啃轨的原因

1. 车轮安装偏差造成“啃轨”

(1) 车轮的平行度有偏差

如图7.20所示，车轮踏面中心线 AA 与钢轨中心线 OO 形成一个夹角 α，通常当 $\alpha>0.5°$ 时就会发生啃轨。一般情况下，如果有一个车轮偏斜，运行中就会有轻度的啃轨。

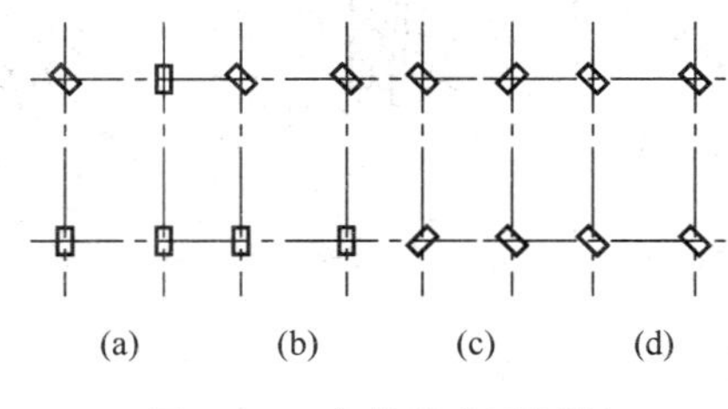

图7.20 车轮的水平倾斜

(2) 车轮的垂直度有偏差

如图7.21所示，由于车轮的垂直度有偏差，车轮踏面和钢轨顶面的接触面积变小，单位面积的压力增大，造成车轮磨损不均匀，甚至会在踏面上磨出环形沟槽。

(3) 车轮的跨距、对角线有偏差

图7.22所示是桥式起重机车轮跨距、对角

线有偏差的三种情况。图 7.22（a）啃轨的特征是一条轨道两侧都被啃，同一条轨道上的两个车轮一个啃轨道的内侧，一个啃轨道的外侧，并且啃轨的方向和地段不固定。图 7.22（b）为跨距小的那一对车轮啃轨道的外侧，跨距大的一对啃轨道的内侧。图 7.22（c）是啃轨车轮在对角线位置上。

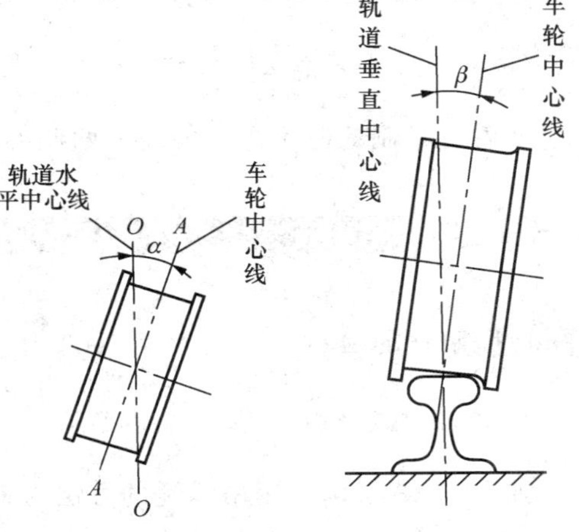

图 7.21　车轮的垂直倾斜

2. 轨道安装偏差造成“啃轨”

1）两条轨道相对标高偏差过大，起重机在运行过程中容易发生横向移动，使较高一侧的轨道外侧被啃，而较低一侧的轨道内侧被啃。

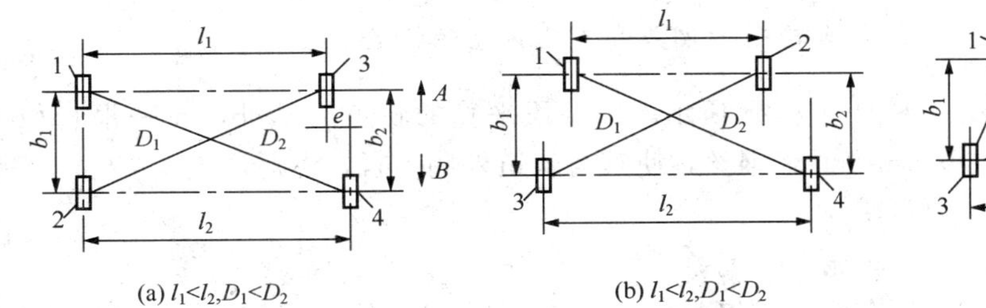

图 7.22　车轮的跨距、对角线偏差

2）同一侧两根钢轨的顶面不在同一平面内，也容易造成啃轨。

3）轨道顶面有油、水等，也容易使车轮打滑、车体走斜而造成啃轨。

注　意

由于轨道安装有偏差造成啃轨的特征，是起重机在某一地段发生啃轨。

3. 传动系统有偏差造成“啃轨”

1）分别驱动的两套传动机构中，如果一侧齿轮间隙比另一侧大，或者某一侧传动轴上的键松动，使两车轮产生速度差，车体容易走斜而啃轨。

注　意

一般发生在起动阶段。

2）两套制动器闸瓦的松紧程度不同，会使车体走斜而啃轨。

3）分别驱动的两台电动机转速差过大，或者两台电动机线头接反，也会使车体走斜啃轨。

4）金属结构变形严重时，使车轮产生对角线偏差、直线性偏差等也会造成啃轨。

4. 车轮直径有偏差造成“啃轨”

车轮直径制造时不等，使左右两侧的运行速度产生偏差，车体走斜造成啃轨。

任务实施

7.3.4 啃轨的检验

1. 车轮垂直度的检验

如图 7.23 所示，用吊线锤的方法检查车轮的垂直度。检查前将车轮端面毛刺及油污清除干净，检查时如果吊线与车轮两端面紧贴，说明车轮垂直度正确；当偏差大于 $L/400$ 时，说明垂直度超差。

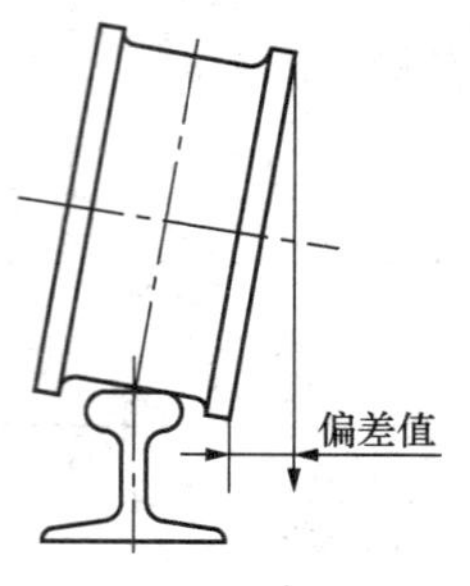

图 7.23　车轮不垂直度检查

2. 车轮平行偏差和直线偏差的检验

如图 7.24 所示，选一段平直的轨道为基准，拉一根直径为 0.5mm 的细钢丝，使其与轨道外侧平行，然后测出 $b_1b_2b_3b_4$ 各点的距离。

车轮平行偏差：轮 1＝（b_1-b_2）/2；轮 2＝（b_3-b_4）/2

车轮直线偏差：$\delta=(b_1-b_2/2)-(b_3-b_4/2)$　（要加绝对值）

当 $\delta>3$mm 时，说明直线性超差。

$$\Delta L_x=\left|\frac{|b_1-b_2|}{2}-\frac{|b_3-b_4|}{2}\right|$$

$\Delta L_x>3$mm 时，说明同位性偏差超差。

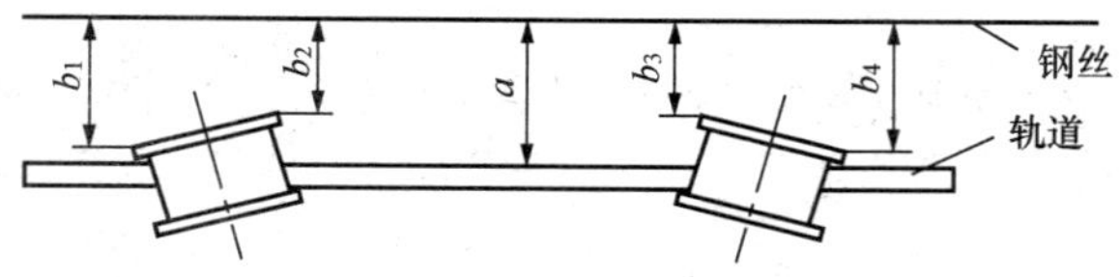

图 7.24　车轮水平倾斜和同位性检查

3. 大车车轮对角线的检验

检验方法如图 7.25 所示，选择一段直线性较好的轨道，将起重机开进这段轨道内，用卡尺找出轮槽中心并划一条直线，沿线挂一线锤，找出锤尖在轨道上的指点，在这一点上找一个冲眼。以同样的方法求得其余三个测点。然后将起重机开走，用钢卷尺测量对角车轮中点的对角线距离。

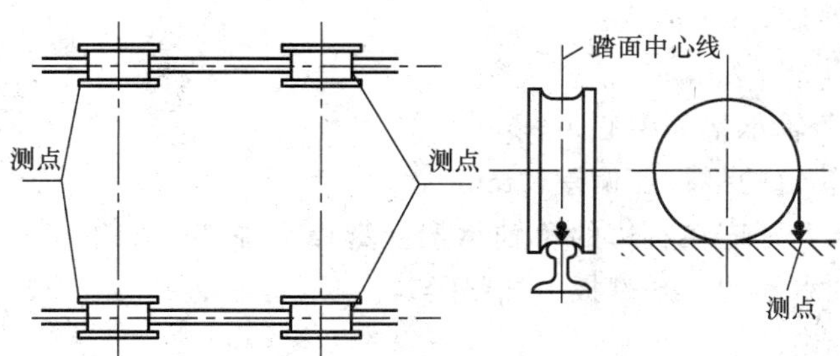

图 7.25　车轮跨度和对角线测量

注　意

测量大车车轮对角线时，应在车轮垂直度、平行度和直线性检验的基础上进行，在分析测量时，要考虑上述因素的影响。大车轮两对角线差的绝对值不允许超过 5mm。

4．轨道的检验

主要是检验轨道的标高和直线性。轨道各处标高可用水平仪测量，轨道的直线性可在轨道两端中点上方拉一钢丝，然后沿钢丝吊线锤，以测量线锤落点与轨道中心的偏移值，即可确定轨道的直线性，如图 7.26 所示。

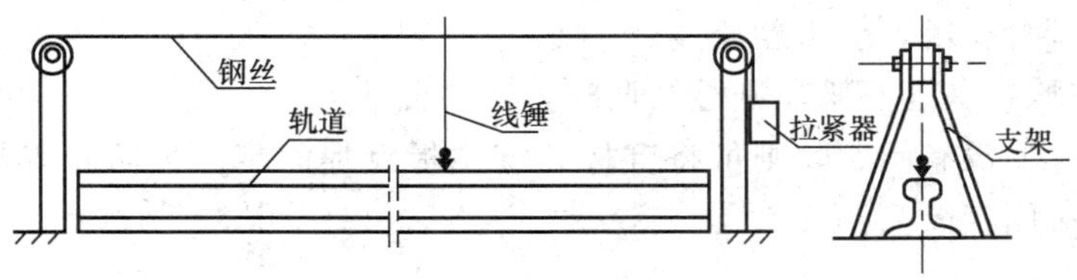

图 7.26　轨道直线性的检查

5．传动机构的检验

主要是检验车轮的轴向间隙和各连接的配合状态，各轴键不可松动，齿轮间隙等各项指标应符合规定要求。

7.3.5 啃轨的维修

1．车轮平行度和垂直度的调整

如图 7.27 所示，当车轮中心线与轨道中心线有一 α 夹角时，则车轮和轨道的平行度偏差为 $\delta = r\sin\alpha$。为了矫正这些偏差，可在左边角型轴承架立键板上加垫。垫的厚度为

$$t = b\delta / r$$

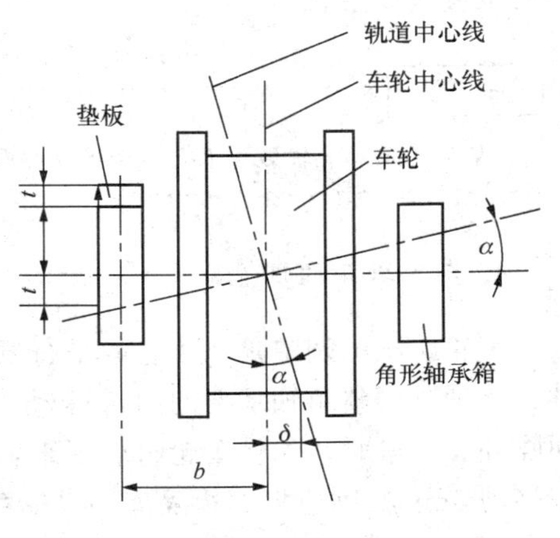

图 7.27　车轮的调整

式中，t——垫板的厚度，mm；

r——车轮的半径，mm；

b——车轮与角轴承架的中心距，mm；

δ——车轮和轨道的平行度偏差，mm。

如果车轮向左偏，则应在右边的角轴承架立键板上加垫；如果车轮垂直度偏差超过允许范围，则应在角轴承架的水平键板上加垫。

2. 车轮位置的调整

由于车轮位置偏差过大，会影响到跨距、轮距、对角线以及同一轨道上两个车轮中心的平行，因此需要调整车轮的位置。调整时，应将车轮拉出来，把车轮的4块定位键板全部割掉，重新找正、定位。其操作工艺为：

1）根据测量结果，确定车轮需要移动的方向和尺寸。

2）在键板的原来位置和需要移动的位置上打上记号。

3）将车体用千斤顶顶起，使车轮离开轨道面约6～10mm，松开螺栓，取出车轮。

4）割下键板和定位板。

5）沿移动方向扩大螺栓孔。

6）清除毛刺，清理装配件。

7）按移动记号将车轮、定位板和键板装配好，并紧固螺栓。

8）测量并调整车轮的平行度、垂直度、跨距、轮距和对角线等。要求用手能灵活运转车轮，如发现不符合要求，应重新调整。

9）开空车试验，如还有啃轨则继续调整，直到合适为止。

10）试车后，如没有问题，则可将键板和定位板点焊固定。为防止焊接变形，可采取边焊边试车的方法固定。

3. 更换车轮

由于主动车轮磨损，使两个主动车轮直径不等，产生速度差使车体走斜而啃轨。对于磨损的主动车轮，应采取成对更换的方法。单件更换往往由于新旧车轮磨损不均，配对使用后也会造成啃轨。

注 意

从动车轮对啃轨影响不大，只要滚动面不变成畸形，就不必更换。

4. 车轮跨距的调整

车轮跨距的调整是在车轮的平行度、垂直度调整好之后进行的。常用的调整方法有两种：一种是调整角轴承架的固定键板，具体方法同移动车轮位置一样；另一种是调整轴承间隔环。调整时，先将车轮组取下来，拆开角轴承架并清洗所有零件。假定需要将车轮往左移动5mm，则应把左边隔离环去掉5mm，右边隔离环重新做一个，它的长度应比原来的隔离环宽5mm，这样车轮装配后自然向左移动了5mm。

5．车轮对角线的调整

对角线的调整应与跨距的调整同时进行，根据对角线的测量进行分析，决定修理措施。为了不影响传动轴的同心度和尽量减少工时，在修理时应尽量调整被动轮而不调整主动轮。

图 7.28（a）所示的情况是 $l_1=l_2$、$b_1=b_2$，只是对角线 $D_1>D_2$，此时只要移动两个被动轮，使 $D_1=D_2$ 即可。图 7.28（b）所示的情况是 $l_1>l_2$、$b_1<b_2$，对角线 $D_1>D_2$，此时如果轮距 $b_1-b_2<10\text{mm}$，跨距偏差在允许范围，则可以不调整主动轮 1，只要调整被动轮 2 的位置即可；若超出上述范围，会影响车轮的窜动量，则应同时移动右侧的主动轮和被动轮，使 $D_1=D_2$。

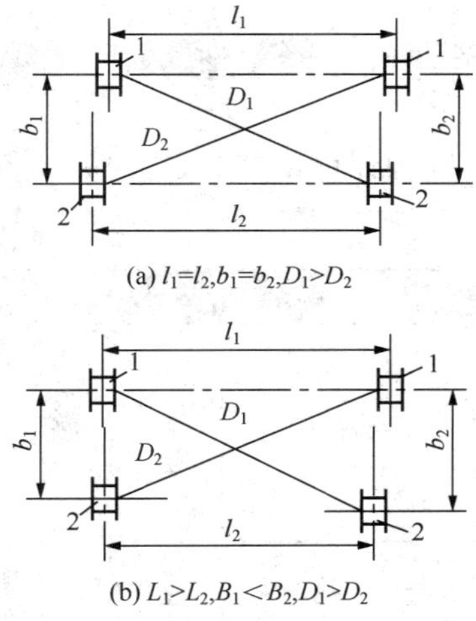

(a) $l_1=l_2, b_1=b_2, D_1>D_2$

(b) $L_1>L_2, B_1<B_2, D_1>D_2$

图 7.28　对角线偏差的调整

6．轨道的调整

如果轨道标高局部相差较大而引起啃轨，可调整轨道与承轨梁垫片厚度以达到标高一致。对于轨道直线偏差而引起的啃轨，主要调整轨道的压板螺丝，然后以调整好的轨道为基准，调整另一边的轨道。在调整中要测量跨度和标高，使其符合标准。

7．主梁的调整

对于主梁下沉，造成小车跨距变化引起的啃轨或脱机，可采取以上调整跨距的方法修复。若要解决根本问题，应修复主梁。

注　意

采取移动小车跨距的办法不能达到修复主梁的目的。因为在割、焊轨道键板时会造成主梁进一步的下沉或内弯。

8．桥架的调整

对于桥架变形，使大车轮产生水平偏斜，垂直偏斜及对角线超差造成的大车啃轨，应先矫正桥架，使之符合技术要求。如仍有啃轨现象，可再调整车轮，且应尽量调整被动轮。

巩固训练

1）分组对桥式起重机的啃轨进行检测，并做好书面记录。
2）根据测得的啃轨情况，制定切实可行的维修方案。
3）在教师的指导下，各组分别对起重机的啃轨进行维修。

任务评价

任务评价见表7.6。

表7.6　桥式起重机啃轨维修评分表

序号	项目	配分	考核标准	得分
1	啃轨的检测	30	1）工、量具准备齐全，少或漏一种扣5分； 2）测量方法准确，否则扣10分； 3）测量数据精确，否则扣10分； 4）有书面记录，否则扣5分	
2	制定维修方案	30	1）维修方案制定科学、合理、切实可行，否则扣20分； 2）书写条理、清楚，否则扣5分	
3	啃轨维修	40	1）工、量具准备齐全，少或漏一种扣5分； 2）维修方法正确、操作合理，否则扣30分； 3）小组成员分工合理，团结合作，否则扣10分	
4	安全文明操作		违反安全文明操作规程酌情扣10～20分	

知识拓展：大车运行机构安装时的安全技术要求

1）大车运行机构必须安装制动器且应调整得当，以便在起重机断电后使其在允许制动行程范围内安全停车。

2）制动器每2～3天应检查调整一次，分别驱动的运行机构，两端制动器应调整协调一致，以防止制动时发生起重机扭斜和啃轨现象。

3）起重机端梁上应安装行程限位器，并相应在大车行程两端安装限位安全尺，以确保在大车行至轨道末端前触碰限位器转臂并打开限位器的常闭触头而断电停车。同一轨道上每两台起重机间亦相应安装限位尺，当两车靠近并在碰撞前触碰对方限位器转臂而断电停车，或安装防碰撞的互感器，以防止两台起重机带电硬性碰撞事故的发生。

4）桥式起重机每端梁的端部必须装有弹簧式或液压式缓冲器，并于起重机每条轨道末端承轨梁上安装止挡体，既能防止起重机脱轨掉道，又可吸收起重机运动的动能，起到缓冲减震并保护起重机和建筑物不受损害的作用。

5）带有锥形踏面的大车主动轮，必须配用顶面呈弧形的轨道，且用于分别驱动的传动形式，锥度的大端应靠跨中方向安装，不得装反，否则不能起到运行时的自动对中作用反而导致大车偏斜。

6）大车车轮前方安装扫轨板，扫轨板之下边缘与轨顶面的间隙为10mm，用来清除轨道上的杂物，以确保起重机运行安全。

任务小结

起重机啃轨影响生产的正常运行，降低工作效率，还能导致重大安全隐患。本任务讲述了起重机啃轨的现象、啃轨对起重机的影响以及啃轨的原因，通过本任务的学习，要重点掌握起重机啃轨的检测与维修方法。

复习与思考

1. 一般根据哪些现象来判断车轮在运行时发生啃轨？
2. 啃轨对起重机有什么影响？
3. 哪些原因造成啃轨？
4. 如何检验车轮平行偏差和直线偏差？
5. 车轮位置偏差过大，应如何调整？
6. 车轮跨距如何调整？

任务7.4 桥式起重机小车“三条腿”的维修

工作任务

一台桥式起重机小车出现“三条腿”现象，无法正常工作，为不影响生产，需要立即进行维修。

工作场景

一体化教室，多媒体教学设备；实训车间，桥式起重机，桥式起重机图纸及说明书，机械设备维修常用工具，水平仪、经纬仪、桥尺、水平尺、标尺、直尺、卷尺、塞尺，细钢丝、厚度不等的铁片若干、千斤顶、小型焊机，毛巾等。

知识目标

1. 了解小车“三条腿”现象对起重机的影响。
2. 熟悉小车“三条腿”产生的原因。

能力目标

1. 能对小车“三条腿”现象进行检查。
2. 会对小车“三条腿”进行维修。

相关知识

桥式起重机小车“三条腿”现象，是指小车在运行过程中，只有3只车轮接触轨道，一只车轮处于悬空状态。小车“三条腿”现象是桥式起重机的常见故障之一，产生的原因较多，维修时需要全面检查，逐项修理。

7.4.1 小车“三条腿”现象对起重机的影响

1）使小车车体在起动和制动时产生振动或摆动，小车不能平稳地行走。

2）使小车自重和负荷只有三只车轮支承，其车轮的最大轮压超过设计值。

3）造成小车运行时的啃轨。

4）整机产生振动，小车容易脱轨。

5）桥架因受力不均容易变形。

7.4.2 小车“三条腿”产生的原因

（1）小车自身原因

小车车架本身形状不符合技术要求或者变形；4个车轮中有1个车轮直径过小；车轮的安装不符合技术要求；小车车架对角线上的2个车轮直径误差过大等。

（2）轨道原因

包括轨道变形、磨损、安装质量和主梁变形或上盖板波浪变形引起的轨道凸凹、轨道标高超差等。

任务实施

7.4.3 小车“三条腿”的检查

造成小车“三条腿”的主要原因是车轮和轨道的尺寸偏差过大，根据其表现形式，可以优先检查某些项目。

(1) 小车车轮的检查

车轮直径的偏差可根据车轮直径的公差进行检查。同时，要求小车的四个车轮必须在同一个平面内，偏差不应大于0.3mm。

(2) 轨道的检查

为了消除小车“三条腿”，检查轨道的重点应是轨道的高低偏差。同一截面内小车轨道高度偏差为：小车跨距 $L_x \leqslant 2.5$m时，允许偏差 $d \leqslant 3$mm；小车跨距 $L_x > 2.5$m时，允许偏差 $d \leqslant 5$mm。小车轨道接头处的高低差 $e \leqslant 1$mm，小车轨道接头的侧向偏差 $g \leqslant 1$mm。

小车轨道高度偏差可用水平仪和经纬仪来找平，也可以用桥尺和水平尺找平。如图7.29所示，把桥尺横放在小车的两条轨道上，桥尺上安放水平尺。用观察水平尺气泡移动的方法来检查起重机小车轨道高度差。

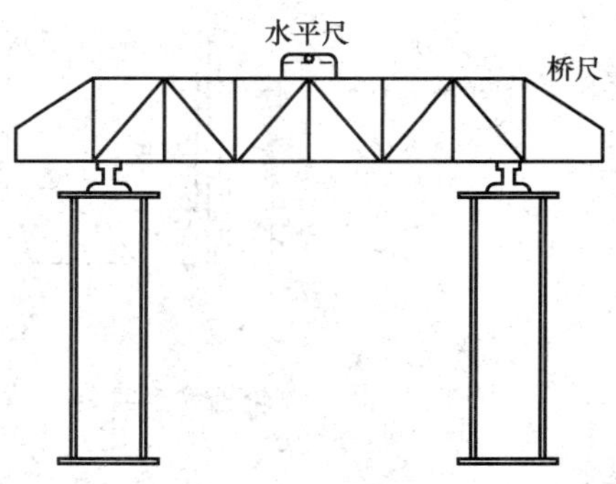

图7.29　水平尺测量法

> **提　示**
>
> 检查同一条轨道的平直性，可采用拉钢丝的方法，根据钢丝来找平轨道。

(3) 小车“三条腿”的综合检查

实际工作中，所遇到的问题多数是几种原因交织在一起，有车轮的原因，也有轨道的原因。检查时只能推动小车，一段一段地分析，找出原因。准备一套塞尺或厚度不等的铁片，将小车慢慢推动，逐段检查。如果在检查过程中发现，小车在整个行程中始终有一个车轮悬空，而车轮直径又在公差范围内，那么就可以断定那个车轮的轴线偏高；在推动过程中，只有在局部地段出现“三条腿”现象，如图7.30所示，车轮A在 a 处出间隙 Δ，那么选择一个合适的塞尺或铁片塞进去，然后再推动起重小车，如果当C轮进入 a 点不再有间隙，则说明轨道在 a 处是偏低。如果车轮A在 a 点没有间隙，C轮进入 a 点出现间隙，那就可以断定“三条腿”现象是车轮的偏差所造成的。当然可能出现更加复杂的情况，那就要进行综合分析，找出原因进行修理。

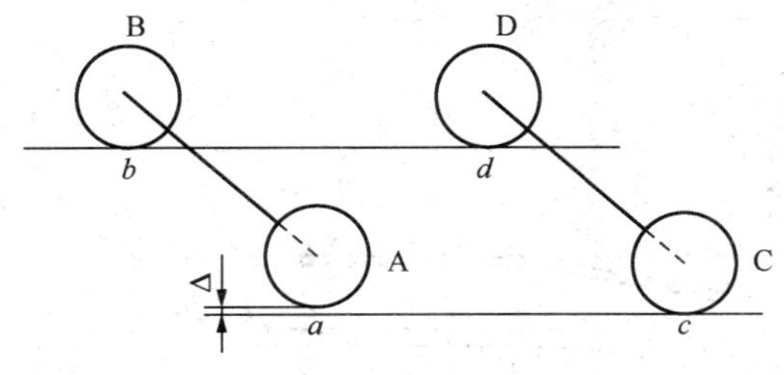

图7.30　小车“三条腿”检查

7.4.4 小车“三条腿”的维修

1. 车轮的维修

需要维修车轮的主要原因常常是车轮轴线不在一个平面内，这时一般采用修理被动轮的方法。因为主动轮的轴线是同心的，移动主动轮会影响轴线的同轴度。

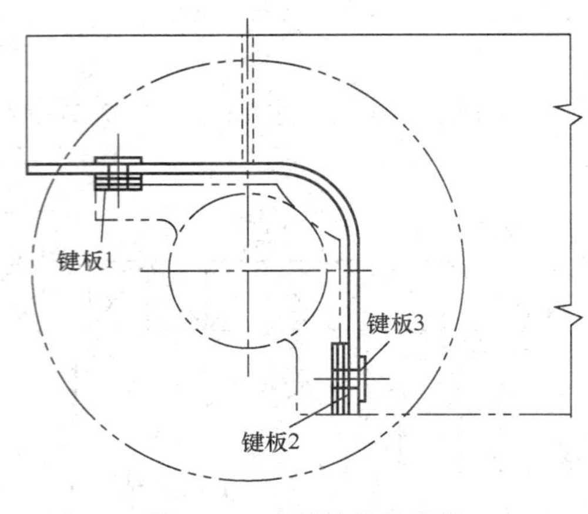

图 7.31　车轮轴线的维修

若主动轮和被动轮的轴线不在一个水平面内，可将被动轮及其角型轴承承架一起拆下来，把小车上的水平键板割掉，再按所需要的尺寸加工，焊上以后，把角轴承支承架连同车轮一起安装，如图 7.31 所示。具体操作方法如下：

1）确定刨掉水平键板 1 的尺寸。

2）将键板和车架打上记号，以备装配时找正。

3）割掉车架上的定位键板 3、水平键板 1 和垂直键板 2。

4）加工水平键板 1，将车架垂直键板的孔沿垂直方向向上扩大到所需要的尺寸并清理毛刺。

5）将车轮及角轴承架安装上并进行调整和拧紧螺钉，然后试车。如运行正常，可将各键板焊牢；如还有“三条腿”现象，再进行调整。为了减少焊接变形和便于今后的拆修，键板应采用断续焊。

2. 轨道的维修

（1）轨道高度偏差的维修

一般是采用加垫板的方法。垫板宽度要比轨道下翼边缘多出 5mm 左右，垫板数量不宜过多，一般不应超过 3 层。轨道有小的局部凹陷时，一般采用在轨道下加力顶的方法。在开始加力之前，先把轨道凹陷部分固定起来，（加临时压板），如图 7.32 所示。这样就避免了由于加力使轨道产生更大的变形。

注　意

校直后要加垫板，以防再次变形。

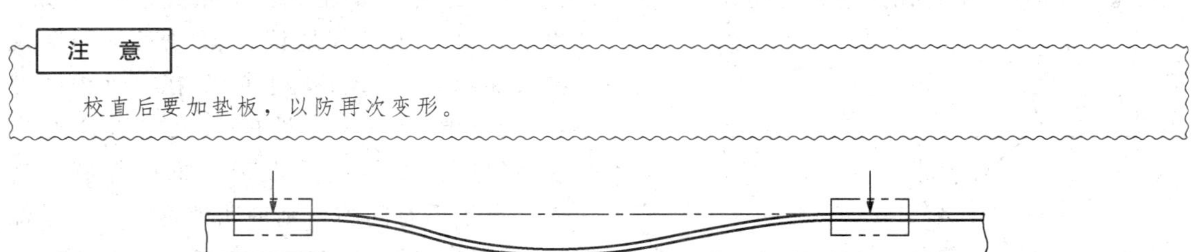

图 7.32　轨道校直

(2) 轨道直线性维修

轨道直线性可采用拉钢丝的方法来检查，如发现弯曲部分，可用小千斤顶校直。在校直时，先把轨道压板松开，然后在轨道弯曲最大部位的侧面焊一块定位板，千斤顶靠在定位板上，校直后，打掉定位板，重新把轨道固定好。

由于主梁上盖板（箱形梁）的波浪引起小车轨道波浪，一般可采用加大一号钢轨或者在轨道和上盖板间加一层钢板的办法解决。

巩固训练

1）分组对小车“三条腿”现象进行检测，并做好书面记录。

2）根据测得的情况，制定切实可行的维修方案。

3）在教师的指导下，各组分别对起重机的小车“三条腿”现象进行维修。

任务评价

任务评分表见表 7.7。

表 7.7 桥式起重机小车“三条腿”维修评分表

序号	项目	配分	考核标准	得分
1	小车“三条腿”的检测	30	1）工、量具准备齐全，少或漏一种扣 5 分； 2）测量方法准确，否则扣 10 分； 3）测量数据精确，否则扣 10 分； 4）有书面记录，否则扣 5 分	
2	制定维修方案	30	1）维修方案制定科学、合理、切实可行，否则扣 20 分； 2）书写条理、清楚，否则扣 5 分	
3	小车“三条腿”的维修	40	1）工、量具准备齐全，少或漏一种扣 5 分； 2）维修方法正确、操作合理，否则扣 30 分； 3）小组成员分工合理，团结合作，否则扣 10 分	
4	安全文明操作		违反安全文明操作规程酌情扣 10～20 分	

知识拓展：小车运行机构的安全技术要求

1）小车运行机构必须安装制动器，以确保在断电后在允许制动行程范围内安全停车。

2）制动器应每 2～3 天检查调整一次。

3）小车行程的两端必须安装限位器，相应的要在小车架底安装限位安全尺，以确保在小车行至终端时触碰限位器转臂而常闭触头断电停车。

4）小车架上必须安装弹簧式或液压式缓冲器，并在主梁两端相应部位焊有止挡板，使之与缓冲器的碰头对中相碰撞，既能阻止小车继续运行又能缓冲减震作用。

5）在主梁上盖板部应焊有止挡板，防止小车脱轨掉道。

6）小车运行时各车轮踏面应与轨顶全面接触，主动轮踏面与轨顶间隙不应大于0.1mm；从动轮不应大于0.5 mm，小车出现“三条腿”故障时，必须予以修复，不得带病工作，以防事故发生。

7）小车车轮为单轮缘时，轮缘应靠近轨道外侧方向安装，尤其是在修理后重新安装时，不得装反。

8）小车轮前方应安装扫轨板，其底边缘与轨顶面的间隙为10mm。

任务小结

桥式起重机的小车“三条腿”现象对起重机的性能有较大的影响，容易造成小车起动和制动时车身扭摆，运行时啃道，吊物摆动及车轮轮压不均，磨损程度不一致等后果，严重的还会发生人身及设备安全事故，所以应定期对小车的“三条腿”现象进行检查，发现问题及时维修，保证设备的正常运行。本任务从小车“三条腿”现象对起重机的影响、“三条腿”产生的原因、检查及维修等方面进行了全面阐述，对维修人员具有一定的参考价值。

复习与思考

1. 什么是桥式起重机的小车“三条腿”现象？
2. 小车“三条腿”现象对起重机有什么影响？
3. 小车“三条腿”产生的原因是什么？
4. 为了消除小车“三条腿”现象，应重点检查什么？
5. 若主动轮和被动轮的轴线不在一个水平面内，应如何维修？
6. 轨道维修一般应从哪几个方面着手？

任务 7.5　20/5t 桥式起重机电气控制线路的维修

工作任务

一台 20/5t 桥式起重机电气控制线路出现故障，无法正常工作，需要尽快维修，以便恢复生产。

工作场景

一体化教室，多媒体教学设备；机电设备维修实训室，实训车间，桥式起重机，桥式起重机电气原理图纸及说明书，电工维修常用工具，万用表、兆欧表、钳形电流表，电工维修工作台等。

知识目标

1. 了解 20/5t 桥式起重机的供电特点。
2. 熟悉 20/5t 桥式起重机对电力拖动的要求。
3. 掌握 20/5t 桥式起重机电气设备及控制、保护装置。

能力目标

1. 能对 20/5t 桥式起重机电气控制线路进行正确分析。
2. 会对 20/5t 桥式起重机电气控制线路出现的故障进行检修。

相关知识

本节任务是以 20/5t 桥式起重机为例，分析起重设备的电气控制线路，介绍电气控制线路的维修方法。

7.5.1 20/5t 桥式起重机的供电特点

桥式起重机的电源电压为 380V，由公共的交流电源供给，由于起重机在工作时是经常移动的，并且大车与小车之间、大车与厂房之间都存在着相对运动，因此，要采用可移动的电源设备供电。一种是采用软电缆供电，软电缆可随大、小车的移动而伸展和叠卷，多用于 10t 以下的小型起重机；另一种常用的方法是采用滑触线和集电刷供电。三根主滑触线是沿着平行于大车轨道的方向敷设在车间厂房的一侧。三相交流电源经由三根主滑触线与滑动的集电刷，引进起重机驾驶室内的保护控制柜上，再从保护控制柜引出两相电源至凸轮控制器，另一相称为电源的公用相，它直接从保护控制柜接到各电动机的定子接线端。

另外，为了便于供电及各电气设备之间的连接，在桥架的另一侧装设了 21 根辅助滑触线，如图 7.33（e）所示。它们的作用分别是：用于主钩部分 10 根，3 根（13、14 区）连接主钩电动机 M5 定子绕组（5U、5V、5W）接线端；3 根（13、14 区）连接转子绕组与转子附加电阻 5R；主钩电磁抱闸制动器 YB5、YB6 接交流磁力控制屏 2 根（15、16 区）；主钩上升位置开关 SQ5 接交流磁力控制屏与主令控制器 2 根（21 区）。用于副钩部分 6 根，其中 3 根（3 区）连接副钩电动机 M1 的转子绕组与转子附加电阻 1R；2 根（3 区）连接定子绕组（1U、1W）接线端与凸轮控制器 AC1；另 1 根（8 区）将副钩上升位置开关 SQ6 接在交流保护柜上。用于小车部分 5 根，其中 3 根（4 区）连接小车电动机 M2 的转子绕组

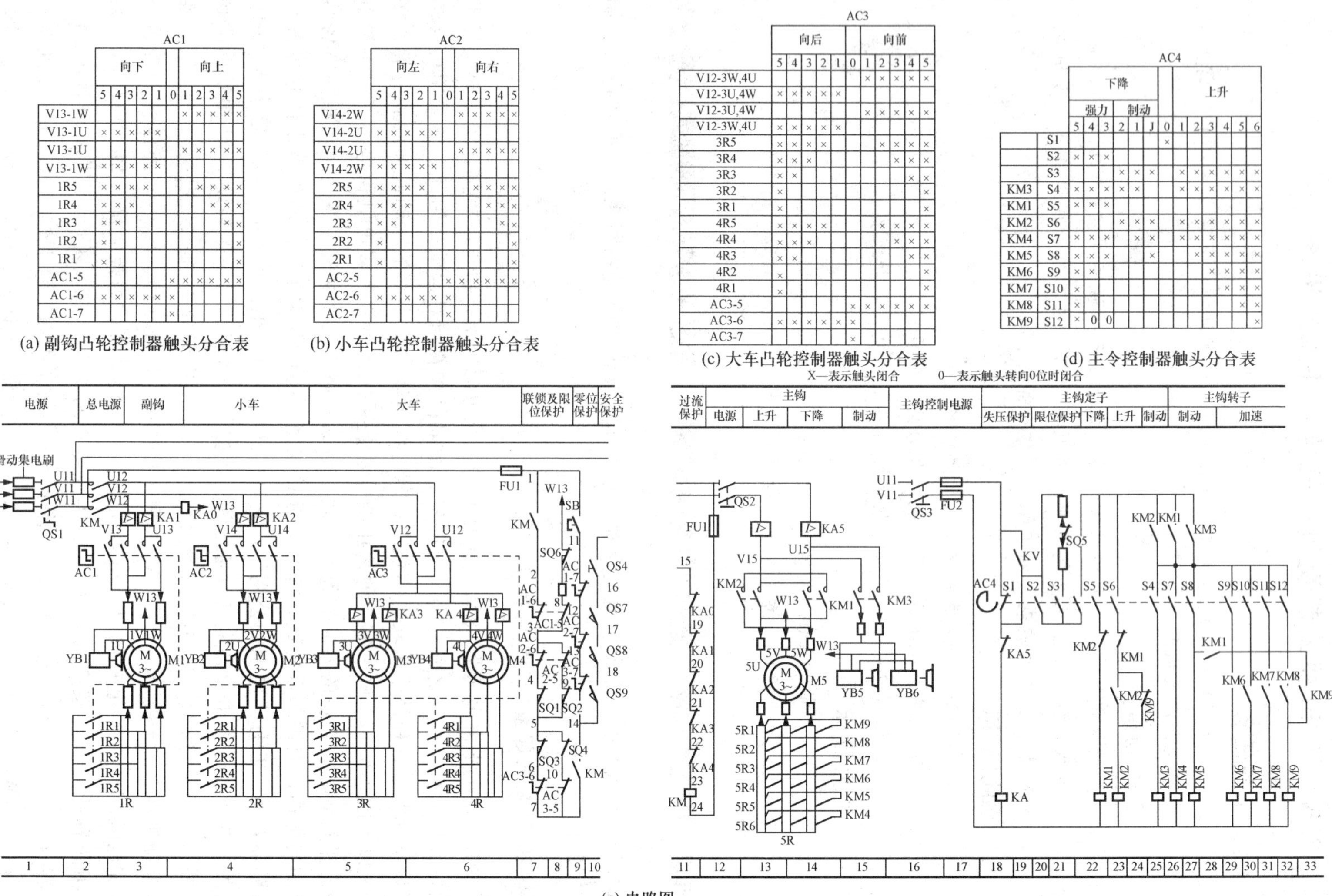

AC1

	向下						向上				
	5	4	3	2	1	0	1	2	3	4	5
V13-1W							×	×	×	×	×
V13-1U	×	×	×	×	×						
V13-1U							×	×	×	×	×
V13-1W	×	×	×	×	×						
1R5	×	×	×	×				×	×	×	×
1R4	×	×	×						×	×	×
1R3	×	×								×	×
1R2	×										×
1R1	×										×
AC1-5						×	×	×	×	×	×
AC1-6	×	×	×	×	×	×					
AC1-7						×					

(a) 副钩凸轮控制器触头分合表

AC2

	向左						向右				
	5	4	3	2	1	0	1	2	3	4	5
V14-2W							×	×	×	×	×
V14-2U	×	×	×	×	×						
V14-2U							×	×	×	×	×
V14-2W	×	×	×	×	×						
2R5	×	×	×	×				×	×	×	×
2R4	×	×	×						×	×	×
2R3	×	×								×	×
2R2	×										×
2R1	×										×
AC2-5						×	×	×	×	×	×
AC2-6	×	×	×	×	×	×					
AC2-7						×					

(b) 小车凸轮控制器触头分合表

AC3

	向后						向前				
	5	4	3	2	1	0	1	2	3	4	5
V12-3W,4U							×	×	×	×	×
V12-3U,4W	×	×	×	×	×						
V12-3U,4W							×	×	×	×	×
V12-3W,4U	×	×	×	×	×						
3R5	×	×	×	×				×	×	×	×
3R4	×	×	×						×	×	×
3R3	×	×								×	×
3R2	×										×
3R1	×										×
4R5	×	×	×	×				×	×	×	×
4R4	×	×	×						×	×	×
4R3	×	×								×	×
4R2	×										×
4R1	×										×
AC3-5						×	×	×	×	×	×
AC3-6	×	×	×	×	×	×					
AC3-7						×					

(c) 大车凸轮控制器触头分合表

AC4

		下降							上升					
		强力			制动									
		5	4	3	2	1	J	0	1	2	3	4	5	6
	S1							×						
	S2	×	×	×										
	S3				×	×	×		×	×	×	×	×	×
KM3	S4	×	×	×	×	×			×	×	×	×	×	×
KM1	S5	×	×	×										
KM2	S6				×	×	×		×	×	×	×	×	×
KM4	S7	×	×	×		×	×		×	×	×	×	×	×
KM5	S8	×	×	×			×			×	×	×	×	×
KM6	S9	×	×								×	×	×	×
KM7	S10	×										×	×	×
KM8	S11	×											×	×
KM9	S12	×	0	0										×

(d) 主令控制器触头分合表

X—表示触头闭合　　0—表示触头转向0位时闭合

(e) 电路图

图 7.33　20/5t 桥式起重机电路图和分合表

与转子附加电阻 2R；2 根（4 区）连接 M2 定子绕组（2U、2W）接线端与凸轮控制器 AC2。

7.5.2 20/5t 桥式起重机对电力拖动的要求

1）由于桥式起重机工作环境比较恶劣，不但在多灰尘、高温、高湿度下工作，而且经常在重载下进行频繁启动、制动、反转、变速等操作，要承受较大过载和机械冲击。因此，要求电动机具有较高的机械强度和较大的过载能力，同时还要求电动机的启动矩大、启动电流小，故选用绕线转子异步电动机拖动。

2）由于起重机的负载为恒转矩负载，所以采用恒转矩调速。当改变转子外接电阻时，电动机便可获得不同转速。但转子中加电阻后，其机械特性变软，一般重载时，转速可降低到额定转速的 50%～60%。

3）要有合理的升降速度，空载、轻载要求速度快，以减少辅助工时；重载时要求速度慢。

4）提升开始或重物下降到预定位置附近时，都需要低速，所以在 30%额定速度内应分成几挡，以便灵活操作。

5）提升的第一级作为预备级，是为了消除传动间隙和张紧钢丝绳，以避免过大的机械冲击。所以启动转矩不能过大，一般限制在额定转矩的一半以下。

6）起重机的负载力矩为位能性反抗力矩，因而电动机可运转在电动状态、再生发电状态和倒拉反接制动状态。为了保证人身与设备安全，停车必须采用安全可靠的制动方式。

7）应具有必要的零位、短路、过载和终端保护。

7.5.3 20/5t 桥式起重机电气设备及控制、保护装置

桥式起重机的大车桥架跨度一般较大，两侧装置两个主动轮，分别由两台同规格电动机 M3 和 M4 拖动，沿大车轨道纵向两个方向同速运动。

小车移动机构由一台电动机 M2 拖动，沿固定大车桥架上的小车轨道横向两个方向运动。

主钩升降由一台电动机 M5 拖动。

副钩升降由一台电动机 M1 拖动。

电源总开关为 QS1；凸轮控制器 AC1、AC2、AC3 分别控制副钩电动机 M1、小车电动机 M2、大车电动机 M3、M4；主令控制器 AC4 配合交流磁力控制屏（PQR）完成对主钩电动机 M5 的控制。

整个起重机的保护环节由交流保护控制柜（GQR）和交流磁力控制屏（PQR）来实现。各控制电路均用熔断器 FU1、FU2 作为短路保护；总电源及各台电动机分别采用过电流继电器 KA0、KA1、KA2、KA3、KA4、KA5 实现过载和过流保护；为了保障维修人员的安全，在驾驶舱门盖上装有安全开关 SQ7；在横梁两侧栏杆门上分别装有安全开关 SQ8、SQ9；为了在发生紧急情况时操作人员能立即切断电源，防止事故扩大，在保护柜上还装有一只单刀单掷的紧急开关 SQ4。上述各开关在电路中均使用常开触头，与副钩、小车、大车的过电流继电器及总过流继电器的常闭触头相串联，这样，当驾驶室舱门或横梁栏杆门开启时，主接触器 KM 线圈不能获电运行，或在运行中也会断电释放，使起重机的全部

电动机都不能启动运转，保证了人身安全。

电源总开关SQ1、熔断器FU1与FU2、主接触器KM、紧急开关QS4以及过电流继电器KA0—KA5都安装在保护柜上。保护柜、凸轮控制器及主令控制器均安装在驾驶室内，以便于司机操作。

起重机各移动部分均采用位置开关作为行程限位保护。它们分别是：位置开关SQ1、SQ2是小车横向限位保护；位置开关SQ3、SQ4是大车纵向限位保护；位置开关SQ5、SQ6分别作为主钩和副钩提升的限位保护。当移动部件的行程超过极限位置时，利用移动部件上的挡铁压开位置开关，使电动机断电并制动，保证了设备的安全运行。

起重机上的移动电动机和提升电动机均采用电磁抱闸制动器制动，它们分别是：副钩制动用YB1；小车制动用YB2；大车制动用YB3和YB4；主钩制动用YB5和YB6。其中YB1—YB4为两相电磁铁，YB5和YB6为三相电磁铁。当电动机通电时，电磁抱闸制动器的线圈获电，使闸与闸轮分开，电动机可以自由旋转；当电动机断电时，电磁抱闸制动器失电，闸瓦抱住闸轮使电动机被制动停转。

注　意

起重机轨道及金属桥架应当进行可靠的接地保护。

任务实施

7.5.4　20/5t桥式起重机电气控制线路分析

1. 主接触器KM的控制

准备阶段：在起重机投入运行前，应将所有凸轮控制器手柄置于“0”位，零位联锁触头AC1—7、AC2—7、AC3—7（均在9区）处于闭合状态。合上紧急开关QS4（10区），关好舱门和横梁栏杆门，使位置开关SQ7、SQ8、SQ9的常开触头（10区）也处于闭合状态。

启动运行阶段：合上电源开关QS1，按下保护控制柜上的启动按钮SB（9区），主接触器KM线圈（11区）吸合，KM主触头（2区）闭合，使两相电源（U12、V12）引入各凸轮控制器，另一相电源（W13）直接引入各电动机定子接线端。此时由于各凸轮控制器手柄均在零位，故电动机不会运转。同时，主接触器KM两副常开辅助触头（7区与9区）闭合自锁。当松开启动按钮SB后，主接触器KM线圈经1—2—3—4—5—6—7—14—18—17—16—15—19—20—21—22—23—24至FU1形成通路获电。

2. 凸轮控制器的控制

起重机的大车、小车和副钩电动机容量都较小，一般采用凸轮控制器控制。

由于大车被两台电动机M3和M4同时拖动，所以大车凸轮控制器AC3比AC1和AC2多用了5对常开触头，以供切除电动机M4的转子电阻4R1～4R5用。大车、小车和副钩的

控制过程基本相同。下面以副钩为例，说明控制过程。

副钩凸轮控制器 AC1 共有 11 个位置，中间位置是零位，左右两边各有 5 个位置，用来控制电动机 M1 在不同转速下的正反转，即用来控制副钩的升、降。AC1 共用了 12 副触头，其中 4 对常开触头控制 M1 转子电阻 1R 的切换；三对常闭辅助触头作为联锁触头。其中 AC1—5 和 AC1—6 为 M1 正反转联锁触头，AC1—7 为零位联锁触头。

在主接触头 KM 线圈获电吸合，总电源接通的情况下，转动凸轮控制器 AC1 的手轮至向上的“1”位置时，AC1 的主触头 V13—1W 和 U13—1U 闭合，触头 AC1—5（8 区）闭合，AC1—6（7 区）和 AC1—7（9 区）断开，电动机 M1 接通三相电源正转（此时电磁抱闸 YB 获电，闸瓦与闸轮已分开），由于 5 对常开辅助触头（2 区）均断开，故 M1 转子回路中串联全部附加电阻 1R 启动，M1 以最低转速带动副钩上升。转动 AC1 手轮，依次到向上的“2”—“5”位时，5 对常开辅助触头依次闭合，短接电阻 1R5—1R1，电动机 M1 的转速逐渐升高，直到预定转速。

当凸轮控制器 AC1 手轮转至向下挡位时，由于触头 V13—1U 和 U13—1W 闭合，接入电动机 M1 的电源相序改变，M1 反转，带动副钩下降。

若断电或将手轮转至“0”位时，电动机 M1 断电，同时电磁抱闸制动器 YB1 也断电，M1 被迅速制动停转。副钩带有重负载时，考虑到负载的重力作用，在下降负载时，应先把手轮逐级扳到“下降”的最后一挡，然后根据速度要求逐级退回升速，以免引起快速下降而造成事故。

3. 主令控制器的控制

主钩电动机是桥式起重机容量最大的一台电动机，一般采用主令控制器配合磁力控制屏进行控制，即用主令控制器控制接触器，再由接触器控制电动机。为提高主钩电动机运行的稳定性，在切除转子附加电阻时，采取三相平衡切除，使三相转子电流平衡。

主钩运行有升、降两个方向，主钩上升与凸轮控制器的工作过程基本相似，区别仅在于它是通过接触器来控制的。

主钩下降时与凸轮控制器控制动作过程有较明显的差异。主钩下降有 6 挡位置。“J”、“1”、“2”挡为制动下降位置，防止在吊有重载下降时速度过快，电动机处于倒拉反接制动运行状态；“3”、“4”、“5”挡为强力下降位置，主要用于轻负载时快速强力下降。主令控制器在下降位置时，6 个挡次的工作情况如下：

合上电源开关 QS1（1 区）、QS2（12 区）、QS3（16 区），接通主电路和控制电路电源，主令控制器 AC4 手柄置于零位，触头 S1（18 区）处于闭合状态，电压继电器 KV 线圈（18 区）区电吸合，其常开触头（19 区）闭合自锁，为主钩电动机 M5 启动控制作好准备。

（1）手柄扳到制动下降位置“J”挡

由主令控制器 AC4 的触头分合表［图 7.33（d)］可知，此时常闭触头 S1（18 区）断开，常开触头 S3（21 区）、S6（23 区）、S7（26 区）、S8（27 区）闭合。触头 S3 闭合，位置开关 SQ5（21 区）串入电路起上升限位保护；触头 S6 闭合，提升接触器 KM2 线圈（23 区）获电，KM2 联锁触头（22 区）分断对 KM1 联锁，KM2 主触头（13 区）和自锁触头（23 区）闭合，电动机 M5 定子绕组通入三相正序电压，KM2 常开辅助触头（25 区）闭合，为切除各级转子电阻5R的接触器KM4—KM9和制动接触器KM3接通电源作准备；触头S7、S8闭合，接触器KM4（26区）和KM5（27区）线圈获电吸合，KM4和KM5常开触头（13、14区）闭合，转子切除两级附加电阻5R6和5R5。这时，尽管电动机M5已接通电源，但由于主令控制器的常开触头S4（25区）未闭合，接触器KM3（25区）线圈不能获电，故电磁抱闸制动器YR5、YR6线圈也不能获电，制动器未释放，电动机M5仍处于抱闸制动状态，因而电动机虽然加正序电压产生正向电磁转矩，电动机M5也不能启动旋转。这一挡是下降准备挡，将齿轮等传动部件啮合好，以防下放重物时突然快速运动而使传动机构受到剧烈冲击。手柄置于“J”挡时，时间不宜过长，以免烧坏电气设备。

（2）手柄扳到制动下降位置“1”挡

此时主令控制器AC4的触头S3、S4、S6、S7闭合。触头S3和S6闭合，保证串入提升限位开关SQ5和正向接触器KM2通电吸合；触头S4和S7仍闭合，使制动接触器KM3和接触器KM4获电吸合，电磁抱闸制动器YB5和YB6的抱闸松开，转子切除一级附加电阻5R6。这时电动机M5能自由旋转，可运转于正向电动状态（提升重物）或倒拉反接制动状态（低速下放重物）。当重物产生的负载倒拉力力矩大于电动机产生的正向电磁转矩时，电动机M5运转在负载倒拉反接制动状态，低速下放重物；反之，则重物不但不能下降反而被提升，这时必须把AC4的手柄迅速扳到下一挡。

接触器KM3通电吸合时，与KM2和KM1常开触头（25、26区）并联的KM3的自锁触头（27区）闭合自锁，以保证主令控制器AC4进行制动下降“2”挡和强力下降“3”挡切换时，KM3线圈仍通电吸合，YB5和YB6处于非制动状态，防止换挡时出现高速制动而产生强烈的机械冲击。

（3）手柄扳到制动下降位置“2”挡

此时主令控制器AC4的触头S2、S4、S6仍闭合，触头S7分断，接触器KM4线圈断电释放，附加电阻全部接入转子回路，使电动机产生的电磁转矩减小，重负载下降速度比“1”挡时加快。这样，操作者可根据重负情况下降速度要求，适当选择“1”挡或“2”挡下降。

（4）手柄扳到强力下降位置“3”挡

主令控制器AC4的触头S2、S4、S5、S7、S8闭合。触头S2闭合，为了下面通电作准备。因为“3”挡为强力下降，这时提升位置开关SQ5（21区）失去保护作用。控制电路的电源通路改由触头S2控制；触头S5和S4闭合，反向接触器KM1和制动接触器KM3获电吸合，电动机M5定子绕组接入三相负序电压，电磁抱闸YB5和YB6的抱闸松开，电动机M5产生反向电磁转矩；触头S7和S8闭合，接触器KM4和KM5获电吸合，转子中切除两级电阻5R6和5R5。这时，电动机M5运转在反转电动状态（强力下降重物），且下降速度与负载重量有关。若负载较轻（空载或轻载），则电动机M5处于反转电动状态；若负载较重，下放重物的速度很高，使电动机转速超过同步转速，则电动机M5将进入再生电制动状态。负载越重，下降速度越大，应注意操作安全。

（5）手柄扳到强力下降位置“4”挡

主令控制器AC4的触头除“3”挡闭合外，又增加了触头S9闭合，接触器KM6（29区）线圈获电吸合，转子附加电阻5R4被切除，电动机M5进一步加速运动，轻负载下降速度变快。另外KM6常开触头（30区）闭合，为接触器KM7线圈获电作

准备。

（6）手柄扳到强力下降位置“5”挡

主令控制器 AC4 的触头除“4”挡外，又增加了触头 S10、S11、S12 闭合，接触器 KM7～KM9 线圈依次获电吸合（因在每个接触器的支路中，串接了前一个接触器的常开触头），转子附加电阻 5R3、5R2、5R1 依次逐级切除，以避免过大的冲击电流，同时电动机 M5 旋转速度逐渐增加，待转子电阻全部切除后，电动机以最高转速运行，负载下降速度最快。此时若负载很重，使实际下降速度超过电动机的同步转速时，电动机进入再生发电制动状态，电磁转矩变成制动力矩，保证了负载的下降速度不致太快，且在同一负载下，“5”挡下降速度要比“4”和“3”挡速度速度低。

由以上分析可见，主令控制器 AC4 手柄置于制动下降位置“J”、“1”、“2”挡时，电动机 M5 加正序电压。其中“J”挡为准备挡。当负载较重时，“1”挡和“2”挡电动机都运转在负载倒拉反接制动状态，可获得重载低速下降，且“2”挡比“1”挡速度高。若负载较轻时，电动机会运转于正向电动状态，重物不但不能下降，反而会被提升。

当 AC4 手柄置于强力下降位置“3”、“4”、“5”挡时，电动机 M5 加负序电压。若负载较轻或空钩时，电动机工作在电动状态，强迫下放重物，“5”挡速度最高，“3”挡速度最低；若负载较重，则可以得到超过同步转速的下降速度，电动机工作在再生发电制动状态，且“3”挡速度最高，“5”挡速度最低。由于“3”和“4”挡的速度较高，很不安全，因而只能选用“5”挡速度。

桥式起重机在实际运行中，操作人员要根据具体情况选择不同的挡位。例如主令控制器手柄在强力下降位置“5”挡时，仅适用于起重负载较小的场合。如果需要较低的下降速度或起重负载较大的情况下，就需要把主令控制器手柄扳回到制动下降位置“1”挡或“2”挡，进行反接制动下降。这时，必然要通过“4”挡和“3”挡。为了避免在转换过程可能发生过高的下降速度，在接触器 KM9 电路中常用辅助常开触头 KM9（33 区）自锁。同时，为了不影响提升速度，故在该支路中再串联一个常开辅助触头 KM1（28 区）。这样可以保证主令控制器手柄由强力下降位置向制动位置转换时，接触器 KM9 线圈始终有电，只有手柄扳至制动下降位置后，接触器 KM9 线圈才断电。在主令控制器 AC4 触头分合表［图 7.33（d）］中可以看到，强力下降位置“4”挡、“3”挡上有“0”的符号，便表示手柄由“5”挡向“0”位回转时，触头 S12 接通。如果没有以上联锁装置，在手柄由强力下降位置向制动位置转换时，若操作人员不小心，误把手柄停在了“3”挡或“4”挡，那么正在高速下降的负载速度不但得不到控制，反而使下降速度增加，很可能造成恶性事故。

另外，串接在接触器 KM2 支路中的 KM2 常开触头（23 区）与 KM9 常闭触头（24 区）并联，主要作用是当接触器 KM1 线圈断电释放后，只有在 KM9 线圈断电释放情况下，接触器 KM2 线圈才允许获电并自锁，这就保证了只有在转子电路中串接一定附加电阻的前提下，才能进行反接制动，以防止反接制动时造成直接启动而产生过大的冲击电流。

电压继电器 KV 实现主令控制器 AC 的零位保护。

巩固训练

7.5.5 20/5t桥式起重机电气控制线路的维修

1.20/5t桥式起重机电气控制线路常见故障分析

桥式起重机的结构复杂，工作环境恶劣，某些主要电气设备和元件密封条件较差，同时工作频繁，故障率较高。为保证人身与设备的安全，必须坚持经常性的维护保养和检修。现将常见故障现象及原因分述如下：

1）合上电源总开关QS1并按下启动按钮SB后，主接触器KM不吸合。

产生这种故障的原因可能是：线路无电压；熔断器FU1熔断；紧急开关QS4或安全开关SQ7、SQ8、SQ9未合上；主接触器KM线圈断路；各凸轮制动器手柄没在零位，AC1—7、AC2—7、AC3—7触头分断；过电流继电器KA0～KA4动作后未复位。

2）主接触器KM吸合后，过电流继电器KA0～KA4立即动作。

故障原因是：凸轮控制器AC1～AC3电路接地；电动机M1～M4绕组接地；电磁抱闸YB1～YB4线圈接地。

3）当电源接通转动凸轮控制器手轮后，电动机不启动。

故障原因：凸轮控制器主触头接触不良；滑触线与集电环接触不良；电动机定子绕组或转子绕组断路；电磁抱闸线圈断路或制动器未放松。

4）转动凸轮控制器后，电动机启动运转，但不能输出额定功率且转速明显减慢。

故障原因是：线路压降太大，供电质量差；制动器未全部松开；转子电路中的附加电阻未完全切除；机构卡住。

5）制动电磁线圈过热。

故障原因是：电磁铁线圈的电压与线路不符；电磁铁工作时，动、静铁心间的间隙过大；制动器的工作条件与线圈不符；电磁铁的牵引力过载。

6）制动电磁铁噪声大。

故障原因是：交流电磁铁短路环开路；动、静铁心端面有油污；铁心松动；铁心极面不平及变形；电磁铁过载。

7）凸轮控制器在工作过程中卡住或转不到位。

故障原因是：凸轮控制器动触头卡在静触头下面；定位机构松动。

8）主钩既不能上升又不能下降。

故障原因是：如欠电压继电器KV不吸合，可能是KV线圈断路，过电流继电器KA5未复位，主令控制器AC4零位联锁触头未闭合，熔断器FU2熔断；如欠电压继电器吸合，则可能是自锁触头未接通，主令控制器的触头S2、S3、S4、S5或S6按触不良，电磁抱闸制动线圈开路未松闸。

9）凸轮控制器在运转过程中火花过大。

故障原因是：动、静触头接触不良；控制容量过大。

根据以上桥式起重机的故障和产生故障的原因，采取相应的修复措施即可。

2．检修步骤及要求

1）熟悉 20/5t 桥式起重机电气控制线路的工作原理。

2）根据电路图，弄清电器元件的安装位置及布线情况，弄清各电器件的作用。

3）教师在起重机上人为设置故障点，并示范维修。

4）根据设置的故障点，教师指导学生从故障现象着手进行分析，逐步引导学生采用正确的维修步骤和维修方法。

注　意

1）根据故障现象，能在电路图中正确标出最小故障范围。

2）在排除故障时，必须修复故障点，不得采用元件代换法、借用触头及改动线路等方法。

3）维修时，严禁扩大故障范围或产生新的故障。

4）排除故障的思路应清楚，检查方法应得当。

任务评价

任务评分表见表 7.8。

表 7.8　20/5t 桥式起重机电气控制线路维修评分表

序号	项目	配分	考核标准	得分
1	故障分析	30	1）检修思路不正确，扣 15 分； 2）标不出故障点范围或标在故障点以外，每处扣 15 分	
2	故障维修	70	1）不能排除故障点，每个扣 35 分； 2）扩大故障范围或产生新故障后不能自行修复，每个扣 20～40 分； 3）损坏电器元件，每处扣 10～30 分； 4）排除故障时，思路不清楚，每个扣 10～20 分； 5）查出故障点，修复措施不妥，每次扣 10～20 分	
3	安全文明操作		违反安全文明操作规程酌情扣 10～20 分	

知识拓展：电动葫芦的控制线路简介

电动葫芦的控制线路如图 7.34 所示，电源由电网经转换开关 QS、熔断器和滑触线串接，同样也从滑触线分别提升接触器 KM1、下降接触器 KM2、正向移动接触器 KM3 及反向移动接触器 KM4 的主触头引入电动机 M1 和 M2。提升机构的向上运动由行程开关 SQ 限制，前后移动机构分别由行程开关 SQ1 和 SQ2 限位。当电动机在工作时是点动控制的，可以保证在操作人员离开钮盒时，电动葫芦的电动机就能自动断电停转。

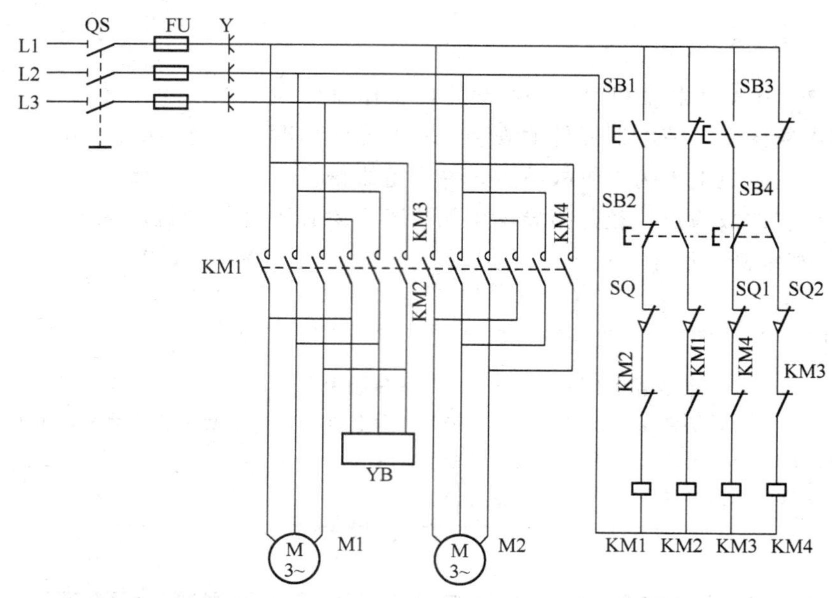

图 7.34 电动葫芦的控制线路

任务小结

作为起重机的操作人员及维修人员，不但要了解起重机上的每一个部件、零件的用途、操作原理及维修方法，而且要知道设备的特点、构造及电器线路的分布和安全控制系统的动作原理。本任务以 20/5t 桥式起重机为例，分析了起重设备的电气控制线路，重点介绍了电气控制线路的维修方法。

复习与思考

1. 桥式起重机为什么多选用绕线转子异步电动机拖动？

2. 桥式起重机启动前各控制手柄为什么都置于零位？

3. 参考图 7.33 所示 20/5t 桥式起重机的电路图，分析主令控制器手柄置于下降位置“J”挡时，桥式起重机的工作过程。

4. 参考图 7.33 所示 20/5t 桥式起重机的电路图，简述在主钩控制电路中，接触器 KM9 的自锁触头与 KM1 有辅助触头串接使用的原因。

5. 参考图 7.33 所示 20/5t 桥式起重机的电路图，简述接触器 KM2 支路中 KM2 常开触头与 KM9 的辅助常闭触头并联的作用。

6. 在图 7.33 所示 20/5t 桥式起重机的电路图中，若合上电源开关 QS1 并按下启动按钮 SB 后，主接触器 KM 不吸合，则可能的故障原因是什么？

任务7.6　桥式起重机的检查、保养与负荷试验

工作任务

对一台维修过的桥式起重机进行检查、保养和负荷试验。

工作场景

一体化教室，多媒体教学设备；实训车间、桥式起重机、桥式起重机图纸及说明书、机械设备维修常用工具、直尺、卷尺、机油、毛巾等。

知识目标

1. 了解桥式起重机定期保养的目的。
2. 了解桥式起重机运转试验的目的。
3. 熟悉桥式起重机日常检查与定期检查的内容。

能力目标

1. 能对桥式起重机进行负荷试验。
2. 会对桥式起重机进行维护保养。

相关知识

桥式起重机的日常检查、定期检查和保养情况如何，直接关系到起重机的使用寿命、工作效率和安全生产。而对于移位安装或大修过的桥式起重机则必须进行负荷试验，对于使用中的起重机，一般情况下每年也要进行一次负荷试验，以保证安全和维修质量。

注　意

"三好"即管好、用好、保养好；"四会"即会使用、会保养、会检查、会排除一般性故障。

7.6.1　桥式起重机定期保养的目的

定期保养以桥式起重机的操作司机为主，值班维护人员为辅助，并根据桥式起重机的具体情况进行。

桥式起重机定期保养的目的是：减少设备的磨损，延长使用奉命；消除设备隐患，排除一般故障，使设备处于技术完好状态；使设备的保养状态达到整齐、清洁、润滑、安全、可靠的要求；培养司机掌握"三好"、"四会"的基本功；使司机逐步熟悉设备的结构、性能，更好地操作设备。

7.6.2　桥式起重机运转试验的目的

桥式起重机运转试验的目的是：检查起重机性能是否符合技术规定的要求；金属结构是否有足够的强度、刚度和稳定性，焊接质量是否符合要求；各机构的传动是否平稳、可靠；安全装置、限位开关和制动器是否灵活、可靠和准确；轴承温升是否正常；润滑油路是否畅通；所有电气元件是否正常工作，温升是否正常。

任务实施

7.6.3 桥式起重机的日常检查与定期检查

1. 日常检查

桥式起重机技术状态的日常检查由操作工人负责，每天检查一次，发现异常情况应该及时通知维修人员进行维修。日常检查的内容包括以下几方面。

1）检查司机室的舱口开关是灵活；打开舱门，起重机应不能开动，否则，应进行维修。

2）检查制动器表面是否有油污；制动瓦的退距是否合适；弹簧是否有足够的压缩力；制动垫片的铆钉不能与制动轮接触。

3）检查小车轨道及走台上是否有油污及障碍物。

4）检查起升机构极限限位开关是否灵敏可靠，制动是否可靠。

5）检查小车运行机构运行是否平稳，制动动作是否可靠。

6）大车运行机构运行是否平稳，制动动作是否可靠。

7）钢丝绳润滑是否正常，两端固定是否可靠。

8）各减速器润滑油位是否达到规定要求；油料是否清洁。

9）大车和小车轮缘及踏面磨损是否正常，应无啃轨现象。

10）滑轮平衡轮能否正常摆动；平衡轴是否需要加油。

2. 定期检查

定期检查是在日常检查的基础上，对起重机的金属结构和各传动系统的工作状态和零件磨损状况进一步检查，以判断其技术状态是否正常存在缺陷，并根据定期检查结果，制定预防维修计划并组织实施。

定期检查是由专业维护人员负责，操作工人配合进行的。检查时不仅靠人的感觉观察，还要用仪器、量具进行必要的测量，准确地查清磨损量，并认真做好记录。

定期检查一般包括周检、月检和年检三种，还可以根据各单位的具体情况进行抽检。

（1）周检查内容

1）检查各机构制动器闸瓦的磨损状况，各销轴安装固定状况及其磨损、润滑状况；制动器的工作状况。

2）检查接触器、控制器触头烧损状况及接触状况，凸轮、滚轮和转轴的润滑状况。

3）检查各机构传动状况，检查声音是否正常。

4）检查起重机联轴器上键的连接及所有连接螺栓部位是否牢固。

5）检查使用半年以上的钢丝绳的磨损情况。

6）检查双制动器的起升机构，检查每个制动器动力矩的大小。

7）检查所有润滑部位，按规定进行定期润滑，保证设备具有良好的润滑状况。

8）对起重机进行全面清扫，清除机上的污垢，消除减速器漏油现象。

（2）月检查内容

1）检查电动机、减速器、角型轴承等底座的地脚螺栓紧固情况是否牢靠，并应逐个紧固。

2）检查绕线式电动滑环与碳刷的接触状况和磨损程度，更换已磨坏的碳刷。

3）检查钢丝绳工作表面的磨损、断丝状况、润滑状况及压板螺栓紧固状况。

4）检查各电线管口处电线绝缘层的磨损情况。

5）检查各限位开关转轴的工作状况，并注油润滑。

6）检查各减速器的润滑状况，对漏油部位应采取措施堵漏。

7）检查定滑轮处钢丝绳的缠绕状况及其磨损状况，对滑轮和轴要注油润滑。

（3）年检查内容

1）检查各机构制动器的闸皮磨损状况，更换已损坏机构，对各转动部位注油润滑。

2）检查电磁铁的极面，清除其污垢；检查短路环、电磁铁线圈及其连接状况。

3）检查并调整制动器的制动力矩、磁铁冲程、闸瓦与制动轮间的间隙。

4）检查所有减速器的齿轮啮合和磨损状况，更换损坏件；消除漏油现象、清洗注油润滑；紧固所有连接螺栓和地脚螺栓。

5）检查保护箱及控制屏内各种电器元件，检查控制器、电阻器及各接线座、接线螺丝的紧固状况，检查的同时要逐个进行紧固。

6）紧固起重机上所有连接螺栓和紧固螺栓。

7）检查大、小车轮的运行状况，轮缘及滚动面的磨损状况，消除啃轨故障，对轴承进行润滑。

8）检查所有电气设备的绝缘状况，对于不符合技术要求者，予以更换。

9）检查主梁、端梁各主要焊缝是否有开焊、锈蚀等现象，各主要受力部位是否有疲劳裂纹，各种护栏、支架是否完整无缺。

7.6.4　桥式起重机的维护保养

1. 日常保养

日常保养即例行保养，每班一次。保养内容如下：

1）清扫司机室和机身上的灰尘和油污。

2）检查制动器间隙是否合适。

3）检查制动带及钢丝绳的磨损情况。

4）检查各传动部位连接螺栓是否紧固。

5）检查电气部分各触头是否紧密贴合。

6）检查集电器的滑块在滑线上的接触情况。

7）检查电铃、限位开关、防风夹轨器等安全装置是否灵敏可靠。

2. 一级保养

一级保养一般每间隔 300h（指机械运转小时）一次。具体保养内容如下：

1）日常保养全部内容。

2）按要求进行钢丝绳、齿轮联轴器、制动器各铰点、限位开关各转轴、链条的润滑。
3）检查减速器的油面是否在油标刻度线间。
4）检查钢丝绳压板螺钉是否紧固。
5）检查柱销联轴器弹性圈的磨损情况，间隙超过 2mm 的应更换。
6）检查制动轮和销轴的磨损情况，弹簧有无裂纹和永久变形。
7）检查各滚动轴承运转是否正常。
8）检查电动机和销轴的滑环和炭刷的磨损情况，清除灰尘、积炭。
9）检查管口处导线绝缘层的磨损情况。

3. 二级保养

二级保养一般每间隔 1200h 一次。具体保养内容如下：
1）一级保养全部内容。
2）滚动轴承加油。
3）检查长行程和液压电磁铁油量及润滑情况。
4）清洗开式齿轮和链条上的脏油，重新注油。
5）检查起升机构吊钩、联轴器、减速器、减速器齿轮磨损情况。
6）检查所有电气设备的绝缘情况。
7）检查控制屏、保护盘、控制器、电阻及各接线座螺钉是否紧固。

7.6.5 桥式起重机的负荷试验

1. 无负荷试验

1）操纵机构操作的方向应与起重机各机构的运动方向一致。

2）小车行走：开动小车，使小车沿轨道全长往返运行三次以上，检验限位开关动作应灵敏可靠，小车不得有“三条腿”现象，主动轮应在轨道全长上接触；被动轮与轨道间隙不得超过 1mm，间隙区间不大于 1m，间隙区累计长度不得超过 2m。

3）大车行走：开动大车，使大车沿轨道往返运行 3 次，每次行走距离 30m 左右，不得有啃轨现象。

4）空钩升降：开动起升机构，空钩升降 3 次以上，制动器和起升限位器灵敏可靠。吊钩下降到最低位置时，卷筒上的钢丝绳不应少于 5 圈。

5）运行和起升机构都必须工作平稳，没有振动和冲击等不正常现象。

6）起升机构和大小车运行机构的运行时间均不得低于 10min。

2. 静负荷试验

注　意

静负荷试验必须在空负荷试验后进行。

1）将起重机开至立柱处，小车起升额定负荷，在桥架全长上来回运行 3 次，然后卸下负荷，将小车开至桥架端部。

2）在桥架跨中悬一铅锤从地面测出桥架的原始上拱值零位，也可在起重机上部的房架测得。

3）再将小车开至跨中，吊起 1.25 倍额定负荷，使负荷离地面 100mm 左右停悬 10min，此时，测量主梁的上拱值。然后卸去负荷，检查桥架有无永久变形，此试验反复进行三次后，检查桥架的实际上拱值应大于 $0.08L/1000$。然后使小车停在跨中，起升额定负荷，检查主梁的弹性下挠值不得大于 $L/700$；对单梁式桥式起重机弹性下挠值不大于 $L/600$。

注　意

在静负荷试验结束后，起重机各部分不得有破裂、连接松动或损坏等影响性能和安全的质量问题出现。

3. 动负荷试验

注　意

动负荷试验在静负荷试验合格后进行。

其方法是：吊起 1.1 倍的额定负荷，同时开动起升机构，大车运行机构和小车运行机构的任意两个机构反复地启动、运转、停车、正转、反转等动作累计时间达 1h。各机构应动作灵敏，工作平稳可靠；各项性能参数达到设计要求；各限位开关、安全保护连锁装置应动作准确可靠；各零部件应无裂纹、无连接松动等影响性能和质量的破坏现象；各电动机、接触器等电器设备应不过热。

4. 负荷试验中的注意事项

1）试验鉴定工作，必须有专人负责组织，并统一指挥。

2）测量用钢丝应注意不使其与大车滑线搭接。悬挂的钢丝、卡具、重锤不要妨碍大、小车的运行。

3）试验用工具应放在工具袋内，不得乱放，以防坠落伤人。

4）采用钢丝测量法时，须在断电后再进行。滑线侧的主梁的测定工作，必须联系好，以免发生触电事故。

5）所有参加工作的人员需注意安全。对安全注意事项应结合具体情况作出决定，要求工作人员严格遵守。

6）所有参加技术鉴定的工作人员，在开始前，均应熟悉工作方法、程序和要求。

巩固训练

1）对桥式起重机进行日常检查与定期检查模拟练习。

2）对桥式起重机进行维护保养练习。

3）对桥式起重机进行无负荷试验、静负荷试验、动负荷试验模拟练习。

任务评价

任务评分表见表7.9。

表7.9 桥式起重机的检查、保养与负荷试验评分表

序号	项目	配分	考核标准	得分
1	日常检查与定期检查	30	1）检查内容全面，少或漏一项扣5分； 2）检查认真，且有记录，否则酌情扣分，无记录扣5分	
2	维护保养	30	1）维护保养全面，少或漏一项扣5分； 2）维护保养认真，且有记录，否则酌情扣分，无记录扣5分	
3	负荷试验	40	1）严格按照要求进行试验，少或漏一项扣10分； 2）能够根据试验情况进行适当调整，并能达到规定要求，否则酌情扣分； 3）负荷试验有结果，有记录，否则扣10分	
4	安全文明操作		违反安全文明操作规程酌情扣10～20分	

知识拓展：起重机的润滑

1. 润滑的原则和种类

（1）润滑原则

凡是有轴和孔动配合的部位以及摩擦面的机械部分，都要定期进行润滑。由于各桥式起重机的工作制度（类型）不同，对不同部位的润滑应灵活掌握。

（2）润滑种类

润滑有分散润滑和集中润滑两种。中小型桥式起重机一般都采用分散润滑，润滑时用油枪或油杯向各润滑点分别注油。大吨位桥式起重机采用集中润滑，润滑时由加油泵通过主油管向各油路送油。

2. 润滑点的分布

1）各齿轮联轴器。

2）各减速器（大规格立式减速器高速轴一、二轴承还单设润滑点）。

3）各轴承箱、轴承座。

4）钢丝绳。

5）各电动机轴承。

6）固定滑轮轴两端及吊钩螺母下的推力轴承。

7）制动器上的各铰接点。

8）固定滑轮轴两端（在小车架上）。

9）长行程制动器和液压制动器的活塞部分。

10）电缆卷筒、电缆拖车、悬挂式供电装置的轴承。

11）滚轮。

12）集电器。

13）导向滑轮及各铰接轴孔。

14）夹轨器的齿轮、丝杠及各铰接点。

15）防风器各支承轮、导向轮轴承或轴孔。

3. 典型零部件的润滑

典型零部件的润滑见表 7.10。

表 7.10　典型零部件的润滑材料及其添加时间

序号	零部件名称	添加时间	润　　滑	条件润滑材料
1	钢丝绳	一般 15～30 天一次	1）把润滑脂加热到 50～100℃浸涂至饱和为止； 2）不加热涂抹	1）钢丝绳麻心脂； 2）合成石墨钙基润滑脂或其他钢丝绳润滑脂
2	减速器	使用初期每季换一次，以后可根据油的清洁情况半年至一年换一次	夏季	用 HL30 齿轮油
			科季： 1）不低于－20℃时 2）低于－20℃时	1）HL20 齿轮油 2）冷冻机油
3	开式齿轮	半月一次，每季或半年清洗一次		明齿轮脂
4	齿轮联轴器	每月一次	1）工作温度在－20～50℃； 2）高于 50℃； 3）低于－20℃	1）可采用以任何元素为基体的润滑脂，但不能滋合作用。冬季宜用 1、2 号，夏季宜用 3、4 号； 2）用工业锂基润滑脂，冬季用 1 号，夏季用 3、4 号，采用 1、2 号特种润滑脂
5	滚动轴承	3～6 个月一次		
6	滑动轴承	酌情		
7	卷筒内齿盘	大修时加满		
8	液压电磁或液压推杆	每半年更换一次	1）高于或等于－10℃； 2）低于－10℃	1）25 号变压器油； 2）10 号航空液压油
9	液压缓冲器	酌情	1）0℃以上 2）0℃以下	1）沸水 40.17%。甘油 57.7% 铬酸钾 2%，氢氧化钠 0.13%或甘油和沸水各 50%； 2）锭子油或变压器油
10	电动机	年修或大修	1）一般电动机 2）H 级绝缘和湿热地带	1）复合铝基润滑脂； 2）3 号锂基润滑脂

课外阅读材料：工业机器人

工业机器人是面向工业领域的多关节机械手或多自由度的机器人。工业机器人是自动执行工作的机器装置，是靠自身动力和控制能力来实现各种功能的一种机器。它可以接受人类指挥，也可以按照预先编排的程序运行，现代的工业机器人还可以根据人工智能技术制定的原则纲领行动。

1. 机器人的发展

1920年捷克作家卡雷尔·查培克在其剧本《罗萨姆的万能机器人》中最早使用机器人一词，剧中机器人“Robot”这个词的本意是苦力，即剧作家笔下的一个具有人的外表，特征和功能的机器，是一种人造的劳力。它是最早的工业机器人设想。

1954年美国戴沃尔最早提出了工业机器人的概念，并申请了专利。1959年第一台工业机器人在美国诞生，开创了机器人发展的新纪元。

我国于1972年开始研制自己的工业机器人，进入20世纪80年代后，研制出了喷涂、点焊、弧焊和搬运机器人。进入90年代又研制出出了装配、切割、包装码垛等各种用途的工业机器人，并实施了一批机器人应用工程，形成了一批机器人产业化基地，为我国机器人产业的腾飞奠定了基础。

2. 机器人的构造与分类

工业机器人由主体、驱动系统和控制系统三个基本部分组成。主体即机座和执行机构，包括臂部、腕部和手部，有的机器人还有行走机构。大多数工业机器人有3～6个运动自由度，其中腕部通常有1～3个运动自由度；驱动系统包括动力装置和传动机构，用以使执行机构产生相应的动作；控制系统是按照输入的程序对驱动系统和执行机构发出指令信号，并进行控制。

工业机器人按臂部的运动形式分为四种。直角坐标型的臂部可沿三个直角坐标移动；圆柱坐标型的臂部可作升降、回转和伸缩动作；球坐标型的臂部能回转、俯仰和伸缩；关节型的臂部有多个转动关节。

3. 工业机器人的特点

1）技术先进。工业机器人集精密化、柔性化、智能化、软件应用开发等先进制造技术于一体，通过对过程实施检测、控制、优化、调度、管理和决策，实现增加产量、提高质量、降低成本、减少资源消耗和环境污染，是工业自动化水平的最高体现。

2）技术升级。工业机器人与自动化成套装备具备精细制造、精细加工以及柔性生产等技术特点，是继动力机械、计算机之后，出现的全面延伸人的体力和智力的新一代生产工具，是实现生产数字化、自动化、网络化以及智能化的重要手段。

3）应用领域广泛。工业机器人与自动化成套装备是生产过程的关键设备，可用于制造、安装、检测、物流等生产环节，并广泛应用于汽车整车及汽车零部件、工程机械、轨道交通、低压电器、电力、IC装备、军工、烟草、金融、医药、冶金及印刷出版等众多行业，应用领域非常广泛。

4）技术综合性强。工业机器人与自动化成套技术，集中并融合了多项学科，涉及多项技术领域，包括工业机器人控制技术、机器人动力学及仿真、机器人构建有限元分析、激光加工技术、模块化程序设计、智能测量、建模加工一体化、工厂自动化以及精细物流等先进制造技术，技术综合性强。

任务小结

桥式起重机的日常检查、定期检查和维护保养，直接影响到起重机的使用寿命、工作效率和安全生产，而作为负荷试验又是起重机维修后必不可少的环节。本任务从桥式起重机的安全生产和延长其使用寿命出发，重点讲解了其维护保养的具体内容和负荷试验的具体方法，无论对操作人员还是维修人员都具有很大的指导作用。

复习与思考

1. 桥式起重机定期保养的目的是什么？
2. 什么是“三好”、“四会”？
3. 桥式起重机运转试验的目的是什么？
4. 日常检查包括哪些内容？
5. 定期检查有哪几种？
6. 桥式起重机的保养分为哪几种？
7. 如何进行动负荷试验？
8. 负荷试验中应注意什么问题？

附录1　常用机床组、系代号及主参数

类	组	系	机床名称	主参数的折算系数	主参数
车床	1	1	单轴纵切自动车床	1	最大棒料直径
	1	2	单轴横切自动车床	1	最大棒料直径
	1	3	单轴转塔自动车床	1	最大棒料直径
	2	1	多轴棒料自动车床	1	最大棒料直径
	2	2	多轴卡盘自动车床	1/10	卡盘直径
	2	6	立式多轴半自动车床	1/10	最大车削直径
	3	0	回轮式车床	1	最大棒料直径
	3	1	滑鞍转塔车床	1/10	卡盘直径
	3	3	滑枕转塔车床	1/10	卡盘直径
	4	1	曲轴车床	1/10	最大工件回转直径
	4	6	凸轮轴车床	1/10	最大工件回转直径
	5	1	单柱立式车床	1/100	最大车削直径
	5	2	双柱立式车床	1/100	最大车削直径
	6	0	落地车床	1/100	最大工件回转直径
	6	1	卧式车床	1/10	床身上最大回转直径
	6	2	马鞍车床	1/10	床身上最大回转直径
	6	4	卡盘车床	1/10	床身上最大回转直径
	6	5	球面车床	1/10	刀架上最大回转直径
	7	1	仿形车床	1/10	刀架上戳判列转鱼锰
	7	5	多刀车床	1/10	刀架上最大回转直径
	7	6	卡盘多刀车床	1/10	刀架上最大回转直径
	8	4	轧辊车床	1/10	最大工件直径
	8	9	铲齿车床	1/10	最大工件直径
钻床	1	3	立式坐标镗钻床	1	最大钻孔直径
	2	1	深孔钻床	1	最大钻孔直径
	3	0	摇臂钻床	1	最大钻孔直径
	3	1	万向摇臂钻床	1	最大钻孔直径
	4	0	台式钻床	1	最大钻孔直径
	5	0	圆柱立式钻床	1	最大钻孔直径
	5	1	方柱立式钻床	1	最大钻孔直径
	5	2	可调多轴立式钻床	1	最大钻孔直径
	8	1	中心孔钻床	1/10	最大工件直径
	8	2	平端面中心孔钻床	1/10	最大工件直径

续表

类	组	系	机床名称	主参数的折算系数	主参数
镗床	4	1	立式单柱坐标镗床	1/10	工作台面宽度
	4	2	立式双柱坐标镗床	1/10	工作台面宽度
	4	6	卧式坐标镗床	1/10	工作台面宽度
	6	1	卧式镗床	1/10	镗轴直径
	6	2	落地镗床	1/10	镗轴直径
	6	9	落地铣镗床	1/10	镗轴直径
	7	0	单面卧式精镗床	1/10	工作台面宽度
	7	1	双面卧式精镗床	1/10	工作台面宽度
	7	2	立式精镗床	1/10	最大镗孔直径
磨床	0	4	抛光机	—	—
	0	6	刀具磨床	—	—
	1	0	无心外圆磨床	1	最大磨削直径
	1	3	外圆磨床	1/10	最大磨削直径
	1	4	万能外圆磨床	1	最大磨削直径
	1	5	宽砂轮外圆磨床	1/10	最大磨削直径
	1	6	端面外圆磨床	1/10	最大回转直径
	2	1	内圆磨床	1/10	最大磨削孔径
	2	5	立式行星内圆磨床	1/10	最大磨削孔径
	3	0	落地砂轮机	1/10	最大砂轮直径
	5	0	落地导轨磨床	1/100	最大磨削宽度
	5	2	龙门导轨磨床	1/100	最大磨削宽度
	6	0	万能工具磨床	1/10	最大回转直径
	6	3	钻头刃磨床	1	最大刃磨钻头直径
	7	1	卧轴矩台平面磨床	1/10	工作台面宽度
	7	3	卧轴圆台平面磨床	1/10	工作台面直径
	7	4	立轴圆台平面磨床	1/10	工作台面直径
	8	2	曲轴磨床	1/10	最大回转直径
	8	3	凸轮轴磨床	1/10	最大回转直径
	8	6	花键轴磨床	1/10	最大磨削直径
	9	0	曲线磨床	1/10	最大磨削长度
齿轮加工机床	2	0	弧齿锥齿轮磨齿机	1/10	最大工件直径
	2	2	弧齿锥齿轮铣齿机	1/10	最大工件直径
	2	3	直齿锥齿轮刨齿机	1/10	最大工件直径
	3	1	滚齿机	1/10	最大工件直径
	3	6	卧式滚齿机	1/10	最大工件直径
	4	2	剃齿机	1/10	最大工件直径
	4	6	珩齿机	1/10	最大工件直径
	5	1	插齿机	1/10	最大工件直径
	6	0	花键轴铣床	1/10	最大铣削直径
	7	0	碟形砂轮磨齿机	1/10	最大工件直径
	7	1	锥形砂轮磨齿机	1/10	最大工件直径
	7	2	蜗杆砂轮磨齿机	1/10	最大工件直径
	8	0	车齿机	1/10	最大工件直径
	9	3	齿轮倒角机	1/10	最大工件直径
	9	9	齿轮噪声检查机	1/10	最大工件直径

续表

类	组	系	机床名称	主参数的折算系数	主参数
铣床	2	0	龙门铣床	1/100	工作台面宽度
	3	0	圆台铣床	1/100	工作台面直径
	4	3	平面仿形铣床	1/10	最大铣削宽度
	4	4	立体仿形铣床	1/10	最大铣削宽度
	5	0	立式升降台铣床	1/10	工作台面宽度
	6	0	卧式升降台铣床	1/10	工作台面宽度
	6	1	万能升降台铣床	1/10	工作台面宽度
	7	1	床身铣床	1/100	工作台面宽度
	8	1	万能工具铣床	1/10	工作台面宽度
	9	2	键槽铣床	1	最大键槽宽度
螺纹加工机床	3	0	套丝机	1	最大套丝直径
	4	8	卧式攻丝机	1/10	最大攻丝直径
	6	0	丝杠铣床	1/10	最大铣直径
	6	2	短螺纹铣床	1/10	最大铣削直径
	7	4	丝杠磨床	1/10	最大工件直径
	7	5	万能螺纹磨床	1/10	最大工件直径
	8	6	丝杠车床	1/100	最大工件长度
	8	9	多头螺纹车床	1/10	最大车削直径
刨插床	1	0	悬臂刨床	1/100	最大刨削宽度
	2	0	龙门刨床	1/100	最大刨削宽度
	2	2	龙门铣磨刨床	1/100	最大刨削宽度
	5	0	插床	1/10	最大插削长度
	6	0	牛头刨床	1/10	最大刨削长度
	8	8	模具刨床	1/10	最大刨削长度
拉床	3	1	卧式拉床	1/10	额定拉力
	4	3	连续拉床	1/10	额定拉力
	5	1	立式内拉床	1/10	额定拉力
	6	1	卧式内拉床	1/10	额定拉
	7	1	立式外拉床	1/10	额定拉力
	9	1	汽缸体平面拉床	1/10	额定拉力
锯床	5	1	立式带锯床	1/10	最大锯削厚度
	6	0	卧式圆锯床	1/100	最大圆锯片直径
	7	1	平板卧式弓锯床	1/10	最大锯削直径

附录 2 卧式车床精度标准（摘自 GB/T 4020—1997）

单位：mm

<table>
<tr><th rowspan="3">序号</th><th rowspan="3">检验项目</th><th colspan="3">允 差</th><th rowspan="3">检验工具</th><th rowspan="3">检验方法参照 JB2670—82 的有关条文</th></tr>
<tr><th>精密级</th><th colspan="2">普通级</th></tr>
<tr><th>Da①≤500 和
DC①≤1500</th><th>Da≤800</th><th>800<D≤1600</th></tr>
<tr><td rowspan="11">G1</td><td rowspan="10">A-床身导轨调平
a）纵向：
导轨在垂直平面内的直线度</td><td rowspan="2">DC≤500
0.01（凸）</td><td colspan="2">DC≤500</td><td rowspan="10">精密水平仪，光学仪器或其他方法</td><td rowspan="10">a)3.1.1，3.2.1，5.2.1，
2.2.1 和 5.2.1，2.2.2 条
应沿导轨全长在等距离各位置上检验
水平仪可以放在横向滑板上
当导轨不是水平面时，则用一个如 5.2.1，2.2.1
b）条图 12 所示的特殊平尺</td></tr>
<tr><td>0.01（凸）</td><td>0.015（凸）</td></tr>
<tr><td rowspan="4">500<DC≤1000
0.015（凸）
局部公差②
任意 250 测量长度上为 0.005</td><td colspan="2">500<DC≤1000</td></tr>
<tr><td>0.02（凸）</td><td>0.03（凸）</td></tr>
<tr><td colspan="2">局部公差
任意 250 测量长度上为</td></tr>
<tr><td>0.0075</td><td>0.01</td></tr>
<tr><td rowspan="4">1000<DC≤1500
0.02（凸）
局部公差②
任意 250 测量长度上为 0.005</td><td colspan="2">DC>1000
最大工件长度每增加 1000 允差增加</td></tr>
<tr><td>0.01</td><td>0.02</td></tr>
<tr><td colspan="2">局部公差
任意 500 测量长度上为</td></tr>
<tr><td>0.015</td><td>0.02</td></tr>
<tr><td>b）横向：
导轨应在同一平面内</td><td>水平仪的变化 0.03/1000</td><td colspan="2">水平仪的变化
0.04/1000</td><td>精密水平仪</td><td>5.4.1.2.7 条
水平仪应横放在导轨上，并沿导轨全长在等距离各位置上进行检验，在任何位置上水平仪的
变化均不得超过允差值</td></tr>
<tr><td rowspan="5">G2</td><td rowspan="5">B-溜板
溜板移动在水平面内的直线度在两顶尖轴线和刀尖所确定的平面内检验</td><td rowspan="2">DC≤500
0.01</td><td colspan="2">DC≤500</td><td rowspan="5">a）对于 DC≤2000：
指示器和两顶尖间的检验棒或平尺
b）不管 DC 为任何值：钢丝和显微镜或光学方法</td><td rowspan="5">a）5.2.3.2.3a）或 5.2.3.2.1 条
指示器测头触及检验心棒的正面母线（可以用具有两平行面的平尺代替检验心棒）
顶尖间检验心棒的长度应尽可能等于 DC 值
b）5.2.1.2.3 和 2.3.2.3b 条</td></tr>
<tr><td>0.015</td><td>0.02</td></tr>
<tr><td>500<DC≤1000
0.015</td><td>0.02</td><td>0.025</td></tr>
<tr><td rowspan="2">1000<DC≤1500
0.02</td><td colspan="2">DC>1000
最大工件长度每增加 1000 允差值增加 0.005，最大允差</td></tr>
<tr><td>0.03</td><td>0.05</td></tr>
</table>

续表

<table>
<tr><th rowspan="3">序号</th><th rowspan="3">检验项目</th><th colspan="3">允　差</th><th rowspan="3">检验工具</th><th rowspan="3">检验方法参照 JB2670—82 的有关条文</th></tr>
<tr><th>精密级</th><th colspan="2">普通级</th></tr>
<tr><th>Da①≤500 和 DC①≤1500</th><th>Da≤800</th><th>800<D≤1600</th></tr>
<tr><td rowspan="3">G3</td><td rowspan="3">尾座移动对溜板移动的平行度：
a）在水平面内；
b）在垂直平面内</td><td rowspan="3">a）0.02 局部公差，任意 500 测量长度上为 0.01
b）0.03 局部公差，任意 500 测量长度上为 0.02</td><td colspan="2">DC≤1500</td><td>指示器</td><td rowspan="3">5.4.2.2.5 条
尾座尽可能靠近溜板，在二者一起移动时测取读数；保持尾座套筒锁紧，使固定在溜板上的指示器的测头始终触及同一点</td></tr>
<tr><td>a）和 b）0.03</td><td>a）和 b）0.04</td><td rowspan="2"></td></tr>
<tr><td colspan="2">局部公差
任意 500 测量长度上为 0.02
DC<1500
a）和 b）0.04
局部公差
任意 500 测量长度上为 0.03</td></tr>
<tr><td rowspan="2">G4</td><td rowspan="2">C-主轴
a）主轴轴向窜动；
b）主轴轴肩支承面的圆跳动</td><td rowspan="2">a）0.005
b）0.01 包括轴向窜动</td><td>a）0.01
b）0.02</td><td>a）0.015
b）0.02</td><td rowspan="2">指示器和专用检具</td><td rowspan="2">5.6.2，5.6.2.1.2，5.6.2.2.2 和 5.6.3.2 条
指示器的位置见 5.6.2 条，5.6.2.2 和 5.6.3.2 条的图 59 至图 64 和图 67。检验 a）和 b）时施加力 F③ 的数值由制造厂规定</td></tr>
<tr><td colspan="2">包括轴向窜动</td></tr>
<tr><td>G5</td><td>主轴定心轴颈的径向圆跳动</td><td>0.007</td><td>0.01</td><td>0.015</td><td>指示器</td><td>5.6.1.2.2 和 5.6.2.1.2 条
施加力 F 的数值由制造厂规定
如主轴端部是锥体，则指示器测头应垂直于锥体线安置</td></tr>
<tr><td>G6</td><td>主轴轴线的径向圆跳动：
a）靠近主轴端面；
b）距主轴端面 Da/2 或不超过 300</td><td>a）0.005
b）在 300 测量长度上为 0.015
在 200 测量长度上为 0.01
在 100 测量长度上为 0.005</td><td>a）0.01
b）在 300 测量长度上为 0.02</td><td>a）0.015
b）在500 测量长度上为 0.05</td><td>指示器和检验棒</td><td>5.6.1.2.3 条
注：对于 Da>800 的车床，其测量长度可增加至 500</td></tr>
<tr><td>G7</td><td>主轴轴线对溜板纵向移动的平行度
测量长度 Da 或不超过 300
a）在水平面内；
b）在垂直平面内</td><td>a）在 300 测量长度上为 0.01
向前
b）在 300 测量长度上为 0.02
向上</td><td>a）在 300 测量长度上为 0.015
向前
b）在 300 测量长度上为 0.02
向上</td><td>a）在 500 测量长度上为 0.03
向前
b）在 500 测量长度上为 0.04
向上</td><td>指示器和检验棒</td><td>5.4.1.2.1，5.4.2.2.3 和 3.2.2 条
注：对于 Da>800 的车床，其测量长度可增加至 500</td></tr>
</table>

续表

序号	检验项目	允差			检验工具	检验方法参照JB2670—82的有关条文
		精密级	普通级			
		Da①≤500和DC①≤1500	Da≤800	$800<D\le1600$		
G8	主轴顶尖的径向圆跳动	0.01	0.015	0.02	指示器	5.6.1.2.2 和 5.6.2.1.1条 指示器垂直于主轴顶尖锥面上。因为规定的公差是在与主轴轴线垂直平面内的，所以读数应除以cos$a$，a为锥体的半锥角。施加力F的数值应由制造厂规定
G9	D-尾座 尾座套筒轴线对溜板移动的平行度a）在水平面内；b）在垂直平面内	a）在100测量长度上为0.01 向前 b）在100测量长度上为0.015 向上	a）在100测量长度上为0.015 向前 b）在100测量长度上为0.02 向上	a）在100测量长度上为0.02 向前 b）在100测量长度上为0.03 向上	指示器	5.4.2.2.3条 尾座套筒伸出定长后，应按正常工作状态锁紧
G10	尾座套筒锥孔轴线对溜板移动的平行度 测量长度Da/4或不超过300 a）在水平面内；b）在垂直平面内	a）在300测量长度上为0.02 向前 b）在300测量长度上为0，∞ 向上	a）在300测量长度上为0.03 向前 b）在300测量长度上为0.03 向上	a）在500测量长度上为0.05 向前 b）在500测量长度上为0.05 向上	指示器和检验心棒	5.4.2.2.3条 尾座套筒按正常工作状况锁紧 注：对于$Da>800$的车床，其测量长度可增加至500
G11	E-顶尖 主轴和尾座两顶尖的等高度	0.02，尾座顶尖高于主轴顶尖	0.04，尾座顶尖高于主轴顶尖	0.06，尾座顶尖高于主轴顶尖	指示器和检验心棒	5.4.2.2.3 和 3.2.2条 指示器测头触及检验棒上母线。尾座和尾座套筒按正常工作状况锁紧，在检验棒两末端位置测取读数
G12	F-小刀架 小刀架纵向移动对主轴轴线的平行度	在150测量长度上为0.015	在300测量长度上为0.04		指示器和检验心棒	5.4.2.2.3条 调整好小刀架与主轴，轴线在水平面内的平行度之后，在垂直平面内检验（仅在小刀架的工作位置内）

续表

<table>
<tr><th rowspan="3">序号</th><th rowspan="3">检验项目</th><th colspan="3">允　差</th><th rowspan="3">检验工具</th><th rowspan="3">检验方法参照 JB2670—82 的有关条文</th></tr>
<tr><th>精密级</th><th colspan="2">普通级</th></tr>
<tr><th>Da① ≤500 和 DC① ≤1500</th><th>Da≤800</th><th>800<D≤1600</th></tr>
<tr><td>G13</td><td>G-横刀架
横刀架横向移动对主轴轴线的垂直度</td><td>0.01/300
偏差方向
$\alpha \geq 90°$</td><td colspan="2">0.02/300
偏差方向 $\alpha \geq 90°$</td><td>指示器和平盘或平尺</td><td>5.5.2.2.3　和 3.2.2 条</td></tr>
<tr><td>G14</td><td>H-丝杠
丝杠的轴向窜动</td><td>0.01</td><td>0.015</td><td>0.02</td><td>指示器</td><td>5.6.2.2　和 5.6.2.2.2 条
如果进行 P3 工作精度检验，则此项可以删除</td></tr>
<tr><td>G15</td><td>由丝杠所产生的螺距累积误差</td><td>a）任意 300 测量长度上为 0.03
b）任意 60 测量长度上为 0.01</td><td colspan="2">a）在 300 测量长度上为
$DC \leq 2000$
0.04
$DC > 2000$
最大工件长度每增加 1000 允差增加
0.005
最大允差
0.05
b）任意 60 测量长度上为
0.015</td><td>电传感器、标准丝杠、长度规和指示器</td><td>6.1 和 6.2 条；螺距精度用电传感器和两顶尖顶紧一根长度 300 的标准丝杠，测头触及螺纹的侧面检验。普通级车床还可用长度规和指示器一起使用，以便比较主轴转过几周后，溜板移动相应长度丝杠精度记录应符合规定（在指定长度上沿变换 900 的 4 条母线向前检查）
注：测量方法和允差由制造厂和用户协商，误差可以在 300 范围内检查</td></tr>
<tr><td rowspan="2">P1</td><td rowspan="2">车削夹在卡盘中的圆柱试件④（圆柱试件也可插入主轴锥孔中）
$D \geq Da/8$
$L_1 = 0.5Da$
$L_{1\min} = 500\text{mm}$
$L_{2\max} = 200\text{mm}$</td><td rowspan="2">用单刃刀具在圆柱体上车削三段直径
（如果 $L_1 < 50$ 则车削两段直径）
精车外圆
a）圆度
试件固定端环带处的直径变化，至少取四个读数（GB1958）
b）在纵截面内直径的一致性
在同一纵向截面内测得的试件各端环带处加工后直径间的变化，应当是大直径靠近主轴端</td><td>a）0.007
b）0.02
$L_1 = 300$</td><td>a）0.01　a）0.01
b）0.04　b）0.04
$L_1 = 300$</td><td rowspan="2">圆度仪或千分尺</td><td rowspan="2">3.1 和 3.2.2 条
4.1 和 4.2 条</td></tr>
<tr><td colspan="2">相邻环带间的差值不应超过两端环带之间测量差值的 75%（只有两个环带时除外）</td></tr>
</table>

续表

序号	检验项目	允差			检验工具	检验方法参照JB2670-82的有关条文
		精密级	普通级			
		Da[①]≤500和DC[①]≤1500	Da≤800	800＜D≤1600		
P2	车削夹在卡盘中的圆柱试件[④] $D \geqslant 0.5Da$ $L_{max}=Da/8$	车削垂直于主轴的平面（仅车两段或三段平面，其中之一为中心平面）；精车端面的平面度只许凹	300直径上为0.015	300直径上为0.025	平尺和量块或指示器	3.1和3.2.2条 4.1和4.2条
P3	圆柱试件[④]的螺纹加工 $L=300$ 车三角形螺纹（GB192）	从丝杠某一点开始切削螺纹，试件的直径和螺距应尽可能接近丝杠的直径和螺距 精车300长螺纹的螺距累积误差	a）在300测量长度上为0.03 b）任意60测量长度上为0.01	B）在300测量长度上为： DC≤2000 0.04 DC＞2000 最大工件长度每增加1000允差增加0.005 最大允差0.05 b）任意60测量长度上为0.015	专用检验工具	3.1和3.2.2条 4.1和4.2条 6.1和6.2条 螺纹应当洁净无凹陷或波纹

注：① DC=最大工件长度，Da=床身上最大回转直径。

② 形位公差通常指整个形状位置上的公差。它不能满意地限制局部长度上的允许偏差。为此可建立一个针对全长上的一部分而言的局部公差来达到的目的。

③ F为消除主轴轴承的轴向游隙而施加的恒定力。

④ 试件用易切钢或铸铁件。

附录3　液压传动系统的故障分析

故障名称	产生原因	排除方法
噪声大	油泵方面： 1）油泵吸油口密封不严而引起进入；2）油箱中油液不足；吸油管浸入油箱太少；油泵吸油位置太高；3）油液黏度太大，增加了运动阻力；4）油泵吸油截面小，造成吸油不畅；5）滤油器表面被污物阻塞；6）齿轮油泵的齿形精度不高，叶片油泵的叶片卡死、裂断或配合不良；柱塞泵的柱塞卡死，或移动不灵活；7）油泵内部零件磨损，使轴向径向间隙过大	1）拧紧进油口螺帽，防止泄漏；2）保持油液在油标线以上，将吸油管浸入油箱油面高度的2/3处，油泵进油口至吸油口高度一般不应超过500mm；3）更换黏度较小的油液；4）将进油管作45°斜切，增加吸油面积；5）消除污物，定期更换油液，保持油液清洁；6）修理、更换损坏零件；7）参照油泵的修复方法进行修复
	溢流阀的作用失灵： 1）阀座损坏；2）油中杂质较多，堵塞了阻尼孔；3）阀芯与阀体孔配合间隙太大；弹簧疲劳或损坏，使阀芯移动不灵活；4）阀体孔拉毛或有污物等，使阀芯在阀体内的移动不灵活	1）修理阀座；2）疏通阻尼孔，更换油液；3）研磨阀孔，更换新阀芯，重配间隙；更换弹簧；4）修去毛刺，清除污物，使其移动灵活，无阻滞现象
	油管管道： 油管管道碰击，或吸油管与回油管相离太近	检查油路，使进油管、回油管之间，管道与机床之间保持一定距离，必要时用管夹固定，并使进油管与回油管离得远一点
	电磁阀失灵： 1）阀芯在阀体中卡住或移动不灵活；2）弹簧损坏或过硬；3）电极焊接得不好或接触不良	1）研配阀芯，使其在阀体内移动灵活；2）更换弹簧；3）修整焊接电极，保证接触良好
	其他方面： 1）油泵电动机联轴器不同心或松动；2）运动部件换向时缺乏阻尼，产生冲击；3）管道泄漏或回油管没有浸入油箱，造成大量空气吸入	1）检查修整联轴器，保证同心度在0.1mm之内；2）调节换向节流，使换向平稳，无冲击；3）紧固各连接处，严防泄漏，并将主要回油管浸入油箱
爬行	1）液压各系统中存在空气，油液受压后体积变化不稳定，使部件运动不均匀；2）导轨精度不好，使局部阻力变化，或导轨面接触不良，使油膜不易形成。通常新机床或新修刮过的机床，因导轨摩擦阻力较大，而产生爬行；3）油缸中心线与导轨不平行；活塞杆局部或全长弯曲；油缸体内孔拉毛；活塞与活塞杆不同心；活塞杆两端油封调整过紧等因素都会导致摩擦力不均匀；4）相对运动的接触面，缺乏润滑，而产生干摩擦或半干摩擦；5）拖板的楔铁或压板调整得太紧，或者楔铁弯曲	1）紧固各结合面螺钉和管道连接外螺母、严防泄漏。清除滤油器网上的污物，保证进油口吸油通畅及时回油互不干涉，排除系统内空气；2）检查及修复导轨，使精度达到要求。对于新机床或新修刮过的机床，可在导轨接触面均匀地涂上一层薄薄的氧化铬，用手动的方法，使之相对运动，对研几次，以减少刮研点所引起的阻力；3）逐个检查，并加以修复；4）调节润滑油量，保持适当的润滑油，润滑油压力一般在4.9～14.7N/cm^{2}范围内；5）检查调整或修刮楔铁，使运动部件移动无阻滞现象

续表

故障名称	产生原因	排除方法
液压系统泄漏	1）工作压力调整过高；2）液压元件内，因磨损间隙增大，使油液在压力作用下从一处渗到不应留住的另一处；3）密封件密封性能不良；4）单向阀中钢球不圆，阀座损坏，造成封油不良；5）两接触面平行度不好或阀芯与阀孔同心度差；6）在连接处零件损失或螺帽松动；7）油管破裂；8）油箱本身有铸造缺陷，如气孔、砂眼、裂纹等造成泄漏	1）在满足工作性能情况下，尽量将工作压力降低；2）研磨阀孔，根据阀孔配阀芯；3）更换密封件，保证密封良好；4）更换损失件，保证密封良好；5）放在平面磨床上修磨或研磨修整，使同心度达到要求；6）更换损坏件，紧固已松动的螺帽；7）更换油管；8）用焊接、粘堵等方法消除泄漏
温升快、油温高过规定值	1）油泵等液压元件内部间隙过小，或密封接触面过大，使油泵等元件运动时发热；2）压力调节不当，超过实际所需的压力；3）油泵及各连接处的泄漏，造成容积损失而发热；4）油管太长，油管太细，弯曲太多等，造成压力损失而发热；5）油箱散热性能差或容积小；6）油液黏度太大，增加了摩擦发热量；7）外界热源影响	1）检查及修整，保证间隙合适；2）合理调整系统中各种压力阀，在满足正常工作的情况下，压力尽可能低；3）紧固各连接件，严防泄漏，特别是油泵间隙大，应及时修复；4）将油管适当加粗，特别是回油管，保证回油通畅，并尽量减少弯管，缩短管道；5）对于精密液压传动机床，不宜用床身做油箱，应设独立油箱以减少机床热变形，加大油箱容积，改善散热条件；6）合理选用油液，如使用黏性稳定的硅基油等；7）减少和隔绝热源
压力打不上或者压力不足	1）电机反转和油泵转向不对；2）油泵、油缸等内部泄漏过大，吸油腔和压油腔相通；3）溢流阀失灵，经常开路；有污物阻塞，弹簧或阀芯零件损失	1）改正电机接线，或改变油泵转向；2）检查修理油泵，油缸活塞的密封、调整活塞与缸壁的间隙；3）检查溢流，并清洗干净，修理或更换已损坏的零件
压力波动较大	1）吸油管插入油面太浅或吸油口密封不好，吸油口靠近回油口，有空气吸入；2）管接头、油缸等密封不好，有泄漏；3）溢流阀的阀体孔和阀芯磨损，弹簧太软，阀的缓冲作用不足	1）增高油面高度，使使吸油管深入油箱油面高度的2/3处，修理吸油口的管接头，改善密封，移开回油口位置，排除空气；2）检查各密封件部位，保证密封良好；3）检查修理或更换损坏的零件
冲击	1）工作压力调整过高；2）背压阀调整不当，压力太低；3）采用针形节流阀缓冲，因节流变化大，稳定性能差；4）系统内存在大量的空气；5）油缸活塞两端螺帽松动；6）缓冲节流装置调节不当，或调节失灵	1）调整压力阀，减低工作压力；2）调整背压阀，适当提高背压阀压力；3）改用三角槽节流阀；4）排除系统内空气；5）适当旋紧螺帽；6）将节流阀的调节螺钉适当旋进，增加缓冲阻尼，若仍不起作用，可检查单向阀油情况
换向精度差	1）系统内存在空气；2）导轨润滑油太多，使工作台处于浮动状态；3）换向阀阀芯与阀孔的配合间隙因磨损而过大；4）油缸单端泄漏；5）油温升高，油黏度小；6）控制换向阀的油路压力太低	1）排除系统中的空气；2）适当减少润滑油量，但不能过少，否则造成低速爬行；3）研磨阀孔，配作新阀芯，使其配合间隙在0.08～0.012mm之内；4）检查及修整，消除泄漏；5）控制温升，更换黏度较大的油液；6）调整压力阀，适当提高系统的压力

续表

故障名称	产生原因	排除方法
换向时出现死点（不换向）	1）从减压阀来辅助压力油压太低，不能推动换压阀芯移动；2）辅助压力油由于内部会漏，缺乏推力，换向阀不动作；3）换向阀两端节流阀调节不当，使回油阻尼太大；4）换向阀两端阀芯由于拉毛或有污物等原因，在阀孔内卡死；5）工作压力较低，导轨润滑油太少，使摩擦阻力太大，作用力无法克服摩擦阻力；6）用弹簧或电磁铁控制的换向阀，若弹簧过硬、过软，断裂卡死、电磁铁失灵等，均会发生不换向现象；7）控制换向阀移动速度的节流阀开口，被污物堵塞	1）调整减压阀，适当提高辅助压力；2）检查及修整，严防内部泄漏；3）适当将节流阀的调节螺钉向外旋，减少回油阻尼；4）清除污物，云毛刺，使换向阀阀芯在阀孔中移动灵活；5）适当提高工作压力和润滑测量，减少摩擦阻力；6）检查及修理，必要时调换弹簧和电磁铁；7）清除节流阀开口的污物，保持油液清洁
换向起步迟缓	1）控制系统换向阀移动慢的节流阀开口太小；2）系统中存在空气，台面换向时，压力油中的空气被压缩，而使台面换向迟缓；3）工作压力不足，缺乏推力；4）换向阀阀芯拉毛或被污物等阻碍，移动不灵活；5）系统严重泄漏；6）导轨润滑油过少，或油缸活塞杆两端油封压得太紧	1）将节流阀调节螺钉向外拧，增加节流开口量；2）排除系统中的空气；3）适当提高压力；4）清除污物，修去毛刺，使换向阀阀芯移动灵活；5）修整泄漏部分；6）适当增加润滑量和轻微放松活塞杆两端压盖螺钉
工作台往返速度误差较大	1）油缸两端的泄漏不等或单端泄漏；2）油缸活塞杆两端弯曲程度不一样；3）操纵箱内部泄漏；4）放气阀间隙大，因而漏油；5）放气阀的工作台运动时未关闭；6）床身安装水平误差大；7）换向阀由于弹簧疲劳或辅助压力不足，使阀芯在阀孔中移动不灵活；8）节流开口有杂物粘附，影响回油节流的稳定性；9）节流阀在台面换向时，由于振动和压力冲击而节流开口变化	1）调整两端封油圈压盖，保证不泄漏或泄漏相当；2）校直活塞杆，或用抵消误差原则重新安装；3）检查及修整，杜绝泄漏；4）更换阀芯，消除间隙；5）放完空气后，应将空气阀关闭；6）调整床身安装水平；7）更换弹簧，适当提高辅助压力，消除污物，支毛刺，使阀芯在阀孔内移动灵活；8）消除杂质，更换清洁油液，保持油液清洁；9）将锁紧螺母紧固
周期性的进给不稳定	动作错乱： 1）单向阀油封不良；2）操纵板两板间隙纸垫冲磅；3）节流阀的节流开口堆积污物；4）因针形节流阀调节范围小，所以稳定性较差	1）调换钢球，调研阀座；2）更换纸垫；3）清除污物；4）将针形节流阀改为三角槽节流阀
	进给量时大时小： 1）节流阀调节不当，使进给换向阀换向往返速度不等；2）棘轮和撑牙磨损；3）横进给机构、机械部分轴向间隙太大	1）调节节流阀，顺时针旋转时进给分配阀移动速度慢，工作台进给量大，逆时针方向旋转时，进给分配阀移动速度快，则进给量小。调整时仔细观察调整量的变化，当调节正确后，将节流阀上的锁紧螺母旋紧，以免变动；2）撑牙可焊补，并用锉刀整形，而棘轮一般磨损较小，若磨损严重时则更换；3）调换较硬的支承弹簧，调整轴向间隙，但需保证手摇进给手轮轻重一致

附录4　桥架起重机的代号

类	组	型		类、组、型代号
		名称	代号	
桥式起重机	手动梁式起重机L（梁）	手动单梁起重机	S（手）	LS
		手动单梁悬挂起重机	SX（手悬）	LSX
		手动双梁起重机	SS（手双）	LSS
		电动单梁起重机	D（单）	LD
		电动单梁悬挂起重机	X（悬）	LX
		抓斗电动单梁起重机	Z（抓）	LZ
		吊钩抓斗电动单梁起重机	L	LL
		防爆电动单梁起重机	B（爆）	LB
		防爆电动单梁悬挂起重机	XB（爆）	LXB
		防腐电动梁式起重机	F（腐）	LF
		电磁电动梁式起重机	C（磁）	LC
		冶金梁式起重机	Y（冶）	LY
		电动葫芦双梁起重机	H（葫）	LH
	电动桥式起重机Q（桥）	吊钩桥式起重机	D（吊）	QD
		超卷扬桥式起重机	J（卷）	QJ
		挂梁桥式起重机	G（挂）	QG
		电磁挂梁式起重机	L	QL
		双小车桥式起重机	E	QE
		抓斗桥式起重机	Z（抓）	QZ
		电磁桥式起重机	C（磁）	QC
		电磁吊钩桥式起重机	A	QA
		抓斗吊钩桥式起重机	N	QN
		抓斗电磁桥式起重机	P	QP
		三用桥式起重机	S（三）	QS
		防爆桥式起重机	B（爆）	QB
		绝缘桥式起重机	Y（缘）	QY
		慢速桥式起重机	M（慢）	QM
		带悬臂旋转小车桥式起重机	X（旋）	QX
冶金起重机Y（冶）	炼钢用起重机	料箱起重机	X（箱）	YX
		加料起重机	L（料）	YL
		有轨的上加料起重机	G（轨）	YG
		铸造起重机	Z（铸）	YZ
		脱锭起重机	T（脱）	YT
	轧钢用起重机	揭盖起重机	J（揭）	YJ
		夹钳起重机	Q（钳）	YQ

主要参考文献

陈海魁．2006．机械基础．第三版．北京：中国劳动社会保障出版社．

陈海魁．2008．机械制造工艺基础．北京：中国劳动社会保障出版社．

季立新．2008．维修电工工艺与技能训练．四川：电子科技大学出版社．

姜波．2006．钳工工艺学．第四版．北京：中国劳动社会保障出版社．

姜秀华．2005．机械设备修理工艺．北京：机械工业出版社．

蒋增福，等．2003．钳工工艺与技能训练．北京：中国劳动社会保障出版社．

蒋增福．2006．机修钳工技能训练．北京：中国劳动社会保障出版社．

兰建设．2010．液压与气压传动．北京：高等教育出版社．

李春江．2004．机修钳工技能训练（96 新版）．北京：中国劳动出版社．

李方园，等．2010．数控机床电器控制．北京：清华大学出版社．

李惠昌，等．1986．钳工工艺学（中级本）．北京：科学普及出版社．

李曦．2009．机床电气控制．北京：中国劳动社会保障出版社．

李之浩．2004．机修钳工工艺学（96 新版）．北京：中国劳动出版社．

刘汉蓉．1997．高级钳工技能训练．北京：中国劳动出版社．

庞建跃．2008．机械制造技术．北京：机械工业出版社．

乔元信．2001．液压技术．北京：中国劳动社会保障出版社．

孙建勤，等．1983．修理钳工工艺学（中级本）．北京：科学普及出版社．

孙建勤．1983．修理钳工工艺学（初级本）．北京：科学普及出版社．

田景亮．2008．车床维修教程．北京：化学工业出版社．

王锋．2010．数控机床故障诊断与维护．北京：清华大学出版社．

王公安．2006．车工工艺学．第四版．北京：中国劳动社会保障出版社．

王兴民，等．1991．钳工工艺学．北京：中国劳动出版社．

王兴民．1997．钳工工艺学（96 新版）．北京：中国劳动出版社．

吴先文．2009．机械设备维修技术．北京：人民邮电出版社．

谢增明．2005．钳工技能训练．第四版．北京：中国劳动社会保障出版社．

邢江勇．2011．电工电子技术实验与实训．第二版．北京：科学出版社．

许兆丰，等．2001．车工工艺学（96 新版）．北京：中国劳动出版社．

俞启荣．1988．机床液压传动．北京：机械工业出版社．

张应立．2008．桥式起重机安全技术．北京：中国石化出版社．

张仲民．2006．机修钳工工艺与技能训练．北京：机械工业出版社．

赵仁良．2002．电力拖动控制线路与技能训练．第三版．北京：中国劳动社会保障出版社．

周宗明．2011．机电设备故障诊断与维修．北京：科学出版社．